数控加工中心编程与典型零件加工

吕斌杰　黄云林　赵　汶　编著

化学工业出版社
·北京·

图书在版编目（CIP）数据

数控加工中心编程与典型零件加工/吕斌杰，黄云林，赵汶编著．—北京：化学工业出版社，2015.5(2018.7重印)
ISBN 978-7-122-23400-1

Ⅰ.①数…　Ⅱ.①吕…②黄…③赵…　Ⅲ.①数控机床加工中心-程序设计②数控机床加工中心-零部件-加工　Ⅳ.①TG659

中国版本图书馆 CIP 数据核字（2015）第 058215 号

责任编辑：王　烨　　　装帧设计：刘丽华
责任校对：边　涛

出版发行：化学工业出版社（北京市东城区青年湖南街 13 号　邮政编码 100011）
印　　装：高教社（天津）印务有限公司
787mm×1092mm　1/16　印张 20¼　字数 522 千字　　2018 年 7 月北京第 1 版第 6 次印刷

购书咨询：010-64518888（传真：010-64519686）　售后服务：010-64518899
网　　址：http://www.cip.com.cn
凡购买本书，如有缺损质量问题，本社销售中心负责调换。

定　　价：69.00 元　

前言

数控加工是机械制造业中的先进加工技术，在企业生产中，数控机床的使用已经非常广泛。目前，随着国内数控机床用量的剧增，急需培养一大批能够熟练掌握现代数控机床编程、操作和维护的应用型高级技术人才。

虽然许多职业学校都相继开展了数控技工的培训，但由于课程课时有限、培训内容单一以及学生实践和提高的机会少，学生们还只是处于初级数控技工的水平，离企业需要的高级数控技工的能力还有一定的差距。编者结合自己多年的实际工作经验编写了本书，在简要介绍操作和指令的基础上，突出对编程技巧和应用实例的讲解，加强了技术性和实用性。

全书共包括3大部分，主要内容如下。

第1部分为数控加工中心基础（第1～3章），依次概要介绍了FANUC、SIEMENS数控系统程序编制指令、加工中心工艺分析、加工中心调试与常用工具，引导读者入门。通过本部分学习，读者可以了解数控加工中心的编程指令、工艺分析与辅助工具。

第2部分为加工中心编程实例（第4～9章），针对应用最广的FANUC、SIEMENS数控系统，按照入门实例—提高实例—经典实例，这样循序渐进的形式，通过学习目标与要领、工艺分析与实现过程、参考代码与注释的讲授方式，详细介绍了加工中心技术以及实际编程应用。学习完本部分，读者可以举一反三，掌握各类零件的加工编程流程以及运用技巧。

第3部分为加工中心自动加工（第10～12章），重点介绍了Mastercam、UG NX自动编程软件特点与实际加工案例。读者通过学习，将丰富自己的加工中心编程技术，完善加工编程能力。

本书主要具备以下一些特色。

(1) 以应用为核心，技术先进实用；同时总结了许多加工经验与技巧，帮助读者解决加工中遇见的各种问题，快速入门与提高。

(2) 加工实例典型丰富、由简到难、深入浅出，全部取自于一线实践，代表性和指导性强，方便读者学懂学透、举一反三。

(3) 书中所有实例的素材文件，可在出版社网站www.cip.com.cn的资源下载区下载，方便读者使用。

本书适合广大初中级数控技术人员使用，同时也可作为高职高专院校相关专业学生以及社会相关培训班学员的理想教材。

本书由吕斌杰、黄云林、赵汶编著。另外，杨保成、蒋伟、孙智俊、高长银、涂志标、涂志涛、刘红霞、刘铁军、何文斌、邓力、王乐、杨学围、张秋冬、闫延超、董延、郭志强、毕晓勤、贺红霞、史丽萍、袁丽娟等在资料收集、整理和技术支持方面做了大量工作，在此一并表示感谢。

由于时间仓促，编者水平有限，书中难免有不足和疏漏之处，欢迎广大读者批评指正。

编者

目录

第1篇　数控加工中心基础

第3篇　SIEMENS系统加工中心实例

第4篇 自动加工编程

第1篇

数控加工中心基础

SHUKONG JIAGONG
ZHONGXIN JICHU

第1章 数控加工中心程序编制基础

在数控加工中心的编程中，用户可以通过系统指定的一些标准指令对机床进行动作控制，如主轴的正反转、自动换刀、进给速度的快慢以及各种走刀路线的控制等。熟悉数控加工中心程序编制技术，是用户进行数控加工的基础。本章将分别对FANUC和SIEMENS系统加工中心程序编制指令与使用进行具体介绍。

1.1 FANUC系统数控加工中心程序编制基础

FANUC系统加工中心程序编制包括插补功能指令、固定循环指令以及其他一些指令，下面一一叙述。

1.1.1 插补功能指令

（1）平面选择：G17、G18、G19

① 指令格式：G17

G18

G19

② 指令功能　分别用来指定程序段中刀具的圆弧插补平面和刀具半径补偿平面。

③ 指令说明

a. G17表示选择XY加工平面；

b. G18表示选择XZ加工平面；

c. G19表示选择YZ加工平面（如图1-1所示）。

④ 应用举例

例如，加工如图1-2所示零件，当铣削圆弧面1时，就在XY平面内进行圆弧插补，应选用G17；当铣削圆弧面2时，应在YZ平面内加工，选用G19。

立式三轴加工中心大都在X、Y平面内加工，参数一般都将数控系统开机默认G17状态，故G17在正常情况下可以省略不写。

（2）英制尺寸/公制尺寸指令

① 指令格式：G20

G21

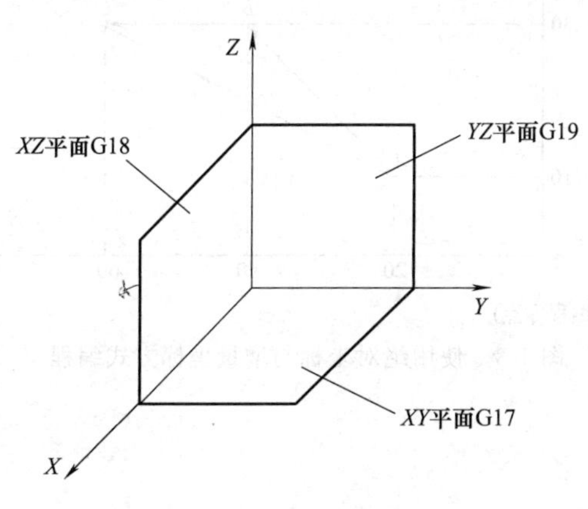

图 1-1　加工平面的选定

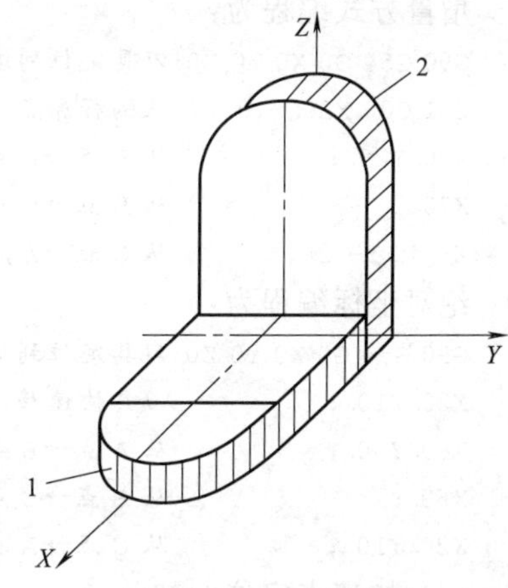

图 1-2　平面选择举例

② 指令功能　数控系统可根据所设定的状态，利用代码把所有的几何值转换为公制尺寸或英制尺寸，同样进给率 F 的单位也分别为 mm/min（in/min）或 mm/r（in/r）。

③ 指令说明

a. G20　英制输入

b. G21　公制输入

该G代码必须要在设定坐标系之前，在程序中用独立程序段指定。一般机床出厂时，将公制输入G21设定为参数缺省状态。

公制与英制单位的换算关系为：

$$1\text{mm} \approx 0.0394\text{in}$$

$$1\text{in} \approx 25.4\text{mm}$$

④ 注意事项

a. 在程序的执行过程中，不能在G20和G21指令之间切换。

b. 当英制输入（G20）切换到公制（G21）或进行相互切换时，刀具补偿值必须根据最小输入增量单位在加工前设定（当机床参数No.5006 ＃0为1时，刀具补偿值会自动转换而不必重新设定）。

（3）绝对值编程与增量值编程

① 指令格式：G90

G91

② 指令功能　G90和G91指令分别对应着绝对位置数据输入和增量位置数据输入。

③ 指令说明　G90　绝对值编程

G91　增量值编程

当使用G90绝对值编程时，不管零件的坐标点在什么位置，该坐标点的 X、Y、Z 都是以坐标系的坐标原点为基准去计算。坐标的正负方向可以通过象限的正负方向去判断。

当使用G91增量值编程时，移动指令的坐标值 X、Y、Z 都是以上一个坐标终点为基准来计算的，也可以通俗地理解为刀具在这个动作中移动的距离。正负判定：当前点到终点的方向与坐标轴同向取正，反向则为负。

④ 应用举例

例如图1-3所示，刀具以 $A \rightarrow B \rightarrow C \rightarrow A$ 的走刀顺序快速移动，使用绝对坐标与增量坐标方式编程。

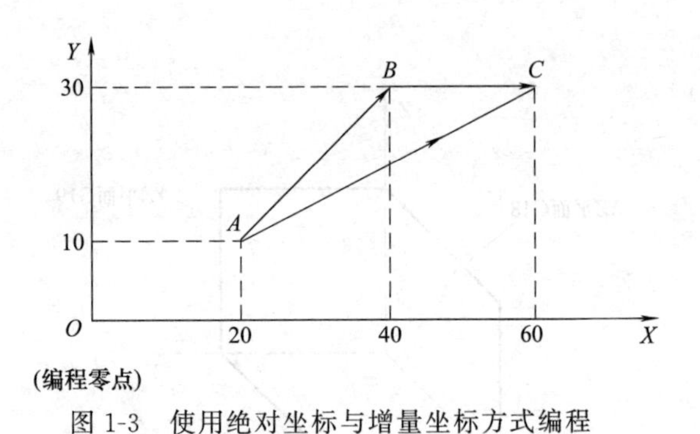

图 1-3 使用绝对坐标与增量坐标方式编程

增量方式编程为：

```
G90 G54 G0 X0 Y0 Z0;刀具定位到编程原点
G91 G00 X20. Y10. ;  从编程原点→A 点
X20. Y20. ;          从 A 点→B 点
X20. ;               从 B 点→C 点
X- 40 Y- 20;         从 C 点→A 点
```

绝对坐标编程为：

```
G90 G54 G0 X0 Y0 Z0;刀具定位到编程原点
X20. Y10. ;          刀具快速移动到 A 点
X40. Y30. ;          从 A 点→B 点
X60. ;               从 B 点→C 点
X20. Y10. ;          从 C 点→A 点
```

(4) 快速点定位 G00

① 指令格式：G00　X__Y__Z__;

② 指令功能　使刀具以点位控制的方式从刀具起始点快速移动到目标位置。

③ 指令说明　在 G00 的编程格式中 X__Y__Z__分别表示目标点的坐标值。G00 的移动速度由机床参数设定，在机床操作面板上有一个快速修调倍率能够对移动速度进行百分比缩放。

④ 注意事项

a. 因 G00 的移动速度非常快（根据机床的档次和性能不同，最高的 G00 速度也不尽相同，但一般普通中档机床也都会在每分钟十几米以上），所以 G00 不能参与工件的切削加工，这是初学者经常会出现的加工事故，希望读者注意。

b. G00 的运动轨迹不一定是两点一线，而有可能是一条折线（是直线插补定位还是非直线插补定位，由参数 No. 1401　第 1 位设置）。所以我们在定位时要考虑刀具在移动过程中是否会与工件、夹具干涉，我们可采用三轴不同段编程的方法去避免这种情况的发生。即

刀具从上往下移动时：	刀具从下往上移动时：
编程格式：G00　X__Y__;	编程格式：Z__;
Z__;	G00　X__Y__;

即刀具从上往下时，先在 XY 平面内定位，然后 Z 轴再下降或下刀；刀具从下往上时，Z 轴先上提，然后再在 XY 平面内定位。

⑤ 应用举例

例如图 1-4 所示，刀具从 A 点快速移动至 B 点，使用绝对坐标与增量坐标方式编程。

增量坐标方式：G91 G00 X30. Y20. ;

绝对坐标方式：G90 G00 X40. Y30. ;

(5) 直线插补 G01

① 指令格式：G01　X__Y__Z__F__;

② 指令功能　使刀具按进给指定的速度从当前点运动到指定点。

③ 指令说明　G01 指令后的坐标值为直线的终点值坐标，G01 与格式里面的每一个字母都是模态代码。

(6) 圆弧插补指令 G02、G03

① 指令格式：$\begin{Bmatrix} \text{G02} \\ \text{G03} \end{Bmatrix}$ X__Y__Z__$\begin{Bmatrix} \text{R__} \\ \text{I__ J__ K__} \end{Bmatrix}$F__;

② 指令功能　圆弧插补指令命令刀具在指定平面内按给定的进给速度 F 做圆弧运动，

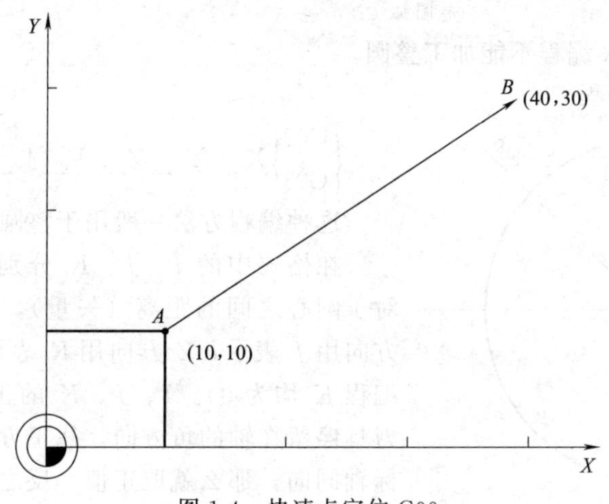

图 1-4　快速点定位 G00

切削出圆弧轮廓。

③ 指令说明

a. G02、G03 的判断　圆弧插补指令分为顺时针圆弧插补指令（G02）和逆时针圆弧插补指令（G03）。判断方法为：沿着刀具的进给方向，圆弧段为顺时针的为 G02，逆时针则为 G03；如图 1-5 所示，刀具以 $A \to B \to C \to D$ 顺序进给加工时，BC 圆弧段因为是顺时针，故是 G02；CD 圆弧段则为逆时针，故为 G03；假使现在进给方向从 $D \to C \to B \to A$ 这样的进给路线，那么两圆弧的顺逆都将颠倒一下，所以在判断时必须牢记沿进给方向去综合判断。

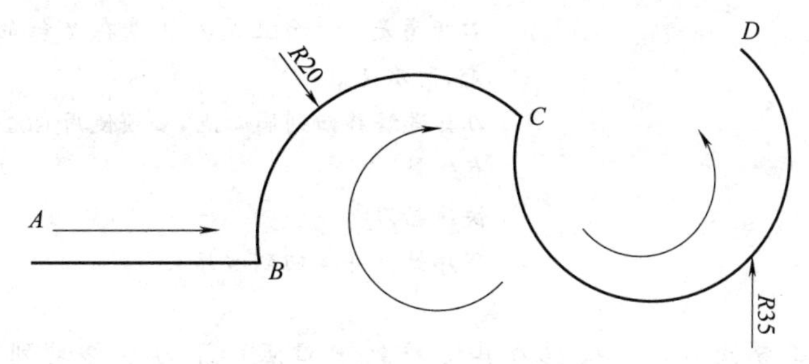

图 1-5　G02、G03 的判断

b. G02/G03 的编程格式

ⅰ. 用圆弧半径编程

$$\begin{Bmatrix} G02 \\ G03 \end{Bmatrix} X\_\ Y\_\ Z\_\ R\_\ F\_\ ;$$

这种格式在平时的圆弧编程中最为常见，也较容易理解，只需按格式指定圆弧的终点和圆弧半径 R 即可。格式中的 R 有正负之分，当圆弧小于等于半圆（180°）时取 $+R$，“+”在编程中可以省略不写；当圆弧大于半圆（180°）小于整圆（360°）时 R 应写为“$-R$”。

应用举例：

如图 1-5 所示，各点坐标为 A（0，0）、B（20，0）、C（40，20）、D（55，30）。轮廓的参考程序如下。

```
G90 G54 G0 X0 Y0 M03 S800;        定位到 A 点
G01 X20. F200;                    从 A 点进给移动到 B 点
G02 X40. Y20. R20. ;              走圆弧 BC
```

```
G03 X55. Y30. R- 35. ;                走圆弧 CD
```

注意：圆弧半径 R 编程不能加工整圆。

ⅱ. 用I、J、K 编程

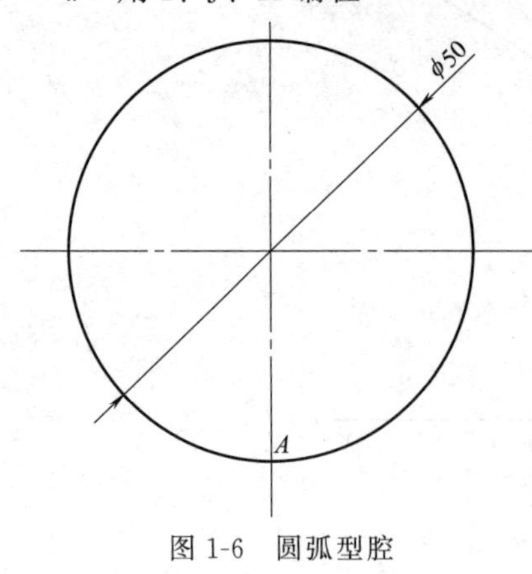

图 1-6 圆弧型腔

$\begin{Bmatrix} G02 \\ G03 \end{Bmatrix}$ X＿Y＿Z＿I＿J＿K＿F＿；

这种编程方法一般用于整圆加工。

在格式中的 I、J、K 分别为 X、Y、Z 方向相对于圆心之间的距离（矢量），X 方向用 I 表示，Y 方向用 J 表示，Z 方向用 K 表示（但在 G17 平面上编程 K 均为 0）。I、J、K 的正负可以这样去判断：刀具停留在轴的负方向，往正方向进给，也就是与坐标轴同向，那么就取正值，反之则为负。

应用举例：

加工如图 1-6 所示的圆弧型腔，参考程序如下。

```
O 001;
N10 G90 G54 G0 X0 Y0 Z30. M03 S800;   刀具快速定位到圆的中心点
N20 Z3. ;                             刀具接近工件表面
N30 G01 Z- 5. F100;                   下刀
N40 Y- 25. F200;                      刀具移动到圆弧的起点处 A 点
N50 G02 J25. ;                        因加工整圆时起点等于终点值坐标，故 X、Y 值可以省略不
                                      写。又因刀具是移动到 Y 轴线上，圆弧的起点 A 点相对于圆
                                      心距离是 25，而且是刀具停在 Y 轴的负方向上，往正方向
                                      走，所以是 J25.
N60 G01 X0 Y0;                        刀具进给移回到圆心点，必须使用 G01，因为圆的中间部分还
                                      有残料
N70 G0 Z30. ;                         快速抬刀
N80 M30;                              程序结束并返回到程序头
```

小技巧：在加工整圆时，一般把刀具定位到中心点，下刀后移动到 X 轴或 Y 轴的轴线上，这样就有一根轴是 0，便于编程。

（7）刀具半径补偿指令 G41、G42、G40

① 指令格式：G01（G00）$\begin{Bmatrix} G41 \\ G42 \end{Bmatrix}$ X＿Y＿D＿（F＿）；

…

…

G40 G01（G00）X＿Y＿（F＿）；

② 指令功能 使用了刀具半径补偿后，编程时不需再计算刀具中心的运动轨迹，只需按零件轮廓编程。操作时还可以用同一个加工程序，通过改变刀具半径的偏移量，对零件轮廓进行粗、精加工。

③ 指令说明

a. G41 为刀具半径左补偿，定义为假设工件不动，沿着刀具运动（进给）方向向前看，刀具在零件左侧的刀具半径补偿，如图 1-7 所示；G42 为刀具半径右补偿，定义为假设工件

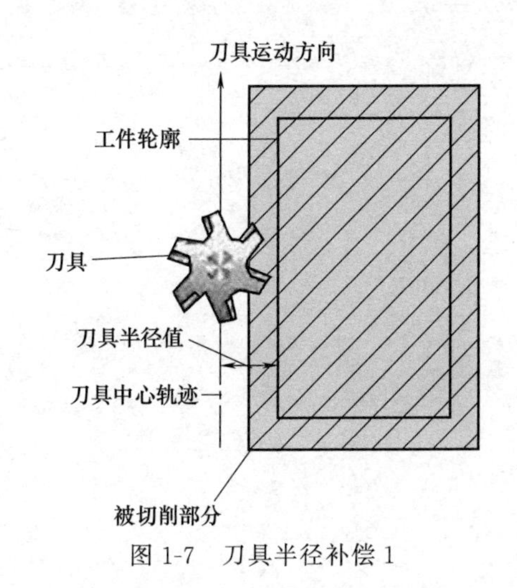

图 1-7　刀具半径补偿 1

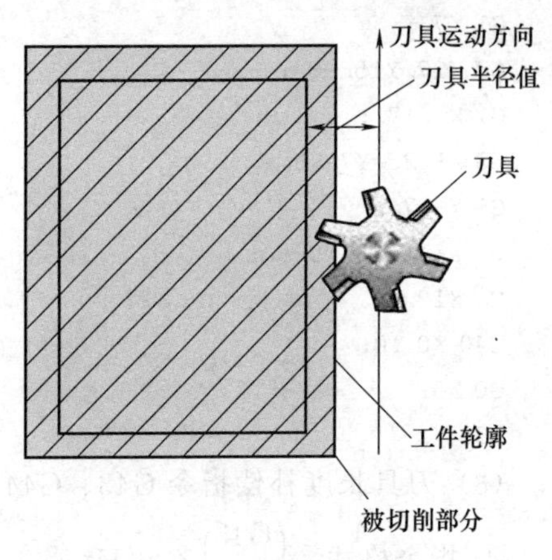

图 1-8　刀具半径补偿 2

不动，沿刀具运动方向向前看，刀具在零件右侧的刀具半径补偿，如图 1-8 所示。

b. 在进行刀具半径补偿时必须要有该平面的轴移动，（例在 G17 平面上建立刀补则必须要有 *XY* 轴的移动）而且移动量必须要大于刀具半径补偿值，否则机床将无法正常加工。

c. 在执行 G41、G42 及 G40 指令时，其移动指令只能用 G01 或 G00，而不能用 G02 或 G03。

d. 当刀补数据为负值时，则 G41、G42 功效互换。

e. G41、G42 指令不能重复指定，否则会产生特殊状况。

f. G40、G41、G42 都是模态代码。

g. 在建立刀具半径补偿时，如果在 3 段程序中没有该平面的轴移动（如在建刀补后加了暂停、子程序名、M99 返回主程序、第三轴移动等)，就会产生过切。

④ 应用举例

加工图 1-9 所示零件，参考程序如下。

```
O0001;
G90 G55 G0 X- 80. Y- 80.;
S1500 M3;
G0 Z10.;
G01 Z- 10. F100;
G41 X- 50. D01 F200;
X- 35.;
Y35.;
X35.;
Y- 35.;
X- 80.;
G0 Z3;
G40 X0 Y0;
G01 Z- 10. F100;
G41 X0. Y- 10. D02 F200;
Y- 15.;
X17.;
```

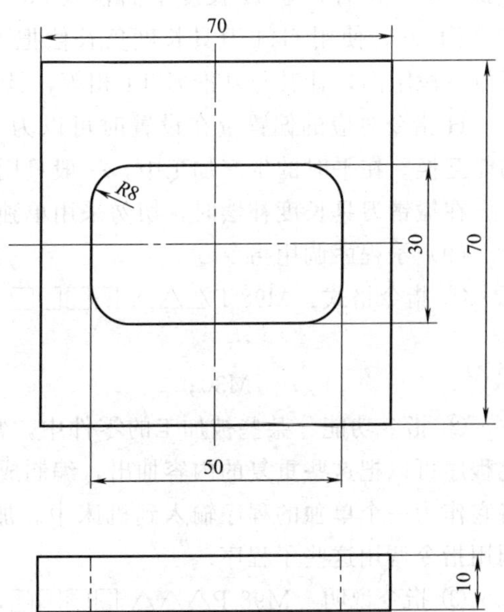

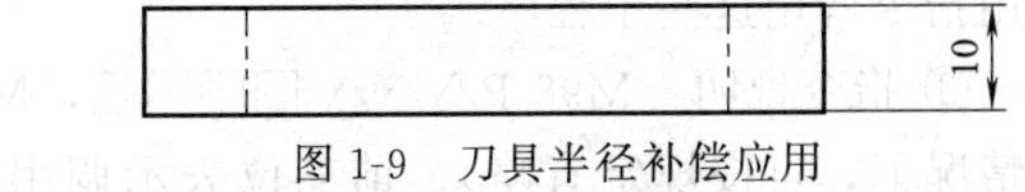

图 1-9　刀具半径补偿应用

```
G3 X25. Y- 7. R8. ;
G1 Y7. ;
G3 X17. Y15. R8. ;
G1 X- 17. ;
G3 X- 25. Y7. R8. ;
G1 Y- 7. ;
G3 X- 17Y- 15R8. ;
G1 X10. ;
G40 X0 Y0;
G0 Z5;
M30;
```

（8）刀具长度补偿指令G43、G44、G49

① 指令格式：$\begin{Bmatrix} G43 \\ G44 \end{Bmatrix}$ Z __ H __；

…

G49 Z0；

② 指令功能 当使用不同类型及规格的刀具或刀具磨损时，可在程序中使用刀具长度补偿指令补偿刀具尺寸的变化，而不需要重新调整刀具或重新对刀。

③ 指令说明 G43表示刀具长度正补偿；G44指令表示刀具长度负补偿；G49指令表示取消刀具长度补偿。

如图1-10所示，T1为基准刀。T2比T1长了50，那么就可以使用G43刀具长度正补偿把刀具往上提到与T1相同位置，具体操作为在程序开头加G43 Z100. H01，再在OFFSET偏置页面找到“01”位置，在H长度里面输入50；T3比T1短了80，使用G44刀具长度负补偿把刀具往下拉一段距离，让其与基准刀T1相等，具体操作与G43相同。

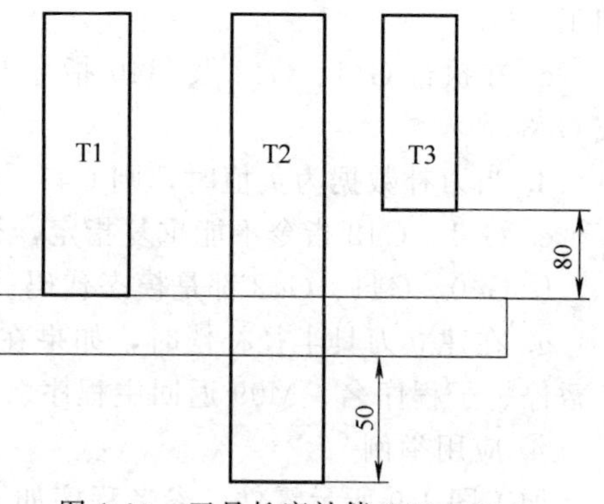

图1-10 刀具长度补偿G43、G44

H指令对应的偏置量在设置时可以为“+”、也可以为“−”，使用负值时G43、G44功能互换。在平时的生产加工中，一般只用一个G43，然后在偏置里面加正负值。

在撤销刀具长度补偿时，切勿采用单独的G49格式，否则容易产生撞刀现象。

（9）子程序调用指令

① 指令格式：M98 P△△△ □□□□　　　　O□□□□

…　　　　…

M30；　　　　M99；

② 指令功能 某些被加工的零件中，常会出现几何尺寸形状相同的加工轨迹，为了简化程序可以把这些重复的内容抽出，编制成一个独立的程序即为子程序，然后像主程序一样将它作为一个单独的程序输入到机床中。加工到相同的加工轨迹时，在主程序中使用M98调用指令调用这些子程序。

③ 指令说明 M98 P△△△ □□□□，M98表示调用子程序，P后面跟七位数字（完整情况下，可按规定省略）。前三位表示调用该子程序的次数，后四位表示被调用的子程

序名。

例如：M98 P0030082 表示调用 O0082 号子程序 3 次；M98P82 当调用次数为一次时可以省略前置零。

子程序的编写与一般程序基本相同，只是程序用 M99（子程序结束并返回到主程序）结束。

子程序再调用子程序这种情况叫嵌套，如图 1-11 所示。根据每个数控系统的强弱也不尽相同，FANUC 可以嵌套 4 层。

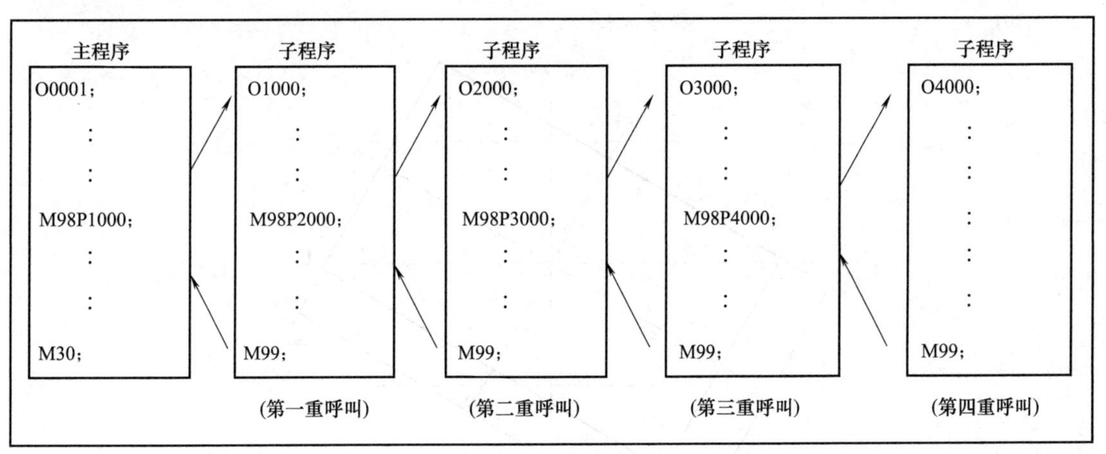

图 1-11　子程序嵌套

> 小技巧：在使用子程序时，最关键的一个问题，就是主程序与子程序的衔接，应该知道刀每一步为什么要这样走，以达到程序精简正确。这也是新手在学习数控时需要不断提升的部分。

(10) 坐标系旋转指令 G68、G69

① 指令格式：G68　X __ Y __ R __；

…

G69；

② 指令功能　用该功能可将工件放置某一指定角度。另外，如果工件的形状由许多相同的图形组成，则可将图形单元编成子程序，然后再结合旋转指令调用，以达到简化程序、减少节点计算的目的。

③ 指令说明　G68 表示旋转功能打开，X __ Y __表示旋转的中心点，坐标轴并不移动。R __旋转的角度，逆时针为正，顺时针为负。G69 指令表示取消旋转。

④ 应用举例　加工图 1-12 实线所示方框，参考程序如下。

```
O0001;
G90 G40 G49;                      取消模态指令,使机床处于初始状态
G68 X0 Y0 R30.;                   打开旋转指令
G0X- 65.Y- 25.M3 S1200;           刀具定位(上一步虽有 X、Y 但含义不同,刀具未移动)
G43 H01 Z100.;                    使用刀具长度补偿并定位到 Z100 的地方
Z30.;                             确认工件坐标系
Z5.;                              接近工件表面
G01 Z- 2. F100;                   下刀
```

```
G41 X- 25. D01 F200;          建立刀具半径补偿
Y15. ;
X25. ;
Y- 15. ;
X- 65. F300;
G0 Z30. ;                     抬刀
G69 G40;                      取消旋转和刀具半径补偿
G91 G30 Z0 Y0;                机床快速退回到Z的第二参考点,Y轴退到机床零点,以便于测量
M30;                          程序结束
```

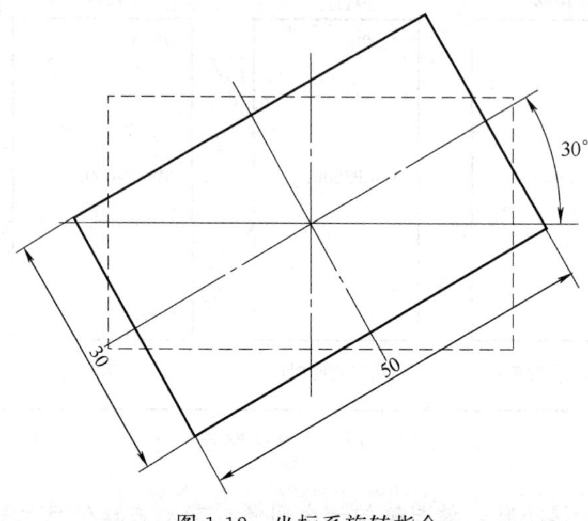

图 1-12 坐标系旋转指令

小技巧：可以使用旋转指令旋转 180°替代镜像指令，而且要比镜像指令更加简便好用。

1.1.2 固定循环指令

在数控加工中，有些典型的加工工序，是由刀具按固定的动作完成的。如在孔加工时，往往需要快速接近工件、进行孔加工及孔加工完成后快速回退等固定动作。将这些典型的、固定的几个连续动作，用一条G指令来代表，这样只需用单一程序段的指令即可完成加工，这样的指令称为固定循环指令。FANUC 中固定循环指令主要用于钻孔、镗孔、攻螺纹等孔类加工，固定循环指令详细功能见表 1-1。

表 1-1 固定循环指令功能一览表

G 代码	钻削(−Z 方向)	在孔底的动作	回退(+Z 方向)	应用
G73	间歇进给	—	快速移动	高速深孔钻循环
G74	切削进给	停刀→主轴正转	切削进给	左旋攻螺纹循环
G76	切削进给	主轴定向停止	快速移动	精镗循环
G80	—	—	—	取消固定循环
G81	切削进给	—	快速移动	钻孔循环,点钻循环
G82	切削进给	停刀	快速移动	钻孔循环,锪镗循环

续表

G 代码	钻削（$-Z$ 方向）	在孔底的动作	回退（$+Z$ 方向）	应用
G83	间歇进给	—	快速移动	深孔钻循环
G84	切削进给	停刀→主轴反转	切削进给	攻螺纹循环
G85	切削进给	—	切削进给	镗孔循环
G86	切削进给	主轴停止	快速移动	镗孔循环
G87	切削进给	主轴正转	快速移动	背镗循环
G88	切削进给	停刀→主轴停止	手动移动	镗孔循环
G89	切削进给	停刀	切削进给	镗孔循环

固定循环由 6 个分解动作组成（见图 1-13）。

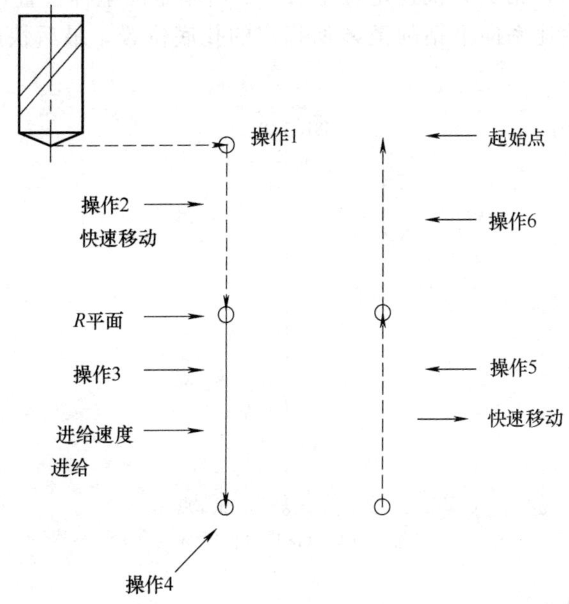

图 1-13　固定循环的基本动作

① X 轴和 Y 轴快速定位（还包括另一个轴）。
② 刀具快速从初始点进给到 R 点。
③ 以切削进给方式执行孔加工的动作。
④ 在孔底相应的动作。
⑤ 返回 R 点。
⑥ 快速返回到初始点。
编程格式：
G90/G91 G98/G99 G73～G89 X＿Y＿Z＿R＿Q＿P＿F＿K＿;
指令意义：
G90/G91——绝对坐标编程或增量坐标编程；
G98——返回起始点；
G99——返回 R 平面；
G73～G89——孔加工方式，如钻孔加工、高速深孔钻加工、镗孔加工等；
X、Y——孔的位置坐标；
Z——孔底坐标；

R——安全面（R 面）的坐标。增量方式时，为起始点到 R 面的增量距离；在绝对方式时，为 R 面的绝对坐标；

Q——每次切削深度；

P——孔底的暂停时间；

F——切削进给速度；

K——规定重复加工次数。

固定循环由 G80 或 01 组 G 代码撤销。

（1）钻孔循环 G81

① 指令格式：G81 X__ Y__ R__ Z__ F__；

② 指令功能　该循环用于正常的钻孔，切削进给到孔底，然后刀具快速退回。执行此指令时，如图 1-14 所示，钻头先快速定位至 X、Y 所指定的坐标位置，再快速定位至 R 点，接着以 F 所指定的进给速率向下钻削至 Z 所指定的孔底位置，最后快速退刀至 R 点或起始点完成循环。

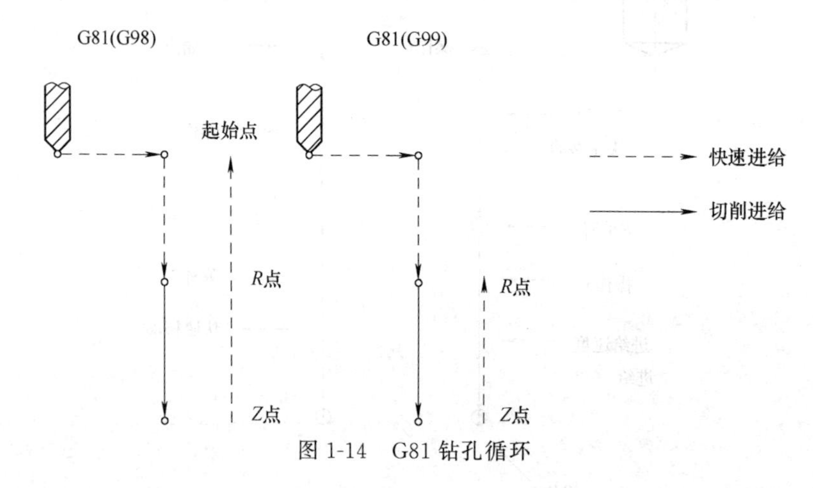

图 1-14　G81 钻孔循环

（2）固定循环取消 G80

① 指令格式：G80

② 指令功能　固定循环使用结束后，应指令 G80 取消自动切削循环，而使用 01 组指令（G00、G01、G02、G03 等），此时固定循环指令中的孔加工数据也会自动取消。

（3）沉孔加工固定循环 G82

① 指令格式：G82 X__ Y__ R__ Z__ P__ F__；

② 指令功能　G82 指令除了在孔底会暂停 P 后面所指定的时间外，其余加工动作均与 G81 相同。刀具切削到孔底后暂停几秒，可改善钻盲孔 、柱坑、锥坑的孔底精度。P 不可用小数点方式表示数值，如欲暂停 0.5s 应写成 P500。

（4）高速深孔钻削循环 G73

① 指令格式：G73 X__ Y__ R__ Z__ Q__ F__；

② 指令功能　该循环执行高速排屑钻孔。执行指令时刀具间歇切削进给直到 Z 的最终深度（孔底深度），同时可从中排除掉一部分的切屑。

③ 指令说明　如图 1-15（a）所示钻头先快速定位至 X、Y 所指定的坐标位置 ，再快速定位到 R 点，接着以 F 所指定的进给速率向 Z 轴下钻 Q 所指定的距离（Q 必为正值，用增量值表示），再快速退回 d 距离（FAUNC 0M 由参数 0531 设定之，一般设定为 1000，表示 0.1mm），依此方式一直钻孔到 Z 所指定的孔底位置。此种间歇进给的加工方式可使切

屑裂断且切削剂易到达切边进而使断屑和排屑容易且冷却、润滑效果佳，适合较深孔加工。图 1-15 所示为高速深孔钻加工的工作过程。其中 Q 为增量值，指定每次切削深度。d 为排屑退刀量，由系统参数设定。

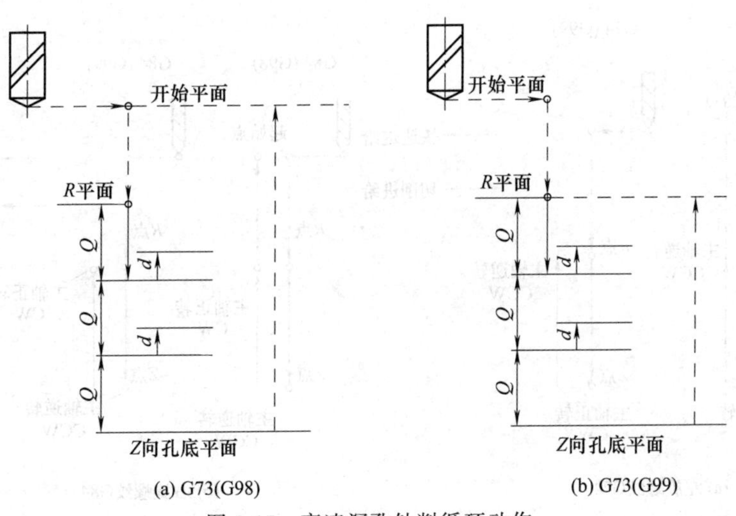

图 1-15　高速深孔钻削循环动作

（5）啄式钻孔循环 G83

① 指令格式：G83 X _ Y _ R _ Z _ Q _ F _；

② 指令功能　执行该循环刀具间歇切削进给到孔的底部，钻孔过程中按指令的 Q 值抬一次刀，从孔中排除切屑，也可让冷却液进入到加工的孔中。

③ 指令说明　G83 的加工与 G73 略有不同的是每次钻头间歇进给回退到点 R 平面，可把切屑带出孔外，以免切屑将钻槽塞满而增加钻削阻力及切削剂无法到达切边，故适于深孔钻削。d 表示钻头间断进给时，每次下降由快速转为切削进给时的那一点与前一次切削进给下降的点之间的距离，同样由系统内部参数设定。孔加工动作如图 1-16 所示。

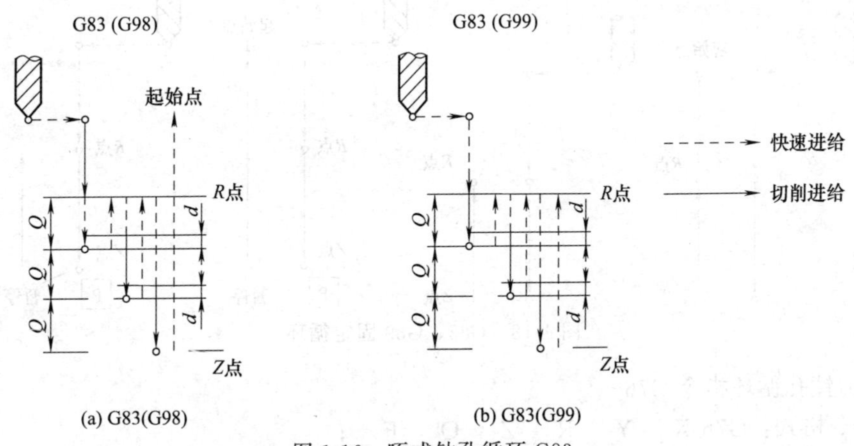

图 1-16　啄式钻孔循环 G83

（6）攻右旋螺纹指令 G84 与攻左旋螺纹指令 G74

① 指令格式：G84（G74）X _ Y _ R _ Z _ F _；

② 指令说明　G84 用于攻右旋螺纹，丝锥到达孔底后主轴反转，返回到 R 点平面后主轴恢复正转；G74 用于攻左旋螺纹，丝锥到达孔底后主轴正转，返回到 R 点平面后主轴恢

复反转。格式中的 F 在 G94 和 G95 方式各有不同，在 G94（每分钟进给）中，进给速率(mm/min)＝导程(mm/r)×主轴转速（r/min)；在 G95（每转进给）中，F 即为导程，一般机床设置都为 G94。加工动作如图 1-17 所示。

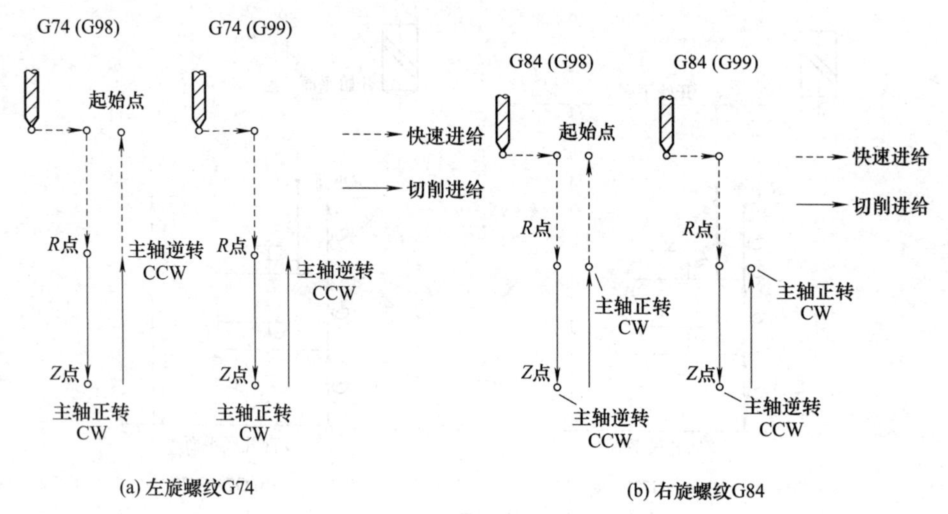

图 1-17 攻螺纹循环

(7) 铰孔循环指令 G85 与精镗阶梯孔循环指令 G89

① 指令格式：G85 X＿Y＿R＿Z＿F＿；

G89 X＿Y＿R＿Z＿P＿F＿；

② 指令说明 这两种加工方式，刀具是以切削进给的方式加工到孔底，然后又以切削方式返回到点 R 平面，因此适用于铰孔、镗孔。G89 在孔底又因有暂停动作，所以适宜精镗阶梯孔。加工动作如图 1-18 所示。

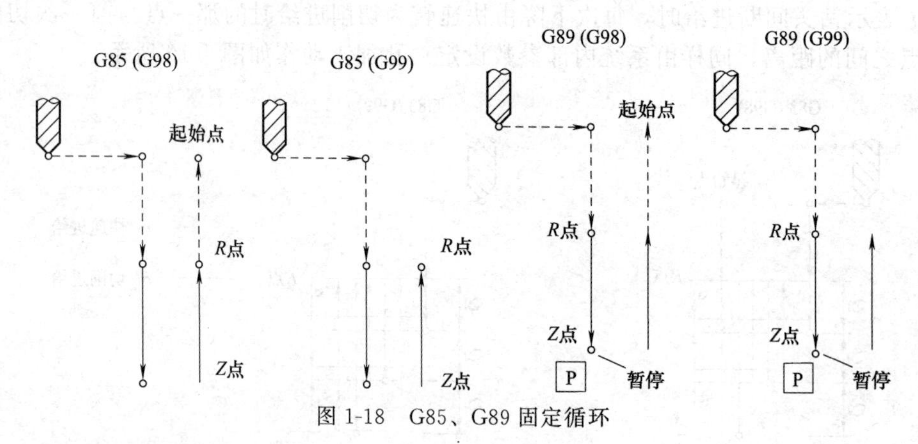

图 1-18 G85、G89 固定循环

(8) 精镗孔循环指令 G76

① 指令格式：G76 X＿Y＿R＿Z＿Q＿F＿；

② 指令功能 此指令到达孔底时，主轴在固定的旋转位置停止，并且刀具以刀尖的相反方向移动退刀。这可以保证孔壁不被刮伤，实现精密和有效的镗削加工。

③ 指令说明 G76 切削到达孔底后，主轴定向，刀具再偏移一个 Q 值，动作如图 1-19 所示。

④ 注意事项

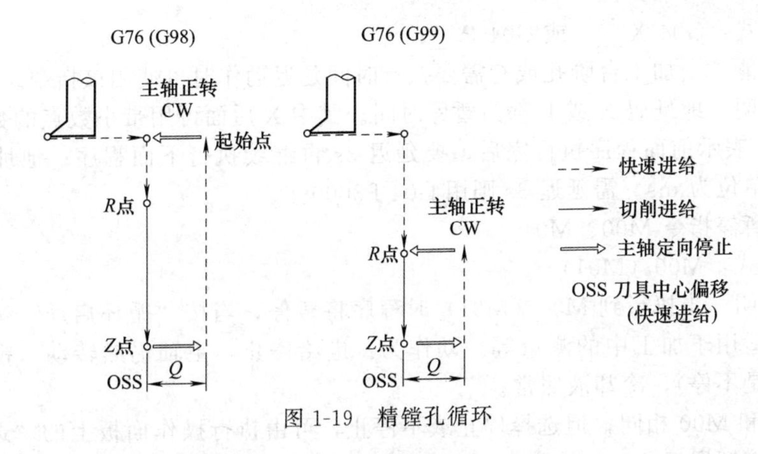

图 1-19　精镗孔循环

a. 在装镗刀到主轴前，必须使用 M19 执行主轴定向。镗刀刀尖朝哪边，可在没装刀前就用程序试验出方向。以免方向相反在刀具到达孔底后移动刮伤工件或造成镗刀报废。

b. Q 一定为正值。如果 Q 指定为负值，符号被忽略。也不可使用小数点方式表示，如欲偏移 0.5mm，则必须要写成 Q500。Q 值一般取 0.5～1mm，不可取过大，要避免刀杆刀背与机床孔壁相摩擦。Q 的偏移方向由参数 No. 5101 ＃4（RD1）和＃5（RD2）中设定。

1.1.3　其他指令

（1）极坐标编程 G16、G15

① 指令格式：G16；

…

G15；

② 指令功能　在有些指定了极半径与极角的零件图中，可以简化程序和减少节点计算。

③ 指令说明　一旦指定了 G16 后，机床就会进入极坐标编程方式。X 表示为极坐标的极半径，Y 表示为极角。

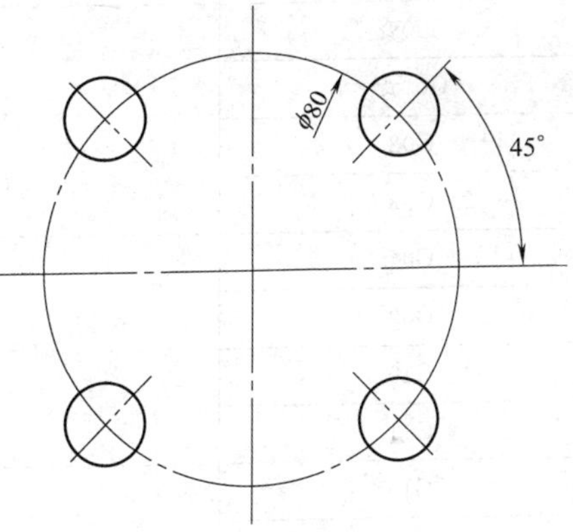

图 1-20　极坐标编程 G16、G15

④ 应用举例

如图 1-20 所示，参考程序如下。

```
O0001;
M06 T01;                      换 01 号刀具
G43 H01 Z100.;                执行刀具长度补偿
G40 G69 G15;                  取消模态代码,使机床初始化
G90 G54 G0 X0 Y0 M03 S1000;   定位,主轴打开
Z3. M08;                      接近工件表面,打开冷却液
G16;                          打开极坐标编程
G81 X40. Y45. Z- 10. R3. F120; 使用 G81 打孔循环,X40 表示孔的极半径为 40,Y45 则表示极角为 45°;
Y135.;                        极半径不变,极角增大
Y225.;
Y315.;
G0 Z30.;
G15;                          取消极坐标
M09;                          在主轴停转前关闭冷却液
M30;                          程序结束
```

（2）时间延迟指令 G04

① 指令格式：G04 X＿．或 G04 P＿；

② 指令功能　当加工台阶孔或有需要执行时间延迟动作时可使用该指令。

③ 指令说明　地址码 X 或 P 都为暂停时间。其中 X 后面可用带小数点的数值，单位为 s，如 G04 X3. 表示前面程序执行完后，要延迟 3s 再继续执行下面程序；地址 P 后面不允许用小数点，单位为 ms。需延迟 3s 则用 G04 P3000。

(3) 程序暂停指令 M00、M01

① 指令格式：M00（M01）

② 指令说明　当执行到 M00（M01）时程序将暂停，当按"循环启动"按钮后程序又继续往后走，适用于加工中的测量等。动作为：进给停止，主轴仍然转动（视机床情况而定，但一般都是不停），冷却液照常。

M01 功能和 M00 相同，但选择停止或不停止，可由执行操作面板上的"选择停止"按钮来控制。当按钮置于 ON（灯亮）时则 M01 有效，其功能等于 M00，若按钮置于 OFF（灯熄）时，则 M01 将不被执行，即程序不会停止。

FANUC 0i-MC 系统 G 指令如表 1-2 所示。

表 1-2　FANUC 0i-MC 系统 G 指令

G 码	群	功　能
G00☆	01	快速定位(快速进给)
G01☆		直线切削(切削进给)
G02		圆弧切削 CW
G03		圆弧切削 CCW
G04	00	暂停、正确停止
G09		正确停止
G10		资料设定
G11		资料设定取消
G15	17	极坐标指令取消
G16		极坐标指令
G17☆	02	*XY* 平面选择
G18		*ZX* 平面选择
G19		*YZ* 平面选择
G20	06	英制输入
G21		米制输入
G22☆	00	内藏行程检查功能 ON
G23		内藏行程检查功能 OFF
G27		原点复位检查
G28		原点复位
G29		从参考原点复位
G30		从第二原点复位
G31		跳跃功能
G33	01	螺纹切削
G39	00	转角补正圆弧插补

续表

G码	群	功 能
G40☆	07	刀具半径补正取消
G41		刀具半径补正左侧
G42		刀具半径补正右侧
G43		刀具长补正方向
G44		刀具长补负方向
G45	00	刀具位置补正伸长
G46		刀具位置补正缩短
G47		刀具位置补正2倍伸长
G48		刀具位置补正2倍缩短
G49	08	刀具长补正取消
G50	11	缩放比例取消
G51		缩放比例
G52	14	特定坐标系设定
G53		机械坐标系选择
G54☆		工件坐标系统1选择
G55		工件坐标系统2选择
G56		工件坐标系统3选择
G57		工件坐标系统4选择
G58		工件坐标系统5选择
G59		工件坐标系统6选择
G60	00	单方向定位
G61	15	确定停止模式
G62		自动转角进给率调整模式
G63		攻螺纹模式
G64		切削模式
G65	12	自设程式群呼出
G66		自设程式群状态呼出
G67☆		自设程式群状态取消
G68☆	16	坐标系旋转
G69		坐标系旋转取消
G73	09	高速啄式深孔钻循环
G74		反攻螺纹循环
G76		精镗孔循环
G80☆		固定循环取消
G81		钻孔循环，点钻孔循环
G82		钻孔循环，反镗孔循环
G83		啄式钻孔循环

续表

G码	群	功 能
G84	09	攻螺纹循环
G85		镗孔循环
G86		反镗孔循环
G87		镗孔循环
G88		镗孔循环
G89		镗孔循环
G90☆	03	绝对指令
G91☆		增量指令
G92	00	坐标系设定
G94	05	每分钟进给
G95		每转进给
G96	13	周速一定控制
G97		周速一定控制取消
G98	04	固定循环中起始点复位
G99		固定循环中 R 点复位

注：1. ☆记号的G代码在电源开时是这个状态。对G20和G21，保持电源关以前的G代码。G00、G01、G90、G91可用参数设定选择。

2. 群00的G码不是状态G码。它们仅在所指定的单步有效。

3. 如果输入的G码一览表中未列入的G码，或指令系统中无特殊功能的G码会显示警示（No.010）。

4. 在同一单步中可指定几个G码。同一单步中指定同一群G码一个以上时，最后指定的G码有效。

5. 如果在固定循环模式中指定群01的任何G代码，固定循环会自动取消，成为G80状态。但是01群的G码不受任何固定循环的G码的影响。

M码功能说明见表1-3。

表1-3 M码功能说明

M00	程序暂停	M08	冷却液开
M01	选择性停止	M09	关闭冷却
M02	程序结束且重置	M19	主轴定位
M03	主轴正转	M29	刚性攻螺纹
M04	主轴反转	M30	程式结束重置且回到程序起点
M05	主轴旋转停止	M98	呼叫子程序
M06	主轴自动换刀	M99	返回主程序
M07	气冷开		

1.2 SIEMENS系统数控加工中心程序编制基础

下面对SIEMENS系统数控加工中心编程技术进行介绍，读者通过学习，将对SIEMENS系统数控加工中心编程指令了解和熟悉。

1.2.1 平面选择：G17、G18、G19

（1）指令功能

① 确定圆弧插补平面，并影响圆弧插补时圆弧方向（顺时针和逆时针）的定义。

② 确定刀具半径补偿的坐标平面。

③ 确定刀具长度补偿的坐标轴。

④ 影响倒角、倒圆指令的坐标平面。

（2）指令格式

G17；　　*XY* 平面选择

G18；　　*ZX* 平面选择

G19；　　*YZ* 平面选择

（3）参数说明

该指令无参数。

（4）使用说明

① 在计算刀具长度补偿和刀具半径补偿时必须首先确定一个平面，即确定一个两坐标轴的坐标平面，这一平面不仅是可以进行刀具半径补偿的平面，另外也影响根据不同的刀具类型（铣刀，钻头，车刀等）进行相应的刀具长度补偿时的坐标轴。对于钻头和铣刀，长度补偿的坐标轴为所选平面的垂直坐标轴；对于车刀构成当前平面的两个坐标轴就是车刀的长度补偿坐标轴。

② 同样，平面选择的不同也影响圆弧插补时圆弧方向的定义：顺时针和逆时针。

③ G17、G18、G19 为同组的模态 G 指令，数控铣床一般设定开机后的默认状态为 G17。设定或编程的坐标平面称为当前平面。

指令对应的平面横、纵坐标轴和垂直坐标轴如表 1-4 所示（见图 1-21）。

表 1-4 各指令对应的平面横、纵坐标轴和垂直坐标轴

G 功能	平面 （横坐标/纵坐标）	垂直坐标轴 （在钻削/铣削时的长度补偿轴）
G17	*X/Y*	*Z*
G18	*Z/X*	Y
G19	*Y/Z*	*X*

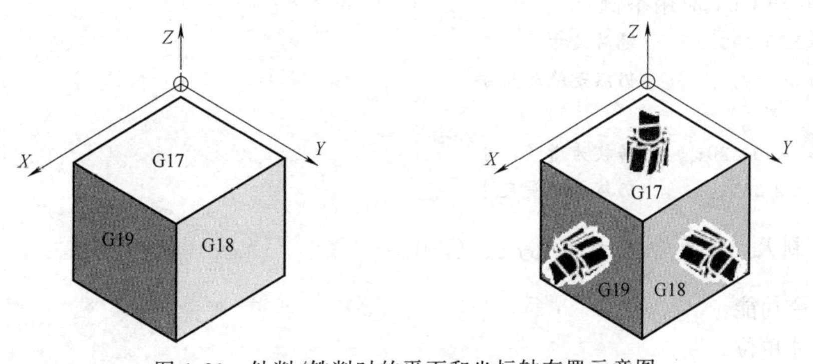

图 1-21 钻削/铣削时的平面和坐标轴布置示意图

（5）编程举例

```
N10 G170 T__ D__ M__;          选择 X/Y 平面
```

N20 __X__Y__Z__；　　　　　Z轴方向上刀具长度补偿

1.2.2 绝对和增量位置数据G90、G91

(1) 指令功能

确定当前尺寸数据的类型。

(2) 指令格式

G90；绝对尺寸［见图1-22（a）］

G91；增量尺寸［见图1-22（b）］

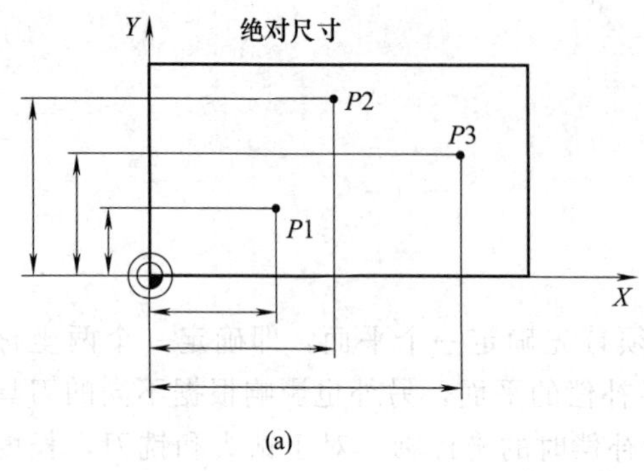

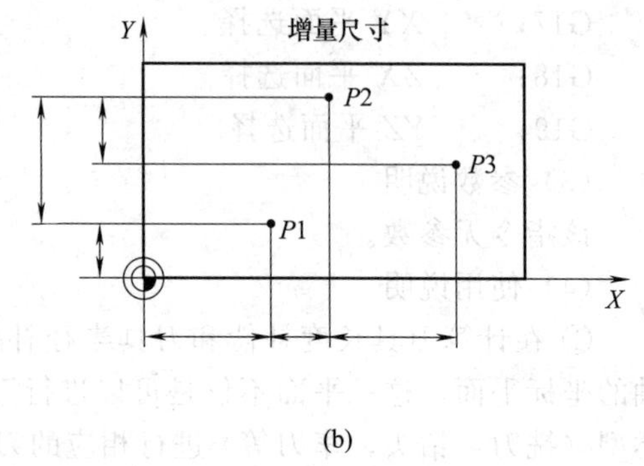

图1-22 绝对尺寸与增量尺寸

(3) 参数说明

该指令无参数。

(4) 使用说明

① G90和G91指令分别对应着绝对位置数据输入和增量位置数据输入。其中G90表示坐标系中目标点的坐标尺寸，G91表示待运行的位移量。G90/G91适用于所有坐标轴。

② 程序启动后G90适用于所有坐标轴，并且一直有效，直到在后面的程序段中由G91（增量位置数据输入）替代为止（模态有效），反之也相同，即G90和G91为同组的模态G指令。

③ 绝对位置数据输入中尺寸取决于当前坐标系（工件坐标系或机床坐标系）的零点位置。零点偏置有以下几种情况：可编程零点偏置，可设定零点偏置或者没有零点偏置。

④ 机床启动后的基本状态可由机床数据设定，一般为G90状态。

(5) G90和G91应用举例

```
N10 G90 X20 Z90;        绝对尺寸
N20 X75 Z- 32;          仍然是绝对尺寸
...
N180 G91 X40 Z20;       转换为增量尺寸
N190 X- 12 Z17;         仍然是增量尺寸
```

1.2.3 公制尺寸/英制尺寸：G71、G70

(1) 指令功能

设定尺寸单位。

(2) 指令格式

G70；　　英制尺寸

G71；　　公制尺寸

（3）参数说明

该指令无参数。

（4）使用说明

① 可用G70或G71编程所有与工件直接相关的几何数据，比如：

a. 在G0、G1、G2、G3、G33功能下的位置数据X，Y，Z；

b. 插补参数I、J、K（也包括螺距）；

c. 圆弧半径CR；

d. 可编程的零点偏置（G158）。

② 所有其他与工件没有直接关系的几何数值，诸如进给率、刀具补偿、可设定的零点偏置，它们与G70/G71的编程状态无关，只与设定的基本状态有关。

③ 基本状态可以通过机床数据设定。系统根据所设定的状态把所有的几何值转换为公制尺寸或英制尺寸（这里刀具补偿值和可设定零点偏置值也作为几何尺寸）。同样，进给率F的单位分别为mm/min或in/min。本书中所给出的例子均以基本状态为公制尺寸作为前提条件。另外，需要说明的是，在引入了公、英制后，给加工一些外贸件带来了方便，不必为单位转换而大伤脑筋了。

（5）编程举例

```
N10 G70 X10 Z30;          英制尺寸
N20 X40 Z50;              G70继续有效
…
N80 G71 X19 Z17.3;        开始公制尺寸
…
```

1.2.4　可设定的零点偏置：G54～G59

（1）指令功能

可设定的零点偏置给出工件零点在机床坐标系中的位置（工件零点以机床零点为基准移动）。当工件装夹到机床上后求出偏移量，并通过操作面板输入到规定的数据区。程序可以选择相应的G功能G54～G59激活此值，从而建立工件坐标系，使工件在机床上有一个确定的位置。

（2）指令格式

G54；　　第一可设定零点偏置

G55；　　第二可设定零点偏置

G56；　　第三可设定零点偏置

G57；　　第四可设定零点偏置

G58；　　第五可设定零点偏置

G59；　　第六可设定零点偏置

（3）参数说明

该指令的参数由机床操作面板输入，输入值为零点偏移矢量在各坐标轴上的分量。在编程时此指令无参数。

（4）使用说明

可设定的零点偏置给出工件零点在机床坐标系中的位置（工件零点以机床参考零点为基准的偏移量）。当工件装夹到机床上后通过试切、测量等操作，求出偏移量，并通过操作面板输入到规定的数据区。程序可以通过选择相应的 G 功能 G54～G59 激活这些参数，从而使刀具以工件坐标系内的尺寸坐标运行。图 1-23 为可设定零点偏置示意图。图 1-24 表示同时安装多个工件时可为每一个工件设定一个零点偏置，这样一来，可以充分利用数控机床工作台的有限空间，提高加工效率。

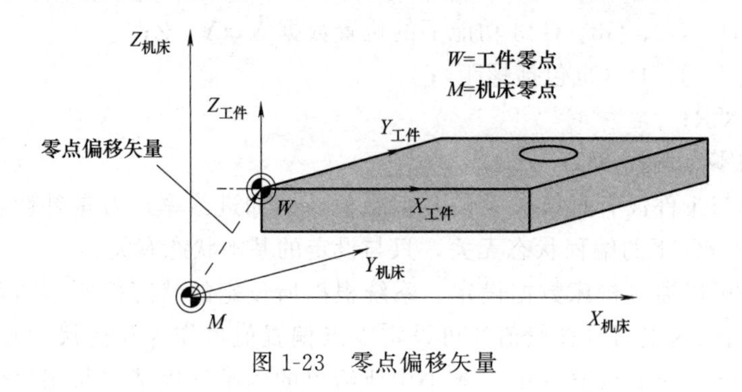

图 1-23 零点偏移矢量

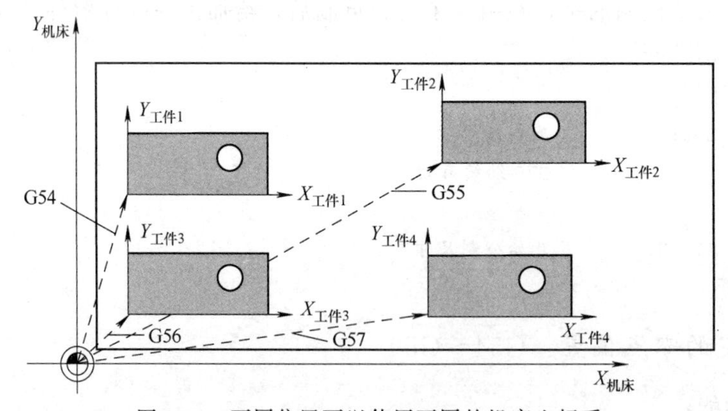

图 1-24 不同位置可以使用不同的机床坐标系

(5) 编程举例

```
N10 G54…;     调用第一可设定零点偏置
N20 L47;      加工工件 1,此处作为 L47 调用
N30 G55…;     调用第二可设定零点偏置
N40 L47;      加工工件 2,此处作为 L47 调用
N50 G56…;     调用第三可设定零点偏置
N60 L47;      加工工件 3,此处作为 L47 调用
N70 G57…;     调用第四可设定零点偏置
N80 L47;      加工工件 4,此处作为 L47 调用
```

1.2.5 辅助功能——M 指令

辅助功能指令是控制机床“开—关”功能的指令，主要用于完成机床加工时的辅助工作和状态控制，本节详细说明各 M 指令的功能和使用情况。

SIEMENS 系统允许在一个程序段中最多可以有 5 个 M 功能。

当 M 指令与坐标轴运动指令编写在同一程序段时，有两种可能的执行情况。

① 和坐标轴移动指令同时执行的 M 指令，称为“前指令”。

② 直到坐标轴移动指令完成后再执行的 M 指令，称为“后指令”。

若特意要某M指令在坐标轴移动指令之前或之后执行，则需要为这个M指令单独编写一个程序段。

（1）M0

① 指令功能：程序停止。

② 使用说明如下。

a. M0使进给、主轴和冷却液都停止。但主轴停止和冷却液停止是机床生产厂家决定的，是否如此，还要看具体的机床。

b. M0指令常用于零件加工过程中需要停机进行中间检验的情况。

c. M0为后指令。

d. 执行M0使程序停止后，按机床面板上“启动”按钮可使机床恢复运行。

注意：SIEMENS系统指令字中数值的前导零可省略，所以M0与M00为同一指令，后同。

（2）M1

① 指令功能：程序计划停止。

② 使用说明如下。

a. 与M0一样使进给、主轴和冷却液都停止，但仅在“条件停（M1）有效”功能被软键或接口信号触发后才生效（参见“数控操作”的有关章节）。

b. M1指令常用于首个零件加工过程中需要停机进行中间检验的情况。

c. M1为后指令。

（3）M2

① 指令功能：程序结束。

② 使用说明如下。

a. 每一个程序的结束都要编写该指令，表明程序已结束。

b. M2使进给、主轴和冷却液都停止。

c. M2为后指令。

（4）M3、M4

① 指令功能：主轴顺时针旋转、主轴逆时针旋转。

② 使用说明如下。

a. 指令启动主轴顺时针（逆时针）旋转，以主轴轴线垂直的平面上刀具相对于工件旋转的方向来判定方向的。

b. M3、M4为前指令。在主轴启动后，坐标轴才开始移动。

（5）M5

① 指令功能：主轴停止。

② 使用说明如下。

a. 该指令使主轴停止旋转。

b. M5为前指令。但坐标轴并不等待主轴完全停止才移动。

（6）M6

① 指令功能：更换刀具。

② 使用说明如下。

a. 在机床数据有效时用M6更换刀具，其他情况下直接用T指令进行。

b. 对于没有自动换刀装置的数控铣床，则不能使用该指令。

（7）M7、M8、M9

① 指令功能：打开、关闭冷却液。

② 使用说明如下。

a. M8 打开 1 号冷却液，M7 打开 2 号冷却液，M9 关闭冷却液。

b. 机床是否具有冷却液功能，由机床生产厂家设定。

1.2.6 主轴转速功能——S 指令

（1）指令功能

① 当机床具有受控主轴时，主轴的转速可以编程在地址 S 下。

② S 指令由地址 S 及后面的数字组成，单位“r/min”（数控铣床中的主轴转速只有这一种）。机床所能达到的转速范围依机床不同而不同。

③ 旋转方向通过 M 指令规定。

（2）相关说明

① 特殊说明：在 S 值取整情况下可以去除小数点后面的数据，比如 S270。

② 使用说明：如果在程序段中不仅有 M3 或 M4 指令，而且还写有坐标轴运行指令，则 M 指令在坐标轴运行之前生效。只有在主轴启动之后，坐标轴才开始运行。

（3）使用举例

```
N10 G1 X70 Z20 F300 S270 M3;    在 X、Z 轴运行之前,主轴以 270r/min 启动,方向顺时针
…
N80 S450;                       改变转速
…
N170 G0 Z180 M5;                Z 轴运行,主轴停止
```

1.2.7 进给功能——F 指令

（1）指令功能

进给率 F 是刀具轨迹速度，它是所有移动坐标轴速度的矢量和。坐标轴速度是刀具轨迹速度在坐标轴上的分量。

（2）指令格式：F __

（3）使用说明

① 它是所有移动坐标轴速度的矢量和。坐标轴速度是刀具轨迹速度在各坐标轴上的分量。

② 进给率 F 在 G1、G2、G3、G5 插补方式中生效，并且一直有效，直到被一个新的地址 F 取代为止。

③ 在取整数值方式下可以取消小数点后面的数据，如 F300。

④ F 的单位由 G94、G95 指令确定。

G94 ；直线进给率 mm/min

G95 ；旋转进给率 mm/r（只有主轴旋转才有意义）

（4）注意事项

① G94 为机床的默认状态；

② G94 和 G95 更换时要求写入一个新的 F 指令。

（5）使用举例

```
N10 G94 F200;       进给率 200mm/min
…
N110 S200 M3;       主轴旋转
N120 G95 F0.5;      进给率 0.5mm/r
```

1.2.8 快速线性移动：G0

(1) 指令功能

用于快速定位刀具，不能用于对工件的加工。

(2) 指令格式

G0 X __ Y __ Z __；

(3) 参数说明

X __ Y __ Z __为目标点的坐标值，某一坐标值在移动前后不产生变化时可被省略。

(4) 使用说明

① G0 指令下的刀具移动，F 指令无效，每一个坐标轴的移动速度由机床数据确定。

② 如果快速移动同时在两个轴上执行，则移动速度为保持线性运动时两个轴可能的最大速度（有的数控系统是两轴分别以最大速度运行，轨迹可能是折线）。

③ G0 一直有效，直到被同组中其他的指令（G1，G2，G3，…）取代为止。

(5) 使用举例

如图 1-25 所示，刀具由 *A* 点快速移动到 *B* 点，再移动到 *C* 点。

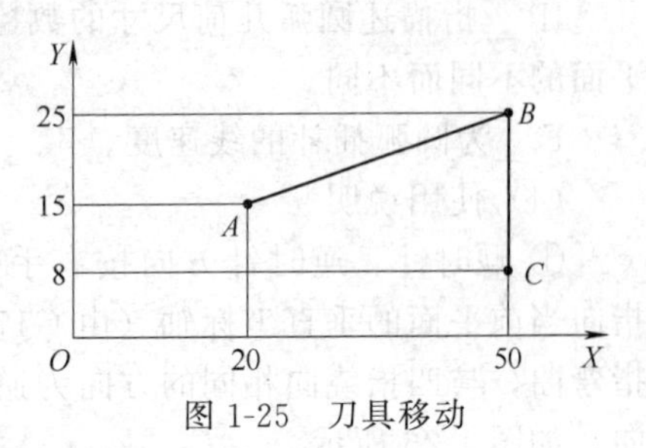

图 1-25 刀具移动

绝对尺寸方式：

```
G90 G0 X50 Y25;移动到 B 点
Y8;移动到 C 点
```

增量尺寸方式：

```
G 91 G0 X30 Y10;移动到 B 点
Y- 17;移动到 C 点
```

注意：

绝对尺寸方式编程时，坐标相同的可以省略；

增量尺寸方式编程时，增量为零的可以省略。

1.2.9 直线插补指令：G1

(1) 指令功能

使刀具沿直线从起始点移动到目标位置，并按 F 指令编程的进给速度运行。

(2) 指令格式

G1 X __ Y __ Z __ F __；

(3) 参数说明：

X __ Y __ Z __为终点的坐标值，某一坐标值在移动前后不产生变化时可被省略。

F __为进给速度，单位为 mm/min 或 mm/r。

(4) 使用说明

① G1 指令使刀具严格按直线移动，主要用于刀具切削工件。

② 切削工件时，主轴必须旋转。

③ F 指令的速度为操作面板上进给速度修调开关设定为 100%时，沿运动方向的速度，各坐标轴的速度为此速度在各坐标轴上的分量。

④ G1 一直有效，直到被同组中其他的指令（G0，G2，G3，…）取代为止。

(5) 使用举例

如图 1-25 所示，刀具由 *A* 点以 50mm/min 的工进速度移动到 *B* 点，再移动到 *C* 点。

绝对尺寸方式：

增量尺寸方式：

```
G90 G1 X50 Y25 F50 ;                    G91 G1 X30 Y10 F50 ;
Y8;                                     Y- 17;
```

1.2.10 圆弧插补指令：G2、G3

（1）指令功能

使刀具沿圆弧轨迹从起始点移动到终点。用于加工具有圆形轮廓的零件表面。

（2）指令格式

G2 IP～ F __；顺时针方向圆弧插补

G3 IP～ F __；逆时针方向圆弧插补

（3）参数说明

IP __指描述圆弧几何尺寸的数控指令，依圆弧表示方式和当前平面的不同而不同。

F __为圆弧插补的线速度。

（4）使用说明

① 顺时针、逆时针方向按右手螺旋定则判断：用右手大拇指指向当前平面的垂直坐标轴（由 G17～G19 指令确定）的正向，四指弯曲，与四指绕向相同的方向为逆时针方向，相反的为顺时针方向，如图 1-26 所示。

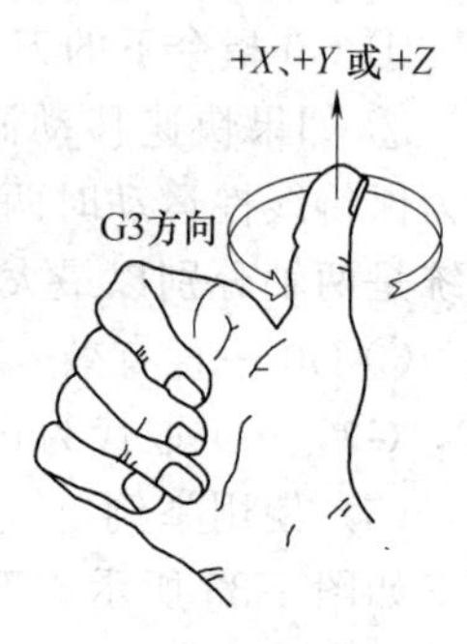

图 1-26 圆弧插补方向判断示意图

三个平面上的圆弧插补方向见图 1-27。

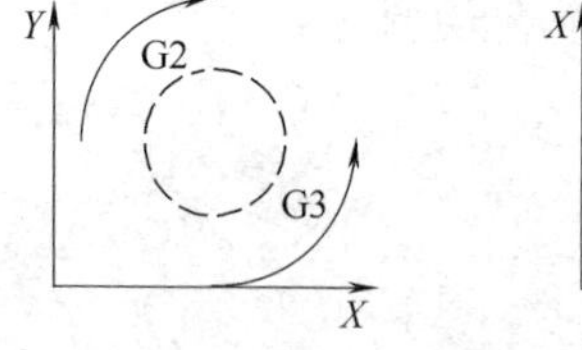

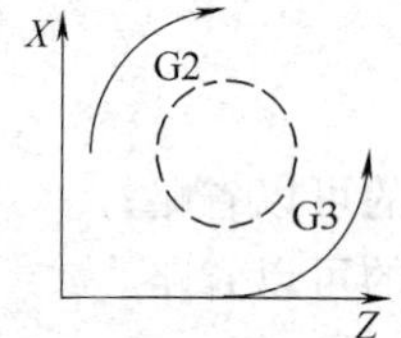

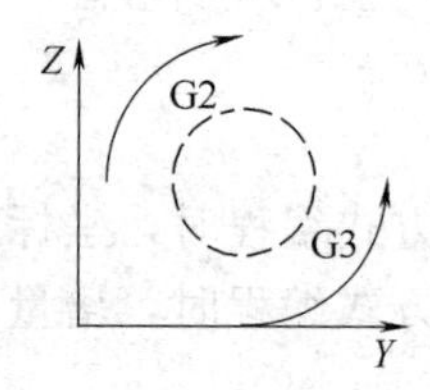

图 1-27 不同坐标平面圆弧插补方向示意图

② G2 和 G3 一直有效，直到被同组中其他的 G 指令（G0，G1，…）取代为止。

③ 圆弧插补的表示方式有以下几种（见图 1-28）。

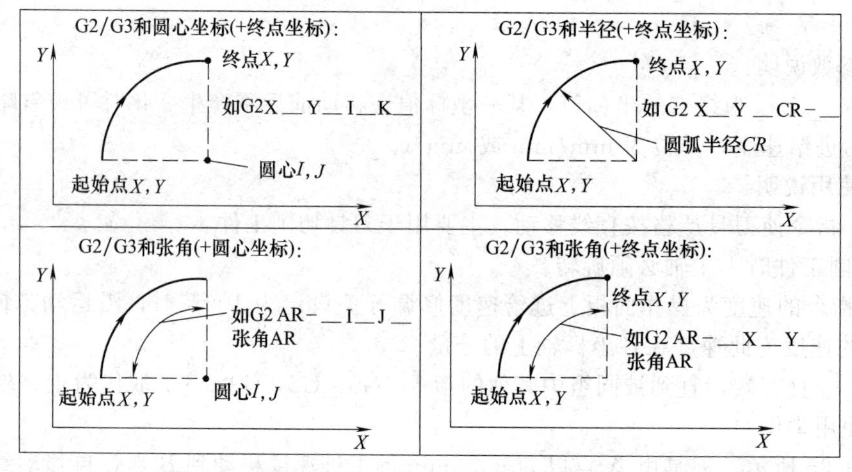

图 1-28 X/Y 平面内，G2/G3 圆弧编程的几种方式

注意：G2/G3也可以通过下面的方法来判断，即沿圆弧所在平面垂直轴的负方向看，顺时针方向为G2，逆时针方向为G3。

1.2.11　倒角和倒圆指令

（1）指令功能

在一个轮廓拐角处可以插入倒角或倒圆。

（2）指令格式

CHF=__；插入倒角，数值：倒角长度。

RND=__；插入倒圆，数值：倒圆半径。

（3）使用说明

指令CHF=__或者RND=__必须写入加工拐角的两个程序段中的第一个程序段中。

① 倒角CHF=__直线轮廓之间、圆弧轮廓之间以及直线轮廓和圆弧轮廓之间加入一直线并倒去棱角。图1-29所示为倒角的应用示例。

倒角编程举例（如图1-30）：

```
N10 G1 X50 Y40 CHF= 2.828 ;倒角
N20 Y10;
…
```

图1-29　倒角

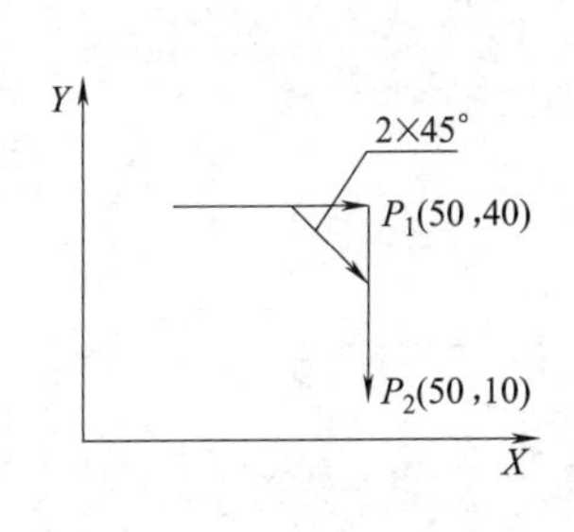

图1-30　倒角举例

② 倒圆RND =__直线轮廓之间、圆弧轮廓之间以及直线轮廓和圆弧轮廓之间加入一圆弧，圆弧与轮廓进行切线过渡。

倒圆编程举例（如图1-31）：

```
N10 G1 X __ RND= 8 ;倒圆,半径 8mm。
N20 X __ Y __;
…
N50 G1 X __ RND= 7.3 ;倒圆,半径 7.3mm
N60 G3 X __ Y __;
```

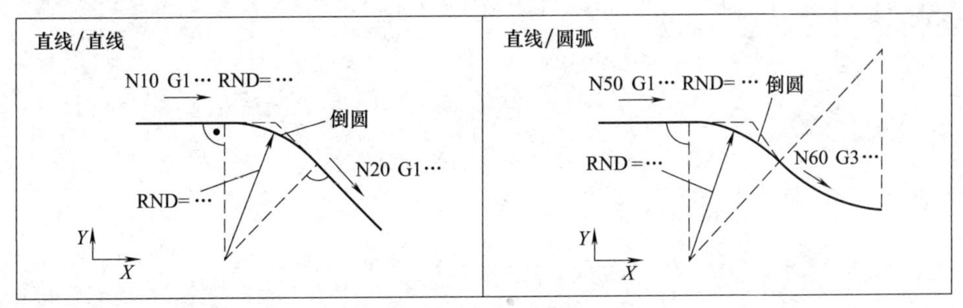

图1-31　倒圆举例

（4）使用说明

在当前的平面（G17～G19）中执行倒圆/倒角功能。与倒圆/倒角指令共段的坐标轴移动指令的终点坐标和倒角长度或倒圆半径的大小无关。

（5）注意事项

如果其中一个程序段轮廓长度不够，则在倒圆或倒角时会自动削减编程值。

在下面情况下不可以进行倒角/倒圆。

① 如果超过 3 个连续编程的程序段中不含当前平面中移动指令。

② 进行平面转换时。

第2章

加工中心工艺分析

加工中心是在数控铣床的基础上发展来的。早期的加工中心就是指配有自动换刀装置和刀库，并能在加工过程中实现自动换刀的数控镗铣床，所以它和数控铣床有很多相似之处，不过它的结构和控制系统功能都比数控铣床复杂得多。通过在刀库上安装不同用途的刀具，加工中心可在一次装夹中实现零件的铣、钻、镗、铰、攻螺纹等多种加工过程。现在加工中心的刀库容量越来越大，换刀时间越来越短，功能不断增强，还出现了建立在数控车床基础上的车削加工中心。随着工业的发展，加工中心将逐渐取代数控铣床，成为一种主要的加工机床。

本章重点对加工中心工艺进行分析。

2.1 加工中心的工艺特点

归纳起来，加工中心加工有如下工艺特点。

① 可减少工件的装夹次数，消除因多次装夹带来的定位误差，提高加工精度。当零件各加工部位的位置精度要求较高时，采用加工中心加工能在一次装夹中将各个部位加工出来，避免了工件多次装夹所带来的定位误差，既有利于保证各加工部位的位置精度要求，同时可减少装卸工件的辅助时间，节省大量的专用和通用工艺装备，降低生产成本。

② 可减少机床数量，并相应减少操作工人，节省占用的车间面积。

③ 可减少周转次数和运输工作量，缩短生产周期。

④ 在制品数量少，简化生产调度和管理。

⑤ 使用各种刀具进行多工序集中加工，在进行工艺设计时要处理好刀具在换刀及加工时与工件、夹具甚至机床相关部位的干涉问题。

⑥ 若在加工中心上连续进行粗加工和精加工，夹具既要能适应粗加工时切削力大、高刚度、夹紧力大的要求，又需适应精加工时定位精度高、零件夹紧变形尽可能小的要求。

⑦ 由于采用自动换刀和自动回转工作台进行多工位加工，决定了卧式加工中心只能进行悬臂加工。由于不能在加工中设置支架等辅助装置，应尽量使用刚性好的刀具，并解决刀具的振动和稳定性问题。另外，由于加工中心是通过自动换刀来实现工序或工步集中的，因此受刀库、机械手的限制，刀具的直径、长度、重量一般都不允许超过机床说明书所规定的范围。

⑧ 多工序的集中加工，要及时处理切屑。

⑨ 在将毛坯加工为成品的过程中，零件不能进行时效，内应力难以消除。

⑩ 技术复杂，对使用、维修、管理要求较高。

⑪ 加工中心一次性投资大，还需配置其他辅助装置，如刀具预调设备、数控工具系统或三坐标测量机等，机床的加工工时费用高，如果零件选择不当，会增加加工成本。

2.2 加工中心的工艺路线设计

设计加工中心加工零件的工艺路线时，还要根据企业现有的加工中心机床和其他机床的构成情况，本着经济合理的原则，安排加工中心的加工顺序，以期最大限度地发挥加工中心的作用。

在目前国内很多企业中，由于多种原因，加工中心仅被当作数控铣床使用，且多为单机作业，远远没有发挥出加工中心的优势。从加工中心的特点来看，由若干台加工中心配上托盘交换系统构成柔性制造单元（FMC)，再由若干个柔性制造单元可以发展组成柔性制造系统（FMS)，加工中小批量的精密复杂零件，就最能发挥加工中心的优势与长处，获得更显著的技术经济效益。

单台加工中心或多台加工中心构成的FMC或FMS，在工艺设计上有较大的差别。

（1）单台加工中心

其工艺设计与数控铣床相类似，主要注意以下方面。

① 安排加工顺序时，要根据工件的毛坯种类，现有加工中心机床的种类、构成和应用习惯，确定零件是否要进行加工中心工序前的预加工以及后续加工。

② 要照顾各个方向的尺寸，留给加工中心的余量要充分且均匀。通常直径小于30mm的孔的粗、精加工均可在加工中心上完成；直径大于30mm的孔，粗加工可在普通机床上完成，留给加工中心的加工余量一般为直径方向4～6mm。

③ 最好在加工中心上一次定位装夹中完成预加工面在内的所有内容。如果非要分两台机床完成，则最好留一定的精加工余量。或者，使该预加工面与加工中心工序的定位基准有一定的尺寸精度和位置精度要求。

④ 加工质量要求较高的零件，应尽量将粗、精加工分开进行。如果零件加工精度要求不高，或新产品试制中属单件或小批，也可把粗、精加工合并进行。在加工较大零件时，工件运输、装夹很费工时，经综合比较，在一台机床上完成某些表面的粗、精加工，并不会明显发生各种变形时，粗、精加工也可在同一台机床上完成，但粗、精加工应划成两个工步分别完成。

⑤ 在具有良好冷却系统的加工中心上，可一次或两次装夹完成全部粗、精加工工序。对刚性较差的零件，可采取相应的工艺措施和合理的切削参数，控制加工变形，并使用适当的夹紧力。

一般情况下，箱体零件加工可参考的加工方案为：铣大平面→粗镗孔→半精镗孔→立铣刀加工→打中心孔→钻孔、铰孔→攻螺纹→精镗、精铣等。

（2）多台加工中心构成的FMC或FMS

当加工中心处在FMC或FMS中时，其工艺设计应着重考虑每台加工设备的加工负荷、生产节拍、加工要求的保证以及工件的流动路线等问题，并协调好刀具的使用，充分利用固定循环、宏指令和子程序等简化程序的编制。对于各加工中心的工艺安排，一般通过FMC

或FMS中的工艺决策模块（工艺调度）来完成。

2.3 加工中心的工步设计

设计加工中心机床的加工工艺实际就是设计各表面的加工工步。在设计加工中心工步时，主要从精度和效率两方面考虑。理想的加工工艺不仅应保证加工出符合图纸要求的合格工件，同时应能使加工中心机床的功能得到合理应用与充分发挥，主要有以下方面。

① 同一加工表面按粗加工、半精加工、精加工次序完成，或全部加工表面按先粗加工，然后半精加工、精加工分开进行。加工尺寸公差要求较高时，考虑零件尺寸、精度、零件刚性和变形等因素，可采用前者；加工位置公差要求较高时，采用后者。

② 对于既要铣面又要镗孔的零件，如各种发动机箱体，可以先铣面后镗孔。按这种方法划分工步，可以提高孔的加工精度。铣削时，切削力较大，工件易发生变形。先铣面后镗孔，使其有一段时间的恢复，可减少由变形对孔的精度的影响。反之，如果先镗孔后铣面，则铣削时，必然在孔口产生飞边、毛刺，从而破坏孔的精度。

③ 相同工位集中加工，应尽量按就近位置加工，以缩短刀具移动距离，减少空运行时间。

④ 按所用刀具划分工步。如某些机床工作台回转时间比换刀时间短，在不影响精度的前提下，为了减少换刀次数，减少空行程，减少不必要的定位误差，可以采取刀具集中工序，也就是用同一把刀把零件上相同的部位都加工完，再换第二把刀。

⑤ 当加工工件批量较大而工序又不太长时，可在工作台上一次装夹多个工件同时加工，以减少换刀次数。

⑥ 考虑到加工中存在着重复定位误差，对于同轴度要求很高的孔系，就不能采取原则④，应该在一次定位后，通过顺序连续换刀，顺序连续加工完该同轴孔系的全部孔后，再加工其他坐标位置孔，以提高孔系同轴度。

⑦ 在一次定位装夹中，尽可能完成所有能够加工的表面。

实际生产中，应根据具体情况，综合运用以上原则，从而制定出较完善、合理的加工中心切削工艺。

2.4 工件的定位与装夹

（1）加工中心定位基准的选择

合理选择定位基准对保证加工中心的加工精度，对提高加工中心的生产效率有着重要的作用。确定零件的定位基准，应遵循下列原则。

① 尽量使定位基准与设计基准重合　选择定位基准与设计基准重合，不仅可以避免因基准不重合而引起的定位误差，提高零件的加工精度，而且还可减少尺寸链的计算，简化编程。同时，还可避免精加工后的零件再经过多次非重要尺寸的加工。

② 保证零件在一次装夹中完成尽可能多的加工内容　零件在一次装夹定位后，要求尽可能多的表面被集中加工。如箱体零件，最好采用一面两销的定位方式，以便刀具对其他表面都能加工。

③ 确定设计基准与定位基准的形位公差范围　当零件的定位基准与设计基准难以重合

时，应认真分析装配图，理解该零件设计基准的设计意图，通过尺寸链的计算，严格规定定位基准与设计基准之间的形位公差范围，确保加工精度。对于带有自动测量功能的加工中心，可在工艺中安排测量检查工步，从而确保各加工部位与设计基准之间的集合关系。

④ 工件坐标系原点的确定　工件坐标系原点的确定主要应考虑便于编程和测量。确定定位基准时，不必与其原点一定重合，但应考虑坐标原点能否通过定位基准得到准确的测量，既得到准确的集合关系，同时兼顾到测量方法。如图 2-1 所示，零件在加工中心上加工 ϕ80H7 孔及 4×ϕ25H7孔时，4×ϕ25H7 孔以 ϕ80H7 孔为基准，编程原点应选在 ϕ80H7 孔中心上。定位基准为 A、B 两面。这种加工方案虽然定位基准与编程原点不重合，但仍然能够保证各项精度。反之，如果将编程原点也选在 A、B 上（即 P 点），则计算复杂，编程不便。

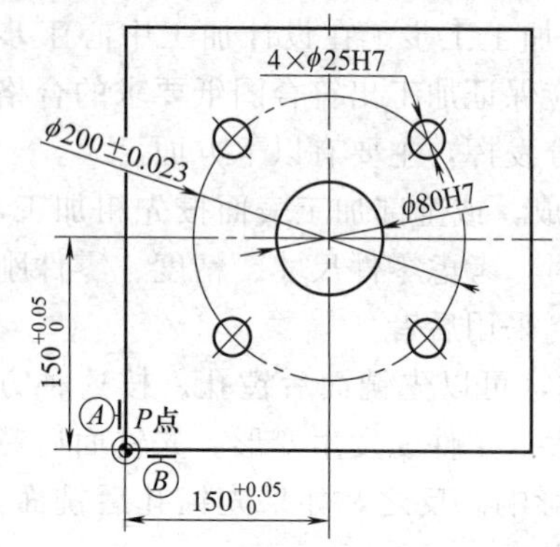

图 2-1　工件坐标系原点的确定

⑤ 一次装夹就能够完成全部关键精度部位的加工。为了避免精加工后的零件再经过多次非重要的尺寸加工，多次周转，造成零件变形、磕碰划伤，在考虑一次完成尽可能多的加工内容（如螺孔，自由孔，倒角，非重要表面等）的同时，一般将加工中心上完成的工序安排在最后。

⑥ 当在加工中心上既加工基准又完成各工位的加工时，其定位基准的选择需考虑完成尽可能多的加工内容。为此，要考虑便于各个表面都能被加工的定位方式，如对于箱体，最好采用一面两销的定位方式，以便刀具对其他表面进行加工。

⑦ 当零件的定位基准与设计基准难以重合时，应认真分析装配图纸，确定该零件设计基准的设计功能，通过尺寸链的计算，严格规定定位基准与设计基准间的公差范围，确保加工精度。对于带有自动测量功能的加工中心，可在工艺中安排坐标系测量检查工步，即每个零件加工前由程序自动控制用测头检测设计基准，系统自动计算并修正坐标系，从而确保各加工部位与设计基准间的几何关系。

（2）加工中心夹具的选择和使用

加工中心夹具的选择和使用，主要有以下几方面。

① 根据加工中心机床特点和加工需要，目前常用的夹具类型有专用夹具、组合夹具、可调夹具、成组夹具以及工件统一基准定位装夹系统。在选择时要综合考虑各种因素，选择较经济、较合理的夹具形式。一般夹具的选择顺序是：在单件生产中尽可能采用通用夹具；批量生产时优先考虑组合夹具，其次考虑可调夹具，最后考虑成组夹具和专用夹具；当装夹精度要求很高时，可配置工件统一基准定位装夹系统。

② 加工中心的高柔性要求其夹具比普通机床结构更紧凑、简单，夹紧动作更迅速、准确，尽量减少辅助时间，操作更方便、省力、安全，而且要保证足够的刚性，能灵活多变。因此常采用气动、液压夹紧装置。

③ 为保持工件在本次定位装夹中所有需要完成的待加工面充分暴露在外，夹具要尽量敞开，夹紧元件的空间位置能低则低，必须给刀具运动轨迹留有空间。夹具不能和各工步刀具轨迹发生干涉。当箱体外部没有合适的夹紧位置时，可以利用内部空间来安排夹紧装置。

④ 考虑机床主轴与工作台面之间的最小距离和刀具的装夹长度，夹具在机床工作台上的安装位置应确保在主轴的行程范围内能使工件的加工内容全部完成。

⑤ 自动换刀和交换工作台时不能与夹具或工件发生干涉。

⑥ 有些时候，夹具上的定位块是安装工件时使用的，在加工过程中，为满足前后左右

各个工位的加工，防止干涉，工件夹紧后即可拆去。对此，要考虑拆除定位元件后，工件定位精度的保持问题。

⑦ 尽量不要在加工中途更换夹紧点。当非要更换夹紧点时，要特别注意不能因更换夹紧点而破坏定位精度，必要时应在工艺文件中注明。

总之，在加工中心上选择夹具时，应根据零件的精度和结构以及批量因素，进行综合考虑。一般选择夹具的顺序是：优先考虑组合夹具，其次考虑可调整夹具，最后考虑专用夹具和成组夹具。

（3）确定零件在机床工作台上的最佳位置

在卧式加工中心上加工零件时，工作台要带着工件旋转，进行多工位加工，就要考虑零件（包括夹具）在机床工作台上的最佳位置，该位置是在技术准备过程中根据机床行程，考虑各种干涉情况，优化匹配各部位刀具长度而确定的。如果考虑不周，将会造成机床超程，需要更换刀具，重新试切，影响加工精度和加工效率，也增大了出现废品的可能性。

加工中心具有的自动换刀功能决定了其最大的弱点是刀具悬臂式加工，在加工过程中不能设置镗模、支架等。因此，在进行多工位零件的加工时，应综合计算各工位的各加工表面到机床主轴端面的距离以选择最佳的刀具长度，提高工艺系统的刚性，从而保证加工精度。

如某一工件的加工部位距工作台回转中心的 Z 向距离为 L_{zi}（工作台移动式机床，向主轴移动为正，背离主轴移动为负），加工该部位的刀具长度补偿（主轴端面与刀具端部之间的距离）为 H_i，机床主轴端面到工作台回转中心的最小距离为 Z_{min}，最大距离为 Z_{max}，则确定加工的刀辅具长度时，应满足下面两式。

$$H_i > Z_{min} - L_{zi} \tag{2-1}$$

$$H_i < Z_{max} - L_{zi} \tag{2-2}$$

满足式（2-1）可以避免机床负向超程，满足式（2-2）可以避免机床正向超程。在满足以上两式的情况下，多工位加工时工件尽量位居工作台中间部位，而单工位加工或相邻两工位加工，则应将零件靠工作台一侧或一角安置，以减小刀具长度，提高工艺系统刚性。图 2-2 所示，工件 1 加工 A 面上孔为单工位加工，图 2-2 中，工件 2 上 B、C 面加工为相邻两工位加工。此外，确定工件在机床工作台上的位置时，还应能方便准确地测量各工位工件坐标系。

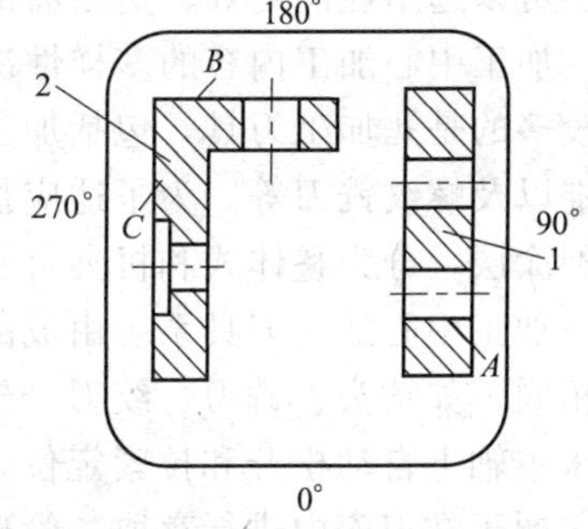

图 2-2　工件在工作台上的位置
1，2—工件

（4）零件的夹紧与安装

工件的夹紧对加工精度有较大的影响。在考虑夹紧方案时，夹紧力应力求靠近主要支承点上，或在支撑点所组成的三角内，并力求靠近切削部位及刚性好的地方，避免夹紧力落在工件的中空区域，尽量不要在被加工孔的上方。同时，必须保证最小的夹紧变形。加工中心上既有粗加工，又有精加工。零件在粗加工时，切削力大，需要大的夹紧力，精加工时为了保证加工精度，减少夹压变形，需要小的夹紧力。若采用单一的夹紧力，零件的变形不能很好控制时，可将粗、精加工工序分开，或在程序编制到精加工时使程序暂停，让操作者放松夹具后继续加工。另外还要考虑各个夹紧部件不要与加工部位和所用刀具发生干涉。

夹具在机床上的安装误差和工件在夹具中的定位、安装误差对加工精度将产生直接影响。即使程序原点与工件本身的基准点相符合，也要求工件对机床坐标轴线上的角度进行准确地调整。如果编程零点不是根据工件本身，而是按夹具的基准来测量，则在编制工艺文件时，根据零件的加工精度对装夹提出特殊要求。夹具中工件定位面的任何磨损以及任何污物都会引起加工误差，因此，操作者在装夹工件时一定要清洁定位表面，并按工艺文件上的要求找正定位面，使其在一定的精度范围内。另外夹具在机床上需准确安装。一般立式加工中心工作台面上有基准T形槽，卧式加工中心上有工作台转台中心定位孔、工作台侧面基准挡板等。夹具在工作台上利用这些定位元件安装，用螺栓或压板夹紧。

对个别装夹定位精度要求很高、批量又很小的工件，可用检测仪器在机床工作台上找正基准，然后设定工件坐标系进行加工，这样对每个工件都要有手工找正的辅助时间，但节省了夹具费用。有些机床上配置了接触式测头，找正工件的定位基准可用编制测量程序自动完成。

2.5 加工中心刀具系统

加工中心使用的刀具由刃具和刀柄两部分组成。刃具部分和通用刃具一样，如钻头、铣刀、铰刀、丝锥等。加工中心上自动换刀功能，刀柄要满足机床主轴的自动松开和拉紧定位，并能准确地安装各种切削刃具，适应机械手的夹持和搬运，适应在刀库中储存和识别等。

决定零件加工质量的重要因素是刀具的正确选择和使用，对成本昂贵的加工中心更要强调选用高性能刀具，充分发挥机床的效率，降低加工成本，提高加工精度。

为了提高生产率，国内外加工中心正向着高速、高刚性和大功率方向发展。这就要求刀具必须具有能够承受高速切削和强力切削的性能，而且要稳定。同一批刀具在切削性能和刀具寿命方面不得有较大差异。在选择刀具材料时，一般尽可能选用硬质合金刀具，精密镗孔等还可以选用性能更好、更耐磨的立方氮化硼和金刚石刀具。

加工中心加工内容的多样性决定了所使用刀具的种类很多，除铣刀以外，加工中心使用比较多的是孔加工刀具，包括加工各种大小孔径的麻花钻、扩孔钻、锪孔钻、铰刀、镗刀、丝锥以及螺纹铣刀等。为了适应加工要求，这些孔加工刀具一般都采用硬质合金材料且带有各种涂层，分为整体式和机夹可转位式两类。

加工中心加工刀具系统由成品刀具和标准刀柄两部分组成。其中成品刀具部分与通用刀具相同，如钻头、铣刀、绞刀、丝锥等。标准刀柄部分可满足机床自动换刀的需求：能够在机床主轴上自动松开和拉紧定位，并准确地安装各种刀具和检具，能适应机械手的装刀和卸刀，便于在刀库中进行存取、管理、搬运和识别等。

2.6 加工方法的选择

加工方法的选择原则是：保证加工表面的加工精度和表面粗糙度的要求。由于获得同一级精度及表面粗糙度的加工方法一般有许多，因而在实际选择时，要结合零件的形状、尺寸大小和热处理要求等全面考虑。例如，对于IT7级精度的孔采用镗削、铰削、磨削等加工方法均可达到精度要求，但箱体上的孔一般采用镗削或铰削，而不宜采用磨削。一般小尺寸的箱体孔选择铰孔，当孔径较大时则应选择镗孔。此外，还应考虑生产效率和经济性的要求，以及工厂的生产设备等实际情况。常用加工方法的加工精度及表面粗糙度可查阅有关工艺手册。

2.7 加工路线和切削用量的确定

加工路线和切削用量的确定是加工中心非常重要的一项技术环节，下面具体介绍。

2.7.1 加工路线的确定

在数控机床的加工过程中，每道工序加工路线的确定都非常重要，因为它与工件的加工精度和表面粗糙度直接相关。

在数控加工中，刀具刀位点相对于零件运动的轨迹即为加工路线。编程时，加工路线的确定原则主要有以下几点。

① 加工路线应保证被加工零件的精度和表面粗糙度，且效率较高。

② 使数值计算简便，以减少编程工作量。

③ 应使加工路线最短，这样既可减少程序段，又可减少空刀时间。

确定进给路线的工作重点，主要在于确定粗加工及空行程的进给路线，因精加工切削过程的进给路线基本上都是沿其零件轮廓顺序进行的。

进给路线泛指刀具从对刀点（或机床参考点）开始运动起，直至返回该点并结束加工程序所经过的路径，包括切削加工的路径及刀具引入、切出等非切削空行程。

在保证加工质量的前提下，使加工程序具有最短的进给路线，不仅可以节省整个加工过程的执行时间，还能减少一些不必要的刀具消耗及机床进给机构滑动部件的磨损等。

实现最短的进给路线，除了依靠大量的实践经验外，还应善于分析，必要时可辅以一些简单计算。现将实践中的部分设计方法或思路介绍如下。

(1) 最短的空行程路线

① 巧用起刀点　图 2-3 (a) 所示为采用矩形循环方式进行粗车的示例。其对刀点 A 的设定是考虑到精车等加工过程中需方便地换刀，故设置在离坯件较远的位置处，同时将起刀点与其对刀点重合在一起，按三刀粗车的进给路线安排如下：

第一刀为 $A—B—C—D—A$；

第二刀为 $A—E—F—G—A$；

第三刀为 $A—H—I—J—A$。

图 2-3 (b) 则是将起刀点与对刀点分离，并设于图示 B 点位置，仍按相同的切削量进行三刀粗车，其进给路线安排如下：

起刀点与对刀点分离的空行程为 $A—B$；

第一刀为 $B—C—D—E—B$；

第二刀为 $B—F—G—H—B$；

第三刀为 $B—I—J—K—B$。

显然，图 2-3 (b) 所示的进给路线短。该方法也可用在其他循环（如螺纹车削）指令格式的加工程序编制中。

② 巧设换（转）刀点　为了考虑换（转）刀的方便和安全，有时将换（转）刀点设置在离坯件较远的位置处 [图 2-3 (a) 中的 A 点]，那么，当换第二把刀后，进行精车时的空行程路线必然也较长；如果将第二把刀的换刀点设置在图 2-3 (b) 中的 B 点位置上，则可缩短空行程距离。

③ 合理安排“回参考点”路线　在合理安排“回参考点”路线时，应使其前一刀终点

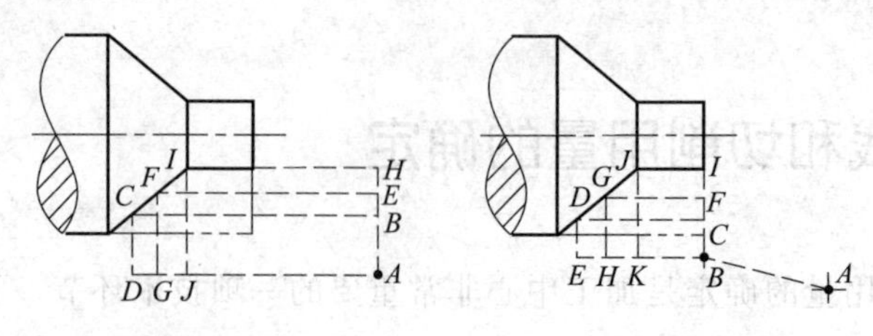

(a) 对刀点和起刀点重合　　(b) 对刀点和起刀点分离

图 2-3　巧用起刀点

与后一刀起点间的距离尽量缩短，或者为零，即可满足进给路线为最短的要求。

另外，在选择返回对刀点指令时，在不发生加工干涉现象的前提下，应尽量采用两坐标轴双向同时“回参考点”的指令，该指令功能的“回参考点”路线最短。

④ 巧排空程进给路线　对数控冲床、钻床等加工机床，其空程执行时间对生产效率的提高影响较大。例如在数控钻削如图 2-4（a）所示零件时，图 2-4（c）所示的空程进给路线，要比图 2-4（b）所示的常规的空程进给路线缩短一半左右。

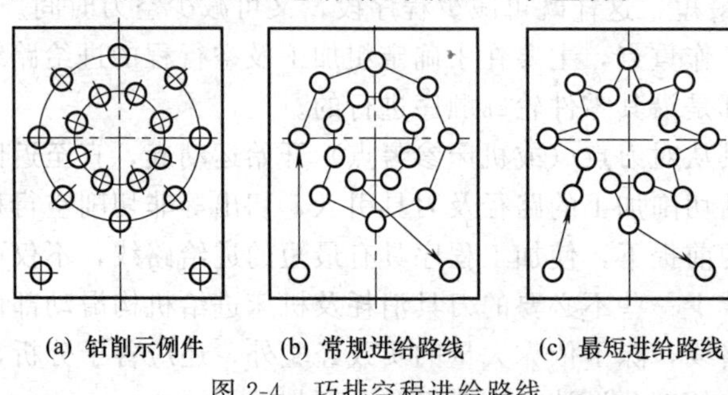

(a) 钻削示例件　　(b) 常规进给路线　　(c) 最短进给路线

图 2-4　巧排空程进给路线

（2）最短的切削进给路线

在安排粗加工或半精加工的切削进给路线时，应同时兼顾到被加工零件的刚性及加工的工艺性等要求，不要顾此失彼。

此外，确定加工路线时，还要考虑工件的加工余量和机床、刀具的刚度等情况，确定是一次进给还是多次进给来完成加工，以及在铣削加工中是采用顺铣还是采用逆铣等。

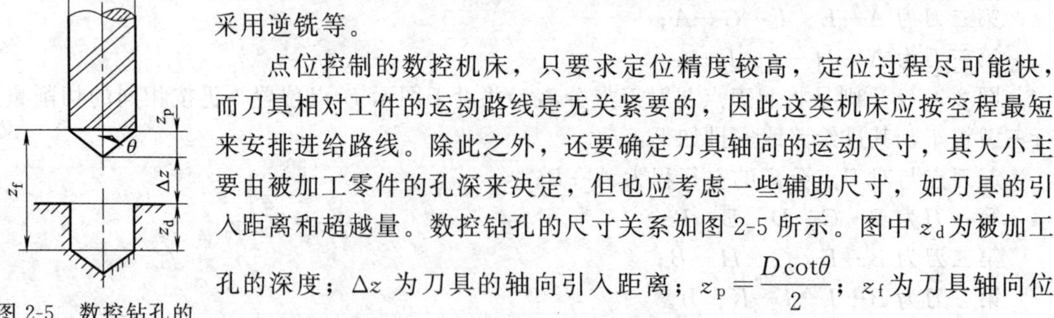

图 2-5　数控钻孔的尺寸关系

点位控制的数控机床，只要求定位精度较高，定位过程尽可能快，而刀具相对工件的运动路线是无关紧要的，因此这类机床应按空程最短来安排进给路线。除此之外，还要确定刀具轴向的运动尺寸，其大小主要由被加工零件的孔深来决定，但也应考虑一些辅助尺寸，如刀具的引入距离和超越量。数控钻孔的尺寸关系如图 2-5 所示。图中 z_d 为被加工孔的深度；Δz 为刀具的轴向引入距离；$z_p=\dfrac{D\cot\theta}{2}$；$z_f$ 为刀具轴向位移量，即程序中的 z 坐标尺寸，$z_f=z_d+\Delta z+z_p$。

表 2-1 列出了刀具的轴向引入距离 Δz 的经验数据。

对于位置精度要求较高的孔系加工，特别要注意孔的加工顺序的安排，安排不当时，有可能将坐标轴的反向间隙带入，直接影响位置精度。如图 2-6 所示，图 2-6（a）为零件图，在该零件上镗 6 个尺寸相同的孔，有两种加工路线。当按图 2-6（b）所示路线加工时，由于 5、6 孔与 1、2、3、4 孔定位方向相反，y 方向反向间隙会使定位误差增加，而影响 5、6 孔与其他孔的位置精度。

表 2-1 刀具的轴向引入距离 Δz 的经验数据

对象	Δz 或超越量/mm	对象	Δz 或超越量/mm
已加工面钻孔、镗孔、铰孔	1～3	攻螺纹、铣削时	5～10
毛面上钻孔、镗孔、铰孔	5～8	钻通孔时	刀具超越量为1～3

按图 2-6（c）所示路线加工完孔后往上多移动一段距离到 P 点，然后再折回来加工 5、6 孔，这样方向一致，可避免反向间隙的引入，提高 5、6 孔与其他孔的位置精度。

铣削平面零件时，一般采用立铣刀侧刃进行切削。为减少接刀痕迹，保证零件表面质量，对刀具的切入和切出程序需要精心设计。如图 2-7 所示，铣削外表面轮廓时，铣刀的切入和切出点应沿零件轮廓曲线的延长线上切向切入和切出零件表面，而不应沿法向直接切入零件，以避免加工表面产生刀痕，保证零件轮廓光滑［如图 2-7（b）、（c）所示］。

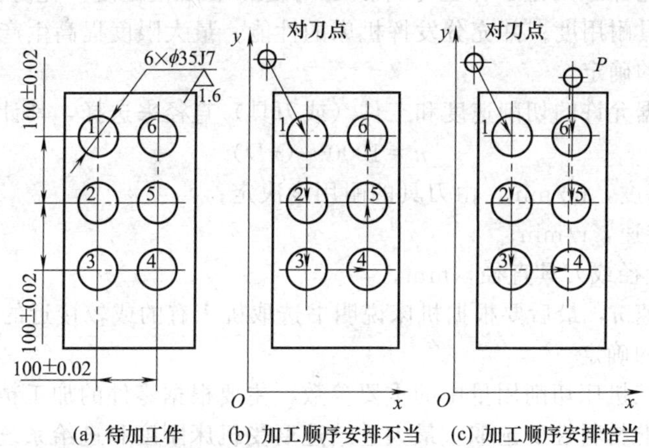

图 2-6 镗孔加工路线示意图

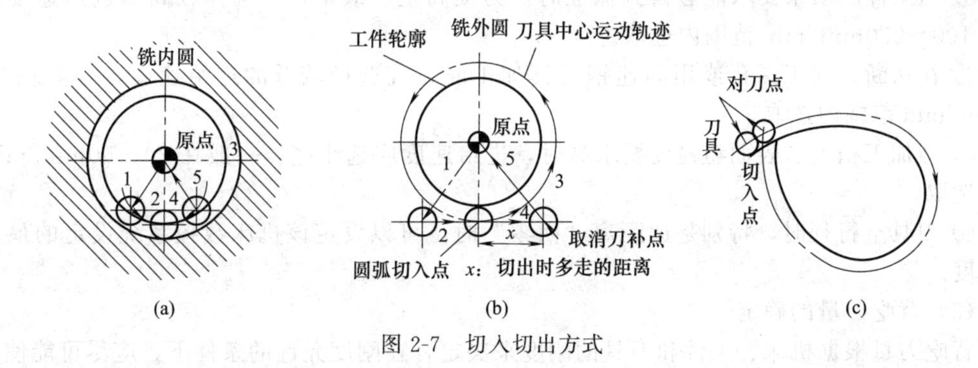

图 2-7 切入切出方式

铣削内轮廓表面时，切入和切出无法外延，这时应尽量由圆弧过渡到圆弧。在无法实现时，铣刀可沿零件轮廓的法线方向切入和切出，并将其切入、切出点选在零件轮廓两几何元素的交点处。如图 2-8 所示为加工凹槽的三种加工路线。

图 2-8（a）、（b）分别为用行切法和环切法加工凹槽的进给路线；图 2-8（c）为先用行切法，最后环切一刀光整轮廓表面。三种方案中，图 2-8（a）方案最差，图 2-8（c）方案最好。

加工过程中，在工件、刀具、夹具、机床系统弹性变形平衡的状态下，进给停顿时，切削力减小，会改变系统的平衡状态，刀具会在进给停顿处的零件表面留下刀痕。因此，在轮廓加工中应避免进给停顿。

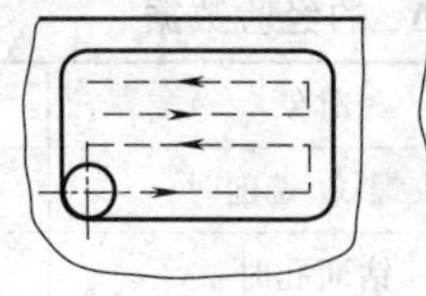
(a) 行切法

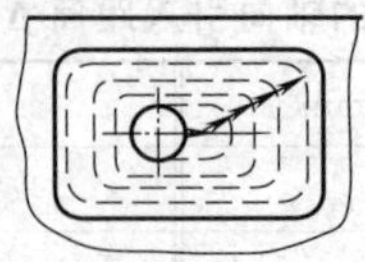
(b) 环切法

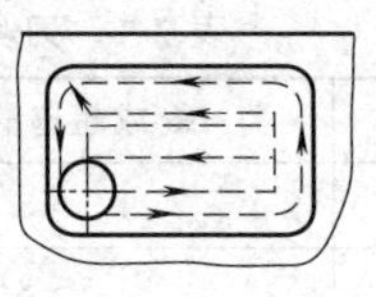
(c) 先行切，后环切

图 2-8 凹槽加工进给路线

2.7.2 切削用量的确定

数控编程时，编程人员必须确定每道工序的切削用量，并以指令的形式写入程序中。切削用量包括主轴转速、背吃刀量及进给速度等。对于不同的加工方法，需要选用不同的切削用量。切削用量的选择原则是：保证零件加工精度和表面粗糙度，充分发挥刀具的切削性能，保证合理的刀具耐用度；并充分发挥机床的性能，最大限度提高生产效率，降低成本。

（1）主轴转速的确定

主轴转速应根据允许的切削速度和工件（或刀具）直径来选择，其计算公式为

$$n=1000v/(\pi D)$$

式中 v——切削速度，m/min，由刀具的耐用度决定；

n——主轴转速，r/min；

D——工件直径或刀具直径，mm。

计算的主轴转速 n，最后要根据机床说明书选取机床有的或较接近的转速。

（2）进给速度的确定

进给速度是数控机床切削用量中的重要参数，主要根据零件的加工精度和表面粗糙度要求以及刀具、工件的材料性质选取。最大进给速度受机床刚度和进给系统的性能限制。

确定进给速度的原则如下。

① 当工件的质量要求能够得到保证时，为提高生产效率，可选择较高的进给速度，一般在 100～200mm/min 范围内选取。

② 在切断、加工深孔或用高速钢刀具加工时，宜选择较低的进给速度，一般在 20～50mm/min 范围内选取。

③ 当加工精度、表面粗糙度要求高时，进给速度应选小些，一般在 20～50mm/min 范围内选取。

④ 刀具空行程时，特别是远距离“回零”时，可以设定该机床数控系统设定的最高进给速度。

（3）背吃刀量的确定

背吃刀量根据机床、工件和刀具的刚度来决定，在刚度允许的条件下，应尽可能使背吃刀量等于工件的加工余量，这样可以减少走刀次数，提高生产效率。为了保证加工表面质量，可留少量精加工余量，一般 0.2～0.5mm。

总之，切削用量的具体数值应根据机床性能、相关的手册并结合实际经验用类比的方法确定。同时，使主轴转速、切削深度及进给速度三者能相互适应，以形成最佳的切削用量。

2.8 加工中心工艺规程的制定

在加工中心上加工零件，首先遇到的问题就是工艺问题。加工中心的加工工艺与普通机

床的加工工艺有许多相同之处，也有很多不同之处，在加工中心上加工的零件通常要比普通机床所加工的零件工艺规程复杂得多。在加工中心加工前，要将机床的运动过程、零件的工艺过程、刀具的形状、切削用量和走刀路线等都编入程序，这就要求程序设计人员有多方面的知识基础。合格的程序员首先是一个很好的工艺人员，应对加工中心的性能、特点、切削范围和标准刀具系统等有较全面的了解，否则就无法做到全面周到地考虑零件加工的全过程以及正确、合理地确定零件的加工程序。

加工中心是一种高效率的设备，它的效率一般高于普通机床2～4倍。要充分发挥加工中心的这一特点，必须熟练掌握性能、特点及使用方法，同时还必须在编程之前正确确定加工方案，进行工艺设计，再考虑编程。

根据实际应用中的经验，数控加工工艺主要包括下列内容。

① 选择并确定零件的数控加工内容。

② 零件图样的数控工艺性分析。

③ 数控加工的工艺路线设计。

④ 数控加工工序设计。

⑤ 数控加工专用技术文件的编写。

其实，数控加工工艺设计的原则和内容在许多方面与普通加工工艺相同，下面主要针对不同点进行简要说明。

2.8.1　数控加工工艺内容的选择

对于某个零件来说，并非所有的加工工艺过程都适合在加工中心上完成，而往往只是其中的一部分适合于数控加工。这就需要对零件图样进行仔细的工艺分析，选择那些适合、最需要进行数控加工的内容和工序。在选择并做出决定时，应结合本企业设备的实际，立足于解决难题、攻克关键和提高生产效率，充分发挥数控加工的优势。在选择时，一般可按下列顺序考虑。

① 通用机床无法加工的内容应作为优选内容。

② 通用机床难加工、质量也难以保证的内容应作为重点选择内容。

③ 通用机床效率低、工人手工操作劳动强度大的内容，可在加工中心尚存在富余能力的基础上进行选择。

一般来说，上述这些加工内容采用数控加工后，在产品质量、生产效率与综合效益等方面都会得到明显提高。相比之下，下列一些内容则不宜选用数控加工。

① 占机调整时间长。如：以毛坯的粗基准定位加工第一个精基准，要用专用工装协调的加工内容。

② 加工部位比较分散，要多次安装、设置原点。这时采用数控加工很麻烦，效果不明显，可安排通用机床补加工。

③ 按某些特定的制造依据（如：样板等）加工的型面轮廓。主要原因是获取数据困难，易与检验依据发生矛盾，增加编程难度。

此外，在选择和决定加工内容时，也要考虑生产批量、生产周期、工序间周转情况等。总之，要尽量做到合理，达到多、快、好、省的目的，要防止把加工中心降格为通用机床使用。

2.8.2　数控加工工艺路线的设计

数控加工与通用机床加工的工艺路线设计的主要区别在于，它不是指从毛坯到成品的整个工艺过程，而仅是几道数控加工工序工艺过程的具体描述，因此在工艺路线设计中一定要注意到，数控加工工序一般均穿插于零件加工的整个工艺过程中间，因而要与普通加工工艺衔接好。

另外，许多在通用机床加工时由工人根据自己的实践经验和习惯所自行决定的工艺问题，如：工艺中各工步的划分与安排、刀具的几何形状，走刀路线及切削用量等，都是数控工艺设计时必须认真考虑的内容，并将正确的选择编入程序中。在数控工艺路线设计中主要应注意以下几个问题。

(1) 工序的划分

根据数控加工的特点，数控加工工序的划分一般可按下列方法进行。

① 以一次安装、加工作为一道工序。这种方法适合于加工内容不多的工件，加工完就能达到待检验状态。

② 以同一把刀具加工的内容划分工序。有些零件虽然能在一次安装中加工出很多待加工面，但考虑到程序太长，会受到某些限制，如：控制系统的限制（主要是内存容量）、机床连续工作时间的限制（如一道工序在一个工作班内不能结束）等。此外，程序太长会增加出错与检索困难。因此程序不能太长，一道工序的内容不能太多。

③ 以加工部位划分工序。对于加工内容很多的零件，可按其结构特点将加工部位分成几个部分，如内形、外形、曲面或平面。

④ 以粗、精加工划分工序。对于易发生加工变形的零件，由于粗加工后可能发生的变形而需要进行校形，故一般来说凡要进行粗、精加工的都要将工序分开。

总之，在划分工序时，一定要对零件的结构与工艺性、机床的功能、零件数控加工内容的多少、安装次数及本企业生产组织状况灵活掌握。对于零件宜采用工序集中的原则还是用工序分散的原则，也要根据实际情况合理确定。

(2) 顺序的安排

顺序的安排应根据零件的结构和毛坯状况，以及定位安装与夹紧的需要来考虑，重点是工件的刚性不被破坏。顺序安排一般应按以下原则进行。

① 上道工序的加工不能影响下道工序的定位与夹紧，中间穿插有通用机床加工工序的也要综合考虑。

② 先进行内形内腔加工工序，后进行外形加工工序。

③ 以相同的定位、夹紧方式或同一把刀具加工的工序，最好接连进行，以减少重复定位次数、换刀次数与挪动压板次数。

④ 在同一次安装中进行的多道工序，应先安排对工件刚性破坏较小的工序。

(3) 数控加工工艺与普通工序的衔接

数控工序前后一般都穿插有其他普通工序，如衔接得不好就容易产生矛盾，因此在熟悉整个加工工艺内容的同时，要清楚数控加工工序与普通加工工序各自的技术要求、加工目的、加工特点，如：要不要留加工余量，留多少；定位面与孔的精度要求及形位公差；对校形工序的技术要求；对毛坯的热处理状态等，这样才能使各工序达到相互满足加工需要，且质量目标及技术要求明确，交接验收有依据。

数控工艺路线设计是下一步工序设计的基础，其设计质量会直接影响零件的加工质量与生产效率，设计工艺路线时应对零件图、毛坯图认真消化，结合数控加工的特点灵活运用普通加工工艺的一般原则，尽量把数控加工工艺路线设计得更合理一些。

(4) 数控加工工序的设计

当数控加工工艺路线设计完成后，各道数控加工工序的内容已基本确定，要达到的目标已比较明确。对其他一些问题（诸如：刀具、夹具、量具、装夹方式等），也大体做到心中有数，接下来便可以着手进行数控工序的设计。

在确定工序内容时，要充分注意到数控加工的工艺是十分严密的。因为加工中心虽自动化程度较高，但自适应性差。它不像通用机床，加工时可以根据加工过程中出现的问题比较自由地进行人为调整，即使现代加工中心在自适应调整方面做出了不少努力与改进，但自由度也不大。比如，加工中心在攻螺纹时，它就不能确定孔中是否已挤满了切屑，是否需要退一下刀，清理一下切屑再加工。所以，在数控加工的工序设计中必须注意加工过程中的每一个细节。同时，在对图形进行数学处理、计算和编程时，都要力求准确无误。因为，加工中心比同类通用机床价格要高得多，在加工中心上加工的也都是一些形状比较复杂、价值也较高的零件，万一损坏机床或零件都会造成较大的损失。在实际工作中，由于一个小数点或一个逗号的差错而酿造重大机床事故和质量事故的例子也是屡见不鲜的。

数控工序设计的主要任务是进一步把本工序的加工内容、切削用量、工艺装备、定夹紧方式及刀具运动轨迹都要确定下来，为编制加工程序做好充分准备。

① 确定走刀路线和安排工步顺序　在数控加工工艺过程中，刀具时刻处于数控系统的控制下，因而每一时刻都应有明确的运动轨迹及位置。走刀路线就是刀具在整个加工工序中的运动轨迹，它不但包括了工步的内容，也反映出工步顺序，走刀路线是编写程序的依据之一，因此，在确定走刀路线时，最好画一张工序简图，将已经拟定出的走刀路线画上去（包括进、退刀路线），这样可为编程带来不少方便。工步的划分与安排一般可随走刀路线来进行，在确定走刀路线时，主要考虑以下几点。

a. 寻求最短加工路线，减少空刀时间以提高加工效率。

b. 为保证工件轮廓表面加工后的粗糙度要求，最终轮廓应安排在最后一次走刀中连续加工出来。

c. 刀具的进、退刀（切入与切出）路线要认真考虑，以尽量减少在轮廓切削中停刀（切削力突然变化造成弹性变形）而留下刀痕，也要避免在工件轮廓面上垂直上下刀而划伤工件。

d. 要选择工件在加工后变形小的路线，对横截面积小的细长零件或薄板零件应采用分几次走刀加工到最后尺寸或对称去余量法安排走刀路线。

② 定位基准与夹紧方案的确定　在确定定位基准与夹紧方案时应注意下列三点。

a. 尽可能做到设计、工艺与编程计算的基准统一。

b. 尽量将工序集中，减少装夹次数，尽量做到在一次装夹后就能加工出全部待加工表面。

c. 避免采用占机人工调整装夹方案。

③ 夹具的选择　由于夹具确定了零件在机床坐标系中的位置，即加工原点的位置，因而首先要求夹具能保证零件在机床坐标系中的正确坐标方向，同时协调零件与机床坐标系的尺寸。除此之外，主要考虑下列几点。

a. 当零件加工批量小时，尽量采用组合夹具、可调式夹具及其他通用夹具。

b. 当小批量或成批生产时才考虑采用专用夹具，但应力求结构简单。

c. 夹具要开敞，其定位、夹紧机构元件不能影响加工中的走刀（如产生碰撞等）。

d. 装卸零件要方便可靠，以缩短准备时间，有条件时，批量较大的零件应采用气动液压夹具、多工位工具。

④ 刀具的选择　加工中心对所使用的刀具有性能上的要求，只有达到这些要求才能使

加工中心真正发挥效率。在选择加工中心所用刀具时应注意以下几个方面。

a. 良好的切削性能。现代加工中心正向着高速、高刚性和大功率方向发展，因而所使用的刀具必须具有能够承受高速切削和强力切削的性能。同时，同一批刀具在切削性能和刀具寿命方面一定要稳定，这是由于在加工中心上为了保证加工质量，往往按刀的使用寿命换刀或由数控系统对刀具寿命进行管理。

b. 较高的精度。随着加工中心、柔性制造系统的发展，要求刀具能实现快速和自动换刀；又由于加工的零件日益复杂和精密，这就要求刀具必须具备较高的形状精度。对加工中心上所用的整体式刀具也提出了较高的精度要求，有些立铣刀的径向尺寸精度高达 5μm，以满足精密零件的加工需要。

c. 先进的刀具材料。刀具材料是影响刀具性能的重要环节。除了常用的高速钢和硬质合金钢材料外，涂层硬质合金刀具已在国外广泛使用。硬质合金刀片的涂层工艺是在韧性较大的硬质合金基体表面沉积一薄层（一般厚度为 5～7μm）高硬度的耐磨材料，把硬度和韧性高度地结合在一起，从而改善硬质合金刀片的切削性能。

在如何使用加工中心刀具方面，也应掌握一条原则：尊重科学，按切削规律办事。对不同的零件材质，在客观规律上都有一个切削速度、背吃刀量、进给量三者互相适应的最佳切削参数。这对大零件、稀有金属零件、贵重零件更为重要，应在实践中不断摸索这个最佳切削参数。

在选择刀具时，要注意对工件的结构及工艺性认真分析，结合工件材料、毛坯余量及刀具加工部位综合考虑。在确定好以后，要把刀具规格、专用刀具代号和该刀所要加工的内容列表记录下来，供编程时使用。

⑤ 确定刀具与工件的相对位置　对于加工中心来说，在加工开始时，确定刀具与工件的相对位置是很重要的，它是通过对刀点来实现的。对刀点是指通过对刀确定刀具与工件相对位置的基准点。在程序编制时，不管是刀具相对工件移动，还是工件相对刀具移动，都是把工件看作静止，而把刀具看作在运动。对刀点往往就是零件的加工原点。它可以设在被加工零件上，也可以设在夹具与零件定位基准有一定尺寸联系的某一位置。对刀点的选择原则如下。

a. 所选的对刀点应使程序编制简单。

b. 对刀点应选择在容易找正、便于确定零件加工原点的位置。

c. 对刀点的位置应在加工时检查方便、可靠。

d. 有利于提高加工精度。

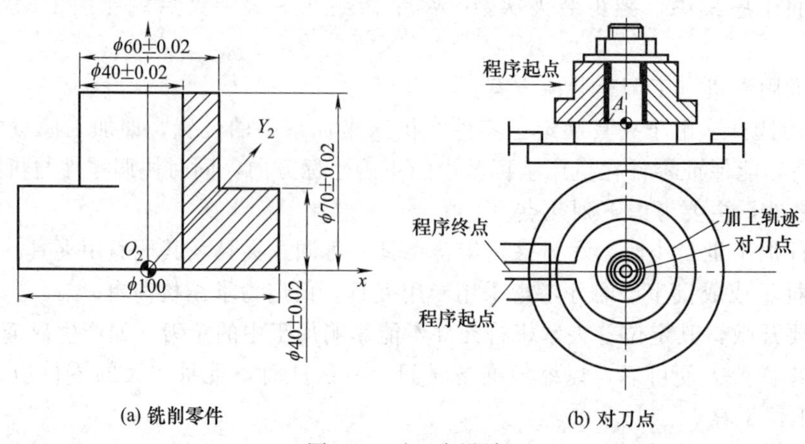

图 2-9　对刀点设计

例如，加工图 2-9（a）所示的零件时，对刀点的选择如图 2-9（b）所示。当按照图示路线来编制数控程序时，选择夹具定位元件圆柱销的中心线与定位平面 A 的交点作为加工的对刀点。显然，这里的对刀点也恰好是加工原点。

在使用对刀点确定加工原点时，就需要进行“对刀”。所谓对刀是指使刀位点与对刀点重合的操作。刀位点是指刀具的定位基准点。圆柱铣刀的刀位点是刀具中心线与刀具底面的交点；球头铣刀是球头的球心点；钻头是钻尖。

换刀点是为加工中心多刀加工的机床编程而设置的，因为这些机床在加工过程中要自动换刀。对于手动换刀的数控铣床，也应确定相应的换刀位置为防止换刀时碰坏零件或夹具，换刀点常常设置在被加工零件轮廓之外，并要有一定的安全量。

当编制数控加工程序时，编程人员必须确定每道工序的切削用量。确定时一定要根据机床说明书中规定的要求以及刀具的耐用度去选择，当然也可结合实践经验采用类比的方法来确定切削用量。在选择切削用量时要充分保证刀具加工完一个零件或保证刀具的耐用度不低于一个工作班，最少也不低于半个班的工作时间。

背吃刀量主要受机床刚度的限制，在机床刚度允许的情况下，尽可能使背吃刀量等于零件的加工余量，这样可以减少走刀次数，提高加工效率。对于表面粗糙度和精度要求较高的零件，要留有足够的精加工余量，数控加工的精加工余量可以比普通机床加工的余量小一些。切削速度、进给速度等参数的选择与普通机床加工基本相同，选择时应注意机床的使用说明书。在计算好各部位与各把刀具的切削用量后，最好能建立一张切削用量表，主要是为了防止遗忘和方便编程。

（5）数控加工专用技术文件的编写

数控加工工艺文件既是数控加工、产品验收的依据，也是操作者要遵守、执行的规程，同时还为产品零件重复生产做了技术上的必要工艺资料积累和储备。它是编程员在编制加工程序单时做出的与程序单相关的技术文件。该文件主要包括数控加工工序卡、数控刀具调整单、机床调整单、零件加工程序单等。

不同的加工中心，工艺文件的内容有所不同，为了加强技术文件管理，数控加工工艺文件也应向标准化、规范化的方向发展。但目前由于种种原因国家尚未制定统一的标准。各企业应根据本单位的特点制定上述必要的工艺文件。下面简要介绍工艺文件的内容，仅供参考。

① 数控加工工序卡片　数控加工工序卡片与普通加工工艺卡片有许多相似之处，但不同的是该卡片中应反映使用的辅具、刃具切削参数等，它是操作人员配合数控程序进行数控加工的主要指导性工艺资料。工序卡片应按已确定的工步顺序填写。表 2-2 所示为加工中心上的数控镗铣工序卡片。

若在加工中心上只加工零件的一个工步时，也可不填写工序卡。在工序加工内容不十分复杂时，可把零件草图反映在工序卡上，并注明编程原点和对刀点等。

② 数控刀具调整单　数控刀具调整单主要包括数控刀具卡片（简称刀具卡）和数控刀具明细表（简称刀具表）两部分。

数控加工时，对刀具的要求十分严格，一般要在机外对刀仪上，事先调整好刀具直径和长度。刀具卡主要反映刀具编号、刀具结构、尾柄规格、组合件名称代号、刀片型号和材料等，它是组装刀具和调整刀具的依据。刀具卡的格式如表 2-3 所示。

数控刀具明细表是调刀人员调整刀具输入的主要依据。刀具表格式如表 2-4 所示。

表 2-2 数控镗铣工序卡片

××机械厂		数控加工工序卡片		产品名称或代号		零件名称	零件图号	
				JS		恒星架	0102-4	
工序号		程序编号	夹具名称	夹具编号		使用设备	车间	
				镗胎				
工步号	工步内容	加工面	刀具号	刀具规格	主轴转速	进给速度	切削深度	备注
1	N5～N30，ϕ65H7 镗成 ϕ63mm		T13001					
2	N40～N50，ϕ50H7 镗成 ϕ48mm		T13006					
3	N60～N70，ϕ65H7 镗成 ϕ64.8mm		T13002					
4	N80～N90，ϕ65H7 镗好		T13003					
5	N100～N105，倒 ϕ65H7 孔边1.5×45°		T13004					
6	N110～N120，ϕ50H7 镗成 ϕ49.8mm		T13007					
7	N130～N140，ϕ50H7 镗好		T13008					
8	N150～N160，倒 ϕ50H7 孔边 1.5×45°		T13009					
9	N170～N240，铣 ϕ（68＋0.3）mm 环沟		T13005					
编制		审核		批准		共 页	第 页	

表 2-3 数控刀具卡片

零件图号		JS0102	数控刀具卡片			使用设备
刀具号		镗刀				TC-30
刀具编号	T13003	换刀方式	自动	程序编号		
	序号	编号	刀具名称	规格	数量	备注
	1	7013960	拉钉		1	
	2	390.140-5063050	刀柄		1	
	3	391.35-4063114M	镗刀杆		1	
	4	448S-405628-11	镗刀体		1	
	5	2148C-33-1103	精镗单元		1	
	6	TRMR110304-21SIP	刀片		1	

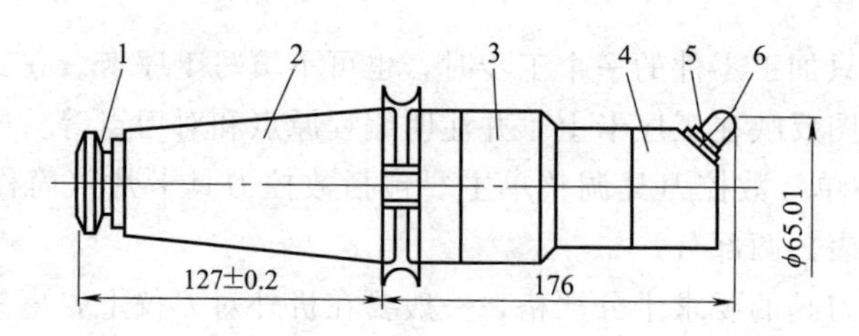

备注						
编制		审核	批注		共 页	第 页

表 2-4　数控刀具明细表

零件编号	零件名称	材料	数控刀具明细表	程序编号		车间		使用设备	
JS0102—4									
刀号	刀位号	刀具名称	刀具			刀补地址		换刀方式	加工部位
			直径/mm		长度/mm				
			设定	补偿	设定	直径	长度		
T13001		镗刀	ϕ63		137			自动	
T13002		镗刀	ϕ64.8		137			自动	
T13003		镗刀	ϕ65.01		176			自动	
T13004		镗刀	ϕ65×45		200			自动	
T13005		环沟铣刀	ϕ50	ϕ50	200			自动	
T13006		镗刀	ϕ48		237			自动	
T13007		镗刀	ϕ49.8		237			自动	
T13008		镗刀	ϕ50.01		250			自动	
T13009		镗刀	ϕ50×45		300			自动	
编制		审核			批准	年　月　日		共　页	第　页

③ 机床调整单　机床调整单是机床操作人员在加工前调整机床的依据。它主要包括机床控制面板开关调整单和数控加工零件安装、零件设定卡片两部分。

机床控制面板开关调整单，主要记有机床控制面板上有关“开关”的位置，如进给速度、调整旋钮位置或超调（倍率）旋钮位置、刀具半径补偿旋钮位置或刀具补偿拨码开关组数值表、垂直校验开关及冷却方式等内容。机床调整单格式如表 2-5 所示。

表 2-5　数控镗铣床调整单

零件号			零件名称			工序号			制表
F——位码调整旋钮									
F1		F2		F3		F4		F5	
F6		F7		F8		F9		F10	
刀具补偿拨盘									
1	T03	−1.20			6				
2	T54	+0.69			7				
3	T15	+0.29			8				
4	T37	−1.29			9				
5					10				

对称切削开关位置											
X	N001～N080	0	Y		0	Z		0	B	N001～N080	0
		1			0			0		N081～N110	1
垂直校验开关位置			0								
工件冷却			1								

几点说明：

a. 对于由程序中给出速度代码（如给出 F1、F2 等）而其进给速度由拨盘拨入的情况，在机床调整单中应给出各代码的进给速度值。对于在程序中给出进给速度值或进给率的情形，在机床调整单中应给出超调旋钮的位置。超调范围一般为 10％～120％，即将程序中给出的进给速度变为其值的 10％～120％。

b. 对于有刀具半径偏移运算的数控系统，应将实际所用刀具半径值记入机床调整单。在有刀具长度和半径补偿开关组的数控系统中，应将每组补偿开关记入机床调整单。

c. 垂直校验表示在一个程序段内，从第一个“字符”到程序段结束“字符”，总“字符”数是偶数个。若在一个程序内“字符”数目是奇数个，则应在这个程序段内加一“空格”字符。若程序中不要求垂直校验时，应在机床调整单的垂直校验栏内填入“断”。这时不检验程序段中字符数目是奇数还是偶数。

d. 冷却方式开关给出的是油冷还是雾冷。

数控加工零件安装和零点设定卡片（简称装夹图和零点设定卡），它表明了数控加工零件的定位方法和夹紧方法，也标明了工件零点设定的位置和坐标方向，使用夹具的名称和编号等。装夹图和零点设定卡片格式如表 2-6 所示。

表 2-6 工件安装和零点设定卡片

零件图号	JS0102—4		工序号	
零件名称	行星架	数控加工工件安装和零点设定卡片	装夹次数	

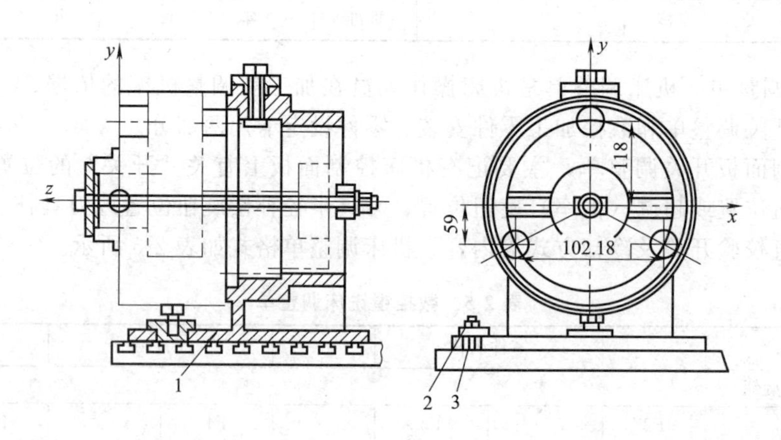

				序号	夹具名称	夹具图号
				3	梯形槽螺栓	
				2	压板	GS53—61
				1	镗铣夹具板	
编制	审核	批准	第　页			
			共　页	序号	夹具名称	夹具图号

加工中心的功能不同，机床调整单的形式也不同，这是仅给出一例。

④ 数控加工程序单　数控加工程序单是编程员根据工艺分析情况，经过数值计算，按照机床特点的指令代码编制的。它是记录数控加工工艺过程、工艺参数、位移数据的清单以及手动数据输入（MDI）和置备纸带，实现数控加工的主要依据。不同的加工中心，不同的数控系统，程序单的格式不同。表 2-7 为型号 XK0816A 的立式铣床（配备 FANUC 0i-MC 数控系统）铣削加工程序单示例。

表 2-7 加工程序清单

程序名:O0001

程序段号	程序内容	程序段解释
N05	G92 X0 Y0 Z0	设置工件坐标系原点
N10	G90 G00 X−65 Y−95 Z300	快速插补
N15	G43 H08 Z−8 S350 M03	建立刀具长度补偿,主轴 350r/min 正转,刀具下降到加工位置
N20	G41 G01 X−45 Y−75 D05 F105	建立刀具半径左补偿直线插补
N25	Y−40	直线插补
N30	X−25	直线插补
N35	G03 X−20 Y−15 I−60 J25	圆弧插补
N40	G02 X20 I20 J50	圆弧插补
N45	G03 X25 Y−40 I65 J0	圆弧插补
N50	G01 X45	直线插补
N55	Y−75	直线插补
N60	X0 Y−62.9	直线插补
N65	X−45 Y−75	直线插补
N70	G40 X−65 Y−95 Z300	注销刀具补偿
N75	M30	程序结束

第3章

加工中心调试与常用工具

本章介绍加工中心调试与辅助工具内容。加工中心编程离不开调试工作。对于小型的加工中心，这项工作比较简单；但对于大中型数控机床，工作比较复杂，用户需要了解许多使用事项。同样，加工中心编程需要使用一些辅助工具来完成，用户掌握了常用工具的使用，将大大提高编程效率。

3.1 加工中心调试

加工中心调试工作比较多，下面逐一介绍。

3.1.1 通电试车

机床调试前，应事先做好油箱及过滤器的清洗工作，然后按机床说明书要求给机床润滑油箱、润滑点灌注规定的油液和油脂，液压油事先要经过过滤，接通外界输入的气源，做好一切准备工作。

机床通电操作可以是一次各部分全面供电，或各部件分别供电，然后再做总供电试验。分别供电比较安全，但时间较长。通电后首先观察有无报警故障，然后用手动方式陆续启动各部件。检查安全装置能否正常工作，能否达到额定的工作指标。例如，启动液压系统时先判断油泵电机转动方向是否正确，油泵工作后液压管路中是否形成油压，各液压元件是否正常工作，有无异常噪声，各接头有无渗漏，液压系统冷却装置能否正常工作等。总之，根据机床说明书资料粗略检查机床的主要部件的功能是否正常、齐全，使机床各环节都能运动起来。

然后，调整机床的床身水平，粗调机床的主要几何精度，再调整重新组装的主要运动部件与主机的相对位置，如机械手、刀库与主机换刀位置的校正、APC 托盘站与机床工作台交换位置的找正等。这些工作完成后，就可以用快干水泥灌注主机和各附件的地脚螺栓，把各个预留孔灌平，等水泥完全干固以后，就可进行下一步工作。

在数控系统与机床联机通电试车时，虽然数控系统已经确认，工作正常无任何报警，但为了预防万一，应在接通电源的同时，做好按压急停按钮的准备，以备随时切断电源。例如，伺服电动机的反馈信号线接反和断线，均会出现机床“飞车”现象，这时就需要立即切断电源，检查接线是否正确。

在检查机床各轴的运转情况时，应用手动连续进给移动各轴，通过 CRT 或 DPL（数字显示器）的显示值检查机床部件移动方向是否正确。如方向相反，则应将电动机动力线及检测信号线反接才行。然后检查各轴移动距离是否与移动指令相符。如不符，应检查有关指令、反馈参数以及位置控制环增益等参数设定是否正确。

随后，再用手动进给，以低速移动各轴，并使它们碰到行程开关，用以检查超程限位是否有效，数控系统是否在超程时会发出报警。

最后还应进行一次返回机械零点动作。机床的机械零点是以后机床进行加工的程序基准位置，因此，必须检查有无机械零点功能，以及每次返回机械零点的位置是否完全一致。

3.1.2　加工中心精度和功能的调试

(1) 机床几何精度的调试

在机床安装到位粗调的基础上，还要对机床进行进一步的微调。在已经固化的地基上用地脚螺栓和垫铁精调机床床身的水平，找正水平后移动床身上的各运动部件（立柱、主轴箱和工作台等），观察各坐标全行程内机床水平的变化情况，并相应调整机床，保证机床的几何精度在允许范围之内。使用的检测工具有精密水平仪、标准方尺、平尺、平行光管等。在调整时，主要以调整垫铁为主，必要时可稍微改变导轨上的镶条和预紧滚轮等。一般来说，只要机床质量稳定，通过上述调试可将机床调整到出厂精度。

(2) 换刀动作调试

加工中心的换刀动作是一个比较复杂的动作，根据加工中心刀库的结构型式，一般加工中心实现换刀的方法有两种：使用机械手换刀和由伺服轴控制主轴头换刀。

① 使用机械手换刀。使用机械手换刀时，让机床自动运行到刀具交换的位置，用手动方式调整装刀机械手和卸刀机械手与主轴之间的相对位置。调整中，在刀库中的一个刀位上安装一个校验芯棒，根据校验芯棒的位置精度检测和抓取准确性，确定机械手与主轴的相对位置，有误差时可调整机械手的行程，移动机械手支座和刀库位置等，必要时还可以修改换刀位置点的设定（改变数控系统内与换刀位置有关的 PLC 整定参数），调整完毕后紧固各调整螺钉及刀库地脚螺钉。然后装上几把接近规定允许重量的刀柄，进行多次从刀库到主轴的往复自动交换，要求动作准确无误，不撞击、不掉刀。

② 由伺服轴控制主轴头换刀。在中小型加工中心上，用伺服轴控制主轴头直接换刀的方案较多见，常用在刀库刀具数量较少的加工中心上。

由主轴头代替机械手的动作实现换刀，由于减少了机械手，使得加工中心换刀动作的控制简单，制造成本降低，安装调试过程相对容易。这一类型的刀库，刀具在刀库中的位置是固定不变的，即刀具的编号和刀库的刀位号是一致的。

这种刀库的换刀动作可以分为两部分：刀库的选刀动作和主轴头的还刀和抓刀动作。

刀库的选刀动作是在主轴还刀以后进行，由 PLC 程序控制刀库将数控系统传送的指令刀号（刀位）移动至换刀位；主轴头实现的动作是还刀→离开→抓刀。

安装时，通常以主轴部件为基准，调整刀库刀盘相对与主轴端面的位置。调整中，在主轴上安装标准刀柄（如 BT4.0 等）的校验芯棒，以手动方式将主轴向刀库移动，同时调整刀盘相对于主轴的轴向位置，直至刀爪能完全抓住刀柄，并处于合适的位置，记录下此时的相应的坐标值，作为自动换刀时的位置数据使用。调整完毕，应紧固刀库螺栓，并用锥销定位。

(3) 交换工作台调试

带 APC 交换工作台的机床要把工作台运动到交换位置，调整托盘站与交换台面的相对位置，达到工作台自动交换时动作平稳、可靠、正确。然后在工作台面上装上70%～80%的允许负载。进行多次自动交换动作，达到正确无误后紧固各有关螺钉。

(4) 伺服系统的调试

伺服系统在工作时由数控系统控制，是数控机床进给运动的执行机构。为使数控机床有稳定高效的工作性能，必须调整伺服系统的性能参数使其与数控机床的机械特性匹配，同时在数控系统中设定伺服系统的位置控制性能要求，使处于速度控制模式的伺服系统可靠工作。

(5) 主轴准停定位的调试

主轴准停是数控机床进行自动换刀的重要动作。在还刀时，准停动作使刀柄上的键槽能准确对准刀盘上的定位键，让刀柄以规定的状态顺利进入刀盘刀爪中；在抓刀时，实现准停后的主轴可以使刀柄上的两个键槽正好卡入主轴上用来传递转矩的端面键。

主轴的准停动作一般由主轴驱动器和安装在主轴电动机中用来检测位置信号的内置式编码器来完成；对没有主轴准停功能的主轴驱动器，可以使用机械机构或通过数控系统的PLC功能实现主轴的准停。

(6) 其他功能调试

仔细检查数控系统和PLC装置中参数设定值是否符合随机资料中规定的数据，然后试验各主要操作功能、安全措施、常用指令执行情况等。例如，各种运行方式（手动、点动、MDI、自动方式等），主挂挡指令，各级转速指令等是否正确无误，并检查辅助功能及附件的工作是否正常。例如机床的照明灯、冷却防护罩盒、各种护板是否完整；往切削液箱中加满切削液，试验喷管是否能正常喷出切削液；在用冷却防护罩时切削液是否外漏；排屑器能否正确工作；机床主轴箱的恒温油箱能否起作用等。

在机床调整过程中，一般要修改和机械有关的NC参数，例如各轴的原点位置、换刀位置、工作台相对于主轴的位置、托盘交换位置等；此外，还会修改和机床部件相关位置有关的参数，如刀库刀盒坐标位置等。修改后的参数应在验收后记录或存储在介质上。

3.1.3 机床试运行

数控机床在带有一定负载条件下，经过较长时间的自动运行，能比较全面地检查机床功能及工作可靠性，这种自动运行称为数控机床的试运行。试运行的时间，一般采用每天运行8h，连续运行2～3天；或运行24h，连续运行1～2天。

试运行中采用的程序叫考机程序，可以采用随箱技术文件中的考机程序，也可自行编制一个考机程序。一般考机程序中应包括：数控系统的主要功能指令，自动换刀取刀库中2/3以上刀具；主轴转速要包括标称的最高、中间及最低在内五种以上速度的正转、反转及停止等运行转速；快速及常用的进给速度；工作台面的自动交换；主要M指令等。试运行时刀库应插满刀柄，刀柄质量应接近规定质量，交换工作台面上应加有负载。参考的考机程序如下。

```
O1111;
G92 X0 Y0 Z0;
M97 P8888 L10;
M30;
O8888;
G90 G00 X350 Y- 300 M03 S300;
Z- 200;
M05;
G01 Z- 5 M04 S500 F100;
X10 Y- 10 F300;
```

```
M05;
M06 T2;
G01 X300 Y- 250 F300 M03 S3000;
M05;
Z- 200 M04 S2000;
G00 X0 Y0 Z0;
M05;
M50;
G01 X200 Y- 200 M03 S2500 F300;
Z- 100;
G17 G02 I- 30 J0 F500;
M06 T10;
G00 X10 Y- 10;
M05;
G91 G28 Z0;
X0 Y0;
M50;
M99;
```

3.1.4 加工中心的检测验收

加工中心的验收大致分为两大类：一类是对于新型加工中心样机的验收，它由国家指定的机床检测中心进行验收；另一类是一般的加工中心用户验收其购置的数控设备。

对于新型加工中心样机的验收，需要进行全方位的试验检测。它需要使用各种高精度仪器来对机床的机、电、液、气等各部分及整机进行综合性能及单项性能的检测，包括进行刚度和热变形等一系列机床试验，最后得出对该机床的综合评价。

对于一般的加工中心用户，其验收工作主要根据机床检验合格证上规定的验收条件及实际能提供的检测手段来部分或全部测定机床合格证上的各项技术指标。如果各项数据都符合要求，则用户应将此数据列入该设备进厂的原始技术档案中，作为日后维修时的技术指标依据。

下面介绍一般加工中心用户在加工中心验收工作中要做的一些主要工作。

(1) 机床外观检查

一般可按照通用机床的有关标准，但数控机床是价格昂贵的高技术设备，对外观的要求就更高。对各级防护罩，油漆质量，机床照明，切屑处理，电线和气、油管走线固定防护等都有进一步的要求。

在对加工中心做详细检查验收以前，还应对数控柜的外观进行检查验收，应包括下述几个方面。

① 外表检查。用肉眼检查数控柜中的各单元是否有破损、污染，连接电缆捆绑线是否有破损，屏蔽层是否有剥落现象。

② 数控柜内部件紧固情况检查。螺钉的紧固检查；连接器的紧固检查；印刷线路板的紧固检查。

③ 伺服电动机的外表检查。特别是对带有脉冲编码器的伺服电动机的外壳应认真检查，尤其是后端盖处。

(2) 机床性能及NC功能试验

加工中心性能试验一般有十几项内容。现以一台立式加工中心为例说明一些主要的项目。

① 主轴系统的性能。

② 进给系统的性能。

③ 自动换刀系统。

④ 机床噪声。机床空运转时的总噪声不得超过标准规定（80dB）。

⑤ 电气装置。

⑥ 数字控制装置。

⑦ 安全装置。

⑧ 润滑装置。

⑨ 气、液装置。

⑩ 附属装置。

⑪ 数控机能。按照该机床配备数控系统的说明书，用手动或自动的方法，检查数控系统主要的使用功能。

⑫ 连续无载荷运转。机床长时间连续运行（如 8h，16h 和 24h 等）是综合检查整台机床自动实现各种功能可靠性的最好办法。

（3）机床几何精度检查

加工中心的几何精度综合反映该设备的关键机械零部件和组装后的几何形状误差。以下列出一台普通立式加工中心的几何精度检测内容。

① 工作台面的平面度。

② 各坐标方向移动的相互垂直度。

③ X 坐标方向移动时工作台面的平行度。

④ Y 坐标方向移动时工作台面的平行度。

⑤ X 坐标方向移动时工作台面 T 形槽侧面的平行度。

⑥ 主轴的轴向窜动。

⑦ 主轴孔的径向跳动。

⑧ 主轴箱沿 Z 坐标方向移动时主轴轴心线的平行度。

⑨ 主轴回转轴心线对工作台面的垂直度。

⑩ 主轴箱在 Z 坐标方向移动的直线度。

（4）机床定位精度检查

加工中心的定位精度有其特殊的意义。它是表明所测量的机床各运动部件在数控装置控制下运动所能达到的精度。因此，根据实测的定位精度数值，可以判断出这台机床在自动加工中能达到的工件加工精度。

定位精度主要检查的内容如下。

① 直线运动定位精度（包括 X、Y、Z、U、V、W 轴）。

② 直线运动重复定位精度。

③ 直线运动轴机械原点的返回精度。

④ 直线运动失动量的测定。

⑤ 回转运动定位精度（转台 A、B、C 轴）。

⑥ 回转运动的重复定位精度。

⑦ 回转轴原点的返回精度。

⑧ 回转轴运动失动量测定。

（5）机床切削精度检查

机床切削精度检查实质是对机床的几何精度和定位精度在切削和加工条件下的一项综合

考核。一般来说，进行切削精度检查的加工，可以是单项加工或加工一个标准的综合性试件。国内多以单项加工为主。对于加工中心，主要的单项精度如下。

① 镗孔精度。

② 端面铣刀铣削平面的精度（*XY* 平面）。

③ 镗孔的孔距精度和孔径分散度。

④ 直线铣削精度。

⑤ 斜线铣削精度。

⑥ 圆弧铣削精度。

⑦ 箱体掉头镗孔同轴度（对卧式机床）。

⑧ 水平转台回转 90°铣四方加工精度（对卧式机床）。

3.2　加工中心常用工具

3.2.1　加工中心夹具

根据加工中心机床特点和加工需要，目前常用的夹具结构类型有组合夹具、可调夹具、成组夹具、专用夹具和通用夹具等。组合夹具的基本特点是具有组合性、可调性、模拟性、柔性、应急性和经济性，使用寿命长，能适应产品加工中的周期短、成本低等要求。现代组合夹具的结构主要分为槽系与孔系两种基本形式，两者各有所长。

图 3-1 为槽系定位组合夹具，沿槽可调性好，但其精度和刚度稍差些。近年发展起来的孔系定位组合夹具使用效果较好，图 3-2 为孔系组合夹具。可调夹具与组合夹具有很大的相似之处，所不同的是它具有一系列整体刚性好的夹具体。在夹具体上，设置有可定位、夹压等多功能的 T 形槽及台阶式光孔、螺孔，配制有多种夹紧定位元件。它可实现快速调整，刚性好，且能良好地保证加工精度。它不仅适用于多品种、中小批量生产，而且在少品种、大批量生产中也体现出了明显的优越性。

图 3-3 为数控铣床用通用可调夹具基础板。工件可直接通过定位件、压板、锁紧螺钉固定在基础板上，也可通过一套定位夹紧调整装置定位在基础板上，基础板为内装立式液压缸和卧式液压缸的平板，通过定位键和机床工作台的一个 T 形槽连接，夹紧元件可从上或侧面把双头螺杆或螺栓旋入液压缸活塞杆，不用的对定孔用螺塞封盖。成组夹具是随成组加工工艺的发展而出现的。使用成组夹具的基础是对零件的分类（即编码系统中的零件族）。通过工艺分析，把形状相似、尺寸相近的各种零件进行分组，编制成组工艺，然后把定位、夹紧和加工方法相同的或相似的零件集中起来，统筹考虑夹具的设计方案。对结构外形相似的零件，采用成组夹具。它具有经济、夹紧精度高等特点。成组夹具采用更换夹具可调整部分元件或改变夹具上可调元件位置的方法来实现组内不同零件的定位、夹紧和导向等功能。

图 3-4 为成组钻模，在该夹具中既采用了更换元件的方法，又采用可调元件的方法，也称综合式的成组夹具。总之，在选择夹具时要综合考虑各种因素，选择最经济、最合理的夹具形式。一般，单件小批生产时优先选用组合夹具、可调夹具和其他通用夹具，以缩短生产准备时间和节省生产费用；成批生产时，才考虑成组夹具、专用夹具，并力求结构简单。当然，根据需要还可使用三爪卡盘、虎钳等大家熟悉的通用夹具。

对一些小型工件，若批量较大，可采用多件装夹的夹具方案。这样节省了单件换刀的时间，提高了生产效率，又有利于粗加工和精加工之间的工件冷却和时效。

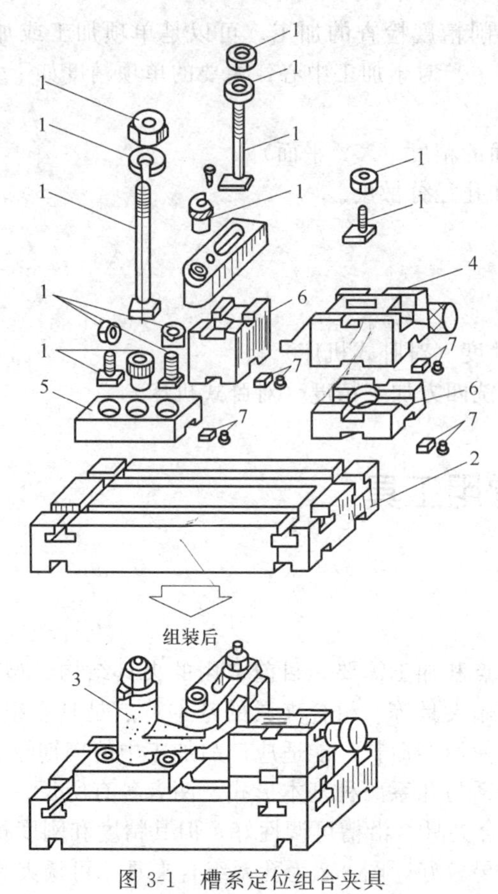

图 3-1 槽系定位组合夹具

1—紧固件；2—基础板；3—工件；4—活动V形铁组合件；5—支撑板；6—垫铁；7—定位键、紧定螺钉

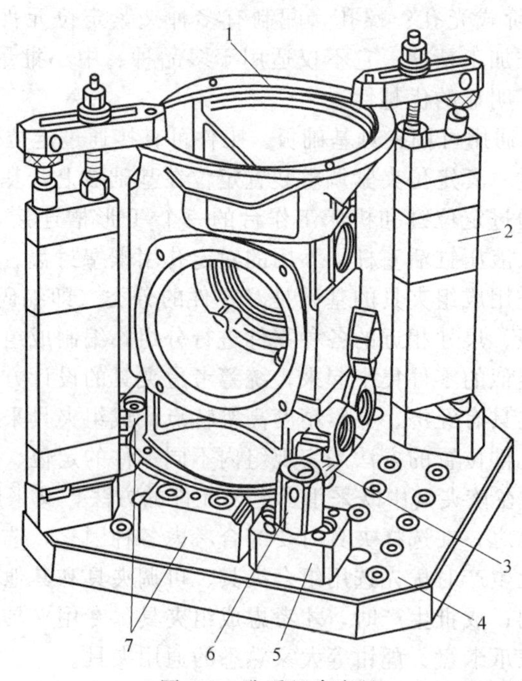

图 3-2 孔系组合夹具

1—工件；2—组合压板；3—调节螺栓；4—方形基础板；5—方形定位连接板；6—切边圆柱支承；7—台阶支承

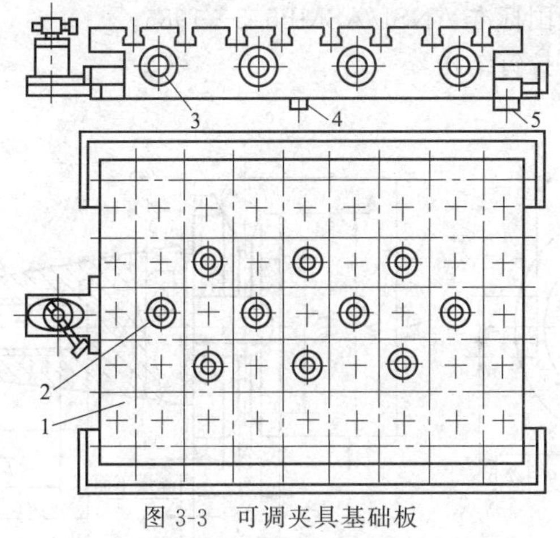

图 3-3　可调夹具基础板

1—基础板；2,3—液压缸；4,5—定位键

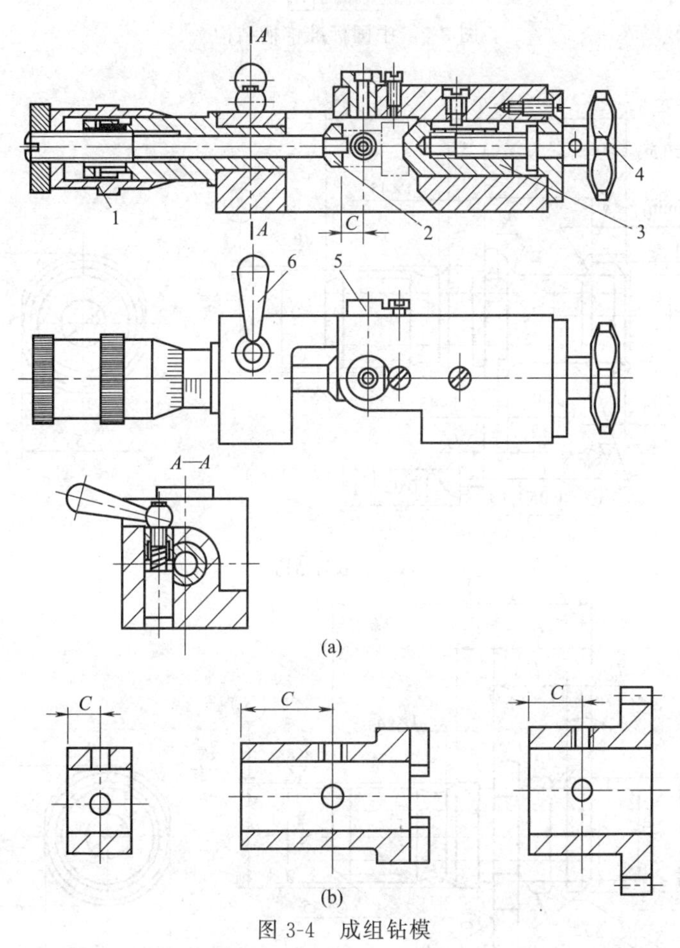

图 3-4　成组钻模

1—调节旋钮；2—定位支承；3—滑柱；4—夹紧把手；5—钻套；6—紧固手柄

3.2.2　常规数控刀具刀柄

常规数控刀具刀柄均采用 7∶24 圆锥工具柄，并采用相应类型的拉钉拉紧结构。目前在我国应用较为广泛的标准有国际标准 ISO 7388—1983，中国标准 GB/T 10944—1989，日本

标准 MAS404—1982，美国标准 ANSI/ASMB5.5—1985。

（1）常规数控刀柄及拉钉结构

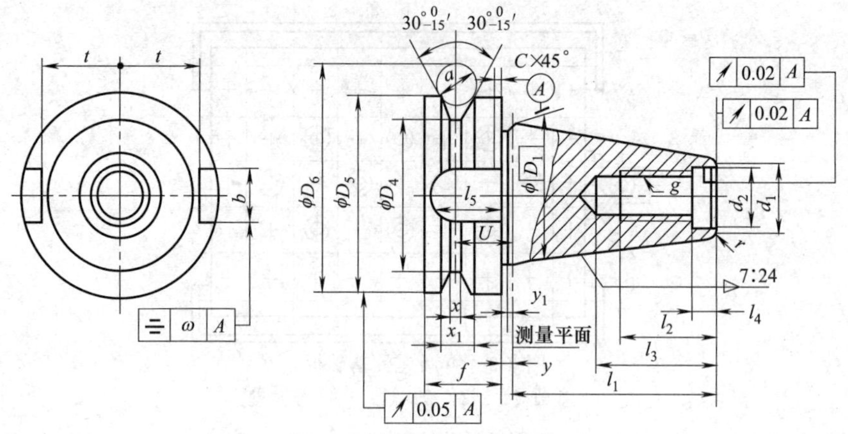

图 3-5 中国标准锥柄结构

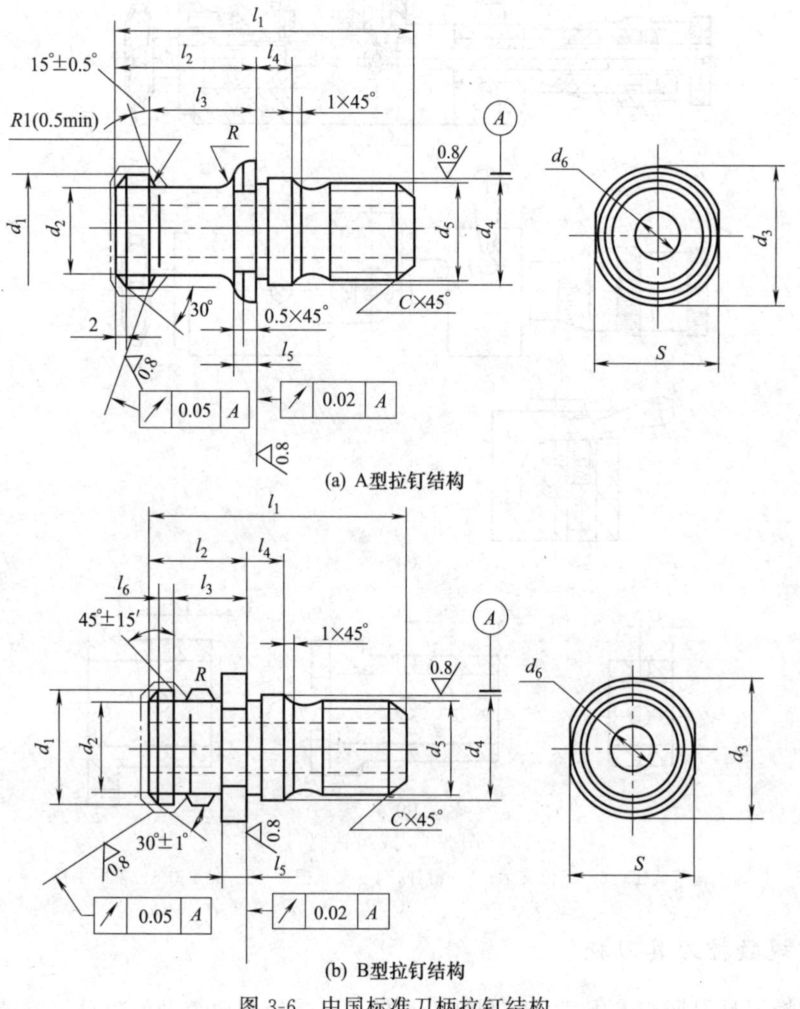

图 3-6 中国标准刀柄拉钉结构

我国数控刀柄结构（国家标准 GB/T 10944—1989）与国际标准 ISO 7388—1983 规定的结构几乎一致，如图 3-5 所示。相应的拉钉结构国家标准 GB/T 10945—1989 包括两种类型的拉钉：A 型用于不带钢球的拉紧装置，其结构如图 3-6（a）所示；B 型用于带钢球的拉紧装置，其结构如图 3-6（b）所示。图 3-7 和图 3-8 分别表示日本标准锥柄及拉钉结构和美国标准锥柄及拉钉结构。

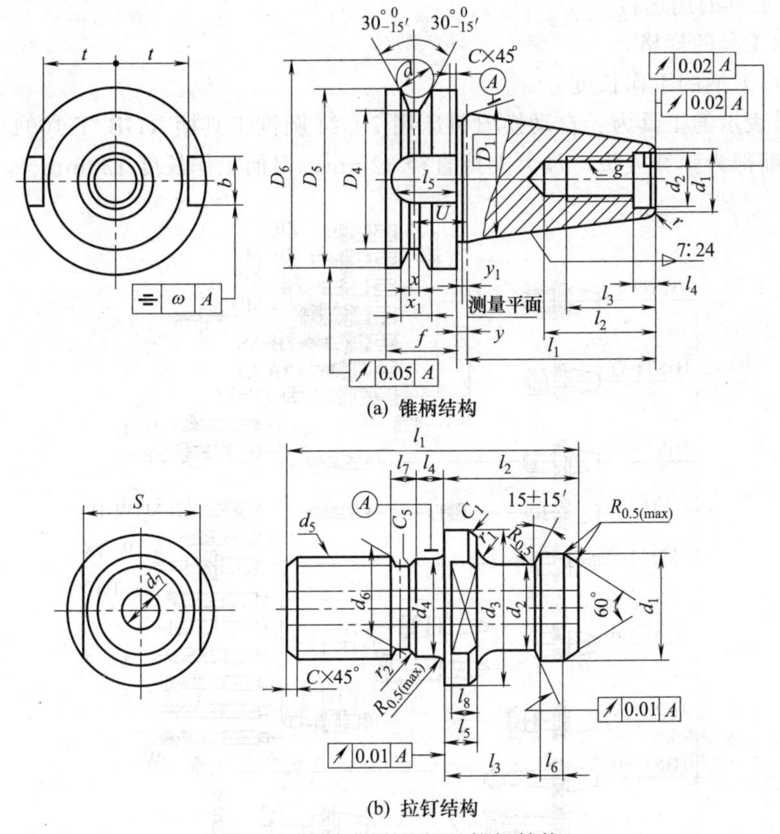

(a) 锥柄结构

(b) 拉钉结构

图 3-7 日本标准锥柄及拉钉结构

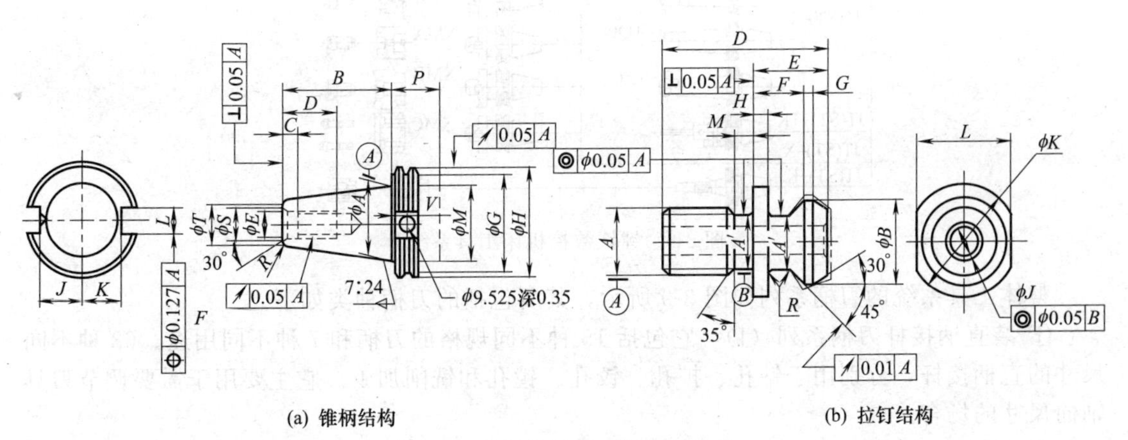

(a) 锥柄结构

(b) 拉钉结构

图 3-8 美国标准锥柄及拉钉结构

（2）典型刀具系统的种类及使用范围

整体式数控刀具系统种类繁多，基本能满足各种加工需求。其标准为 JB/GQ 5010—

1983《TSG 工具系统型式与尺寸》。TSG 工具系统中的刀柄，其代号由 4 部分组成，各部分的含义如下。

JT 45-Q 32-120

JT：表示工具柄部型式（具体含义查有关标准）；

45：对圆锥柄表示锥度规格，对圆柱表示直径；

Q：表示工具的用途；

32：表示工具的规格；

120：表示刀柄的工作长度。

上述代号表示的工具为：自动换刀机床用 7∶24 圆锥工具柄（GB/T 10944—1989），锥柄号 45 号，前部为弹簧夹头，最大夹持直径 32mm，刀柄工作长度 120mm。

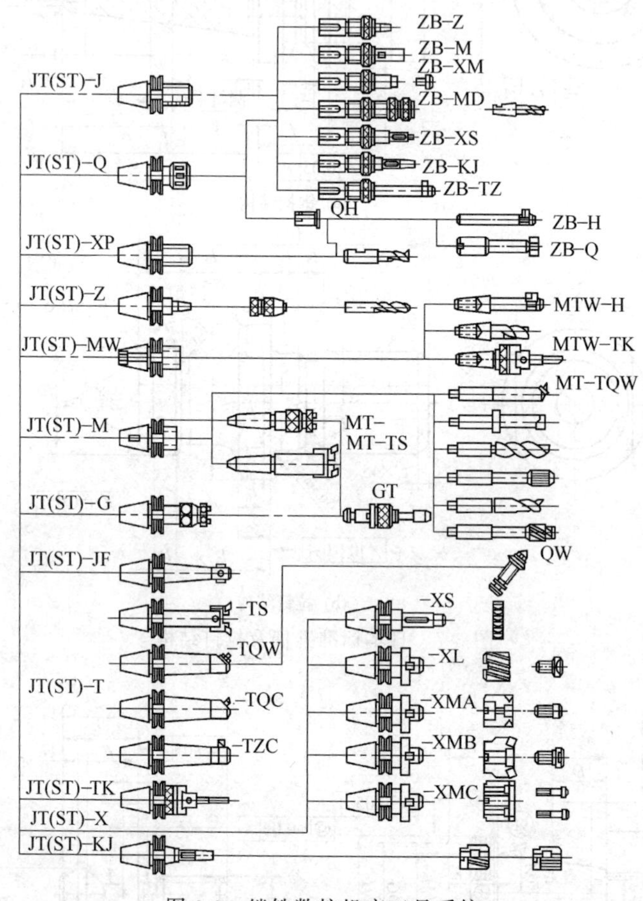

图 3-9 镗铣数控机床工具系统

整体工具系统的刀柄系列如图 3-9 所示，其所包括的刀柄种类如下。

① 装直柄接杆刀柄系列（J） 它包括 15 种不同规格的刀柄和 7 种不同用途、63 种不同尺寸的直柄接杆，分别用于钻孔、扩孔、铰孔、镗孔和铣削加工。它主要用于需要调节刀具轴向尺寸的场合。

② 弹簧夹头刀柄系列（Q） 它包括 16 种规格的弹簧夹头。弹簧夹头刀柄的夹紧螺母采用钢球将夹紧力传递给夹紧环，自动定心、自动消除偏摆，从而保证其夹持精度，装夹直径为 16～40mm。如配用过渡卡簧套 QH，还可装夹直径为 6～12mm 的刀柄。

③ 装钻夹头刀柄系列 用于安装各种莫氏短锥（Z）和贾氏锥度钻夹头，共有 24 种不

同的规格尺寸。

④ 装削平型直柄工具刃柄（XP）。

⑤ 装带扁尾莫氏圆锥工具刀柄系列（M） 29种规格，可装莫氏1.5号锥柄工具。

⑥ 装无扁尾莫氏圆锥工具刀柄系列（MW） 有10种规格，可装莫氏1.5号锥柄工具。

⑦ 装浮动铰刀刀柄系列（JF） 用于某些精密孔的最后加工。

⑧ 攻螺纹夹头刀柄系列（G） 刀柄由夹头柄部和丝锥夹套两部分组成，其后锥柄有三种类型供选择。攻螺纹夹头刀柄具有前后浮动装置，攻螺纹时能自动补偿螺距，攻螺纹夹套有转矩过载保护装置，以防止机攻时丝锥折断。

⑨ 倾斜微调镗刀刀柄系列（TQW） 有45种不同的规格。这种刀柄刚性好，微调精度高，微进给精度最高可达每10格误差±0.02mm，镗孔范围是ϕ20～285mm。

⑩ 双刃镗刀柄系列（7S） 镗孔范围是ϕ21～140mm。

⑪ 直角型粗镗刀刀柄系列（TZC） 有34种规格。适用于对通孔的粗加工，镗孔范围是ϕ25～190mm。

⑫ 倾斜型粗镗刀刀柄系列（TQC） 有35种规格。主要适用于盲孔、阶梯孔的粗加工。镗孔范围是ϕ20～200mm。

⑬ 复合镗刀刀柄系列（TF） 用于镗削阶梯孔。

⑭ 可调镗刀刀柄系列（TK） 有3种规格。镗孔范围是ϕ5～165mm。

⑮ 装三面刃铣刀刀柄系列（XS） 有25种规格。可装ϕ50～200mm的铣刀。

⑯ 装套式立铣刀刀柄系列（XL） 有27种规格。可装ϕ40～160mm的铣刀。

⑰ 装A类面铣刀刀柄系列（XMA） 有21种规格。可装ϕ50～100mm的A类面铣刀。

⑱ 装B类面铣刀刀柄系列铣刀（XMB） 有21种规格。可装ϕ50～100mm的B类面。

⑲ 装C类面铣刀刀柄系列（XMC） 有3种规格。可装ϕ160～200mm的C类面铣刀。

⑳ 装套式扩孔钻、铰刀刀柄系列（KJ） 共36种规格。可装ϕ25～90mm的扩孔钻和ϕ25～70mm的铰刀。

刀具的工作部分可与各种柄部标准相结合组成所需要的数控刀具。

（3）常规7∶24锥度刀柄存在的问题

高速加工要求确保高速下主轴与刀具的连接状态不发生变化。但是，传统主轴的7∶24前端锥孔在高速运转的条件下，由于离心力的作用会产生膨胀，膨胀量的大小随着旋转半径与转速的增大而增大；但是与之配合的7∶24实心刀柄膨胀量则较小，因此总的锥度连接刚度会降低，在拉杆拉力的作用下，刀具的轴向位置也会发生改变（如图3-10所示）。主轴锥孔的喇叭口状扩张，还会引起刀具及夹紧机构质心的偏离，从而影响主轴的动平衡。要保证这种连接在高速下仍有可靠的接触，需有一个很大的过盈量来抵消高速旋转时主轴锥孔端部的膨胀，例如标准40号锥需初始过盈量为15～20μm，再加上消除锥度配合公差带的过盈量（AT4级锥度公差带达13μm），因此这个过盈量很大。这样大的过盈量要求拉杆产生很大的拉力，这样大的拉力一般很难实现。就是能实现，对快速换刀也非常不利，同时对主轴前轴承也有不良的影响。

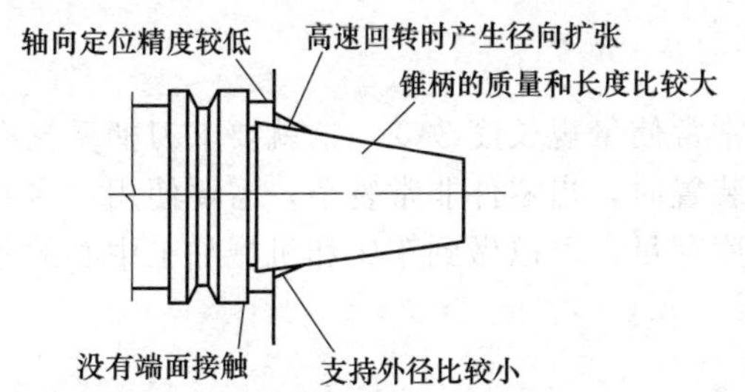

图3-10 在高速运转中离心力使主轴锥孔扩张

高速加工对动平衡要求非常高，不仅要求主轴组件需精密动平衡（G0.4级以上），而且刀具及装夹机构也需精确动平衡。但是，传递转矩的键和键槽很容易破坏这个动平衡，而且标准的7∶24锥柄较长，很难实现全长无间隙配合，一般只要求配合面前段70%以上接触。因此配合面后段会有一定的间隙，该间隙会引起刀具的径向圆跳动，影响主轴组件整体结构的动平衡。

键是用来传递转矩和进行圆周方向定位的，为解决键及键槽引起的动平衡问题，最近已研究出一种新的刀/轴连接结构，实现在配合处产生很大的摩擦力以传递转矩，并用在刀柄上做标记的方法实现安装的周向定位，达到取消键的目的。用三棱圆来传递转矩，也可以解决动平衡问题。

主轴与刀具的连接必须具有很高的重复安装精度，以保持每次换刀后的精度不变。否则，即使刀具进行了很好的动平衡也无济于事。稳定的重复定位精度有利于提高换刀速度和保持高的工作可靠性。

另外，主轴与刀具的连接必须有很高的连接刚度及精度，同时也希望对可能产生的振动有衰减作用等。

标准的7∶24锥度连接有许多优点：不自锁，可实现快速装卸刀具；刀柄的锥体在拉杆轴向拉力的作用下，紧紧地与主轴的内锥面接触，实心的锥体直接在主轴内锥孔内支承刀具，可以减小刀具的悬伸量；这种连接只有一个尺寸，即锥角需加工到很高的精度，所以成本较低，而且使用可靠，应用非常广泛。

但是，7∶24锥度连接也有以下一些不足。

① 单独锥面定位。7∶24连接锥度较大，锥柄较长，锥体表面同时要起两个重要的作用，即刀具相对于主轴的精确定位及实现刀具夹紧并提供足够的连接刚度。由于它不能实现与主轴端面和内锥面同时定位，所以标准的7∶24刀轴锥度连接，在主轴端面和刀柄法兰端面间有较大的间隙。在ISO标准规定的7∶24锥度配合中，主轴内锥孔的角度偏差为“−”，刀柄锥体的角度偏差为“+”，以保证配合的前段接触。所以它的径向定位精度往往不够高，在配合的后段还会产生间隙。如典型的AT4级（ISO 1947、GB/T 11334—1989）锥度规定角度的公差值为13″，这就意味着配合后段的最大径向间隙高达13μm。这个径向间隙会导致刀尖的跳动和破坏结构的动平衡，还会形成以接触前端为支点的不利工况，当刀具所受的弯矩超过拉杆轴向拉力产生的摩擦力矩时，刀具会以前段接触区为支点摆动。在切削力作用下，刀具在主轴内锥孔的这种摆动，会加速主轴内锥孔前段的磨损，形成喇叭口，引起刀具轴向定位误差。7∶24锥度连接的刚度对锥角的变化和轴向拉力的变化也很敏感。当拉力增大4～8倍时，连接的刚度可提高20%～50%。但是，在频繁的换刀过程中，过大的拉力会加速主轴内锥孔的磨损，使主轴内锥孔膨胀，影响主轴前轴承的寿命。

② 在高速旋转时主轴端部锥孔的扩张量大于锥柄的扩张量。对于自动换刀（ATC）来说，每次自动换刀后，刀具的径向尺寸都可能发生变化，存在着重复定位精度不稳定的问题。由于刀柄锥部较长，也不利于快速换刀和减小主轴尺寸。

3.2.3 模块化刀柄刀具

当生产任务改变时，由于零件的尺寸不同，常常使量规长度改变，这就要求刀柄系统有灵活性。当刀具用于有不同的锥度或形状的安装装置时，当零件非常复杂，需要使用许多专用刀具时，模块化刀柄刀具可以显著地减少刀具库存量，可以做到车床和机械加工中心的各种工序仅需一个标准模块化刀具系统。

(1) 接口特性

① 对中产生高精度（如图3-11所示）。

② 极小的跳动量和精确的中心高　压配合和扭矩负荷对称地分布在接口周围，没有负荷尖峰，这些都是具有极小的跳动量和精确中心高特性的原因。

③ 扭矩与弯曲力的传递（如图 3-12 所示）。

接口具有最佳的稳定性，有以下原因。

a. 无销和键等　多角形传递扭矩（T）时不像销子或键有部分损失。

b. 接口中无间隙　紧密的压配合保证了接口中没有间隙。它可向两个方向传递扭矩，而不改变中心高。这对车削工序特别重要，在车削中，间隙会引起中心高突然损失，因此引起撞击。

c. 负荷对称　扭矩负荷对称地分布在多角形上，无论旋转速度如何都无尖峰，因此接口是自对中的，这保证了接口的长寿命（如图 3-13 所示）。

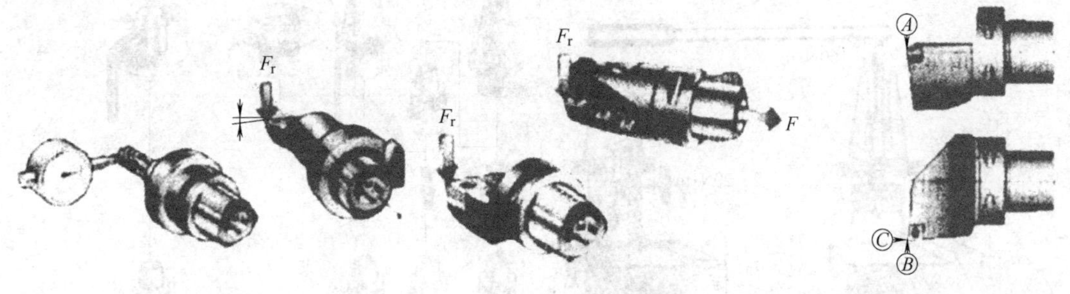

图 3-11　可重复定位精度±0.02mm　　图 3-12　扭矩与弯曲力的传递　　图 3-13　负荷对称

d. 双面接触/高夹紧力　由于压配合与高夹紧力相结合，使得接口得以“双面接触”。

（2）模块化刀柄的优点

① 将刀柄库存降低到最少（如图 3-14 所示）　通过将基本刀柄、接杆和加长杆（如需要）进行组合，可为不同机床创建许多不同的组件。当购买新机床时，主轴也是新的，需多次订购或购买新的基本刀柄。许多专用刀具或其他昂贵的刀柄，例如减振接杆，可以与新的基本刀柄一起使用。

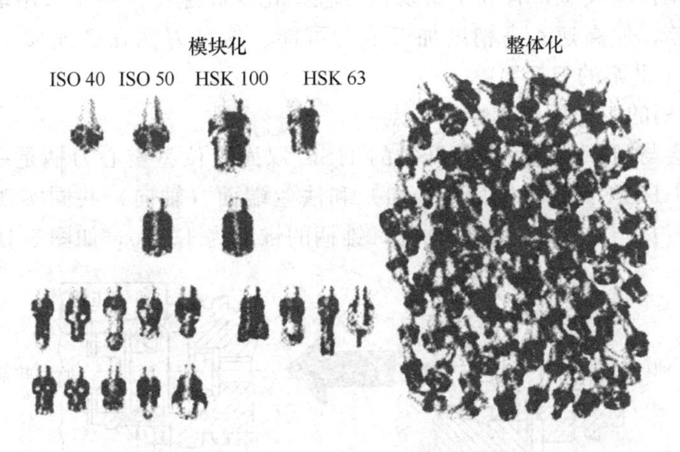

图 3-14　模块化刀具可以用很少的组件组装成非常多种类的刀具

② 可获得最大刚性的正确组合　机械加工中心经常需要使用加长的刀具，以使刀具能达到加工表面。使用模块化刀柄就可用长/短基本刀柄、加长杆和缩短杆的组合来创建组件，从而可获得正确的长度。最小长度非常重要，特别是需要采用大悬伸时。

许多时候，长度上的很小差别可导致工件可加工或不可加工。采用模块化刀具，可以使用能获得最佳生产效率的最佳切削参数。

如果使用整体式刀具，它们不是偏长就是偏短。在许多情况下，必须使用专用刀具，而专用刀具过于昂贵。模块化刀具仅几分钟便可组装完毕。

(3) 模块化刀具的夹紧原理

中心螺栓夹紧可得到机械加工中心所需的良好稳定性。为了避免铣削或镗削工序中的振动，需使用刚性好的接口。弯曲力矩是关键，而产生大弯曲力矩的最主要因素是夹紧力。使用中心拉钉夹紧是最牢固和最便宜的夹紧方法。一般情况下，夹紧力是任何其他侧锁紧（前紧式）机构的两倍（如图 3-15 所示）。

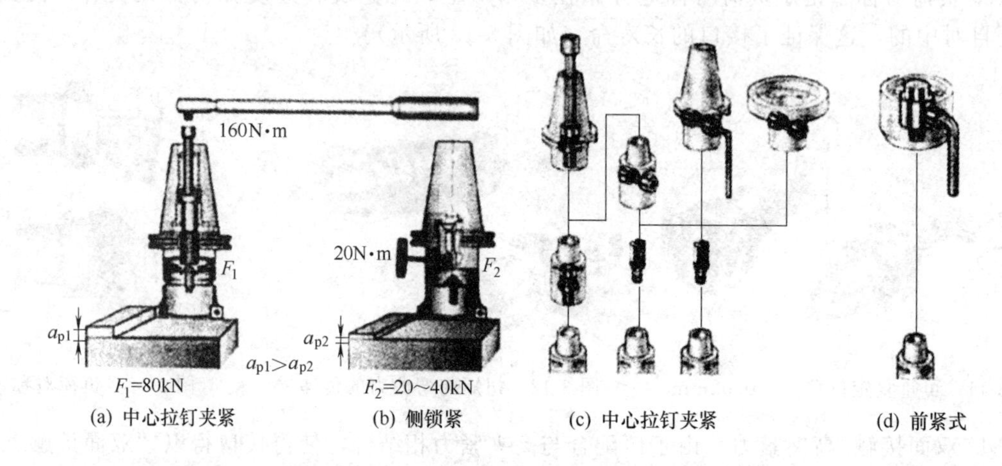

图 3-15 夹紧原理

3.2.4 HSK 刀柄

HSK 刀柄是一种新型的高速锥型刀柄，其接口采用锥面和端面两面同时定位的方式，刀柄为中空，锥体长度较短，有利于实现换刀轻型化及高速化。由于采用端面定位，完全消除了轴向定位误差，使高速、高精度加工成为可能。这种刀柄在高速加工中心上应用很广泛，被誉为是“21 世纪的刀柄”。

(1) HSK 刀柄的工作原理和性能特点

德国刀具协会与阿亨工业大学等开发的 HSK 双面定位型空心刀柄是一种典型的 1∶10 短锥面刀具系统。HSK 刀柄由锥面（径向）和法兰端面（轴向）共同实现与主轴的连接刚性，由锥面实现刀具与主轴之间的同轴度，锥柄的锥度为 1∶10，如图 3-16 所示。

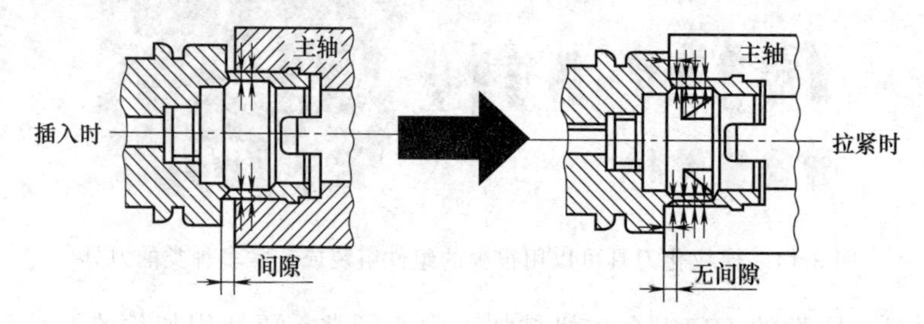

图 3-16 HSK 刀柄与主轴的连接结构与工作原理

这种结构的优点主要有以下几点。

① 采用锥面、端面过定位的结合形式，能有效地提高结合刚度。

② 因锥部长度短和采用空心结构后质量较轻，故自动换刀动作快，可以缩短移动时间，加快刀具移动速度，有利于实现ATC的高速化。

③ 采用1∶10的锥度，与7∶24锥度相比锥部较短，楔形效果较好，故有较强的抗扭能力，且能抑制因振动产生的微量位移。

④ 有比较高的重复安装精度。

⑤ 刀柄与主轴间由扩张爪锁紧，转速越高，扩张爪的离心力（扩张力）越大，锁紧力越大，故这种刀柄具有良好的高速性能，即在高速转动产生的离心力作用下，刀柄能牢固锁紧。

这种结构也有以下弊端。

① 它与现在的主轴端面结构和刀柄不兼容。

② 由于过定位安装，必须严格控制锥面基准线与法兰端面的轴向位置精度，与之相应的主轴也必须控制这一轴向精度，使其制造工艺难度增大。

③ 柄部为空心状态，装夹刀具的结构必须设置在外部，增加了整个刀具的悬伸长度，影响刀具的刚性。

④ 从保养的角度来看，HSK刀柄锥度较小，锥柄近于直柄，加之锥面、法兰端面要求同时接触，使刀柄的修复重磨很困难，经济性欠佳。

⑤ 成本较高，刀柄的价格是普通标准7∶24刀柄的1.5～2倍。

⑥ 锥度配合过盈量较小（是KM结构的1/5～1/2），数据分析表明，按DIN（德国标准）公差制造的HSK刀柄在8000～20000r/min运转时，由于主轴锥孔的离心扩张，会出现径向间隙。

⑦ 极限转速比KM刀柄低，且由于HSK的法兰端面也是定位面，一旦污染，会影响定位精度，所以采用HSK刀柄必须有附加清洁措施。

（2）HSK刀柄主要类型及其特点

按DIN的规定，HSK刀柄分为6种类型（如表3-1所示）：A、B型为自动换刀刀柄，C、D型为手动换刀刀柄，E、F型为无键连接、对称结构，适用于超高速的刀柄。

表3-1　HSK各种类型的形状和特点

A型

HSK	法兰直径 d_1/mm	锥面基准直径 d_2/mm
32	32	24
40	40	30
50	50	38
63	63	48
80	80	60
100	100	75
125	125	95
160	160	120

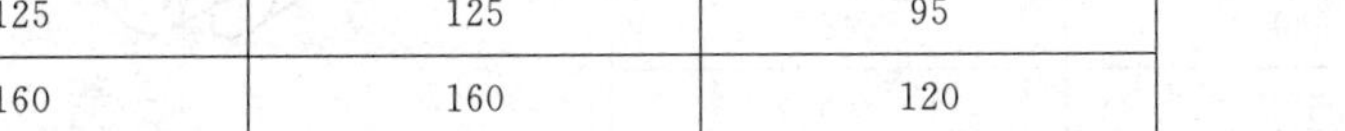

——用途：用于加工中心；
——可通过轴心供切削液；
——锥端部有传递转矩的两不对称键槽；
——法兰部有ATC用的V形槽和用于角向定位的切口，法兰上两不对称键槽，用于刀柄在刀库上定位；
——锥部有两个对称的工艺孔，用于手工锁紧

续表

B型

HSK	法兰直径 d_1/mm	锥面基准直径 d_2/mm
40	40	24
50	50	30
63	63	38
80	80	48
100	100	60
125	125	75
160	160	95

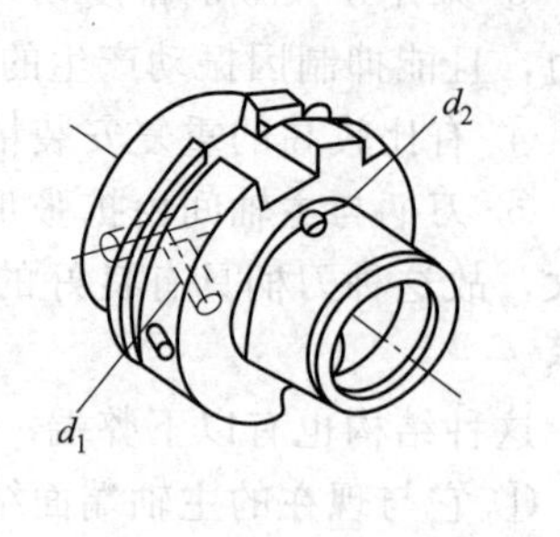

——用途：用于加工中心及车削中心；
——法兰部的尺寸加大而锥部的直径减小，使法兰轴向定位面积比A型大，并通过法兰供切削液；
——传递转矩的两对称键槽在法兰上，同时此键槽也用于刀柄在刀库上定位；
——法兰部有ATC用的V形槽和用于角向定位的切口；
——锥部表面仅有两个用于手工锁紧的对称工艺孔而无缺口

C型

HSK	法兰直径 d_1/mm	锥面基准直径 d_2/mm
32	32	24
40	40	30
50	50	38
63	63	48
80	80	60
100	100	75

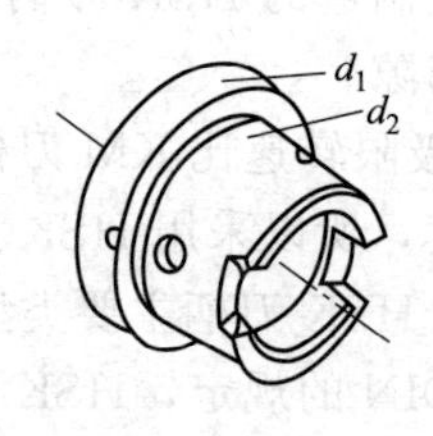

——用途：用于没有ATC的机床；
——可通过轴心供切削液；
——锥端部有传递转矩的两不对称键槽；
——锥部有两个对称的工艺孔用于手工锁紧

D型

HSK	法兰直径 d_1/mm	锥面基准直径 d_2/mm
40	40	24
50	50	30
63	63	38
80	80	48
100	100	60

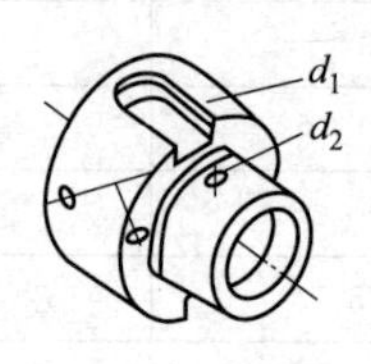

——用途：用于没有ATC的机床；
——法兰部的尺寸加大而锥部的直径减小，使法兰轴向定位面积比C型大，并通过法兰供切削液；
——传递转矩的两对称键槽在法兰上，可传递的转矩比C型大；
——锥部表面仅有两个用于手工锁紧的对称工艺孔而无缺口

续表

E型

HSK	法兰直径 d_1/mm	锥面基准直径 d_2/mm
25	25	19
32	32	24
40	40	30
50	50	38
63	63	48

d_2 d_1

——用途：用于高速加工中心及木工机床；
——可通过轴心供切削液；
——无任何槽和切口的对称设计，以适应高速动平衡的需要；
——靠摩擦力传递转矩

F型

HSK	法兰直径 d_1/mm	锥面基准直径 d_2/mm
50	50	30
63	63	38
80	80	48

d_2 d_1

——用途：用于高速加工中心及木工机床；
——法兰部的尺寸加大而锥部的直径减小，使法兰轴向定位面积比E型大，并通过法兰供切削液；
——无任何槽和切口的对称设计，以适应高速动平衡的需要；
——靠摩擦力传递转矩

3.2.5 刀具的预调

(1) 调刀与对刀仪

刀具预调是加工中心使用中一项重要的工艺准备工作。在加工中心加工中，为保证各工序所使用的刀具在刀柄上装夹好后的轴向和径向尺寸，同时为了提高调整精度并避免太多的停机时间损失，一般在机床外将刀具尺寸调整好，换刀时不再需要任何附加调整，即可保证加工出合格的工件尺寸。镗刀、孔加工刀具和铣刀的尺寸检测和预调一般都使用专用的调刀仪（又称对刀仪）。

对刀仪根据检测对象的不同，可分为数控车床对刀仪，数控镗铣床、加工中心用对刀仪及综合两种功能的综合对刀仪。对刀仪通常由以下几部分组成（图3-17）。

① 刀柄定位机构　刀柄定位基准是测量的基准，故有很高的精度要求，一般和机床主轴定位基准的要求接近，定位机构包括一个回转精度很高，与刀柄锥面接触很好、带拉紧刀柄机构的对刀仪主轴。该主轴的轴向尺寸基准面与机床主轴相同，主轴能高精度回转便于找出刀具上刀齿的最高点，对刀仪主轴中心线对测量轴 Z、X 有很高的平行度和垂直度要求。

② 测头部分　有接触式测量和非接触式测量两种。接触式测量用百分表（或扭簧仪）直接测刀齿最高点，测量精度可达（0.002～0.01mm）左右，它比较直观，但容易损伤表头和切削刃部。非接触式测量用得较多的光学投影屏，其测量精度在0.005mm左右，虽然它不太直观，但可以综合检查刀具质量。

③ Z、X 轴尺寸测量机构　通过带测头部分两个坐标移动，测得 Z 和 X 轴尺寸，即为刀具的轴向尺寸和半径尺寸。两轴使用的实测元件有许多种：机械式的有游标刻线尺、精密丝杠和刻线尺加读数头；电测量有光栅数显、感应同步器数显和磁尺数显等。图 3-18 为数显对刀仪。

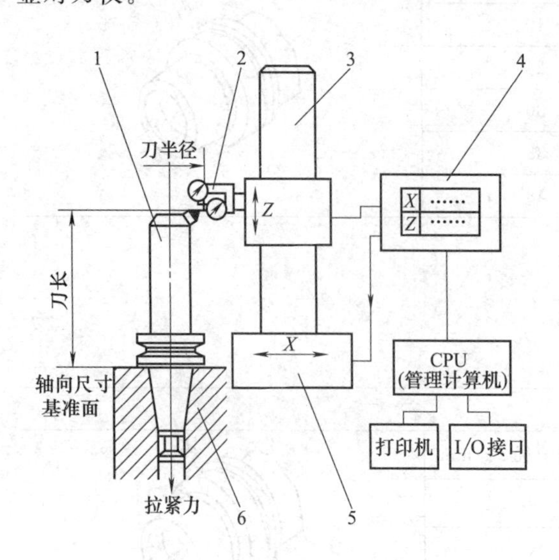

图 3-17　对刀仪示意图

1—被测刀具；2—侧头；3—立柱；4—坐标显示器；5—中滑板；6—刀杆定位套

图 3-18　数显对刀仪

④ 测量数据处理装置　在对刀仪上配置计算机及附属装置，可存储、输出、打印刀具预调数据，并与上一级管理计算机（刀具管理工作站、单元控制器）联网，形成供 FMC、FMS 用的有效刀具管理系统。

常见的对刀仪产品有：机械检测对刀仪、光学对刀仪和综合对刀仪。用光学对刀仪检测时，将刀尖对准光学屏幕上的十字线，可读出刀具半径 R 值（分辨率一般为 0.005mm），并从立柱游标读出刀具长度尺寸（分辨率一般为 0.02mm）。

(2) 对刀仪的使用

对刀仪的使用应按其说明书的要求进行。应注意的是测量时应该用一个对刀心轴对对刀仪的 Z、X 轴进行定标和定零位。而这根对刀心轴应该在所使用的加工中心主轴上测量过其误差，这样测量出的刀具尺寸就能消除两个主轴之间的系统误差。

刀具的预调还应该注意以下问题。

① 静态测量和动态加工误差的影响。刀具的尺寸是在静态条件下测量的，而实际使用时是在回转条件下，又受到切削力和振动外力等影响，因此，加工出的尺寸不会和预调尺寸一致，必然有一个修正量。如果刀具质量比较稳定，加工情况比较正常，一般轴向尺寸和径向尺寸有 0.01～0.02mm 的修调量。这应根据机床和工具系统质量，由操作者凭经验修正。

② 质量的影响。刀具的质量和动态刚性直接影响加工尺寸。

③ 测量技术影响。使用对刀仪测量的技巧欠佳也可能造成 0.01mm 以上的误差。

④ 零位飘移影响。使用电测量系统应注意长期工作时电气系统的零漂，要定时检查。

⑤ 仪器精度的影响。普通对刀仪精度，轴向（Z 向）在 0.01～0.02mm，径向（X 向）在 0.005mm 左右，精度高的对刀仪也可以达到 0.002mm 左右。但它必须与高精度刀具系统相匹配。

第2篇

FANUC 系统加工中心实例

FANUC XITONG JIAGONG ZHONGXIN SHILI

第4章

FANUC系统加工中心入门实例

本章将介绍 8 个 FANUC 数控系统的入门实例，读者学习后，将对 FANUC 数控加工技术有一定的了解，并能自行完成部分普通零件的程序编制。

4.1 圆形零件平面加工

完成如图 4-1 所示零件的上表面的加工，毛坯尺寸为 35mm，加工至图纸尺寸。工件材

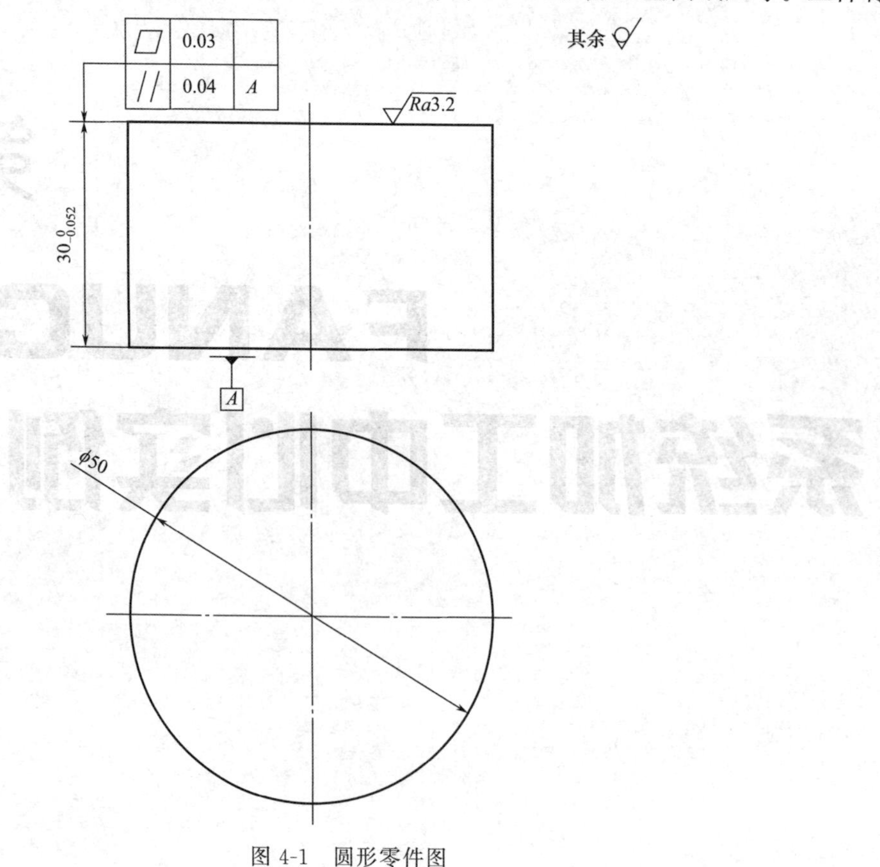

图 4-1　圆形零件图

料为 45 钢。生产规模：单件。

4.1.1 学习目标与注意事项

（1）学习目标

① 掌握大平面轮廓的加工工艺。

② 学会正确选用加工大平面的刀具及合理选择切削用量。

（2）注意事项

加工圆形零件的方法主要有双向平面铣削和环形铣削。从编程的难易程度考虑用环形铣削加工方法更好。采用环形铣削加工圆形平面的变量，设圆形的平面直径和铣刀的刀具直径为变量，加工步距为 0.65D（D 为刀具直径）（可根据实际情况做适当调整）。

4.1.2 工艺分析

（1）确定装夹方案

本例采用三爪自定心卡盘夹紧零件的外圆周面，底部用垫铁垫起。

（2）刀具选择（表 4-1）

表 4-1 刀具选择与切削参数

加工工序	刀具名称	主轴转速/(r/min)	进给速度/(mm/min)
平面加工	立铣刀，直径 ϕ10	2400	500

（3）加工路线

加工路线如图 4-2 所示。

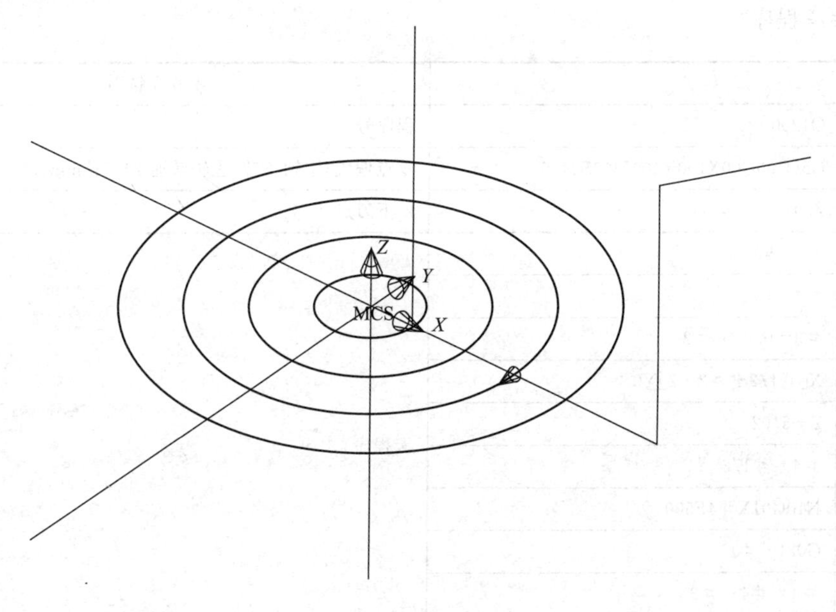

图 4-2 加工路线

4.1.3 工、量、刀具清单

工、量、刀具清单如表 4-2 所示。

表 4-2 工、量、刀具清单

名称	规格	精度	数量
立铣刀	直径 ϕ10		1
Z 轴设定器	50	0.01	1
偏心式寻边器	ϕ10	0.02mm	1
游标卡尺	0～150 0～150(带表)	0.02mm	各 1
千分尺	0～25,25～50,50～75	0.01mm	各 1
深度游标卡尺	0～200	0.02mm	1 把
垫块,拉杆,压板,螺钉	M16		若干
防护眼镜			1 副
刀柄、夹头	刀具相关刀柄,钻夹头,弹簧夹		若干
其他	常用加工中心机床辅具		若干

4.1.4 参考程序与注释

(1) 确定加工坐标原点

选择零件中心为工件坐标系 X、Y 轴的零点，选择毛坯上平面为工件坐标系的 $Z=0$ 面，选择工件表面 20mm 处为安全平面，机床坐标系设在 G54 上。

(2) 参考程序

		ϕ10 立铣刀
N10	O1200	程序号
N20	G54G90G00X100Y100M03S2400	零点偏置,主轴正转,主轴转速 2400r/min
N30	Z30	Z 下刀点
N40	#1=50	宏程序
N50	#2=10	
N60	#3=0.65*#2	
N70	X[#1/2+#2+2]Y0	
N80	Z-5.02	
N90	#4=#1/2	
N100	N10G01X#4F500	
N110	G02I-#4	
N120	#4=#4-#3	
N130	IF[#4GT0]GOTO10	
N140	G00Z100	Z 向抬刀
N150	X100Y00	
N160	M05	主轴停
N170	M30	程序结束

4.2 正椭圆类零件加工

加工如图 4-3 所示的板类零件上的孔，实体图如图 4-4 所示。

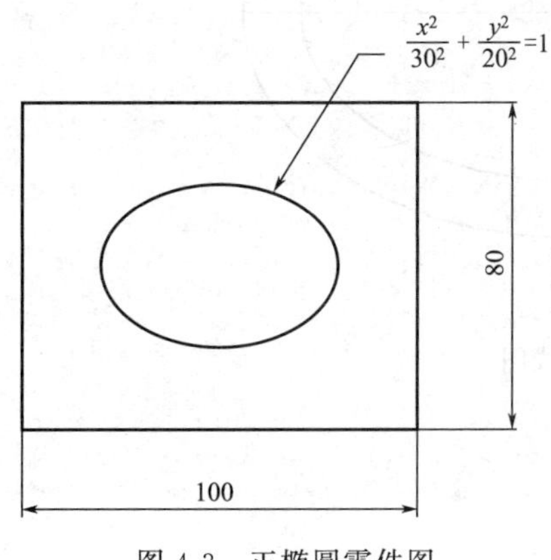

图 4-3 正椭圆零件图

图 4-4 实体图

4.2.1 学习目标与注意事项

（1）学习目标

① 学习宏指令编程基本知识。

② 掌握铣削加工中利用宏指令进行二次曲线编程的方法。

（2）注意事项

① 在使用平口钳夹紧工件时，用力要适当，可以在活动钳口和固定钳口垫上铜皮，以保护零件表面不被划伤。

② 刀具在铣椭圆孔时要采用“软接近”的方法，注意刀具切入切出程序的处理。

4.2.2 工艺分析

（1）确定装夹方案

选用平口钳装夹。底面朝下垫平，工件毛坯面高出平口钳 5mm，夹尺寸 80mm 两侧面，尺寸 100mm 任一侧面与平口钳侧面取平夹紧，这样可以限制 6 个自由度，工件处于完全定位状态。

（2）刀具选择（表 4-3）

表 4-3 刀具选择与切削参数

加工工序	刀具名称	主轴转速/(r/min)	进给速度/(mm/min)
椭圆孔加工	ϕ5 立铣刀	4000	300

（3）加工路线

由于 FANUC 没有椭圆插补指令，可采用宏指令通过直线插补来完成，此时需要计算各编程点的坐标。

按照参数方程来表示椭圆为：$\begin{cases} x=30\cos a \\ y=20\sin a \end{cases}$

加工路线如图 4-5 所示。

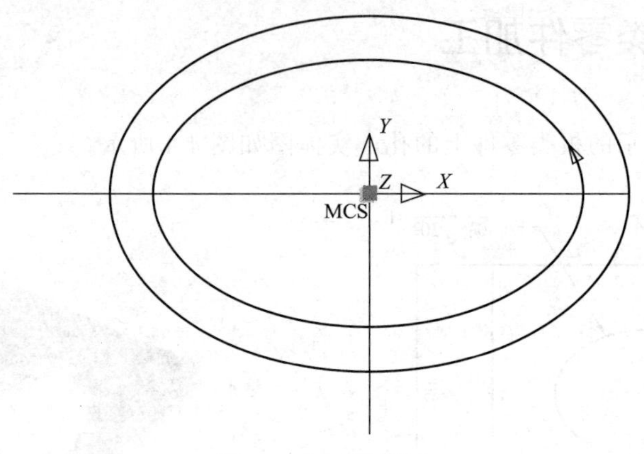

图 4-5 加工路线图

4.2.3 工、量、刀具清单

工、量、刀具清单如表 4-4 所示。

表 4-4 工、量、刀具清单

名称	规格	精度	数量
立铣刀	$\phi5$		1
半径规	$R5\sim30$		1
偏心式寻边器	$\phi10$	0.02mm	1
游标卡尺	0～150 0～150(带表)	0.02mm	各1
千分尺	0～25,25～50,50～75	0.01mm	各1
深度游标卡尺	0～200	0.02mm	1把
垫块,拉杆,压板,螺钉	M16		若干
防护眼镜			1副
刀柄、夹头	刀具相关刀柄,钻夹头,弹簧夹		若干
其他	常用加工中心机床辅具		若干

4.2.4 参考程序与注释

(1) 确定加工坐标原点

以毛坯上表面的中心点为编程原点 0，建立工件坐标系。

(2) 参考程序

		$\phi5$ 立铣刀
N10	G90G54G21G17G49G40G94G80	零点偏置,取消刀具长度和半径补偿
N20	S4000M03	主轴正转,转速 4000r/min
N30	G90G00X0Y0	X、Y 定位
N40	M08	冷却液开
N50	G00Z3	Z 定位

续表

N60	G01Z－12F300	Z 下降
N70	G41G01X30Y0D01	刀具半径补偿
N80	#1=0	宏程序
N90	WHILE[#1LE360]DO1	
N100	#2=30*COS[#1]	
N110	#3=20*SIN[#1]	
N120	G01X[#2]Y[#3]	
N130	#1=#1+0.5	
N140	END1	
N150	G40G01X0Y0	取消刀具半径补偿
N160	G00Z30	Z 向抬刀
N170	M05	主轴停
N180	M09	冷却液关
N190	M30	程序结束

4.3　倾斜椭圆类零件加工

加工如图 4-6 所示方台里的倾斜椭圆腔体，材料为 45 钢。

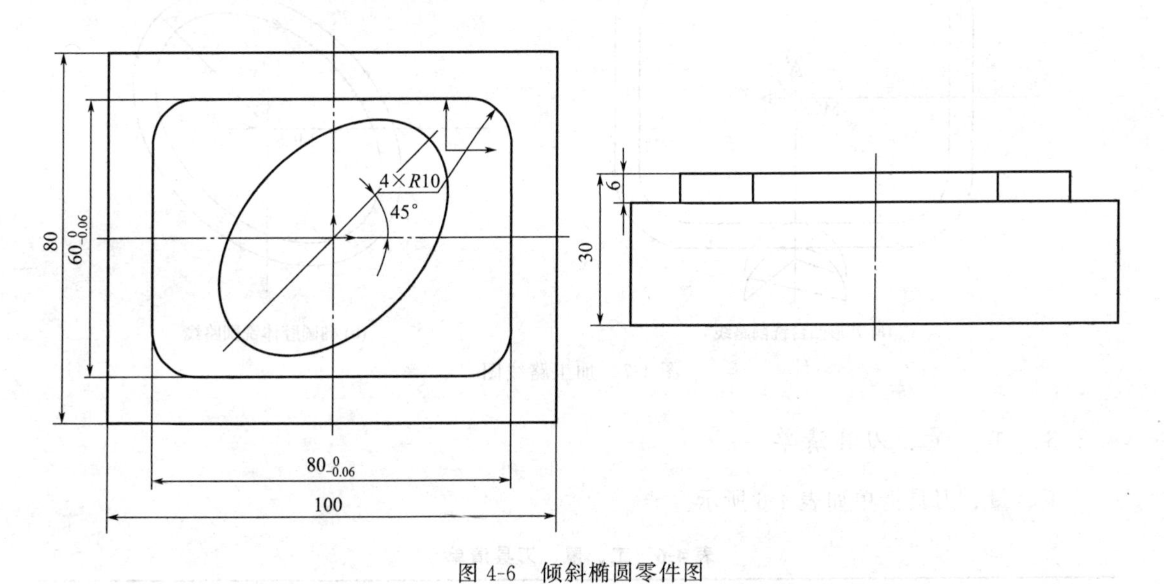

图 4-6　倾斜椭圆零件图

4.3.1　学习目标与注意事项

(1) 学习目标

① 学习宏指令编程基本知识。

② 掌握铣削加工中的坐标系旋转指令 G68/G69。

③ 掌握铣削加工中坐标系旋转指令的应用方法和过程。

(2) 注意事项

① 注意精加工中程序的编制，特别是公差带不对称的加工部位要率先采取中差；在精加工程序的编制中，刀具的切入、切出点采用“软接近”方式，即圆弧切入、切出，防止留有接刀痕迹。

② 在用平底铣刀直接铣孔时，要选择齿数少的刀具，进给速度一定要低，否则刀具会崩刃。本道例题采用键槽刀铣孔的方法。

4.3.2 工艺分析

(1) 确定装夹方案

选用平口钳装夹。底面朝下垫平，工件毛坯面高出平口钳 15mm，夹尺寸 80mm 两侧面，尺寸 100mm 任一侧面与平口钳侧面取平夹紧，这样可以限制 6 个自由度，工件处于完全定位状态。

(2) 刀具选择（表 4-5）

表 4-5 刀具选择与切削参数

加工工序	刀具名称	主轴转速/(r/min)	进给速度/(mm/min)
轮廓、腔体加工	ϕ10 键槽刀	2200	500

(3) 加工路线

方形凸台铣削的进给路线如图 4-7 (a) 所示，刀具采取环绕切削，各环绕之间采用圆弧切入、切出；椭圆腔体采用直线进刀，然后利用坐标系旋转进行加工，如图 4-7 (b) 所示。

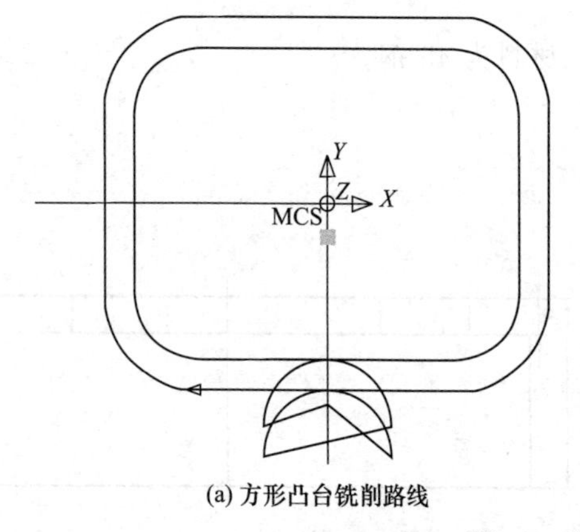

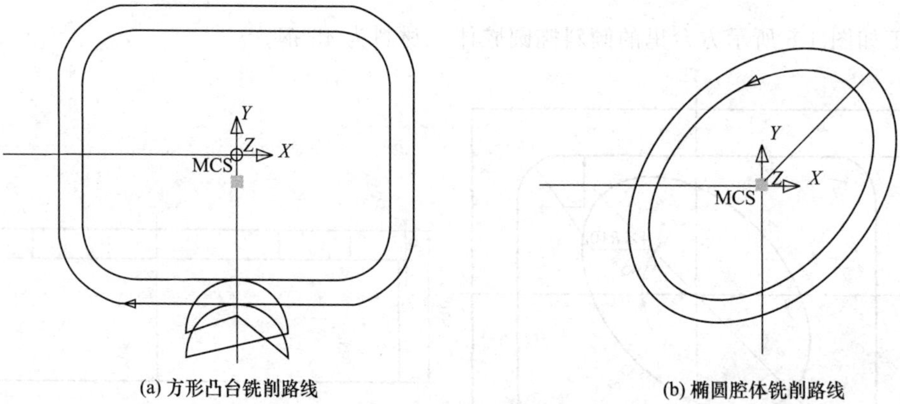

(a) 方形凸台铣削路线

(b) 椭圆腔体铣削路线

图 4-7 加工路线图

4.3.3 工、量、刀具清单

工、量、刀具清单如表 4-6 所示。

表 4-6 工、量、刀具清单

名 称	规 格	精 度	数 量
键槽铣刀	ϕ10		1
半径规	R5～30		1
偏心式寻边器	ϕ10	0.02mm	1
游标卡尺	0～150 0～150(带表)	0.02mm	各 1

续表

名　称	规　格	精　度	数　量
千分尺	0～25,25～50,50～75	0.01mm	各1
深度游标卡尺	0～200	0.02mm	1把
垫块,拉杆,压板,螺钉	M16		若干
防护眼镜			1副
刀柄、夹头	刀具相关刀柄,钻夹头,弹簧夹		若干
其他	常用加工中心机床辅具		若干

4.3.4 参考程序与注释

(1) 确定加工坐标原点

以毛坯上表面的中心点为编程原点0，建立工件坐标系。

(2) 参考程序

		ϕ10键槽铣刀铣方形凸台
N10	O1200	程序号
N20	G90G54 G0X68. Y35. S2200M03	零点偏置,主轴正转,转速2200r/min
N30	M08	冷却液开
N40	Z100.	Z轴定位
N50	Z7.	Z轴下刀
N60	＃2＝0	
N70	N10＃2＝＃2－3	
N80	G1Z＃2F100	
N90	M98P100	调用子程序
N100	IF[＃2GE－6]GOTO10	
N110	G00Z100	Z向抬刀
N120	X00Y00	X、Y定位
N130	M05	主轴停
N140	M30	程序结束
N150	O100	子程序号
N160	G0X68. Y35.	
N170	G17G3X53. Y20. I0. J－15. F500	圆弧插补
N180	G1Y－20.	直线插补
N190	G2X30. Y－43. I－23. J0.	圆弧插补
N200	G1X－30.	直线插补
N210	G2X－53. Y－20. I0. J23.	圆弧插补
N220	G1Y20.	直线插补
N230	G2X－30. Y43. I23. J0.	圆弧插补
N240	G1X30.	直线插补
N250	G2X53. Y20. I0. J－23.	圆弧插补

续表

N260	G3X68. Y5. I15. J0.	圆弧插补
N270	G1X60. Y35.	直线插补
N280	G3X45. Y20. I0. J－15.	圆弧插补
N290	G1Y－20.	直线插补
N300	G2X30. Y－35. I－15. J0.	圆弧插补
N310	G1X－30.	直线插补
N320	G2X－45. Y－20. I0. J15.	圆弧插补
N330	G1Y20.	直线插补
N340	G2X－30. Y35. I15. J0.	圆弧插补
N350	G1X30.	直线插补
N360	G2X45. Y20. I0. J－15.	圆弧插补
N370	G3X60. Y5. I15. J0.	圆弧插补
N380	G1Z7. F2000	Z 向退出
N390	G0Z100.	Z 向抬刀
N400	M99	子程序结束
N410	O0001	程序号
N420	G90G54G21G17G49G40G94G80	ϕ10 键槽铣刀铣斜椭圆
N430	S500M03	主轴正转,转速 500r/min
N440	G90G00X0Y0	
N450	M08	冷却液开
N460	G00Z3	Z 向定位
N470	G68X0Y0R45	旋转指令
N480	G01Z－12F100	
N490	G41G01X30Y0D01	刀具半径补偿
N500	＃1＝0	宏程序
N510	WHILE[＃1LE360]DO1	
N520	＃2＝30＊COS[＃1]	
N530	＃3＝20＊SIN[＃1]	
N540	G01X[＃2]Y[＃3]	
N550	＃1＝＃1＋0.5	
N560	END1	
N570	G40G01X0Y0	刀具半径补偿取消
N580	G00Z30	Z 向抬刀
N590	G69	取消旋转
N600	M05	主轴停
N610	M09	冷却液停
N620	M30	程序结束

4.4 直线点阵孔系加工

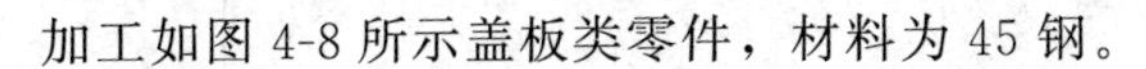
加工如图 4-8 所示盖板类零件，材料为 45 钢。

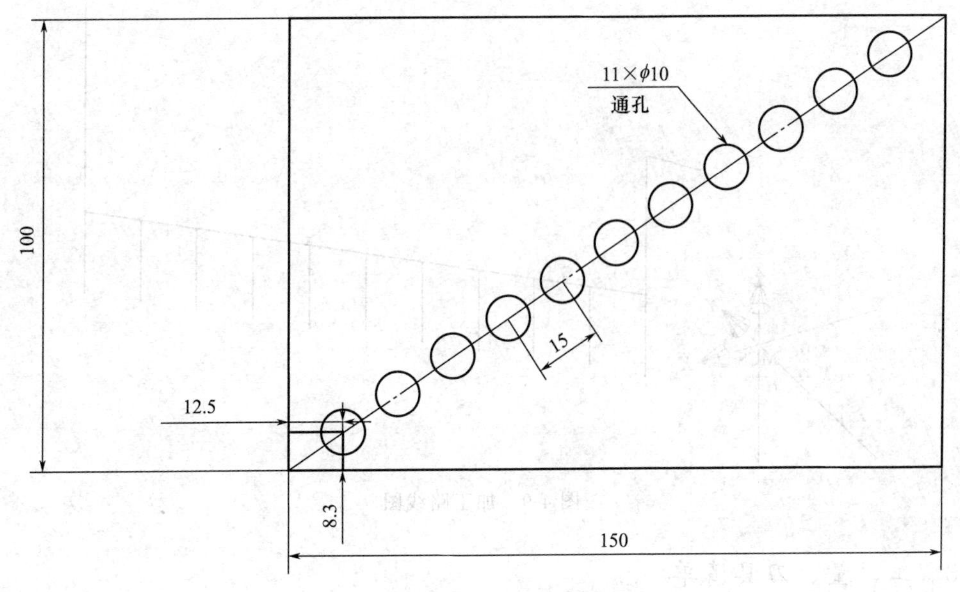

图 4-8 直线点阵孔系零件图

4.4.1 学习目标与注意事项

（1）学习目标

① 掌握铣削加工中的固定循环指令 G73/G74/G76/G80～G89。

② 掌握返回初始平面指令 G98 和返回 R 平面指令 G99。

③ 掌握铣削加工中用中心钻、麻花钻头和攻螺纹、镗孔等加工孔的方法。

（2）注意事项

① 毛坯装夹时，一定要考虑垫铁与加工部位是否干涉。

② 钻孔加工时，要利用中心钻钻削中心孔，保证孔的位置。

③ 钻孔加工时，要正确选择切削用量，合理使用钻孔循环指令。

4.4.2 工艺分析

（1）确定装夹方案

选用平口钳装夹。底面朝下垫平，工件毛坯面高出平口钳 15mm，夹尺寸 80mm 两侧面，尺寸 150mm 任一侧面与平口钳侧面取平夹紧，这样可限制 6 个自由度，工件处于完全定位状态。

（2）刀具选择（表 4-7）

表 4-7 刀具选择与切削参数

加工工序	刀具名称	主轴转速/(r/min)	进给速度/(mm/min)
孔加工	ϕ10 钻头	420	100

(3) 加工路线

孔加工的进给路线如图4-9所示。

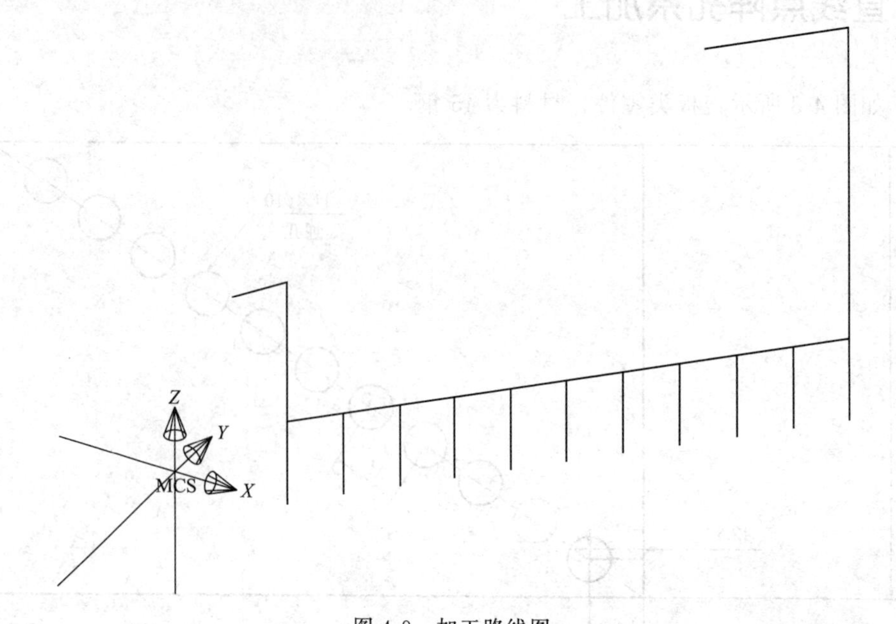

图4-9 加工路线图

4.4.3 工、量、刀具清单

工、量、刀具清单如表4-8所示。

表4-8 工、量、刀具清单

名称	规格	精度	数量
麻花钻头	$\phi10$		1
半径规	$R5\sim30$		1
偏心式寻边器	$\phi10$	0.02mm	1
游标卡尺	0~150 0~150(带表)	0.02mm	各1
千分尺	0~25,25~50,50~75	0.01mm	各1
深度游标卡尺	0~200	0.02mm	1把
垫块,拉杆, 压板,螺钉	M16		若干
防护眼镜			1副
刀柄、夹头	刀具相关刀柄,钻夹头,弹簧夹		若干
其他	常用加工中心机床辅具		若干

4.4.4 参考程序与注释

(1) 确定加工坐标原点

以毛坯上表面的中心点为编程原点0,建立工件坐标系。

(2) 参考程序

		ϕ10 钻孔
N10	O1200	程序号
N20	G00G54X12.5Y8.3Z50M03S420	零点偏置，主轴正转，转速 420r/min
N30	＃1＝11	宏程序
N40	＃2＝45	
N50	＃3＝15	
N60	WHILE[1LE＃1]DO1	
N70	＃3＝＃3＋15	
N80	＃4＝＃3＊COS[＃2]	
N90	＃5＝＃3＊SIN[＃2]	
N100	G01X＃4Y＃5	
N110	G99G81R2.5Z－14F100	
N120	G01Z10	
N130	＃1＝＃1－1	
N140	END1	
N150	G00Z100	Z 向抬刀
N160	X100Y100	X、Y 向定位
N170	M05	主轴停
N180	M30	程序结束

4.5　凸球面类零件加工

加工如图 4-10 所示含曲面类零件，材料为 45 钢。

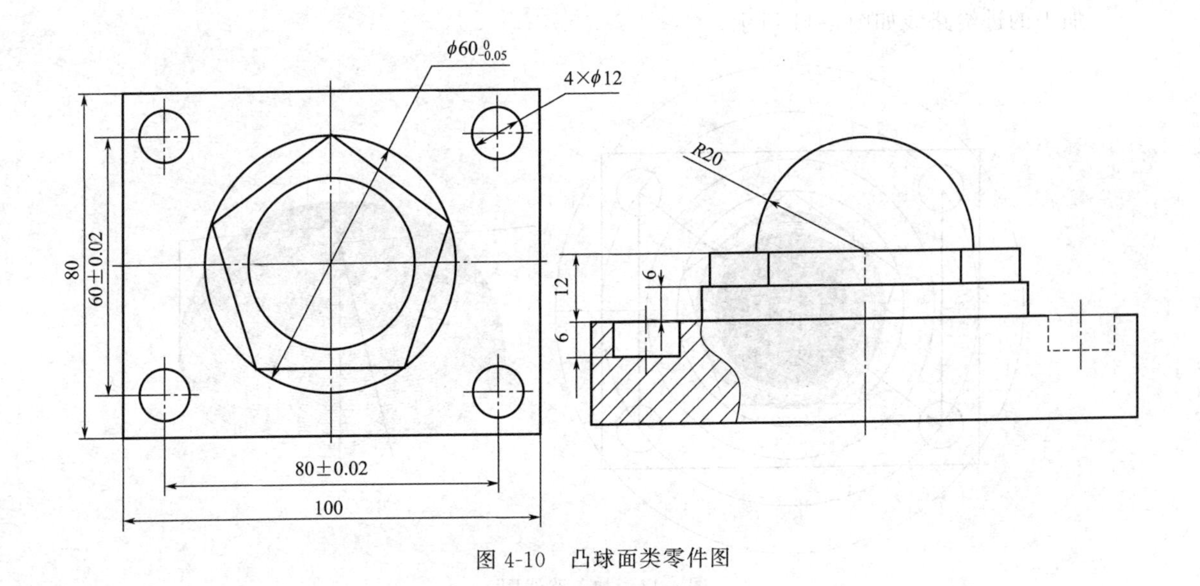

图 4-10　凸球面类零件图

4.5.1 学习目标与注意事项

（1）学习目标

① 掌握凸球面采用立铣刀开粗的宏编程。

② 掌握凸球面采用球头铣刀精加工的宏编程。

③ 掌握刀具的走刀路线和进刀控制的算法。

（2）注意事项

① 进刀路线的控制选择从下向上铣削，利用刀具的侧刃铣削，表面质量较好。

② 采用立铣刀加工凸球面时，曲面是刀尖完成的，当刀尖沿圆弧运动时，其刀具中心运动轨迹也是同一行径的圆弧，只是位置相差一个刀具半径。

③ 采用球头刀加工时，曲面加工是球刃完成的，其刀具中心是球面的同心球面，半径相差一个刀具半径。

4.5.2 工艺分析

（1）确定装夹方案

选用平口钳装夹。底面朝下垫平，工件毛坯面高出平口钳15mm，夹尺寸80mm两侧面，尺寸100mm任一侧面与平口钳侧面取平夹紧，这样可限制6个自由度，工件处于完全定位状态。

（2）刀具选择（表4-9）

表4-9 刀具选择与切削参数

加工工序	刀具名称	主轴转速/(r/min)	进给速度/(mm/min)
外形凸台开粗	ϕ16可转位立铣刀	2200	500
外形凸台的精加工、凸球面的开粗	ϕ10立铣刀	2000	700
凸球面的精加工	ϕ10球头刀	1000	300
钻孔	ϕ12钻头	300	100

（3）加工路线

加工的进给路线如图4-11所示。

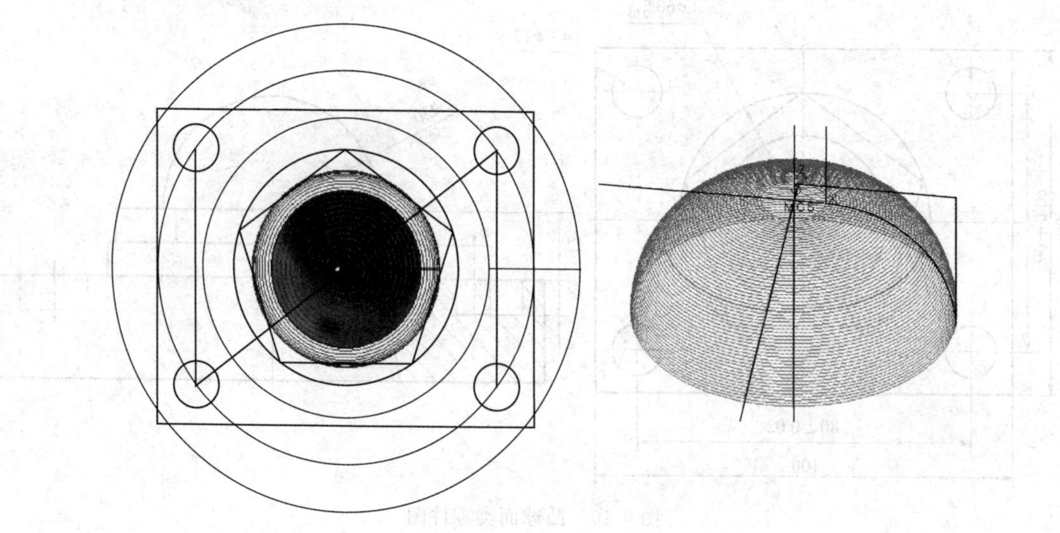

图4-11 加工路线图

4.5.3 工、量、刀具清单

工、量、刀具清单如表 4-10 所示。

表 4-10 工、量、刀具清单

名 称	规 格	精 度	数 量
可转位立铣刀、立铣刀、球头铣刀	ϕ16、ϕ10、ϕ10		各 1
麻花钻头	ϕ12		1
半径规	R5～30		1
偏心式寻边器	ϕ10	0.02mm	1
游标卡尺	0～150 0～150(带表)	0.02mm	各 1
千分尺	0～25，25～50，50～75	0.01mm	各 1
深度游标卡尺	0～200	0.02mm	1 把
垫块，拉杆，压板，螺钉	M16		若干
防护眼镜			1 把
刀柄、夹头	刀具相关刀柄，钻夹头，弹簧夹		若干
其他	常用加工中心机床辅具		若干

4.5.4 参考程序与注释

(1) 确定加工坐标原点

以毛坯上表面的中心点为编程原点 0，建立工件坐标系。

(2) 参考程序

		ϕ16 可转位立铣刀外形开粗
N10	O1200	主程序号
N20	G90G54 G0X62. Y0. S2200M03	零点偏置，主轴正转，转速 2200r/min
N30	M08	冷却液开
N40	Z100.	Z 向定位
N50	Z8.	Z 向下刀
N60	#2=0	
N70	N10#2=#2-2	
N80	G1Z#2F500	
N90	M98P100	子程序调用
N100	IF[#2GE-32]GOTO10	
N110	M05	主轴停
N120	M30	程序结束
N130	O100	子程序号
N140	G01X62	直线插补
N150	G17G2I-62. J0. F500	圆弧插补
N160	G1X50.	直线插补

续表

N170	G2I－50. J0.	圆弧插补
N180	G1X38.	直线插补
N190	G2I－38. J0.	圆弧插补
N200	G1Z8. F2000	直线插补
N210	G0Z100.	Z向抬刀
N220	M99	子程序结束
N230		
N240	O1200	ϕ10立铣刀多边形精加工
N250	G90G54 G0X17. 634Y－29. 271S2000M03	零点偏置,主轴正转,转速2000r/min
N260	M08	冷却液开
N270	Z100.	Z向定位
N280	Z8.	Z向下刀
N290	＃2＝0	
N300	N10 ＃2＝＃2－2	
N310	G1Z＃2F700	
N320	M98P100	调用子程序
N330	IF[＃2GE－26]GOTO10	
N340	M05	主轴停
N350	M30	程序结束
N360	O100	子程序号
N370	G01X－17. 634F500	直线插补
N380	G17G2X－22. 389Y－25. 816I0. J5.	圆弧插补
N390	G1X－33. 287Y7. 725	直线插补
N400	G2X－31. 471Y13. 316I4. 755J1. 545	圆弧插补
N410	G1X－2. 939Y34. 045	直线插补
N420	G2X2. 939I2. 939J－4. 045	圆弧插补
N430	G1X31. 471Y13. 316	直线插补
N440	G2X33. 287Y7. 725I－2. 939J－4. 045	圆弧插补
N450	G1X22. 389Y－25. 816	直线插补
N460	G2X17. 634Y－29. 271I－4. 755J1. 545	圆弧插补
N470	G1Z8. F2000	Z向抬刀
N480	G0Z100.	Z向抬刀
N490	M99	子程序结束
N500		
N510	O1200	ϕ10凸球面开粗加工圆柱
N520	G90G54 G0X25. Y0. S2000M03	零点偏置,主轴正转,转速2000r/min

续表

N530	M08	冷却液开
N540	Z100.	Z 向定位
N550	Z8.	Z 向下刀
N560	#2=0	
N570	N10 #2=#2-2	
N580	G1Z#2F700	
N590	M98P100	调用子程序
N600	IF[#2GE-20]GOTO10	循环判断
N610	M05	主轴停
N600	M30	程序结束
N610	O100	子程序号
N620	G01X25	直线插补
N630	G17G2I-25. J0. F500	圆弧插补
N640	G1Z8. F2000	
N650	G0Z100.	Z 向抬刀
N660	M99	子程序结束
N670		
N680	O0001	ϕ10 立铣刀凸球面开粗
N690	S2000 M03	主轴正转，转速 2000r/min
N700	G90 G54 G00 Z100	零点偏置
N710	G00 X0 Y0	X、Y 定位
N720	G00 Z3	Z 向下刀
N730	#1=90	宏程序
N740	WHILE[#1GE0]DO1	
N750	#2=22*SIN[#1]+5	
N760	#3=22-22*COS[#1]	
N770	G01 X#2 Y0 F700	
N780	G01 Z-#3 F100	
N790	G02 X#2 Y0 I-#2 J0 F300	
N800	#1=#1-1	
N810	END1	
N820	G00 Z100	Z 向抬刀
N830	M30	程序结束
N840		
N850	O0001	ϕ10 球头刀凸球面精加工
N860	S1000 M03	主轴正转，转速 1000r/min
N870	G90 G54 G00 Z100	零点偏置
N880	G00 X0 Y0	X、Y 定位
N890	Z3	Z 向下刀

续表

N900	#1=90	宏程序
N910	WHILE[#1GE0]DO1	
N920	#2=[20+5]*SIN[#1]	
N930	#3=[20+5]*[1-COS[#1]]	
N940	G01 X#2 Y0 F300	
N950	G01 Z-#3 F100	
N960	G02 X#2 Y0 I-#2 J0 F300	
N970	#1=#1+1	
N980	END1	
N990	G00 Z100	Z 向抬刀
N1000	M30	程序结束

4.6 圆锥台类零件加工

加工如图 4-12 所示零件，材料为 45 钢。

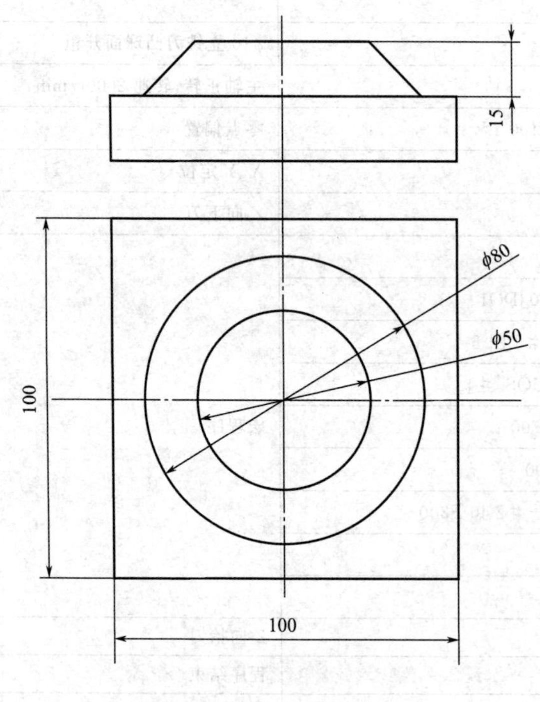

图 4-12 圆锥台类零件图

4.6.1 学习目标与注意事项

（1）学习目标

① 掌握宏编程自变量及定义域的确定。

② 掌握用自变量表示因变量的表达式。

③ 学会圆锥台类的宏编程。

（2）注意事项

① 设圆锥台零件锥底圆直径为 A，顶圆直径为 B，锥台高度为 H，则圆锥台的锥度为 $C=\dfrac{A-B}{H}$，任一高度 H 上的截圆半径为 $R=\dfrac{B+HC}{2}$。

② 若选择直径为 D 的立铣刀从下往上逐层上升的方法铣削加工，则立铣刀加工任一高度 H 的截圆时，刀位点与圆锥轴线的距离为 $L=R+\dfrac{D}{2}$。

4.6.2 工艺分析

（1）确定装夹方案

选用平口钳装夹。底面朝下垫平，工件毛坯面高出平口钳 15mm，夹尺寸 80mm 两侧面，尺寸 100mm 任一侧面与平口钳侧面取平夹紧，这样可限制 6 个自由度，工件处于完全定位状态。

（2）刀具选择（表 4-11）

表 4-11 刀具选择与切削参数

加工工序	刀具名称	主轴转速/(r/min)	进给速度/(mm/min)
圆锥台零件铣削加工	ϕ10 立铣刀	2000	500

（3）加工路线

加工路线如图 4-13 所示。

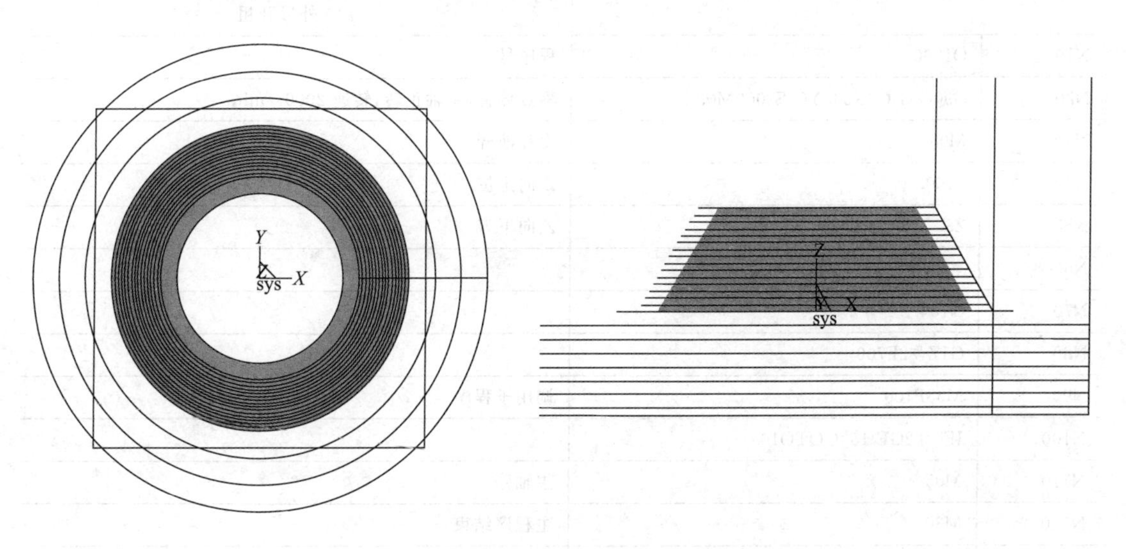

图 4-13 加工路线图

4.6.3 工、量、刀具清单

工、量、刀具清单如表 4-12 所示。

表 4-12 工、量、刀具清单

名　　称	规　　格	精　度	数　量
立铣刀	ϕ10		1
半径规	R5～30		1
偏心式寻边器	ϕ10	0.02mm	1
游标卡尺	0～150 0～150(带表)	0.02mm	各1
千分尺	0～25,25～50,50～75	0.01mm	各1
深度游标卡尺	0～200	0.02mm	1把
垫块,拉杆,压板,螺钉	M16		若干
防护眼镜			1副
刀柄、夹头	刀具相关刀柄,钻夹头,弹簧夹		若干
其他	常用加工中心机床辅具		若干

4.6.4 参考程序与注释

(1) 确定加工坐标原点

以毛坯上表面的中心点为编程原点0，建立工件坐标系。

(2) 参考程序

		ϕ10 外形开粗
N10	O1200	程序号
N20	G90G54 G0X69. Y0. S2000M03	零点偏置,主轴正转,转速2000r/min
N30	M08	冷却液开
N40	Z100.	Z向定位
N50	Z8.	Z向下刀
N60	＃2=0	
N70	N10＃2=＃2-2	
N80	G1Z＃2F700	
N90	M98P100	调用子程序
N100	IF[＃2GE-15]GOTO10	
N110	M05	主轴停
N120	M30	主程序结束
N130	O100	子程序号
N140	G01X69	直线插补
N150	G17G2I-69. J0. F500	圆弧插补
N160	G1X61.	直线插补
N170	G2I-61. J0.	圆弧插补

续表

N180	G1X53.	直线插补
N190	G2I－53. J0.	圆弧插补
N200	G1X45.	直线插补
N210	G2I－45. J0.	圆弧插补
N220	G1Z8. F2000	
N230	G0Z100.	Z向抬刀
N240	M99	子程序结束
N250		
N260	O1200	φ10外形精加工
N270	G54G00X100Y100Z50M03S2000	零点偏置，主轴正转，转速2000r/min
N280	Z2	Z向下刀
N290	＃1＝50	宏程序
N300	＃2＝80	
N310	＃3＝15	
N320	＃4＝10	
N330	＃5＝＃1*0.5＋＃4*0.5	
N340	＃6＝＃2*0.5＋＃4*0.5	
N350	＃7＝[＃2－＃1]*0.5/＃3	
N360	＃8＝0	
N370	WHILE[＃8LT＃3]DO1	
N380	＃8＝＃8＋0.3	
N390	＃9＝＃5＋＃7*＃8	
N400	G00X＃6Y0	
N410	G00Z－＃8F500	
N420	＃10＝＃6－0.1*＃4	
N430	WHILE[＃10GT＃9]DO2	
N440	G01X＃10F500	
N450	G02I－＃10	
N460	＃10＝＃10－0.6*＃4	
N470	END2	
N480	G01X＃9Z－＃8F500	
N490	G02I－＃9	
N500	END1	
N510	G00Z50	Z向抬刀
N520	X200Y200	X、Y向定位
N530	M05	主轴停
N540	M30	程序结束

4.7 矩形板零件加工

零件图纸如图 4-14 所示。

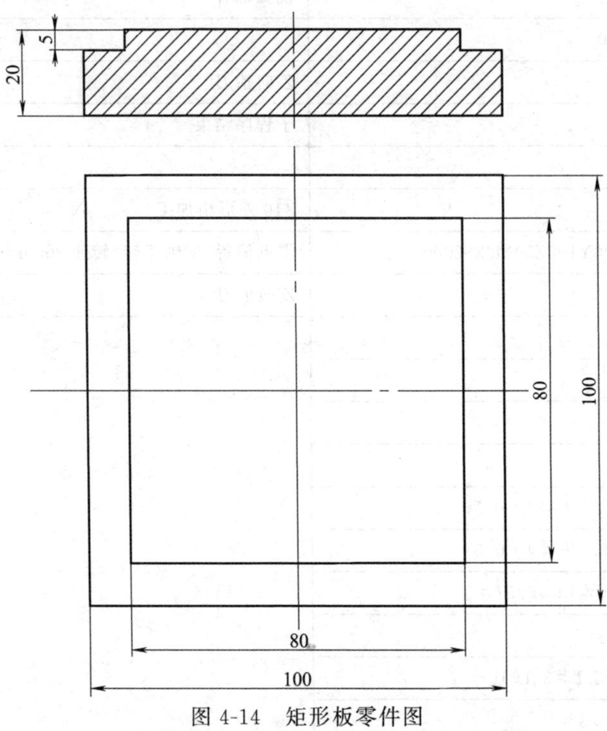

图 4-14 矩形板零件图

4.7.1 学习目标与注意事项

（1）学习目标

通过本例的学习使读者对数控加工程序的编制有一定的了解，能够读懂简单程序的编程思路。

（2）注意事项

① 能够使用 G00，G01 插补指令。

② 能够使用刀具半径补偿功能（G41/G42）。

4.7.2 工艺分析

此零件为外形规则、图形较简单的一般零件，我们可以通过刀具半径补偿功能来达到图纸的要求。

（1）加工准备

① 认真阅读零件图，检查坯料尺寸。

② 编制加工程序，输入程序并选择该程序。

③ 用平口钳装夹工件，伸出钳口 8mm 左右，用百分表找正。

④ 安装寻边器，确定工件零点为坯料上表面的中心，设定零点偏置。

⑤ 根据编程时刀具的使用情况需编制刀具及切削参数表见表 4-13，对应刀具表依次装入刀库中，并设定各补偿。

表 4-13 刀具及切削参数表

工步号	工步内容	刀具号	刀具类型	切削用量			备注
				主轴转速 /(r/min)	进给速度 /(mm/min)	背吃刀量 /mm	
1	铣平面	T01	ϕ80 面铣刀	480	80	0.7	
2	粗铣外形轮廓	T02	ϕ20 四刃立铣刀	400	120	5	
3	精铣外形轮廓	T02	ϕ20 四刃立铣刀	600	110	5	

(2) 铣削平面

使用 ϕ80 面铣刀铣削平面，达到图纸尺寸和表面粗糙度要求。

(3) 粗铣外形轮廓

使用 T01 号 ϕ20 四刃立铣刀粗铣外形轮廓，D 值为 10.3。

(4) 精铣外形轮廓

因零件精度要求不高，可以使用同一把刀具作为粗精加工，以减少换刀，提高加工效率。

(5) 检验

去毛刺，按图纸尺寸检验加工的零件。

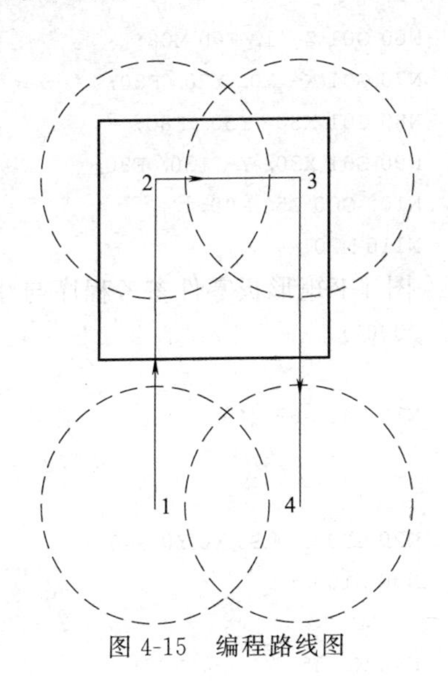

图 4-15 编程路线图

4.7.3 工、量、刀具清单

工、量、刀具清单如表 4-14 所示。

4.7.4 参考程序与注释

铣平面可以编制程序进行铣削，以减少人在加工过程中的参与，并可减小劳动强度，充分发挥数控机床的特点，以下先介绍一种最简单的铣平面程序，此方法适用于批量生产，并且毛坯材料均匀，编程路线参照图 4-15。

表 4-14 工、量、刀具清单

名　称	规　格	精　度	数　量
立铣刀	ϕ20 四刃立铣刀		1
面铣刀	ϕ80 面铣刀		1
偏心式寻边器	ϕ10	0.02mm	1
游标卡尺	0～150(带表)	0.02mm	各 1
千分尺	0～25,25～50,50～75	0.01mm	各 1
深度游标卡尺	0～200	0.02mm	1 把
平行垫块,拉杆,压板,螺钉	M16		若干
扳手	12″,10″		各 1 把
锉刀	平锉和什锦锉		1 套
毛刷	50mm		1 把
铜皮	0.2mm		若干
棉纱			若干

铣平面程序如下。

O0111;	铣平面程序可以用程序的位数不同来区分不同用途的程序，但一般使用的程序范围在O0001～O7999之间
N10 G40 G69 G49;	机床加工初始化
N20 G90 G54 G00 X0 Y0 S480;	使用绝对编程方式和G54坐标系，并使用G00快速将刀具定位于X0、Y0，以便能再次检查对刀点是否在中心处，往机床里赋值主轴转速
N30 G00 Z100.;	主轴Z轴定位
N40 G00 X- 20. Y- 90.;	X、Y轴定位到加工初始点1点
N50 G00 Z5. M03;	Z轴快速接近工件表面，并打开主轴(主轴的转速在N20行已进行赋值)
N60 G01 Z- 1. F60 M08;	以G01进给切削方式Z方向下刀
N70 G01 X- 20. Y20. F80;	进给切削到2点
N80 G01 X30. Y50. F80;	进给切削到3点
N90 G01 X30. Y- 130. F80;	进给切削到4点
N100 G00 Z5. M09;	以G00方式快速抬刀，并关闭冷却液
N110 M30;	程序结束并返回到程序头

图4-1矩形板零件参考程序与注释如下。

O0001;	程序名，在FANUC中程序的命名范围为O0000～O9999，但一般用户普通程序选择都是在O0001～O7999之间
N10 G40 G69 G49;	机床模态功能初始化，本行可取消在此程序前运行到机床里的模态指令，读者在运用过程中可根据自己前面所使用功能做相对的取消，不必在此行写太多的取消指令
N20 G90 G54 G0 X0 Y0 S400;	使用绝对编程方式，用G54坐标系，并把转速写入到机床中
N30 Z100.;	Z方向定位，读者在机床运行到此行时需特别注意刀具离工件的距离，及时发现对刀操作错误
N40 X- 65. Y- 65. M03;	X，Y轴定位并使主轴正转，转速在N20处已赋值
N50 Z5.;	接近工件表面
N60 G01 Z- 5. F80;	使用直线插补Z方向下刀，因工件深度不深，可以一刀到位，以减少切削加工时间
N70 G41 X- 40. D01 F120;	建立左刀补，刀补号为01
N80 Y40.;	沿轮廓走刀
N90 X40.;	沿轮廓走刀
N100 Y- 40.;	沿轮廓走刀
N110 X- 65.;	此行为切削的最后一行，可以采取多走一段的方法避免退刀时在轮廓的节点处停刀而影响表面质量
N120 G0 Z5.;	抬刀
N130 G40;	撤销刀补
N140 M01;	选择性停止，此指令可通过机床面板上的选择性停止开关来控制此指令的有效与无效，当有效时等同于M00(机床进给停止，其他辅助功能不变如主轴、冷却液等)，在这里因为粗加工结束，可以通过此指令的暂停来实现测量，并按测量值给相应的补偿值，以达到更好的控制精度
N150 X- 65. Y- 65. S600;	X、Y重新定位，主轴转速提高
N160 G01 Z- 5. F80;	Z轴切削下刀，在Z轴的下刀过程中应将速度降低，一般为轮廓的三分之一左右

```
N170 G41 X- 40. D01 F110;      建立刀具半径左补偿,补偿号为 01 号
N180 Y40.;                     Y 正方向切削进给
N190 X40.;                     X 正方向切削进给
N200 Y- 40.;                   Y 负方向切削进给
N300 X- 65.;                   X 负方向切削进给,在编程时尽量不要在轮廓处停留,以免影响表
                               面质量,可以在退刀时走到轮廓的延长线上,然后再退刀
N310 G0 Z5.;                   以 G00 方式快速抬刀
N320 Z100.;                    快速提刀
N330 M30;                      程序结束
```

4.8　六方板零件加工

零件图纸如图 4-16 所示。

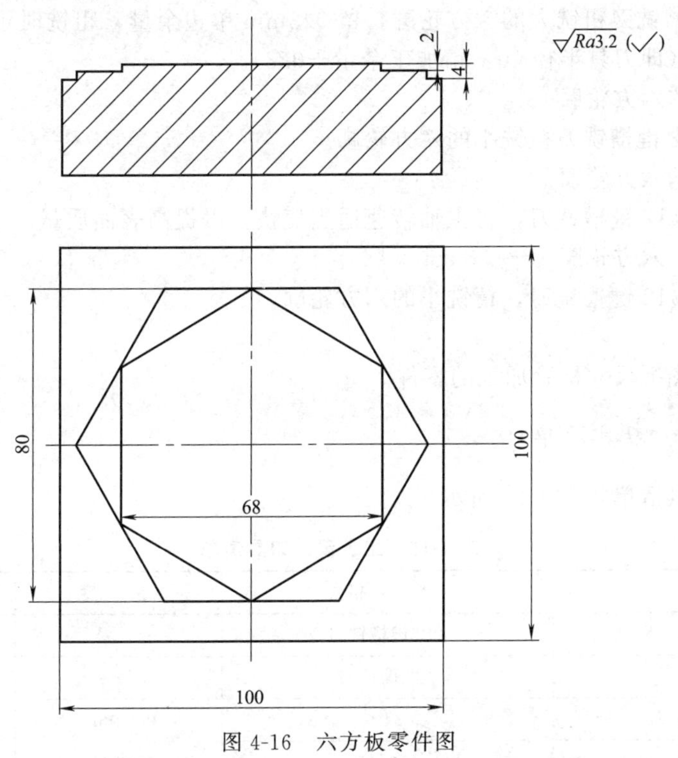

图 4-16　六方板零件图

4.8.1　学习目标与注意事项

(1) 学习目标

更进一步地了解加工中心的程序编制方法，学习刀补的建立、撤销等的一些技巧。

(2) 注意事项

① 能够熟练使用 G00、G01 插补指令，能按实际加工的情况正确选择指令，例如在刀具定位及切削方式下各应采取哪个指令进行加工。

② 能编制多层轮廓零件的程序。

③ 能够熟练使用刀具半径补偿功能（G41/G42），并能根据实际的加工情况正确合理地

安排进刀与撤刀路线。

④ 清楚刀具半径补偿里的 D 值的实际应用意义。

4.8.2 工艺分析

图 4-16 为两层深度的六边形，需采用合理的方法去加工两层深度，在程序编制过程中要求能够灵活使用 G00 与 G01，否则将无法完成该工件的编程工作。因本程序为入门阶段，而且尺寸精度不高，为便于掌握，先采用同一把刀做粗精加工。

(1) 加工准备

① 认真阅读零件图，检查坯料尺寸。

② 编制加工程序，输入程序并选择该程序。

③ 用平口钳装夹工件，伸出钳口 8mm 左右，用百分表找正。

④ 安装寻边器，确定工件零点为坯料上表面的中心，设定零点偏置。

(2) 粗铣大的六方轮廓

使用 ϕ12 键槽铣刀粗铣大的六方轮廓，留 0.3mm 单边余量，粗铣时可采用增大刀补值来区分粗精加工（即刀具半径 10＋精加工余量＋0.3）。

(3) 粗铣小的六方轮廓

仍旧使用 ϕ12 键槽铣刀粗铣小的六方轮廓。

(4) 精铣大的六方轮廓

使用同一把 ϕ12 键槽铣刀，将主轴转速适当变快，以提高表面质量。

(5) 精铣小的六方轮廓

使用同一把 ϕ12 键槽铣刀，精铣小的六方轮廓。

(6) 检验

去毛刺，按图纸尺寸检验加工的零件。

4.8.3 工、量、刀具清单

工、量、刀具清单如表 4-15 所示。

表 4-15 工、量、刀具清单

名称	规格	精度	数量
键槽铣刀	ϕ12 键槽铣刀		1
面铣刀	ϕ80 面铣刀		1
偏心式寻边器	ϕ10	0.02mm	1
游标卡尺	0～150(带表)	0.02mm	各 1
千分尺	0～25,25～50,50～75	0.01mm	各 1
深度游标卡尺	0～200	0.02mm	1 把
平行垫块,拉杆,压板,螺钉	M16		若干
扳手	12″,10″		各 1 把
锉刀	平锉和什锦锉		1 套
毛刷	50mm		1 把
铜皮	0.2mm		若干
棉纱			若干

4.8.4 参考程序与注释

程序	注释
O0002;	程序名,在编制程序时可以将一些前置零省略不写,例如该程序名O2则代表O0002,G1代表G01,G2代表G02等
N10 G40 G69 G49;	机床模态功能初始化
N20 G90 G54 G0 X0 Y0 S400;	使用绝对编程方式,采用G54坐标系,以G00形式快速定位到X0、Y0便于操作者检查对刀点是否正确
N30 Z100.;	Z轴快速定位,程序代码可以分为模态指令(续效指令)和非模态指令。模态指令即在程序指定后一直有效,直到被同组代码取消,例如该行完整的应该为“G00 Z100.”但因G00是模态指令,可以省略不写,以缩短程序长度
N40 X- 65. Y- 60. M03;	X、Y定位,主轴按前面所赋值的转速打开
N50 Z5.;	Z轴接近工件表面
N60 G01 Z- 2. F80;	切削下刀
N70 G41 X- 34. D01 F110 M08;	建立刀具半径左补偿,补偿号为01,打开冷却液
N80 Y19.63;	Y方向切削进给
N90 X0 Y39.26;	X、Y轴同时联动,即走斜线
N100 X34. Y19.63;	
N110 Y- 19.63;	
N120 X0 Y- 39.26;	
N130 X- 34. Y- 19.63;	
N140 Y65.;	此段原为“Y0”即可,只因刀具在建立刀补时会偏出一数值,会造成在切削中的一个盲区,即欠切的现象,也为避免在走刀过程中停留而影响加工精度,所以一般都多走一段距离
N150 G0 Z5.;	Z轴以G00方式快速抬刀
N160 G40;	撤销刀具半径补偿
N170 X0;	X、Y轴重新定位
N180 G01 Z- 4. F80;	Z轴以切削方式下刀
N190 G41 Y40. D02 F110;	建立刀具半径左补偿,补偿号为02号
N200 X23.09;	
N210 X46.19 Y0;	
N220 X23.09 Y- 40.;	
N230 X- 23.09;	
N240 X- 46.19 Y0;	
N250 X- 23.09 Y40.;	
N260 X65.;	刀具多走出节点一段距离
N270 G0 Z5.;	快速抬刀
N280 G40;	撤销刀具半径补偿
N290 X- 65. Y- 60. S750;	可以在程序后面直接加S××××来变换主轴的转速
N300 G01 Z- 2. F80;	切削下刀
N310 G41 X- 34. D03 F110 M08;	建立刀具半径左补偿,补偿号为03,打开冷却液
N320 Y19.63;	Y方向切削进给
N330 X0 Y39.26;	走斜线
N340 X34. Y19.63;	
N350 Y- 19.63;	
N360 X0 Y- 39.26;	

```
N370 X- 34. Y- 19.63;
N380 Y65.;                      刀具多走出一段距离
N390 G0 Z5.;                    快速抬刀
N400 G40;                       撤销刀具半径补偿
N410 X0;                        X、Y轴重新定位
N420 G01 Z- 4. F80;             切削方式下刀
N430 G41Y40.D04 F110;           建立刀具半径左补偿,补偿号为04号
N440 X23.09;
N450 X46.19 Y0;
N460 X23.09 Y- 40.;
N470 X- 23.09;
N480 X- 46.19 Y0;
N490 X- 23.09 Y40.;
N500 X65.;                      刀具多走出节点一段距离,以避免刀具在工件表面留停,影响精度。
N510 G0 Z5.;                    快速抬刀
N520 G40;                       撤销刀具半径补偿
N530 Z100.;                     将Z轴拉高,便于装夹零件和测量
N540 M30;                       程序结束并返回到程序头
```

小技巧：在编制多个轮廓时下刀切削完成后尽量抬到工件表面撤销刀补，然后再重新*XY*定位，建刀补（D××最好不要跟前面的一样）。这样可以在加工多个轮廓时一个程序达到多个加工精度。以上所提到的技巧在上面程序中均有运用。

第5章

FANUC系统加工中心提高实例

5.1 大直径内螺纹零件加工

加工如图 5-1 所示内螺纹，材料为 45 钢。

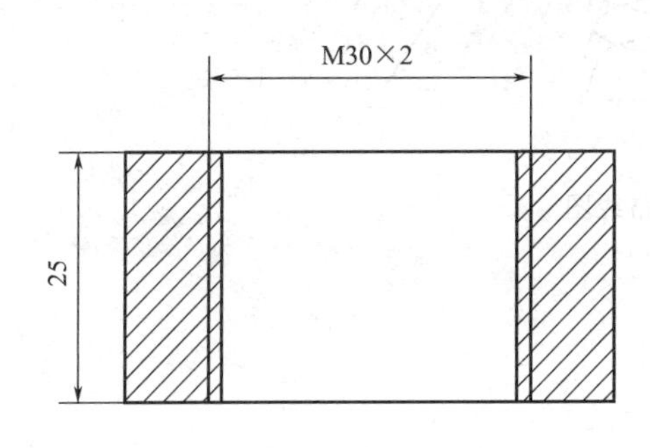

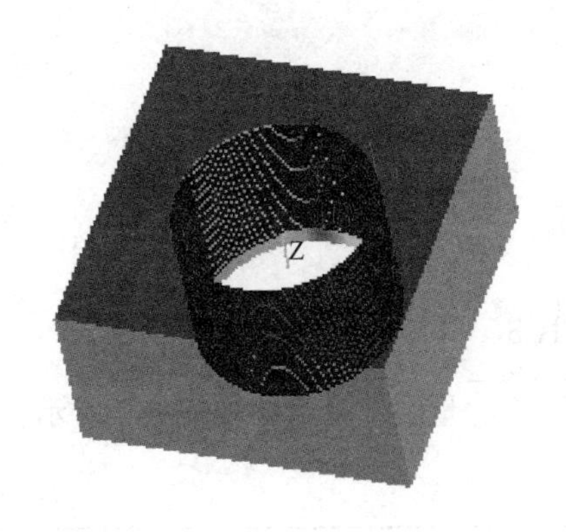

图 5-1 零件图

5.1.1 学习目标与注意事项

(1) 学习目标

① 掌握螺旋插补的使用方法和使用场合。

② 掌握大直径内螺纹铣削加工。

(2) 注意事项

一般情况下螺纹加工在径向上不能一刀就直接精加工到位，而应分若干次切削（通常分 3 次较为合适）。如果要求很高则要进行必要的计算使余量从大到小合理分配，保证最后一刀精加工余量控制在较小的合理数值范围。

5.1.2 工艺分析

(1) 确定装夹方案

选用平口钳装夹。底面朝下垫平，工件毛坯面高出平口钳 15mm，夹两侧面，任一侧面与平口钳侧面取平夹紧，这样可限制 6 个自由度，工件处于完全定位状态。

(2) 刀具选择(表5-1)

表5-1 刀具选择与切削参数

加工工序	刀具名称	主轴转速/(r/min)	进给速度/(mm/min)
内螺纹加工	内螺纹铣刀	2650	260

(3) 加工路线

加工路线如图5-2所示。

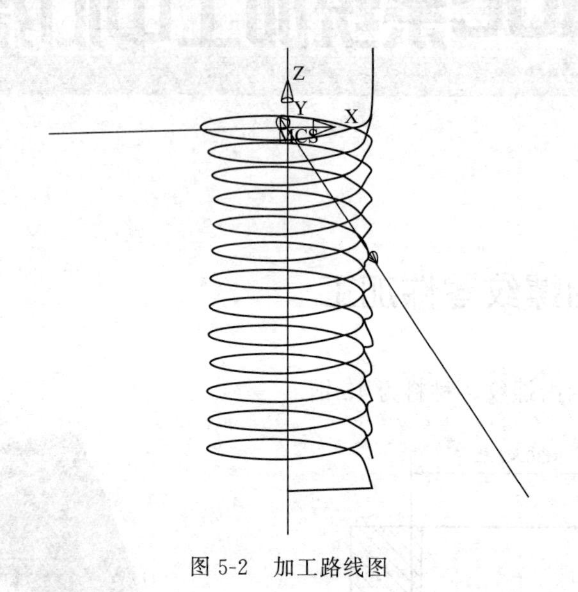

图5-2 加工路线图

5.1.3 工、量、刀具清单

工、量、刀具清单如表5-2所示。

表5-2 工、量、刀具清单

名　称	规　格	精　度	数　量
螺纹铣刀	$\phi18$		1
麻花钻头	$\phi12$		
半径规	$R5\sim30$		1
偏心式寻边器	$\phi10$	0.02mm	1
游标卡尺	0～150 0～150(带表)	0.02mm	各1
千分尺	0～25,25～50,50～75	0.01mm	各1
深度游标卡尺	0～200	0.02mm	1把
垫块,拉杆,压板,螺钉	M16		若干
防护眼镜			1副
刀柄、夹头	刀具相关刀柄,钻夹头,弹簧夹		若干
其他	常用加工中心机床辅具		若干

5.1.4 参考程序与注释

（1）确定加工坐标原点

以毛坯上表面的中心点为编程原点O，建立工件坐标系。

（2）参考程序

		ϕ18螺纹铣刀铣内螺纹
N10	O0001	程序号
N20	#1=30	参数定义
N30	#2=2	
N40	#3=#1-1.1*#2	
N50	#4=18	
N60	#5=25	
N70	#6=ROUND[1000*150/[#4*3.14]]	
N80	#7=0.1*1*#6	
N90	#8=ROUND[#7*[#1-#4]/#1]	
N100	#9=[#1-#4]/2	
N110	M03S#3	
N120	G54G90G00X0Y0Z10	零点偏置
N130	Z-#5	宏程序
N140	G01X#9Y0F#8	
N150	#30=-#5	
N160	N10#30=#30+#2	
N170	G03I-#9Z#30F#8	
N180	IF[#30LE0]GOTO10	
N190	G00Z50	Z向抬刀
N200	X0Y0	X、Y定位
N210	M30	程序结束

5.2 双曲线类零件加工

加工如图5-3所示双曲线类零件，材料为45钢。

5.2.1 学习目标与注意事项

（1）学习目标

① 掌握双曲线宏编程的方法。

② 掌握理解双曲线的方程表达式。

（2）注意事项

利用变量编制零件的加工宏程序，一方面针对具有相似要素的零件，另一方面是针对具

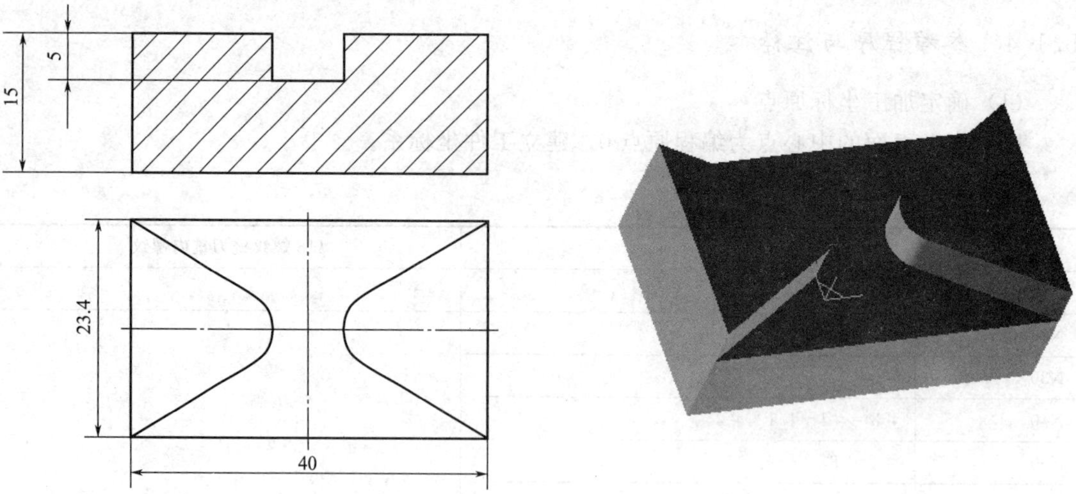

图 5-3 零件图

有某些规律需要进行插补运算的零件。对这些要素编程时就如同解方程，首先要寻找模型的参数，确定变量及其限定的条件，设计逻辑关系，然后编写加工方程。

5.2.2 工艺分析

（1）确定装夹方案

选用平口钳装夹。底面朝下垫平，工件毛坯面高出平口钳 15mm，夹尺寸 23.4mm 两侧面，尺寸 40mm 任一侧面与平口钳侧面取平夹紧，这样可限制 6 个自由度，工件处于完全定位状态。

（2）刀具选择（表 5-3）

表 5-3 刀具选择与切削参数

加工工序	刀具名称	主轴转速/(r/min)	进给速度/(mm/min)
曲线加工	立铣刀	2600	300

（3）加工路线

加工路线如图 5-4 所示。

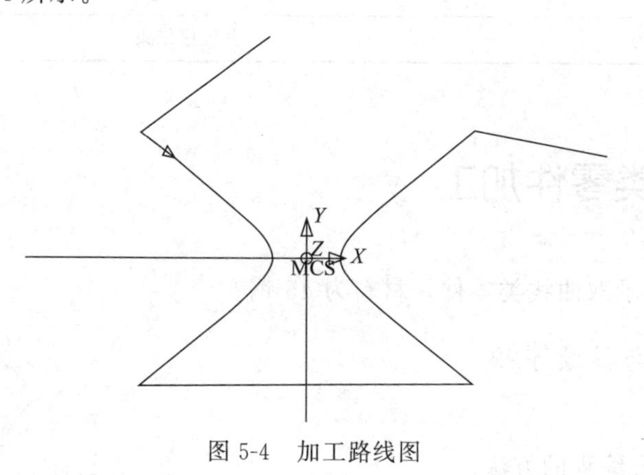

图 5-4 加工路线图

5.2.3 工、量、刀具清单

工、量、刀具清单如表 5-4 所示。

表5-4 工、量、刀具清单

名　称	规　格	精　度	数　量
立铣刀	$\phi10$		1
麻花钻头	$\phi12$		1
半径规	$R5\sim30$		1
偏心式寻边器	$\phi10$	0.02mm	1
游标卡尺	0～150 0～150(带表)	0.02mm	各1
千分尺	0～25,25～50,50～75	0.01mm	各1
深度游标卡尺	0～200	0.02mm	1把
垫块,拉杆,压板,螺钉	M16		若干
防护眼镜			1副
刀柄、夹头	刀具相关刀柄,钻夹头,弹簧夹		若干
其他	常用加工中心机床辅具		若干

5.2.4 参考程序与注释

(1) 确定加工坐标原点

以毛坯上表面的中心点为编程原点O，建立工件坐标系。

(2) 参考程序

		$\phi10$立铣刀
N10	O1200	程序号
N20	G54G00X100Y100	零点偏置
N30	M03S2600	主轴正转,转速2600r/min
N40	#1=4	宏程序
N50	#2=3	
N60	#3=14.695	
N70	WHILE[#3GT-14.695]DO1	
N80	#3=#3-0.2	
N90	#4=-#1*SQRT[1+#3*#3/[#2*#2]]	
N100	G01X#4Y#3F300	
N110	END1	
N120	#3=-14.695	
N130	WHILE[#3LT14.695]DO2	
N140	#3=#3+0.2	
N150	#4=#1*SQRT[1+#3*#3/[#2*#2]]	
N160	G01X#3Y#4F300	
N170	END2	
N180	G00X100Y100	X、Y定位
N190	M05	主轴停
N200	M30	程序结束

5.3 抛物线类零件加工

加工如图 5-5 所示零件，材料为 45 钢。

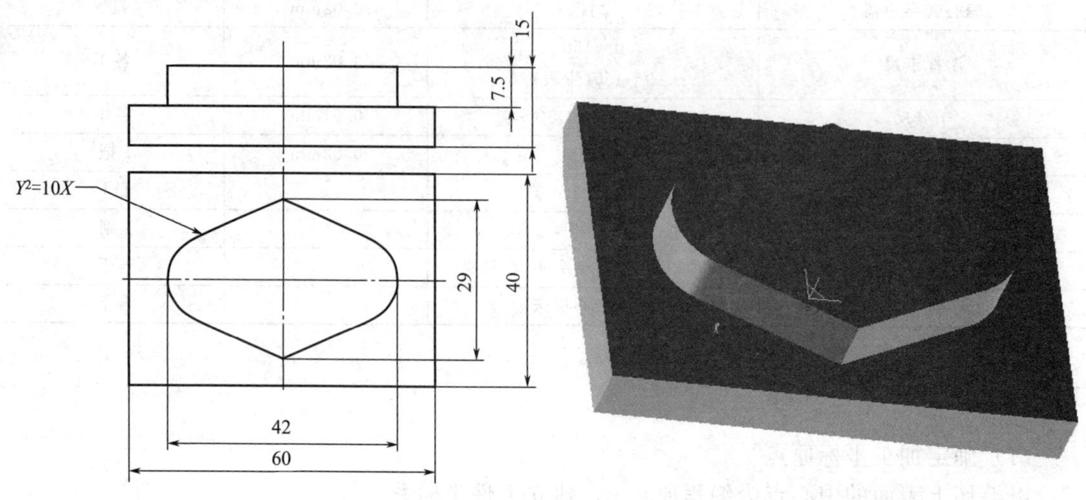

图 5-5 抛物线零件图

5.3.1 学习目标与注意事项

（1）学习目标

① 掌握理解抛物线方程。

② 掌握此类宏程序的编程方法。

（2）注意事项

同 5.2 节。

5.3.2 工艺分析

（1）确定装夹方案

选用平口钳装夹。底面朝下垫平，工件毛坯面高出平口钳 15mm，夹尺寸 40mm 两侧面，尺寸 60mm 任一侧面与平口钳侧面取平夹紧，这样可限制 6 个自由度，工件处于完全定位状态。

（2）刀具选择（表 5-5）

表 5-5 刀具选择与切削参数

加工工序	刀具名称	主轴转速/(r/min)	进给速度/(mm/min)
加工抛物线凸台	立铣刀	2200	800

（3）加工路线

加工路线如图 5-6 所示。

5.3.3 工、量、刀具清单

工、量、刀具清单如表 5-6 所示。

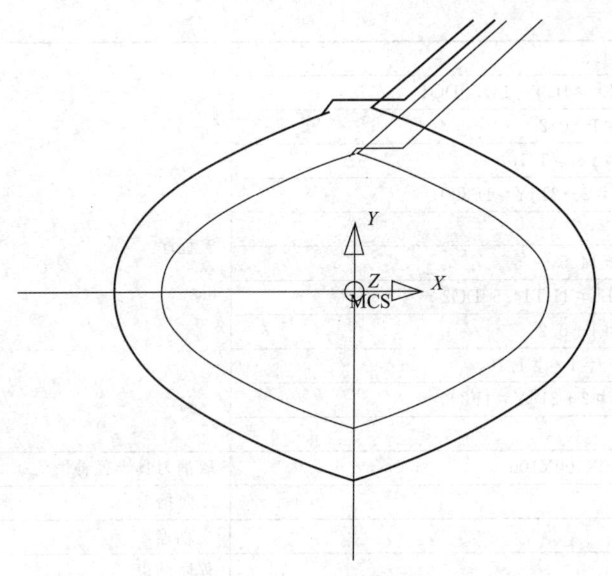

图5-6 加工路线图

表5-6 工、量、刀具清单

名 称	规 格	精 度	数 量
立铣刀	ϕ10		1
半径规	R5～30		1
偏心式寻边器	ϕ10	0.02mm	1
游标卡尺	0～150 0～150(带表)	0.02mm	各1
千分尺	0～25,25～50,50～75	0.01mm	各1
深度游标卡尺	0～200	0.02mm	1把
垫块,拉杆,压板,螺钉	M16		若干
防护眼镜			1副
刀柄、夹头	刀具相关刀柄,钻夹头,弹簧夹		若干
其他	常用加工中心机床辅具		若干

5.3.4 参考程序与注释

(1) 确定加工坐标原点

以毛坯上表面的中心点为编程原点0，建立工件坐标系。

(2) 参考程序

		ϕ10立铣刀铣抛物线凸台
N10	O1200	程序号
N20	G54G00X100Y100Z50	零点偏置
N30	M03S2200	主轴正转,转速2200r/min
N40	Z－5	Z向下刀
N50	G42X5Y15D01	建立刀具半径补偿
N60	G01X0F800	

续表

N70	#1=14.5	宏程序
N80	WHILE[#1GT-14.5]DO1	
N90	#1=#1-0.2	
N100	#2=#1*#1/10	
N110	G01X[#2-21]Y#1F800	
N120	END1	
N130	#1=-14.5	
N140	WHILE[#1LT14.5]DO2	
N150	#1=#1+0.2	
N160	#2=-#1*#1/10	
N170	G01X[#2+21]Y#1F200	
N180	END2	
N190	G00G40X100Y100	取消刀具半径补偿
N200	Z50	Z 向抬刀
N210	M05	主轴停
N220	M30	程序结束

5.4 圆周孔类零件加工

在平时的加工生产中，经常会遇到在一个圆盘类零件上打均布的一些孔。对于孔数较少的，可以分别把几个坐标点写在钻孔命令中。但往往孔数是几十个甚至更多，在这种情况下，如果还采用前一种方法，那么消耗在程序准备的时间太长，不符合现实的生产加工。

本例零件图纸如图5-7所示。

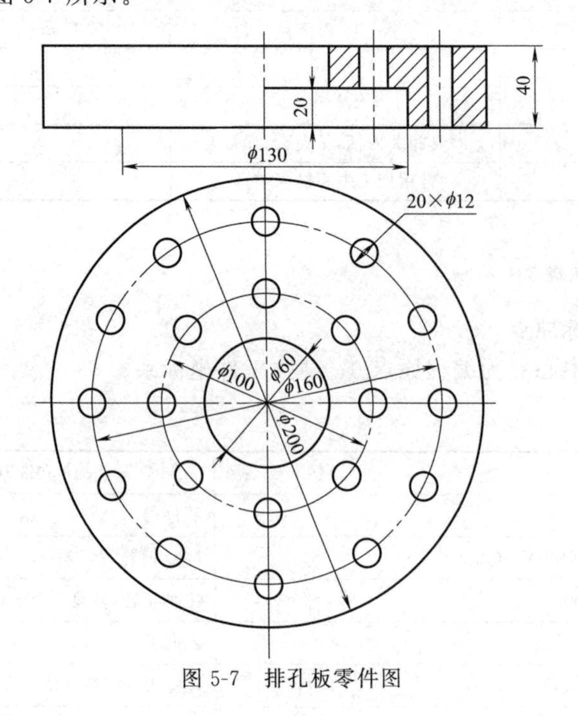

图5-7 排孔板零件图

5.4.1　学习目标与注意事项

(1) 学习目标

能够使用宏程序或者其他编程方法解决盘孔类典型零件。

(2) 注意事项

① 掌握简单的 A 类宏程序和 B 类宏程序。

② 能够对重复形状尺寸的零件，使用简单的编程方法快速进行编程。

5.4.2　工艺分析及具体过程

针对这种圆周孔的加工，通常有以下几种方法。

① 各个坐标点相连。

② 运用数控系统自带的特殊循环加工，像三菱系统就具备棋盘孔、圆周孔等特殊循环，在加工中只需按照正确的格式就能完成加工。

③ 运用宏程序。

④ 运用其他程序指令变通运用，简化编程。如使用极坐标、旋转指令等。

零件加工工艺过程如下。

(1) 加工准备

① 认真阅读零件图，检查坯料尺寸。

② 编制加工程序，输入程序并选择该程序。

③ 用平口钳装夹工件，伸出钳口 3mm 左右，用百分表找正上平面和各条边。

④ 安装寻边器，确定工件零点为坯料的左下角，设定零点偏置。

⑤ 根据编程时刀具的使用情况需编制刀具及切削参数见表 5-7，对应刀具表依次装入刀库中，并设定各长度补偿。

(2) 点孔

使用 T1 号 A2.5 中心钻点孔。

(3) 钻孔

调用 T2 号 ϕ11.8mm 的钻头。

(4) 铰孔

调用 T3 号 ϕ12H8 铰刀。

表 5-7　刀具及切削参数表

工步号	工步内容	刀具号	刀具类型	切削用量			备　注
				主轴转速/(r/min)	进给速度/(mm/min)	背吃刀量/mm	
1	钻中心孔	T01	A2.5 中心钻	1800	60		
2	钻孔	T02	ϕ11.8mm 钻头	800	80	5	
3	铰孔	T03	ϕ12H8 铰刀	240	50		

5.4.3　工、量、刀具清单

工、量、刀具清单如表 5-8 所示。

表 5-8 工、量、刀具清单

名称	规格	精度	数量
中心钻	A2.5 中心钻		1
麻花钻	ϕ11.8mm 钻头		1
机用铰刀	ϕ12H8	H8	1
偏心式寻边器	ϕ10	0.02mm	1
游标卡尺	0～150 0～150(带表)	0.02mm	各1
垫块,拉杆, 压板,螺钉	M16		若干
扳手	12″,10″		各1把
锉刀	平锉和什锦锉		1套
毛刷	50mm		1把
铜皮	0.2mm		若干
棉纱			若干

5.4.4 参考程序与注释

程序设计方法说明：对于这种零件除了使用宏程序外还可以使用旋转加子程序或者结合极坐标功能达到同样的编程效果，下面先用极坐标方法对上图零件编制示例程序。

(1) 使用极坐标编程

```
O0040;
G15 G40 G90 G49;                      机床加工初始化
M06 T01;                              换 T01 号刀具
G54 G0 G90 X0 Y0 Z100. S1800 M03;     选择 G54 机床坐标系,刀具定位
Z3.;                                  刀具接近工件表面
G16;                                  打开极坐标功能
G99 G82 X50. Y0 Z- 2.5. R2. P1500 F60;  使用 G82 固定循环,在孔底暂停 1.5s,因孔数较多,而且
                                      无台阶面,故采用加工完一个孔后返回到 R 平面,以减
                                      短加工路线
G91 Y45. K8.;                         采用增量方式,45°增量角度,加工个数为 8 个
G90 G0 Z3.;                           以绝对方式抬刀工件表面 3mm
G82 X80. Y0 Z- 2.5 R2. F60;           加工 φ160 圆周上的圆周孔
G91 Y30. K12.;                        采用增量方式,30°增量角度,加工个数为 12 个
G15 G90 G0 Z30.;                      取消极坐标,以绝对方式快速离开工件表面
M06 T02;                              换 T02 号刀具
G43 H02 Z100.;                        执行刀具长度补偿,补偿地址号 H02
G0 G90 X80. Y0 Z100. S800 M03;        刀具重新定位
Z3. M08;                              接近工件表面,打开冷却液
G16;                                  打开极坐标功能
G81 X80. Y0 Z- 43. R2. F80;           采用 G81 固定循环,钻孔到所需深度
G91 Y30. K12.;                        采用增量方式,30°增量角度,加工个数为 12 个
G90 G0 Z3.;                           刀具以绝对方式快速上抬
G81 X50. Y0 Z- 24. R2. F80;           钻削在 φ100 圆周上的圆周孔
G91 Y45. K8.;                         采用增量方式,45°增量角度,加工个数为 8 个
G15 G90 G0 Z30.;                      取消极坐标,以绝对方式快速离开工件表面
M06 T03;                              换 T03 号刀具
```

```
G43 H03 Z100.;                      执行刀具长度补偿，补偿地址号 H03
G0 G90 X50. Y0 Z100. S240 M03;      刀具重新定位
Z3.;                                刀具接近工件表面
G16;                                打开极坐标功能
G86 X50. Y0 Z- 24. R2. P1500 F80;   使用 G86 固定循环执行铰孔动作。在编程中，编程者需
                                    注意，固定循环的功能并不是固定的，编程时可根据加工
                                    的需要，选择相应走刀动作的固定循环，比如 G86 虽然
                                    是镗孔的固定循环指令，但在铰孔时需要让铰刀在孔底
                                    主轴停转，然后刀具上拉，G86 正是这样的走刀动作，那
                                    么就拿来做铰孔
G91 Y45. K8.;                       采用增量方式，45°增量角度，加工个数为 8 个
G90 G0 Z3.;                         刀具以绝对方式快速上抬
G86 X80. YO Z- 43. R2. P1500 F50;   铰削另一圆周孔；在此行程序中读者可能对暂停时间 P
                                    有疑问，因为平时一般教材上都没有用 P。这是因为一
                                    般都不需要使刀具在孔底执行暂停动作，所以都省去不
                                    写，固定循环的完整格式里面都包含有 P、K、Q 等地址符
G91 Y30. K12.;                      采用增量方式，30°增量角度，加工个数为 12 个
G15 G90 G0 Z30.;                    刀具上抬
G91 G30 Y0 ;                        工作台退到 Y 轴的零位上，以便于操作者检测
M30;                                程序结束
```

(2) 使用宏指令编程

主程序：

```
O0043;
G15 G40 G90 G49;                    机床加工初始化
M06 T01;                            换 T01 号中心钻
G54 G0 G90 X0 Y0 Z100. S1800 M03;
G43 H01 Z1001;
G65 P0045 X0 Y0 A0 B45 I50 K8 R2 Z- 3 Q0 F60;
G65 P0045 X0 Y0 A0 B30 I80K12 R2 Z- 3 Q0 F60;
G0 G49 Z120;
M06 T02;                            φ11.8mm 的钻头
G54 G0 G90 X0 Y0 Z100. S800 M03;
G43 Z50 H2;
G65 P0045 X0 Y0 A0 B45 I50 K8 R2 Z- 22 Q2 F80;
G65 P0045 X0 Y0 A0 B30 I80 K12 R2 Z- 42 Q2 F80;
G0 G49 Z120;
M06 T03;                            换 T03 号 φ12H8 铰刀
G54 G0 G90 X0 Y0 Z100. S240 M03;
G43 H03 Z100;
G65 P0045 X0 Y0 A0 B45 I50 K8 R2 Z- 3 Q0 F50;
G65 P0045 X0 Y0 A0 B30 I80K12 R2 Z- 3 Q0 F50;
G0 G49 Z120;
G91 G30 Y0;
M30;
```

宏程序调用参数说明：

X(# 24),Y(# 25)——阵列中心位置
A(# 1)——起始角度
B(# 2)——角度增量(孔间夹角)
I(# 4)——分布圆半径
K(# 6)——孔数
R(# 7)——快速下刀高度
Z(# 26)——钻深
Q(# 17)——每次钻进量,Q= 0,则一次钻进到指定深度
F(# 9)——钻进速度

```
O0045;
# 10= 1;                              孔计数变量
WHILE [# 10 LE # 6] DO1;
# 11= # 24+ # 4* COS[# 1];            X
# 12= # 25+ # 4* SIN[# 1];            Y
G90 G0 X# 11 Y# 12;                   定位
Z# 7;                                 快速下刀
IF [# 17 EQ 0] GOTO 10;
# 14= # 7- # 17;                      分次钻进
WHILE [# 14 GT # 26] DO2;
G1 Z# 14 F# 9;
G0 Z[# 14+ 2];
Z[# 14+ 1];
# 14= # 14- # 17;
END2;
N10 G1 Z# 26 F# 9;                    一次钻进/或补钻
G0 Z# 7;                              抬刀至快进点
# 10= # 10+ 1;                        孔数加 1
# 1= # 1+ # 2;                        孔分布角加角度增量
END1;
M99;
```

第6章

FANUC系统加工中心经典实例

本章介绍几个经典实例，读者通过学习，可以进一步掌握 FANUC 数控加工中心编程技术。

6.1 天圆地方凸台类零件加工

加工如图 6-1 所示零件，材料为 45 钢。

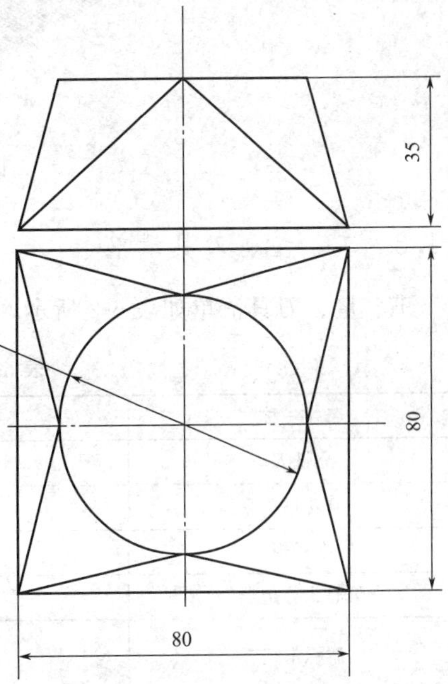

6.1.1 学习目标与注意事项

（1）学习目标

① 掌握此类零件的编程方法。

② 掌握此类零件方程的计算公式。

（2）注意事项

工件坐标原点在工件的上表面的对称中心，采用 $\phi10$ 立铣刀沿母线直线加工方式进行编程，O100 程序仅为加工四分之一侧面的子程序。

图 6-1 天圆地方凸台类零件图

6.1.2 工艺分析

（1）确定装夹方案

选用平口钳装夹。底面朝下垫平，工件毛坯面高出平口钳 15mm，夹尺寸 80mm 两侧面，尺寸 80mm 任一侧面与平口钳侧面取平夹紧，这样可限制 6 个自由度，工件处于完全定位状态。

（2）刀具选择（表 6-1）

表 6-1 刀具选择与切削参数

加工工序	刀具名称	主轴转速/(r/min)	进给速度/(mm/min)
凸台加工	立铣刀	2200	750

（3）加工路线

加工路线如图 6-2 所示。

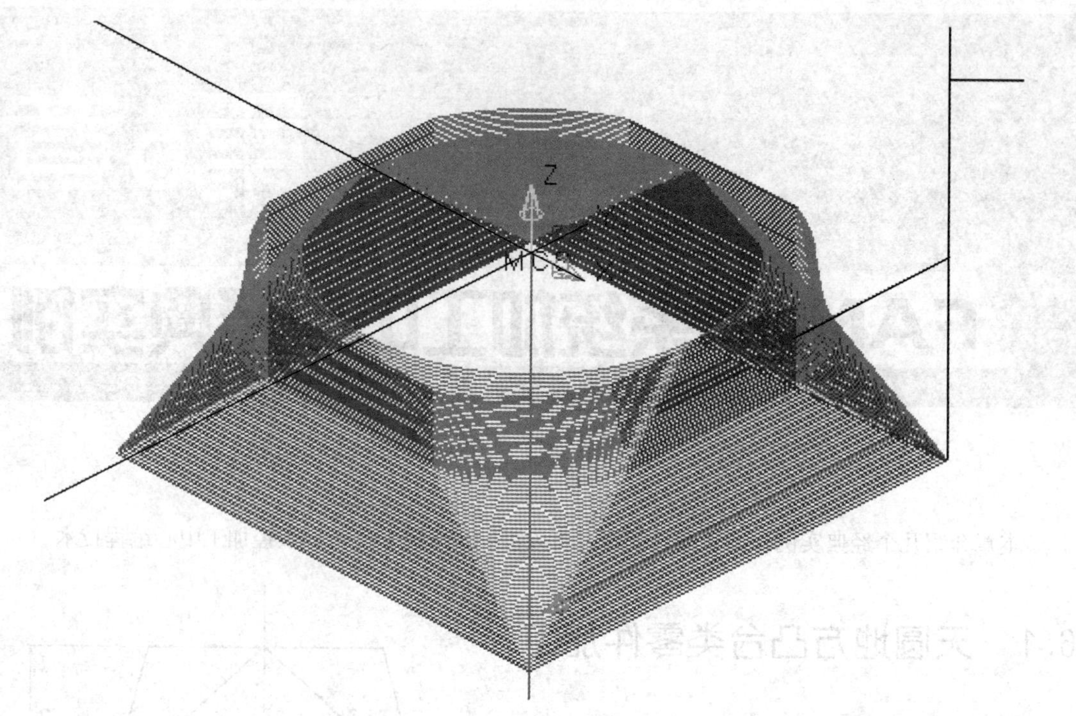

图 6-2 加工路线图

6.1.3 工、量、刀具清单

工、量、刀具清单如表 6-2 所示。

表 6-2 工、量、刀具清单

名 称	规 格	精 度	数 量
立铣刀	$\phi 10$		1
麻花钻头	$\phi 12$		1
半径规	$R5\sim30$		1
偏心式寻边器	$\phi 10$	0.02mm	1
游标卡尺	0～150 0～150(带表)	0.02mm	各1
千分尺	0～25,25～50,50～75	0.01mm	各1
深度游标卡尺	0～200	0.02mm	1把
垫块,拉杆,压板,螺钉	M16		若干
防护眼镜			1副
刀柄、夹头	刀具相关刀柄,钻夹头,弹簧夹		若干
其他	常用加工中心机床辅具		若干

6.1.4 参考程序与注释

(1) 确定加工坐标原点

以毛坯上表面的中心点为编程原点 0，建立工件坐标系。

（2）参考程序

N10	O1200	程序号
N20	G54G00X100Y100Z50M03S2200	零点偏置,主轴正转,转速 2200r/min
N30	M98P100	调用子程序
N40	G00X0Y0	*X*、*Y* 定位
N50	G68X0Y0R90	旋转指令
N60	M98P100	调用子程序
N70	G68X0Y0R180	旋转指令
N80	M98P100	调用子程序
N90	G68X0Y0R270	旋转指令
N100	M98P100	调用子程序
N110	G69	取消旋转指令
N120	G00Z100	*Z* 向抬刀
N130	X100Y100	
N140	M05	主轴停
N150	M30	程序结束
N160	O100	子程序号
N170	G54G00X100Y100Z30	零点偏置
N180	M03S2200	主轴正转,转速 2200r/min
N190	＃1＝60	宏程序
N200	＃2＝80	
N210	＃3＝35	
N220	＃4＝10	
N230	＃5＝＃1/2＋＃4/2	
N240	＃6＝＃2＊0.5＋＃4＊0.5	
N250	＃7＝[＃2－＃1]＊0.5/＃3	
N260	G00X＃6Y＃6	
N270	Z2	
N280	＃8＝0	
N290	WHILE[＃8LT＃3]DO1	
N300	＃8＝＃8＋0.5	
N310	＃9＝＃5＋＃8＊＃7	
N320	＃10＝＃6＊＃8/＃3	
N330	＃11＝＃9－＃10	
N340	＃12＝＃6－0.6＊＃4	
N350	WHILE[＃12GT＃9]DO2	
N360	＃13＝＃6＊[＃12－＃5]/[＃6－＃5]	
N370	＃14＝＃12－＃10	

续表

N380	G00X#12Y#13	宏程序
N390	G01Z-#8F750	
N400	Y-#13	
N410	G02X#13Y-#12R#14	
N420	G01X-#13	
N430	G02X-#12Y-#13R#14	
N440	G01Y#13	
N450	G02X-#13Y#12R#14	
N460	G01X#13	
N470	G02X#12Y#13R#14	
N480	#12=#12-0.6*#4	
N490	END2	
N500	G01Z-#8F100	
N510	G01X#9Y#10	
N520	Y-#10	
N530	G02X#10Y-#9R#11	
N540	G01X-#10	
N230	G02X-#9Y-#10R#11	
N240	G01Y#10	
N250	G02X-#10Y#9R#11	
N260	G01X#10	
N270	G02X#9Y#10R#11	
N280	END1	
N290	G00Z100	Z 向抬刀
N300	X100Y100	X、Y 定位
N310	M05	主轴停
N320	M30	程序结束

6.2 空间曲线槽零件加工

加工如图 6-3 所示零件，材料为 45 钢。

6.2.1 学习目标与注意事项

(1) 学习目标

① 掌握此类零件的编程方法。

② 掌握此类零件方程的计算公式。

(2) 注意事项

为了方便编程，采用粗微分方法忽略插补误差来加工，即以 X 为自变量，取相邻两点

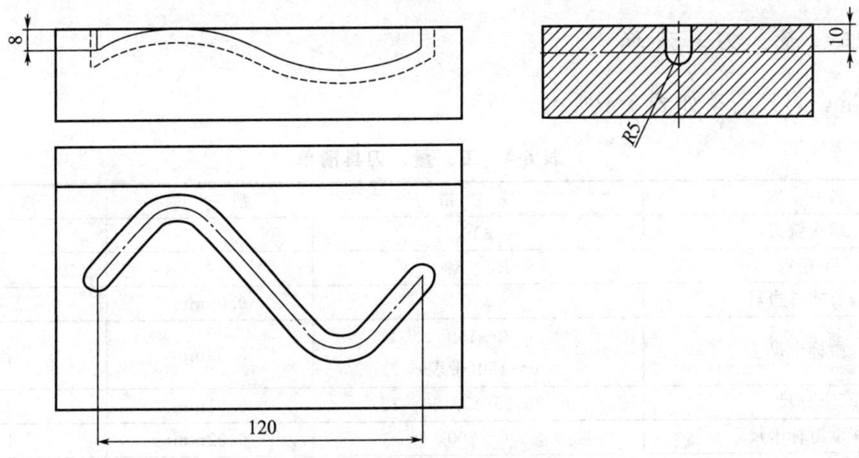

图 6-3 空间曲线槽零件图

间的 X 向距离相等，然后用曲线方程分别计算出各点对应的 Y 值和 Z 值，进行空间插补，以空间直线来逼近空间曲线。

6.2.2 工艺分析

(1) 确定装夹方案

选用平口钳装夹。底面朝下垫平，工件毛坯面高出平口钳 15mm，夹两侧面，任一侧面与平口钳侧面取平夹紧，这样可限制 6 个自由度，工件处于完全定位状态。

(2) 刀具选择（表 6-3）

表 6-3 刀具选择与切削参数

加工工序	刀具名称	主轴转速/(r/min)	进给速度/(mm/min)
加工空间曲线	球头铣刀	2200	300

(3) 加工路线

加工路线如图 6-4 所示。

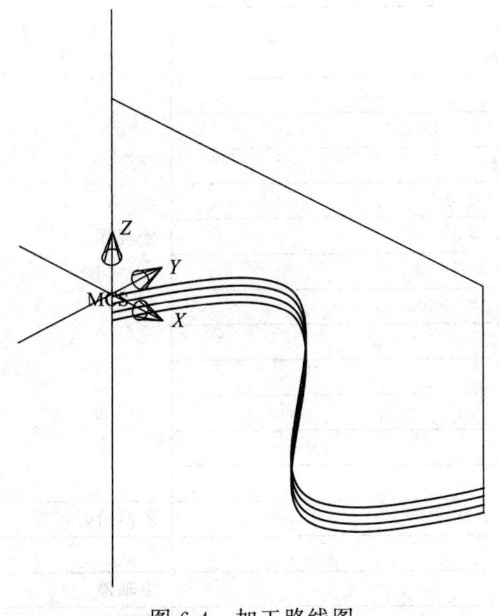

图 6-4 加工路线图

6.2.3 工、量、刀具清单

工、量、刀具清单如表6-4所示。

表6-4 工、量、刀具清单

名称	规格	精度	数量
球头铣刀	$\phi10$		1
半径规	$R5$～30		1
偏心式寻边器	$\phi10$	0.02mm	1
游标卡尺	0～150 0～150(带表)	0.02mm	各1
千分尺	0～25,25～50,50～75	0.01mm	各1
深度游标卡尺	0～200	0.02mm	1把
垫块,拉杆,压板,螺钉	M16		若干
防护眼镜			1副
刀柄、夹头	刀具相关刀柄,钻夹头,弹簧夹		若干
其他	常用加工中心机床辅具		若干

6.2.4 参考程序与注释

(1) 确定加工坐标原点

以毛坯上表面的中心点为编程原点O，建立工件坐标系。

(2) 参考程序

		$\phi10$ 球头铣刀
N10	O1200	程序号
N20	G54G00X100Y100Z100	零点偏置
N30	M03S2200	主轴正转,转速2200r/min
N40	X0Y0	X、Y定位
N50	#1=1	宏程序
N60	WHILE[#1LE8]DO1	
N70	G01Z-#1F300	
N80	#2=0	
N90	WHILE[#2LT120]DO2	
N100	#2=#2+0.5	
N110	#3=360*#2/120	
N120	#4=25*SIN[#3]	
N130	#5=5*SIN[#3]-#1	
N140	G01X#2Y#4Z#5F400	
N150	END2	
N160	G00Z50	
N170	X0Y0	
N180	#1=#1+2	
N190	END1	
N200	G00Z100	Z向抬刀
N210	X100Y100	
N220	M05	主轴停
N230	M30	程序结束

6.3　十字凸板零件加工

零件图纸如图 6-5 所示。

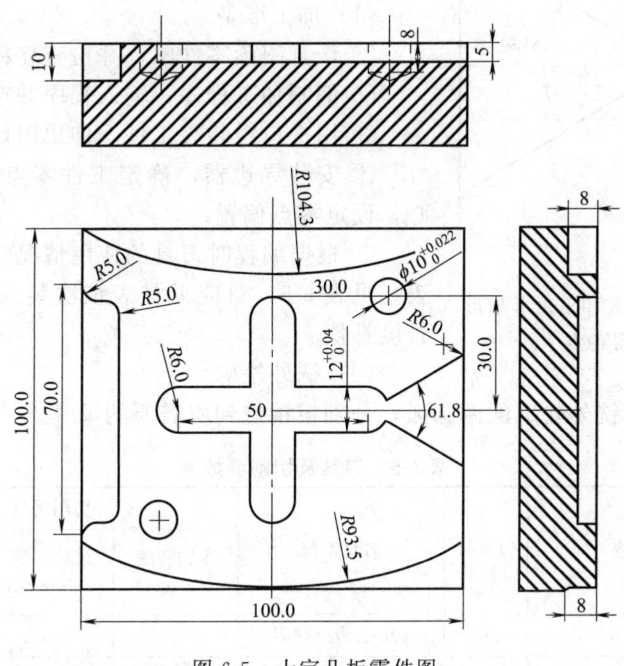

图 6-5　十字凸板零件图

6.3.1　学习目标与注意事项

（1）学习目标

通过本例学习拓宽编程思路，使程序能够最简化、最短化、最合理化。

（2）注意事项

① 使用寻边器确定工件零点时应采用碰双边法。

② 铣削外轮廓时，铣刀应尽量沿轮廓切向进刀和退刀。

③ 因立铣刀中间不能参与切削，故在铣削内十字槽时采用键槽刀，再用斜向下刀法，彻底改善下刀环境。

6.3.2　工艺分析及具体过程

此图为一个简单的平面轮廓图形，需加工 $2\times\phi10^{+0.022}_{0}$，外轮廓及中间的十字槽。在加工中间十字槽时，需用到立铣刀。但选用立铣刀加工时，因为立铣刀自身的结构缺点，铣刀中间不能参与大深度的切削，所以在平常的内腔铣削时会通过各种方法来避免直接下刀。在实际的生产加工中通常有以下几种方法。

① 用键槽铣刀代替立铣刀，键槽铣刀把钻头和立铣刀的功能结合在了一起，它在下刀时不需要先预钻孔，可以直接缓慢下刀。

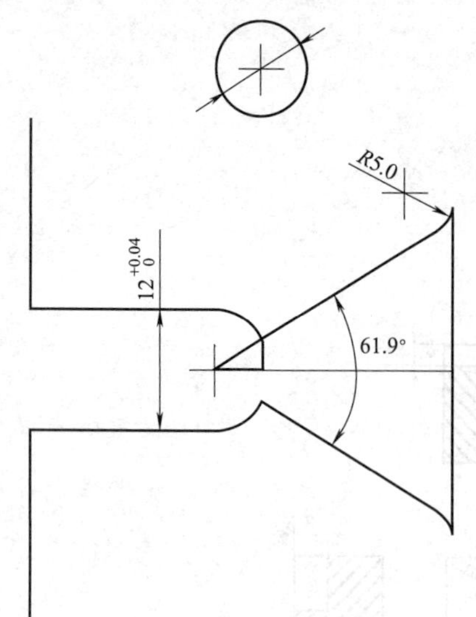

图 6-6 通过三角函数和三角形相形相似比算得各点

② 先用钻头打好钻眼，然后立铣刀在钻孔处下刀，再进行侧面铣削。

③ 采用斜向下刀或者螺旋下刀。此种方法会运用在后面的参考程序中。在编程时会发现图中有几个坐标点需要计算获得，见图 6-6。

零件加工工艺过程如下。

(1) 加工准备

① 认真阅读零件图，并检查坯料的尺寸。

② 编制加工程序，输入程序并选择该程序。

③ 用平口钳装夹工件，伸出钳口 12mm 左右。

④ 安装寻边器，确定工件零点为坯料上表面的中心，设定零点偏置。

⑤ 根据编程时刀具的使用情况编制刀具及切削参数表。见表 6-5，对应刀具表依次装入刀库中，并设定各长度补偿。

(2) 铣外轮廓

使用 T1 号刀具铣外轮廓的两圆弧，分别粗精铣到所需要的尺寸。

表 6-5 刀具及切削参数表

工步号	工步内容	刀具号	刀具类型	切削用量			备注
				主轴转速 /(r/min)	进给速度 /(mm/min)	背吃刀量 /mm	
1	铣外轮廓	T01	ϕ20 三刃立铣刀	450	170	6	
2	铣左侧轮廓粗铣中间十字槽	T02	ϕ8 三刃立铣刀	800	80	5	
3	精铣十字槽及右边形状	T03	ϕ6 键槽铣刀	1200	60		
4	钻 2×$\phi10^{+0.022}_{0}$中心孔	T04	A2.5 中心钻	1300	40		
5	钻 2×ϕ10 孔	T05	ϕ9.8 钻头	550	60		
6	铰 2×ϕ10 孔	T06	ϕ10H8 铰刀	150	30		

(3) 加工左边外形及粗铣中间槽

调用 T2 号刀具铣左侧轮廓，分别达到图纸要求。并粗加工中间槽，加工中间槽时，采用斜向下刀法。

(4) 精加工中间槽及右边轮廓

调用 T3 号 ϕ6 的键槽铣刀，设定刀具参数，选择程序，打到自动挡运行程序，精加工到图纸尺寸。在加工右边轮廓圆角时，为了减少计算量，可以用 FANUC 的自动倒圆角功能。

(5) 加工 2×$\phi10^{+0.022}_{0}$的孔

① 换 T04 号 A2.5 中心钻，分别在孔位上引位。

② 换 T05 号 ϕ9.8 的钻头，钻孔到所需深度，在钻孔时需要考虑钻头钻尖的长度，一般为 2～5。

③ 换 T06 号 ϕ10H8 铰刀，铰削两孔。

6.3.3 工、量、刀具清单

工、量、刀具清单如表 6-6 所示。

表 6-6 工、量、刀具清单

名 称	规 格	精 度	数 量
立铣刀	ϕ20 三刃立铣刀 ϕ8 三刃立铣刀		各 1
键槽铣刀	ϕ6 键槽铣刀		1
钻头	ϕ9.8mm 钻头		1
中心钻	A2.5		1
铰刀	ϕ10H8 机用		1
半径规	R1～6.5 R7～14.5		1 套
偏心式寻边器	ϕ10	0.02mm	1
内径百分表	18～35	0.01mm	1 套
外径千分表	0～10mm	0.01mm	1 套
游标卡尺	0～150 0～150(带表)	0.02mm	各 1
千分尺	0～25,25～50, 50～75	0.01mm	各 1
倒角钻	40×90°		1
深度游标卡尺	0～200	0.02mm	1 把
垫块,拉杆,压板,螺钉	M16		若干
扳手,锉刀	12″,10″		各 1 把

6.3.4 参考程序与注释

程序设计方法说明：此程序并未编写精加工程序，只编制了一个轮廓的形状。在实际的加工操作中，可以运行一遍后，用量具按照图纸测量，再通过刀补去达到尺寸要求，有些已经达到图纸要求的可在操作时用程序跳越的功能跳过，如铰孔就可在二次加工时跳过。

```
O0001;                              参考程序
G80 G17 G49 G40 G15;                机床初始位
G91 G30 Z0;                         回到换刀点
M06 T01;                            执行换刀指令,换 01 号(ϕ20 三刃立铣刀)
G43 H01 Z100;                       虽然 1 号刀是基准刀,但刀具长度补偿也可以加在后面,没
                                    用时设为 0,有偏置的情况就可以在长度地址里面输入
G90 G54 G0 X70. Y0 Z100. S450 M03;  刀具快速定位到 X70 Y0 的地方以方便建立刀补,主轴正
                                    转。采用绝对方式编程,使用 G54 坐标系
Z3.;                                接近工件表面
G01 Z- 8. F150;                     下刀深度为 8mm
G41 X50. D01 F170;                  建立左刀补,刀补号为 D01
Y- 35.;                             刀具移动到圆弧起点处
G02 X- 50. R98. 3;                  执行 G02 顺时针插补
```

程序	说明
G01 Y50.;	
G03 X50. R104.7;	
G1 Y0;	刀具路线多走一段,一是可以去除少切情况,二是可以加工出较尖锐的棱角
G0 Z30.;	刀具上抬
G40;	取消刀补,注意:此行不能跟刀具上抬指令同行,否则会出现过切现象
M06 T02;	换02号(φ8三刃立铣刀)
G43 H02 Z100.;	执行2号刀具长度补偿
G0 X- 65. Y- 55. Z100. S800 M03;	刀具定位到工件的左下角
Z3.;	刀具接近工件表面
G01 Z- 10. F130;	刀具下刀切削,在操作中对于深度较大切削时,可采用修改下刀的Z值,逐层下刀
G41 X- 50. D02 F160;	建立左刀补,刀补号为D02
Y- 35.;	加工左侧外形
G02 X- 45. Y- 30. R5.;	
G03 X- 40. Y- 25. R5.;	
G01 Y25.;	
G03 X- 45. Y30. R5.;	
G02 X- 50. Y35. R5.;	
G01 Y60.;	走刀路线拉长
G0 Z30.;	刀具上抬
G40;	取消刀补
X25. Y0;	快速移动到十字槽的中心处
Z3.;	接近工件表面
G01 Z0 F140;	以切削的状态到达Z向的零位
X- 25. Z- 5. F100;	X和Z同时进给,到达槽底
X25.;	因为上一步走的是一条斜线,所以刀具路线要再次往回走,以铣平斜面
X0 F500;	刀具快速移动到X0位,因为这刀没有切削量,所以可以加大进给率,以达到G00的同等效应
Y25. F100;	切削到Y的坐标值上,这一步切记把进给率做到刀具能承受的值
Y- 25.;	切削到Y的负方向值
Z5. F1000;	刀具上抬
G0 Z30.;	以G00快速上接,离开工件表面附近
M06 T03;	自动换T03号(φ6键槽铣刀)
G43 H03 Z100;	刀具长度补偿地址为H03号
G90 G54 G0 X0 Y0 Z50. S1200 M03;	刀具移动到X0,Y0工件中心处
Z3.;	接近工件表面
G01 Z- 5. F130;	刀具下刀切削
G41 X- 25. Y6. D03 F150;	刀具移动到槽的左侧圆弧与直线的切点上建立左刀补
G3 Y- 6. R6.;	
G01 X- 6.;	
Y- 25.;	
G03 X6. R6.;	

```
G01 Y- 6.;
X25.;
G03 X30.2 Y- 3.1 R6.;
G01 X50. Y- 15. R5.;                 交点倒圆角
Y- 25.;                              刀具再顺着走刀方向再走一段
Y25.;
X50. Y15. R5.;                       交点倒圆角
G01 X30.2 Y3.1;
G03 X25. Y6. R6.;
G01 X6.;
Y25.;
G3 X- 6. R6.;
G1 Y6.;
X- 25.;
G0 Z30.;                             刀具上抬
G40;                                 取消刀补
M06 T04;                             执行换刀命令,换 T04 号(A2.5 中心钻)
G90 G54 G0 X30. Y30. Z30. S1500 M03; 移动到孔位
Z8.;                                 接近工件表面
G82 Z- 3. R3. P1500 F40;             用 G82 命令打中心孔,在孔底暂停 1.5s
X- 30. Y- 30.;                       打另一孔位
G0 Z30.;                             刀具快速上抬
M06 T05;                             换 T05 号(φ9.8 的钻头)
G43 H05 Z100.;                       执行刀具长度补偿,长度补偿地址为 H05
S750 M03 Z8.;                        打开主轴,接近工件表面
G81 Z- 12. R3. F60;                  执行 G81 钻孔命令,因换刀前 XY 坐标都不曾动过,所以可
                                     以一直模态下来
X30. Y30.;                           钻另一孔位
G0 Z30.;                             刀具上抬
M06 T06;                             换 T06 号(φ10H8 铰刀)
G43 H06 Z100.;                       执行刀具长度补偿,长度补偿地址为 H06
S150 M03 Z5.;                        主轴打开,刀具接近工件表面
G85 Z- 8. F35 R3.;                   使用 G85 固定循环铰孔
X- 30. Y- 30.;                       铰另一孔
G0 Z30.;                             刀具上抬
M30;                                 程序结束
```

6.4 连杆模板零件加工

零件图纸如图 6-7 所示。

6.4.1 学习目标与注意事项

(1) 学习目标

通过本例的学习,要求能对较复杂的零件进行独立快速的手工编程,在程序编制过程中

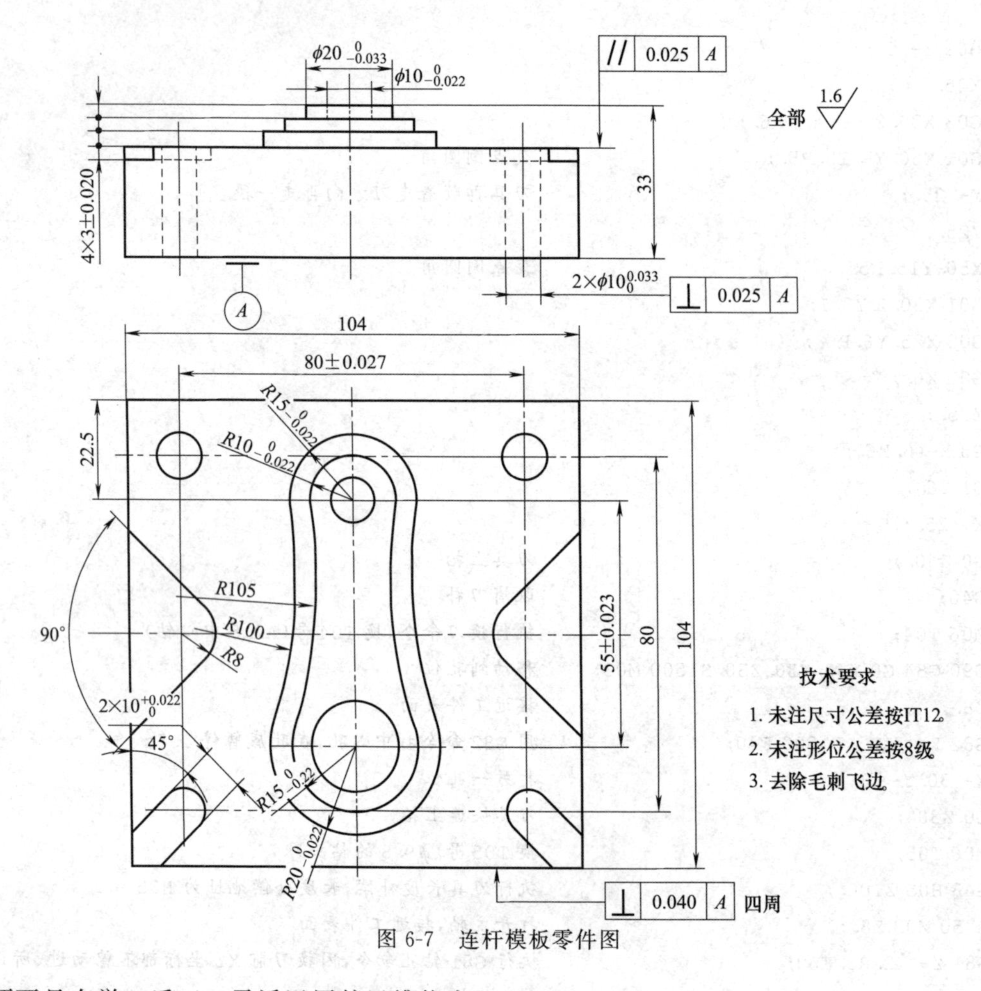

图 6-7 连杆模板零件图

必须要具有举一反三、灵活运用的思维能力。

（2）注意事项

① 能够根据加工需要去除大余量的切削。对于单件生产，可以通过手轮去除残料，先通过 MDI 挡定位到所需深度，再打到手轮脉冲挡去除，注意手轮的正负方向。在批量生产中，就必须要通过程序去除多余的残料，可以巧用手轮，移动到残料的上方，把坐标值记下，再移动到其他残料处，再用程序把几个坐标值相连。有些功能较全的机床配有手轮示教的功能，可以省去上述步骤。

② 能根据图纸要求选择合适的刀具，刀具小了，去除残料太多；刀具大了，会产生过切的情况，所以在加工前必须要估算刀具的大小。

6.4.2 工艺分析

这个零件图在加工前必须要考虑毛坯残料的有效去除，能通过选用合理的刀具减少去除量，在加工下方两旋转槽时，可通过旋转指令节省编程量。对于两侧 $R8$ 的圆弧可以通过 $\phi16$ 的立铣刀来成型加工。对于在零件图纸上有些名义尺寸、精度不高的拐角处可以直接通过刀具来保证。

零件加工工艺过程如下。

（1）加工准备

① 认真阅读零件图，检查坯料尺寸。

② 编制加工程序，输入程序并选择该程序。

③ 用平口钳装夹工件，伸出钳口12mm左右，用百分表找正。

④ 安装寻边器，通过反复法确定工件零点为坯料上表面的中心，设定零点偏置。

⑤ 根据编程时刀具的使用情况需编制刀具及切削参数见表6-7，对应刀具表依次装入刀库中，并设定各长度补偿。

表6-7 刀具及切削参数表

工步号	工步内容	刀具号	刀具类型	切削用量			备注
				主轴转速/(r/min)	进给速度/(mm/min)	背吃刀量/mm	
1	铣两圆台加工两个圆弧轮廓	T01	ϕ20立铣刀	650	170		
2	铣削两侧的内凹槽	T02	ϕ16立铣刀	700	150		
3	铣下侧旋转槽	T03	ϕ8立铣刀				
4	钻$\phi 10_{-0.022}^{0}$中心孔	T04	A2.5中心钻	1500	60		
5	钻2×ϕ10孔	T05	ϕ9.8mm钻头	600	80		
6	铰2×ϕ10孔	T06	ϕ10H8铰刀	150	40		

(2) 铣两圆台

使用T1号三刃立铣刀粗铣外轮廓两圆台，在设计走刀路线时，从空刀地方下刀，走完一个整圆指令后，再在后面多走一段重合的轮廓曲线，以避免欠切的情况发生。

(3) 加工两个圆弧轮廓

用同一把刀具加工两个圆弧凸台。

(4) 铣削两侧的内凹槽。

① 调用T2号ϕ16的立铣刀，设定刀具参数，选择程序，打到自动挡运行程序。用ϕ16的立铣刀走直角的终点，让$R8$的圆弧通过刀具自然形成。

② 另一侧槽通过旋转180°达到镜像作用。

(5) 铣下侧旋转槽

① 换T03号ϕ8立铣刀，粗精铣，达到图纸要求。

② 在铣削这个槽时，可以通过圆心点旋转减少计算量，降低编程难度。

③ 在铣削另一侧时，可以把轮廓形状做成一个子程序，再次调用即可。

(6) 孔加工

① 换T04号A3.15/10的中心钻点孔，使用G82指令在孔底暂停几秒钟。

② 换T05号ϕ9.8的钻头，使用G73快速深孔加工固定循环加工两孔。

③ 自动换T06号ϕ10H8铰刀铰削两孔。

(7) 精加工

对于精度尚需二次保证的尺寸，换上精加工的刀具，运行需要加工部位的程序。

6.4.3 工、量、刀具清单

工、量、刀具清单如表6-8所示。

表 6-8 工、量、刀具清单

类别	序号	名 称	型 号	数量	备注
设备	1	FANUC 加工中心		1台	
	2	平口钳及扳手	200mm	1套	
刀具	1	端铣刀	ϕ100mm	1	
	2	中心钻	A3.15/10 GB 6078—85	1	
	3	钻头	ϕ9.8	1	
	4	铰刀	ϕ10H8 孔粗铰刀	1	
	5	铰刀	ϕ10H8 孔精铰刀	1	
	6	三刃立铣刀	ϕ20	1	
	7	三刃立铣刀	ϕ20	1	
	8	立铣刀	ϕ8	1	
	9	立铣刀	ϕ16	1	
量具	1	游标卡尺	0.02/0～125mm	1	
	2	深度千分尺	0.01/0～25mm	1	
	3	百分表及表座	0.01/10mm	1	
	4	铣床用表面粗糙度样块		1套	
	5	角尺		1	一级精度
	6	塞规	ϕ10H8 孔用	1	
工具	1	模式接套	与机床配套	1套	
	2	钻夹头	与机床配套	1	
	3	平锉	300mm	1	
	4	什锦锉		1套	
	5	锤头		1把	
	6	活扳手	250mm	1把	
	7	螺丝刀	一字形/150mm	1把	
	8	毛刷	50mm	1把	
	9	铜皮	0.2mm	若干	
	10	棉纱		若干	

6.4.4 参考程序与注释

程序设计方法说明：在此程序中包含了比较多的程序走刀路线的优化，希望读者仔细去发现和理解。

```
O0009;                                    程序名为 9 号
G15 G90 G40 G49;                          机床加工初始化
M06 T01;                                  换 01 号三刃立铣刀
G90 G54 G0 X70. Y- 27.5 Z50. S650 M03;    加工赋值,使用 G54 坐标系,加工状态为绝对方式,并
                                          将刀具定位到工件外一点
Z3.;                                      刀具接近工件表面
G01 Z- 3. F100;                           刀具下刀切削
G42 X10. D01 F170;                        建立右刀补,刀补号为 D01
G03 I- 10. F140;                          走一个整圆
X0. Y- 17.5 R10.;                         刀具因为建刀补的原因,有可能会产生欠切的情况,
                                          所以在确定加工路线时尽量让走刀路线有一段重叠
```

程序	说明
G01 Y22.5 F200;	移动到 ϕ10 小圆下侧的圆弧起点上
G03 J5. F160;	加工一个整圆
G01 X40. F220;	以切线方向切出,在设计工艺路线时尽量用圆弧切向切入切出,一般的教材中都是采用圆弧切入切出,但缺点是对初学者较难准确估算,这行程序中运用了直线的切出,效果是和前者相同的
Z3. F600;	离开工件表面
G0 X75. Y- 20. Z50. S650;	刀具快速定位,同时主轴变速
G01 Z- 6. F100;	下刀
G42 X9.89 Y26.04 D02 F200;	建立右刀补 ,刀补地址号 D02
G03 X- 9.89 R- 10.;	加工内侧的圆弧轮廓
G02 X- 14.22 Y- 22.73 R105.;	
G03 X14.22 R- 15.;	
G02 X9.89 Y26.04 R105.;	
G01 X50.;	
G0 Z3.;	
G40;	撤刀补
G0 X75. Y- 20.;	XY 重新定位
G01 Z- 9. F100;	下刀
G42 X14.84 Y25.31 D03 F200;	重新建立右刀补,刀补地址号为 D03。在零件的试加工程序中,刀补需要勤建勤撤,以便因为刀具磨损也能做出各个精度的轮廓
G03 X- 14.84 R- 15.;	加工 R100 的圆弧轮廓
G02 X- 18.96 Y- 21.14 R100.;	
G03 X14.84 R- 20.;	
G02 Y25.31 R100.;	
G01 X50.;	
G0 Z30.;	快速离开工件表面
M06 T02;	执行换刀命令,自动换到 T02ϕ16 立铣刀
G90 G54 G0 X- 75. Y70. Z50. S700 M03;	刀具重新定位,并打开主轴
M98 P4;	调用 O0004 号子程序
G68 X0 Y0 R150.;	旋转 180°以达到镜像的作用
M98 P4;	再次调用 O0004 号程序,加工另一边槽
G0 Z30.;	刀具快速上抬
M06 T03;	执行换刀命令,自动换到 T03ϕ8 立铣刀
G90 G54 G0 X- 40. Y- 40. Z100. M03 S850;	刀具定位
G68 R- 45.;	打开旋转指令,旋转- 45°
M98 P7;	调用 O0007 号子程序
G00 X40. Y- 40.;	刀具快速定位到另一个槽的中心点
G68 R45.;	打开旋转指令,旋转 45°
M98 P7;	调用 O0007 号子程序
G0 Z30.;	刀具上抬
M06 T04;	换 T04 号 A2.5 中心钻
G90 G54 G0 X40. Y40. Z30. S1400 M03;	主轴定位,并将主轴打开
Z5.;	接近工件表面
G98 G82 Z- 11. P1500 R- 8. F40;	因孔的对刀面和加工面相差 9mm,可以采用偏置的功

程序	说明
	能重新设置孔的Z向零位,也可以通过尺寸的换算,采用负R的形式来减少切削时间,但需注意做完一个孔后,刀具返回的位置,如果这个程序段里面没有指定G98(返回到初始平面),那么在刀具移动过程中将与凸起的轮廓相撞
X- 40.;	加工另一个孔
G0 Z30,;	刀具上抬
M06 T05;	执行换刀命令,换T05号ϕ9.8mm的钻头
G90 G0 X- 40. Y40. S600 M03;	刀具重新定位,主轴打开
Z5. M08;	接近工件表面,冷却液打开
G98 G73 X- 40. Y40. Z- 37. R3. Q7. F70;	采用G73高速深孔间歇循环
X40.;	加工另一孔
G0 Z30.;	刀具快速上抬
M06 T06;	换T06号ϕ10H8的铰刀
Z5. M07;	接近工件表面,打开第二冷却液
G98 G85 X40. Y40. Z- 35. R- 8. F40;	用G85命令铰孔
X- 40.;	铰削另一孔
G0 Z30.;	刀具快速上抬
G91 G30 Z0 Y0;	刀具返回到Z的换刀点,返回到Y的原点,以方便测量
M30;	程序结束
O0004;	两侧槽子程序
Z- 5.;	接近工件表面
G01 Z- 12. F100;	下刀
G42 X- 52. D04 F200;	建立刀补,刀补地址号为D04
Y23. 31;	走到斜线的起点
X- 28. 69 Y0;	走到两直线的交点处,R8的圆弧由刀具直接保证
X- 52. Y- 23. 31;	直线的终点
Y- 70. F260;	快速沿着工件表面撤出
G0 Z5.;	上抬刀具
G40;	撤刀补
M99;	返回到主程序
O0007;	旋转槽子程序
G90 Z- 5.;	接近工件表面
G01 Z- 12. F100;	下刀
G91 G42 X- 5. Y- 25. D05 F180;	用增量方式加工;建立刀补,刀补地址号为D05
Y25.;	加工槽
G02 X10. R5.;	
G01 Y- 25.;	加工到槽的终点
G90 G00 Z3.;	换回绝对方式,快速离开工件表面
G40 G69;	撤刀补,取消旋转(这两个指令必须要取消,否则将会把形状做错)
M99;	返回到主程序

第3篇

SIEMENS 系统加工中心实例

SIEMENS XITONG JIAGONG ZHONGXIN SHILI

第7章 SIEMENS系统加工中心入门实例

本章介绍几个入门实例，引导读者上手，掌握较简单的SIEMENS数控加工中心编程技术。

7.1 支撑板零件加工

如图7-1所示支撑板零件，单件加工。

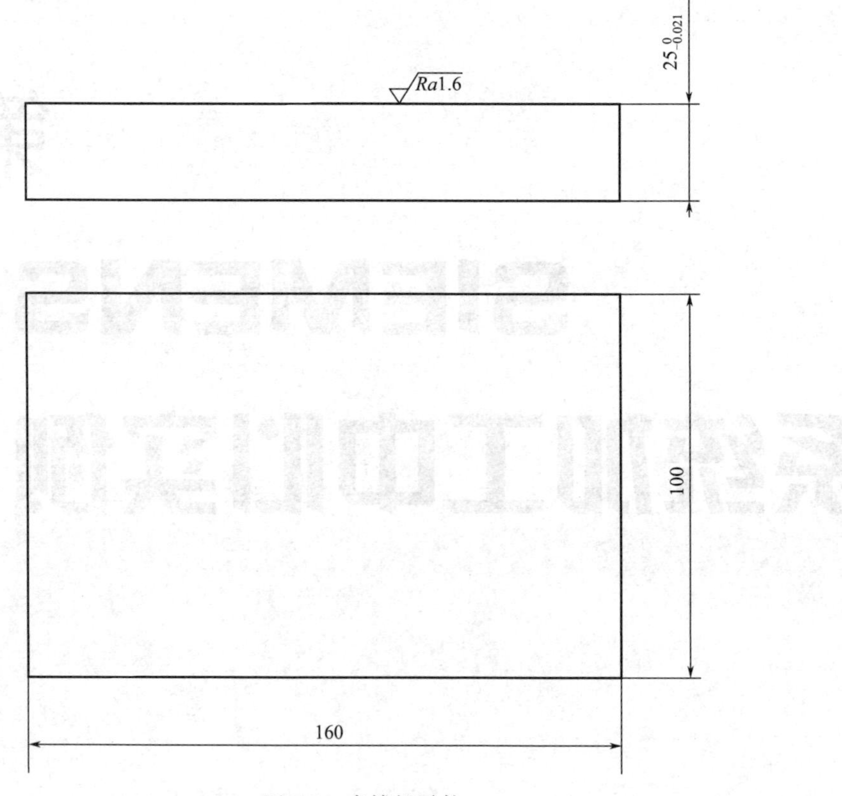

图7-1 支撑板零件

7.1.1　学习目标及要领

① 掌握SINUMERIK 840D数控系统程序基本格式。
② 掌握基本G功能代码：G00、G01。
③ 掌握SINUMERIK 840D数控系统刀具长度补偿格式：T×× D××。
④ 熟悉铣削平面的走刀路线。
⑤ 熟悉铣平面的加工方法与技巧。

7.1.2　工、量、刀具清单

工、量、刀具清单如表7-1所示。

表7-1　工、量、刀具清单

名　称	规　格	精　度	数　量
面铣刀	ϕ63、45°		1
面铣刀	ϕ125、90°		1
游标卡尺	0～100mm	0.02	1
数显千分尺	0～25mm	0.001	1
其他	常用加工中心辅具		若干

7.1.3　工艺分析与具体过程

（1）分析零件工艺性能

图7-1所示零件表面是由上、下表面及四个侧面组成的六面体，零件的形状较简单，除高度方向尺寸和精度、上表面表面质量要求较高外，其余部分的尺寸和表面精度要求都不高。

（2）毛坯选用

该零件毛坯是160mm×100mm×27mm的板材，材料为45钢。

（3）机床选择

该零件加工形状简单，是典型的平面零件加工，选用两轴半联动的数控铣床或者三轴联动的加工中心。

（4）装夹方案

装夹方式采用平口虎钳夹持工件下端约20mm，一次装夹完成粗、精加工。

（5）加工方案

该零件加工主要包含粗铣、精铣上表面两个工步，粗铣平面时，用较小的刀具采用不对称逆铣、往复接刀铣削的思路，而精加工用大刀具不对称逆铣一次走刀完成。工步内容及切削用量如表7-2所示。

表7-2　工步内容及切削用量

工步号	工步内容	刀具号	切削用量		
			主轴转速/(r/min)	进给速度/(mm/r)	背吃刀量/mm
1	粗铣上表面	T01	400	60	1.5
2	精铣上表面	T02	300	40	0.5

7.1.4 参考程序与注释

(1) 尺寸计算

加工该零件时设定工件原点在工件上表面几何中心，计算基点坐标。

如图7-2所示为粗铣平面进给路线，1→2→3→4为刀具中心轨迹，背吃刀量 a_p 为1.5mm，精车余量为0.5mm。根据走刀路线，确定出各点坐标。

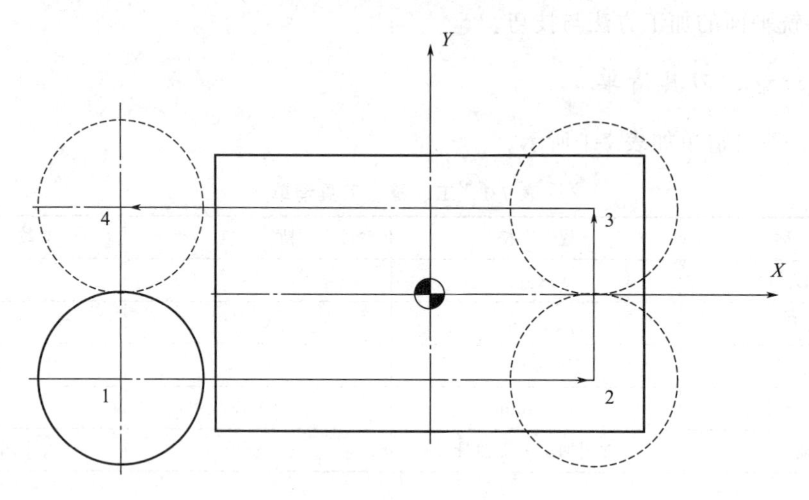

图7-2 粗铣平面进给路线

为增强数据的可读性，将基点坐标整理成如表7-3所示。

表7-3 基点坐标值

基点	绝对坐标(X,Y)	基点	绝对坐标(X,Y)
P_1	(−116.5,−31)	P_3	(61,31)
P_2	(61,−31)	P_4	(−116.5,31)

如图7-3所示为精铣平面进给路线，1→2为刀具中心轨迹，背吃刀量 a_p 为0.5mm。根据走刀路线，确定出各点坐标。

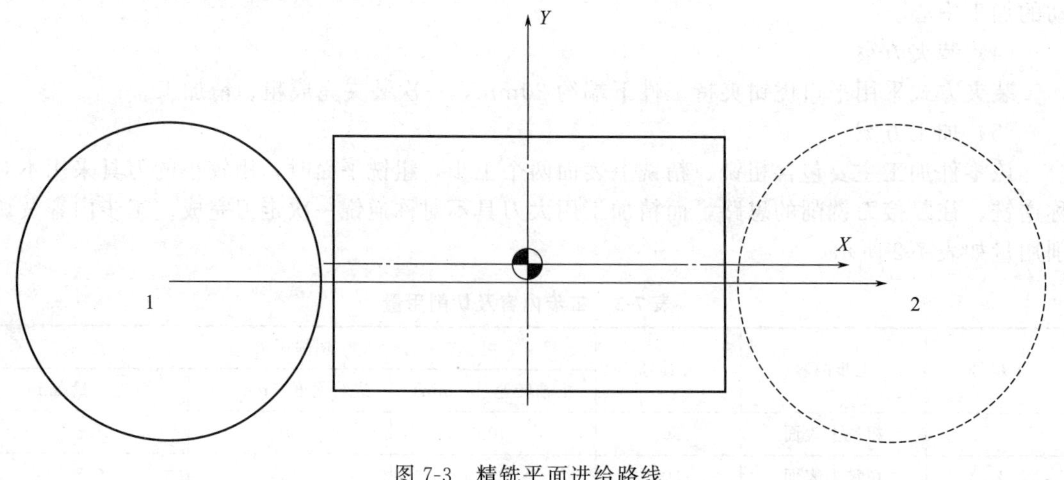

图7-3 精铣平面进给路线

为增强数据的可读性，将基点坐标整理成如表 7-4 所示。

表 7-4 基点坐标值

基点	绝对坐标(X,Y)	基点	绝对坐标(X,Y)
P_1	(−147.5,−7)	P_2	(147.5,−7)

(2) 参考程序

ZCB.MPF	程序名
:10 G17G40G71G94	程序初始化
G74Z0	回 Z 参考零点
G74X0Y0	回 X、Y 参考零点
T1	调用 1 号刀具
G90G54G00Z50D1	快速移动至 Z50,使用 G54 坐标,调用 1 号刀具补偿
X−116.5 Y−31	快速移动至 X−116.5、Y−31
M13S400	主轴正转,转速 400r/min,冷却液开
Z0.5	快速移动至 Z0.5
G01X61F60	直线插补至 X61,进给 60mm/min
Y31	直线插补至 Y31
X−116.5	直线插补至 X−116.5
M09	冷却液停止
G74Z0	回 Z 参考零点
T2	调用 2 号刀具
G90G00Z50D2	快速移动至 Z50,调用 2 号刀具补偿
X−147.5 Y−7	快速移动至 X−147.5、Y−7
M13S300	主轴正转,转速 400,冷却液开
Z0	快速移动至 Z0
G01X147.5F40	直线插补至 X147.5
G74Z0	回 Z 参考零点
M30	程序结束

7.2 奖牌模具加工

如图 7-4 所示奖牌模具零件，单件加工。

7.2.1 学习目标及要领

① 掌握 SINUMERIK 840D 数控系统圆弧插补 G02、G03 指令格式。
② 掌握 SINUMERIK 840D 刀具半径补偿指令 G41、G42、G40 及其格式 。
③ 熟悉粗、精铣轮廓的编程技巧。
④ 掌握子程序的正确应用。

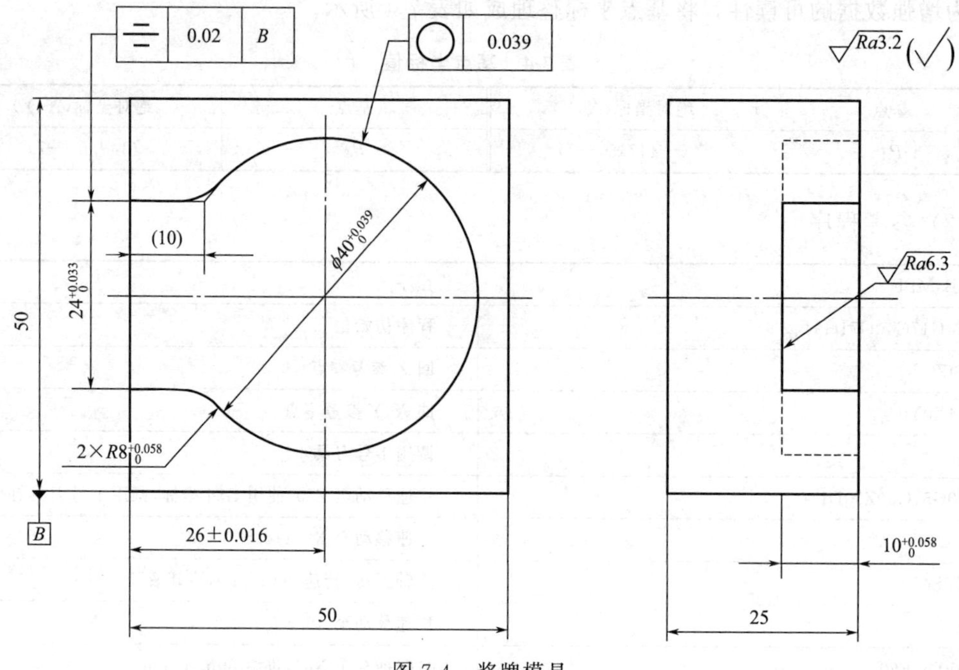

图 7-4 奖牌模具

7.2.2 工、量、刀具清单

工、量、刀具清单如表 7-5 所示。

表 7-5 工、量、刀具清单

名　称	规　格	精　度	数　量
立铣刀	φ20		1
立铣刀	φ16		1
游标卡尺	0～100mm	0.02	1
数显千分尺	0～25mm	0.001	1
其他	常用加工中心辅具		若干

7.2.3 工艺分析与具体过程

(1) 分析零件工艺性能

图 7-4 所示零件由上、下表面，四个侧面以及开口圆弧槽组成，零件的形状较简单，除开口圆弧槽尺寸精度及表面质量要求较高外，其余部分的尺寸和表面精度要求都不高。

(2) 毛坯选用

该零件毛坯是 50mm×50mm×25mm 的板材，材料为 45 钢。

(3) 机床选择

该零件加工形状简单，是典型的平面零件加工，选用两轴半联动的数控铣床或者三轴联动的加工中心。

(4) 装夹方案

装夹方式采用平口虎钳夹持工件下端约 20mm，一次装夹完成粗、精加工。

（5）加工方案

该零件加工主要包含粗铣、精铣圆弧槽两个工步，粗铣圆弧槽时，用较大的刀具尽量一刀去除所有粗加工余量，而精加工用较小刀具一次走刀完成。工步内容及切削用量如表7-6所示。

表7-6　工步内容及切削用量

工步号	工步内容	刀具号	切削用量		
			主轴转速/(r/min)	进给速度/(mm/r)	背吃刀量/mm
1	粗铣圆弧槽	T01	800	60	—
2	精铣圆弧槽	T02	1000	40	0.5

7.2.4　参考程序与注释

（1）尺寸计算

加工该零件时设定工件原点在工件上表面几何中心，计算基点坐标。

如图7-5所示，1→2→3→4→5→6→7是精铣圆弧槽进给路线，粗加工通过刀具半径补偿值调整实现，精车余量为0.5mm。根据走刀路线，确定出各点坐标。

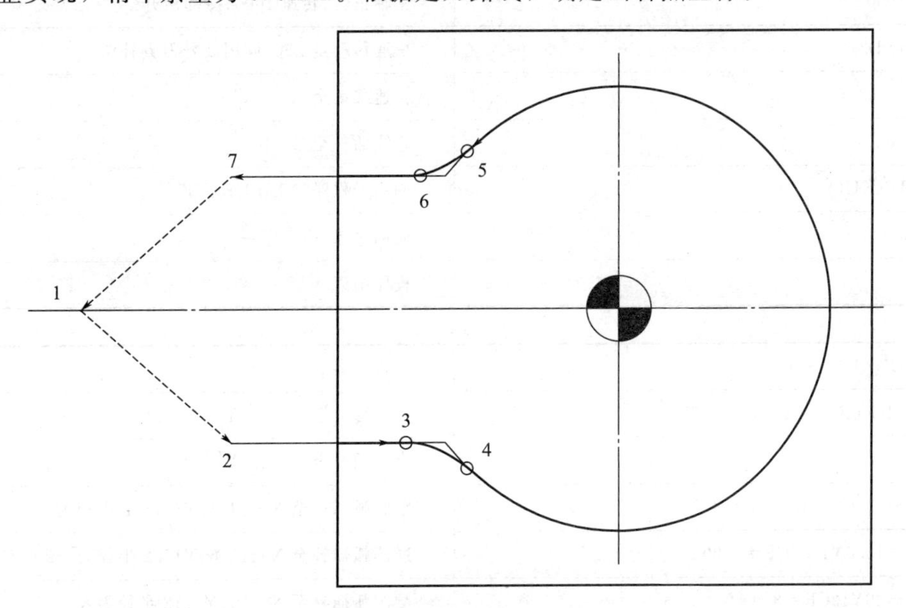

图7-5　轮廓铣削走刀路线

为增强数据的可读性，将基点坐标整理成如表7-7所示。

表7-7　基点坐标值

基点	绝对坐标(X,Z)	基点	绝对坐标(X,Z)
P_1	(−50,0)	P_5	(−13.6,15.2)
P_2	(−36,−12)	P_6	(−20, 12)
P_3	(−20,−12)	P_7	(−36, 12)
P_4	(−13.6,−15.2)		

（2）参考程序

ZCX. MPF	程序名
G71G17G40G97G94	程序初始化
G74Z0	回 Z 参考零点
G74X0Y0	回 X、Y 参考零点
T1	调用 1 号刀具
M13S800	主轴正转，转速 800r/min，冷却液开
G90G00Z50 D1	快速移动至 Z50，调用 1 号刀具补偿
G00X－50Y0	快速移动至 X－50、Y0
Z0 F60	快速移动至 Z0
CJG P＝4	调用四次子程序“CJG”
G74Z0	回 Z 参考零点
T2	调用 2 号刀具
M13S1000	主轴正转，转速 1000，冷却液开
G00Z50 D2	快速移动至 Z50，调用 2 号刀具补偿
G00X－50Y0	快速移动至 X－50、Y0
Z－10 F40	直线插补至 Z－40
NEILUNKUO	调用子程序“NEILUKUO”
G74Z0	返回 Z 参考零点
M30	程序结束

NEILUNKUO. SPF	子程序名
G90G41G00X－36Y－12	快速移动至 X－36、Y－12，并建立左刀补
G01X－20 Y－12	直线插补至 X－20、Y－12
G02X－13.6Y－15.2CR＝8	顺圆弧插补至 X－13.6、Y－15.2 半径为 8
G03X－13.6Y15.2CR＝－20	逆圆弧插补至 X－13.6、Y15.2 半径为－20
G02X－20Y12CR＝8	顺圆弧插补至 X－20、Y－12 半径为 8
G01X－36	直线插补至 X－36
G40G00X－50Y0	快速移动至 X－50、Y0，取消刀补
RET	返回主程序

CJG. SPF	子程序名
G91G00Z－2.5	增量移动，快速移动至 Z－2.5
NEILUNKUO	调用子程序“NEILUNKUO”
RET	返回主程序

7.3 封闭键槽零件加工

如图 7-6 所示封闭键槽零件，单件加工。

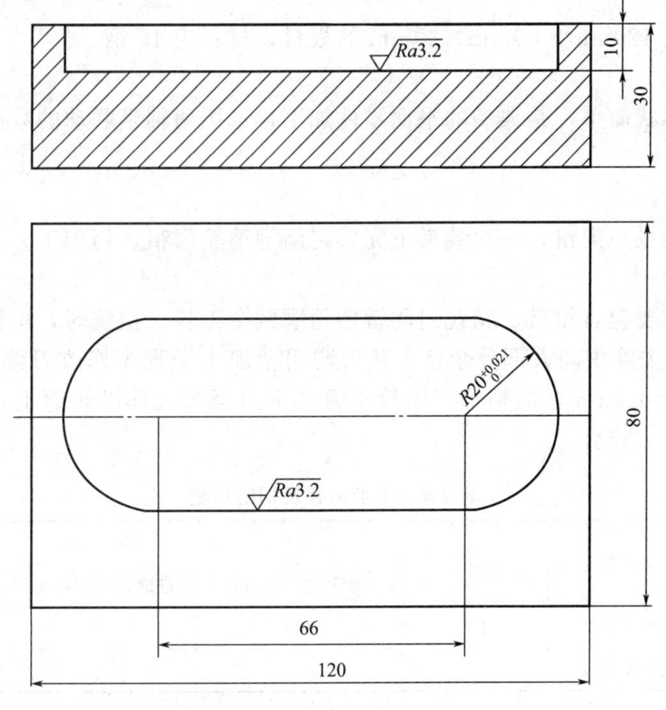

图 7-6 封闭键槽零件

7.3.1 学习目标及要领

① 掌握 SINUMERIK 840D 数控系统刀具半径补偿建立的方法。
② 掌握 SINUMERIK 840D 数控系统斜坡下刀的实现 。
③ 巩固子程序在封闭键槽轮廓加工中的应用。
④ 掌握 SINUMERIK 840D 数控系统子程序嵌套功能。

7.3.2 工、量、刀具清单

工、量、刀具清单如表 7-8 所示。

表 7-8 工、量、刀具清单

名 称	规 格	精 度	数 量
立铣刀	ϕ20		1
立铣刀	ϕ16		1
游标卡尺	0～100mm	0.02	1
其他	常用加工中心辅具		若干

7.3.3 工艺分析与具体过程

(1) 分析零件工艺性能

图7-6所示零件由上、下表面，四侧面及封闭键槽构成，零件的形状较简单，只需要完成封闭键槽轮廓的铣削。

(2) 毛坯选用

该零件毛坯是120mm×80mm×30mm的板材，材料为45钢。

(3) 机床选择

该零件加工形状简单，是典型的平面零件加工，选用两轴半联动的数控铣床或者三轴联动的加工中心。

(4) 装夹方案

装夹方式采用平口虎钳，一次装夹下完成封闭键槽轮廓粗、精加工。

(5) 加工方案

该零件加工主要包含粗铣、精铣封闭键槽轮廓两个工步，粗铣时，用较大的刀具尽量分层走“Z字”一刀去除中间大部分余量，然后调用精加工子程序修改刀偏值分层完成粗铣，留单边精加工余量0.5mm，而精加工用较小刀具下刀至槽底部沿轮廓走刀完成。工步内容及切削用量如表7-9所示。

表7-9 工步内容及切削用量

工步号	工步内容	刀具号	切削用量		
			主轴转速/(r/min)	进给速度/(mm/r)	背吃刀量/mm
1	粗铣封闭键槽	T01	800	60	—
2	精铣封闭键槽	T02	1200	40	0.5

7.3.4 参考程序与注释

(1) 尺寸计算

加工该零件时设定工件原点在工件上表面几何中心，计算基点坐标。

如图7-7所示，1→2→3是单层斜坡下刀进给路线，下刀时分5次完成，通过调用子程序实现。根据走刀路线，确定出各点坐标：P_1：(−33，0)　P_2：(33，−2)　P_3：(−33，−2)。

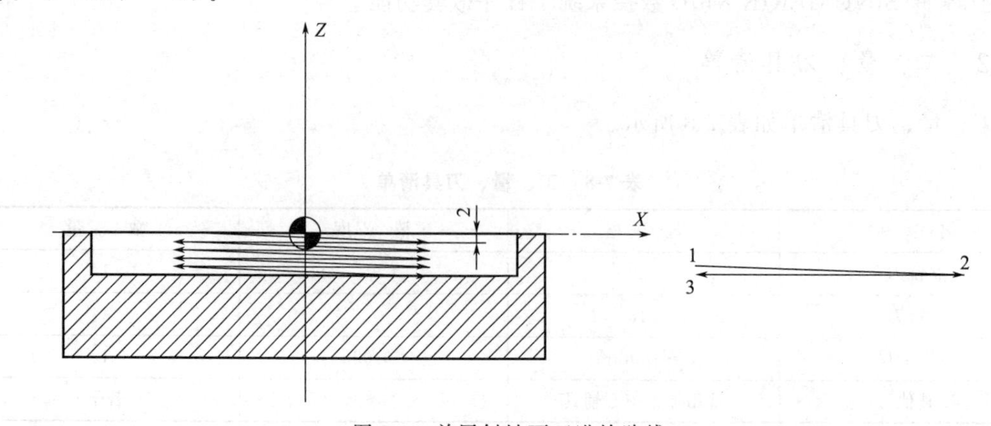

图7-7 单层斜坡下刀进给路线

如图 7-8 所示，1→2→3→4→5→6→7→8 是精铣封闭键槽内壁的进给路线，粗加工通过刀具半径补偿值调整分层实现，精车余量为 0.5mm。根据走刀路线，确定出各点坐标。

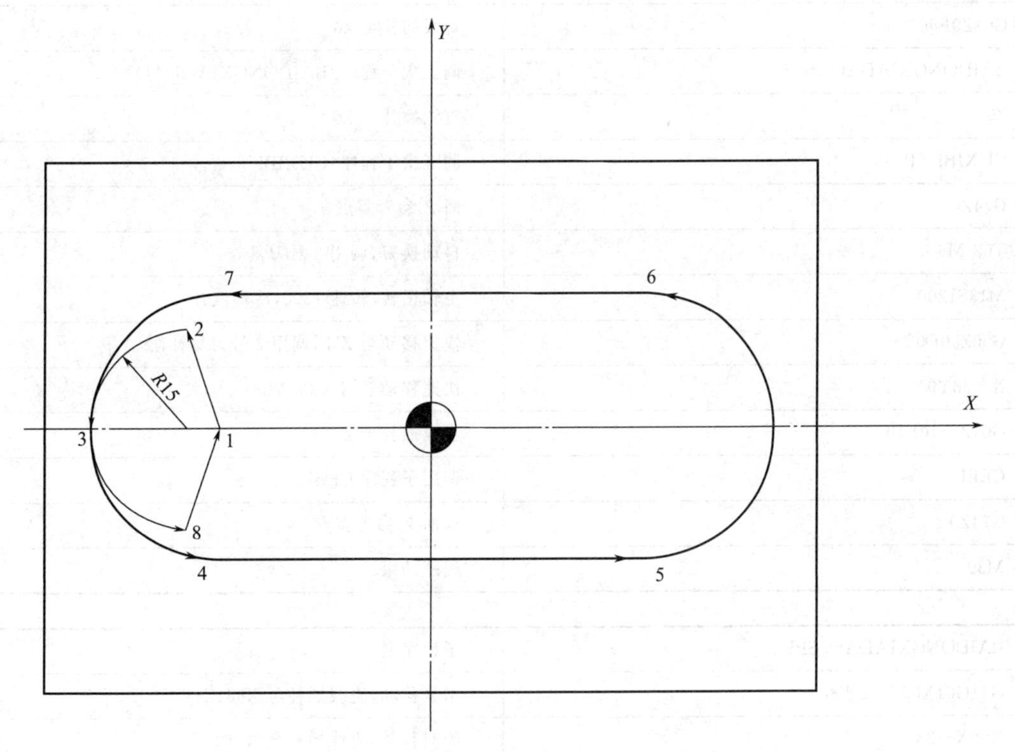

图 7-8　精铣封闭键槽内壁进给路线

为方便编程时数据读取，将基点坐标整理成如表 7-10 所示。

表 7-10　基点坐标值

基点	绝对坐标(X,Z)	基点	绝对坐标(X,Z)
P_1	(−33,0)	P_5	(33,−20)
P_2	(−38,15)	P_6	(33, 20)
P_3	(−53,0)	P_7	(−33, 20)
P_4	(−33,−20)	P_8	(−38,−15)

（2）参考程序

FENGBICAO. MPF	程序名
G17G71G40G94	程序初始化
G74Z0	回 Z 参考零点
G74X0Y0	回 X、Y 参考零点
T01M6	自动换刀，调用 1 号刀具
M13S800	主轴正转，转速 800r/min，冷却液开
G00Z50D01	快速移动至 Z50，调用 1 号刀具补偿
X−33Y0	快速移动至 X−33、Y0

续表

Z3	快速移动至Z3
G01Z0F60	直线插补至Z0
BAIDONGXIADAO P=5	调五次子程序“BAIDONGXIAODAO”
Z0	直线插补至Z0
CUXIBI P=5	调五次子程序“CUXIBI”
G74Z0	回 *Z* 参考零点
T02 M6	自动换刀,调用2号刀具
M13S1200	主轴正转,转速1200,冷却液开
G00Z50D02	快速移动至Z50,调用2号刀具补偿
X-33Y0	快速移动至X-33、Y0
G01Z-10F40	直线插补至Z-40
CEBI	调用子程序CEBI
G74Z0	返回 *Z* 参考零点
M30	程序结束

BAIDONGXIADAO. SPF	子程序名
G91G01X66Z-2 F80	增量移动,直线插补至X66、Z-2
G90X-33	绝对移动,直线插补至X-33
RET	返回主程序

CUXIBI. SPF	子程序名
G91G01Z-2	增量移动,直线插补至Z-2
CEBI	调用子程序“CEBI”
RET	返回主程序

CEBI. SPF	子程序名
G90G41G01X-38Y-15	直线插补至X-38、Y-15,建立左补偿
G03X-53Y0CR=15	逆圆弧插补至X-53Y0,半径为15mm
X-33Y-20CR=20	逆圆弧插补至X-33Y-20,半径为20mm
G01X33	直线插补至X33
G03Y20CR=20	逆圆弧插补至X33、Y20,半径为20mm
G01X-33	直线插补至X-33
G03X-53Y0CR=20	逆圆弧插补至X-33、Y0,半径为20mm
X-38Y-15CR=15	逆圆弧插补至X-38、Y-15,半径为15mm
G40G01X-33Y0	直线插补至X-33、Y0,取消刀补
RET	返回主程序

7.4　多孔类零件加工

如图 7-9 所示多孔类零件，单件加工。

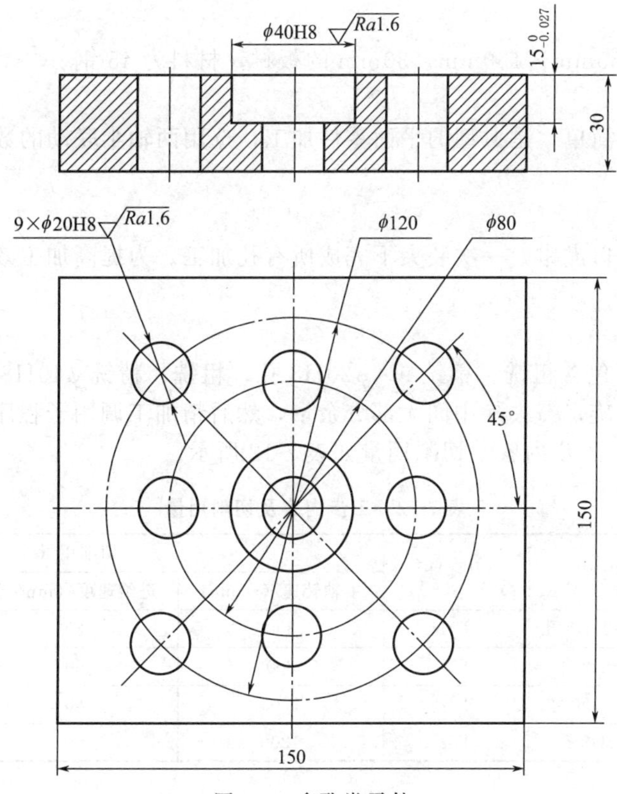

图 7-9　多孔类零件

7.4.1　学习目标及要领

① 掌握 SINUMERIK 840D 数控系统螺旋插补功能。
② 掌握 SINUMERIK 840D 数控系统螺旋下刀的技巧。
③ 掌握 SINUMERIK 840D 数控系统坐标平移 TRANS 功能。
④ 掌握 SINUMERIK 840D 数控系统跳转功能 GOTOB/GOTOF。

7.4.2　工、量、刀具清单

工、量、刀具清单如表 7-11 所示。

表 7-11　工、量、刀具清单

名　称	规　格	精　度	数　量
立铣刀	ϕ16		1
立铣刀	ϕ10		1
游标卡尺	0～100mm	0.02	1
其他	常用加工中心辅具		若干

7.4.3 工艺分析与具体过程

(1) 分析零件工艺性能

图7-9所示零件由上、下表面，四侧面、9×ϕ20H8以及ϕ40H8孔构成，零件的形状较简单，只需要完成孔系的加工。

(2) 毛坯选用

该零件毛坯是150mm×150mm×30mm的板材，材料为45钢。

(3) 机床选择

该零件加工形状简单，是典型的平面零件加工，选用两轴半联动的数控铣床或者三轴联动的加工中心。

(4) 装夹方案

装夹方式采用平口虎钳，一次装夹下完成所有孔加工。为提高加工效率，所有孔采用铣削的方式完成。

(5) 加工方案

该零件加工主要包含粗铣、精铣9×ϕ20H8孔，粗铣、精铣ϕ40H8孔四个工步，粗铣时，用较大的刀具螺旋走刀去除中间大部分余量，然后精加工调用子程序完成精铣，留单边精加工余量0.2mm。工步内容及切削用量如表7-12所示。

表7-12 工步内容及切削用量

工步号	工步内容	刀具号	切削用量		
			主轴转速/(r/min)	进给速度/(mm/r)	背吃刀量/mm
1	粗铣9×ϕ20H8孔	T01	800	60	—
2	粗铣ϕ40H8孔	T01	800	60	—
3	精铣9×ϕ20H8孔	T02	1200	40	0.2
4	精铣ϕ40H8孔	T02	1200	40	0.2

7.4.4 参考程序与注释

(1) 尺寸计算

加工该零件时设定工件原点在工件上表面几何中心，计算基点坐标。

如图7-10(b)所示，1→2→3→4是精铣孔进给路线，对多个孔加工，通过平移功能

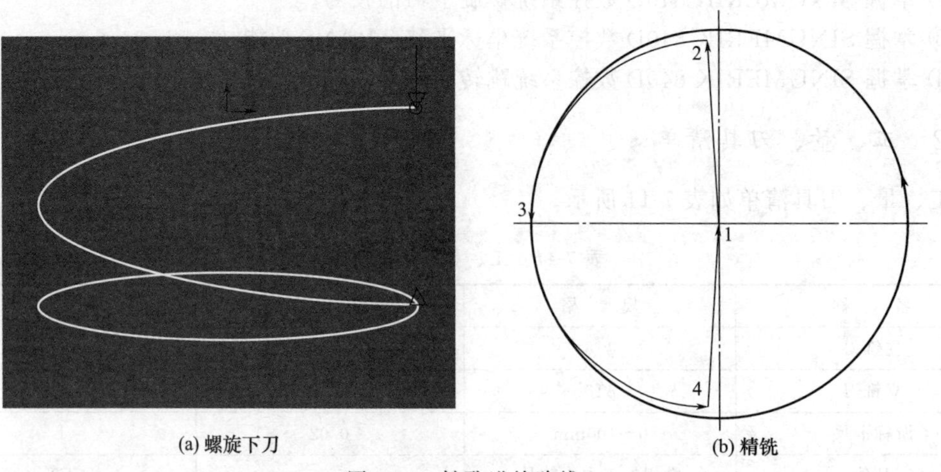

(a) 螺旋下刀　　(b) 精铣

图7-10 铣孔进给路线

TRANS及调用子程序实现。根据走刀路线，确定出各点坐标。

如图7-10（a），粗铣时螺旋下刀到每一层后走整圆。相关坐标不再叙述。

为方便编程时数据读取，将基点坐标整理成表7-13所示。

表7-13　基点坐标值

精铣 ϕ20H8孔			
基点	绝对坐标(X,Y)	基点	绝对坐标(X,Y)
P_1	(0,0)	P_3	(−10,0)
P_2	(−2,8)	P_4	(−2,−8)
精铣 ϕ40H8孔			
基点	绝对坐标(X,Y)	基点	绝对坐标(X,Y)
P_1	(0,0)	P_3	(−20,0)
P_2	(−5,15)	P_4	(−5,−15)

（2）参考程序

程序	说明
CUJINGXI. MPF	程序名
:10 G71G17G40G94	程序初始化
G74Z0	回参考点
G74X0Y0	
T01	换粗铣刀
G54G00Z50D01	建立刀具长度补偿,并到安全平面
M13S800	启动主轴并开启切削液
X0Y0	定位至孔中心
Z2	下刀至工件上方2mm处
R11=10 CXXK	粗铣削中心 ϕ20孔
G00 Z2	提刀至工件上方2mm处
R11=20 R30=15 CXXK	粗铣削中心 ϕ40孔
Z2	提刀至工件上方2mm处
R1=0	变量赋值
R10=40	
AAA:	
BBB:R24=R10 * COS(R1)	定义平移位置
R25=R10 * SIN(R1)	
TRANS X=R24 Y=R25	坐标平移至每个孔中心
G00X0Y0	粗铣削第一圈孔
R11=10　R26=2　R30=31　CXXK	
TRANS X0 Y0	
G00 Z2	
R1=R1+90	
IF R1<360 GOTOB BBB	

续表

R1=45	铣削第二圈孔
R10=R10+20	
IF R10<=60 GOTOB AAA	
G74Z0	回参考点
T2	换精铣刀
G00Z50D02	建立刀具长度补偿,并到安全面
M13S1200	启动主轴并开启切削液
X0Y0	定位至孔中心
Z-15 F40	下刀至 Z=-15 处
R20=5 R21=15 R22=20 JXXK	精铣削中心 ϕ40 孔
Z-31	下刀至孔底
R20=2 R21=8 R22=10 JXXK	精铣削中心 ϕ20 孔
R1=0	精铣削两圈 ϕ20 孔
R10=40	
AAA:	
BBB:R24=R10 * COS(R1)	
R25=R10 * SIN(R1)	
TRANS X=R24 Y=R25	
G00X0Y0	
Z-31	
R20=2 R21=8 R22=10 JXXK	
TRANS X0 Y0	
G00 Z2	
R1=R1+90	
IF R1<360 GOTOB BBB	
R1=45	
R10=R10+20	
IF R10<=60 GOTOB AAA	
G74Z0	回参考点
M30	结束程序

CXXK. SPF	粗铣孔子程序
G41G00X=R11 Y0	建立刀补
CCC:G03I=-R11 Z=-R26	螺旋插补
G03I=-R11	在当前面走整圆
R26=R26+2	改变深度
IF R26<=R30 GOTOB CCC	指定终止条件
G40G00X0Y0	撤销刀补
RET	子程序结束并复位

JXXK. SPF	精铣孔子程序
G41G00X=－R20 Y=R21	建立刀补
G03X=－R22 Y0 CR=(R22－R20)	圆弧引入
I=－R22	整圆加工
X=－R20 Y=－R21 CR=(R22－R20)	圆弧引出
G40G00X0Y0	撤销刀补
RET	子程序结束并复位

7.5　矩形型腔零件加工

如图 7-11 所示矩形型腔零件，单件加工。

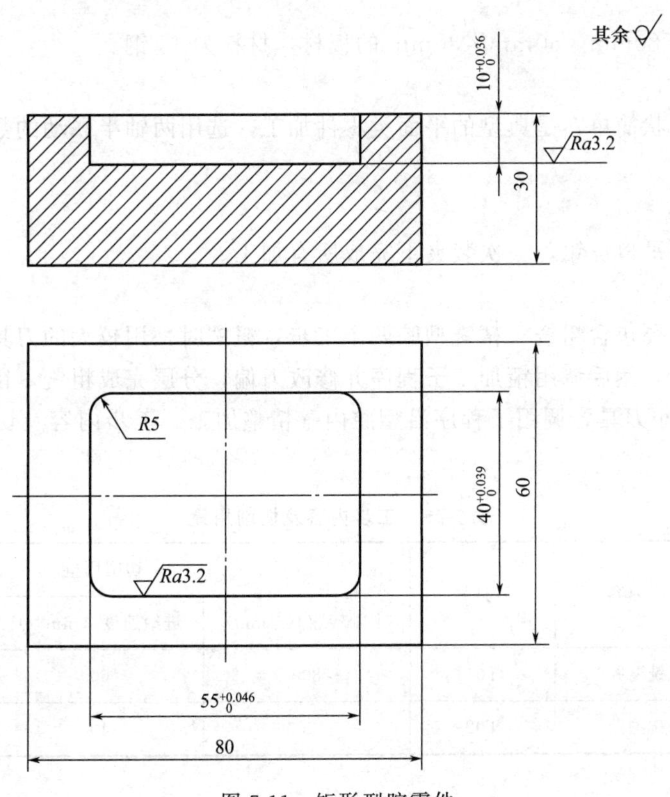

图 7-11　矩形型腔零件

7.5.1　学习目标及要领

① 掌握 SINUMERIK 840D 数控系统子程序编写技巧。
② 掌握 SINUMERIK 840D 数控系统内腔加工下刀方法。
③ 掌握 SINUMERIK 840D 数控系统子程序的嵌套。

7.5.2　工、量、刀具清单

工、量、刀具清单如表 7-14 所示。

表 7-14 工、量、刀具清单

名　　称	规　　格	精　　度	数　　量
立铣刀	$\phi16$		1
立铣刀	$\phi8$		1
游标卡尺	0～100mm	0.02	1
其他	常用加工中心辅具		若干

7.5.3 工艺分析与具体过程

（1）分析零件工艺性能

图 7-11 所示零件由上、下表面，四侧面以及型腔构成，零件的形状较简单，只需要完成型腔的加工。

（2）毛坯选用

该零件毛坯是 80mm×60mm×30mm 的板材，材料为 45 钢。

（3）机床选择

该零件加工形状简单，是典型的平面类零件加工，选用两轴半联动的数控铣床或者三轴联动的加工中心。

（4）装夹方案

装夹方式采用平口虎钳，一次装夹下完成所有加工。

（5）加工方案

该零件加工主要包含粗铣、精铣型腔两个工步，粗铣时，用较大的刀具螺旋下刀走刀去除中间大部分余量，然后调用精加工子程序并修改刀偏，分层完成粗铣，留单边精加工余量 0.25mm，最后换小刀具，调用子程序沿型腔内壁精整加工。工步内容及切削用量如表 7-15 所示。

表 7-15 工步内容及切削用量

工步号	工步内容	刀具号	切削用量		
			主轴转速/(r/min)	进给速度/(mm/r)	背吃刀量/mm
1	粗铣型腔	T01	800	60	—
2	精铣型腔	T02	1200	40	0.2

7.5.4 参考程序与注释

（1）尺寸计算

加工该零件时设定工件原点在工件上表面几何中心，计算基点坐标。

如图 7-12 所示，1→2→3→4→5→6→7→8 是精铣内壁走刀路线，粗铣采用螺旋下刀结合修改刀具半径补偿值，调用精加工子程序实现。根据走刀路线，确定出各点坐标。

粗铣时螺旋下刀到每一层后走整圆。相关坐标不再叙述。

为方便编程时数据读取，将基点坐标整理成表 7-16 所示。

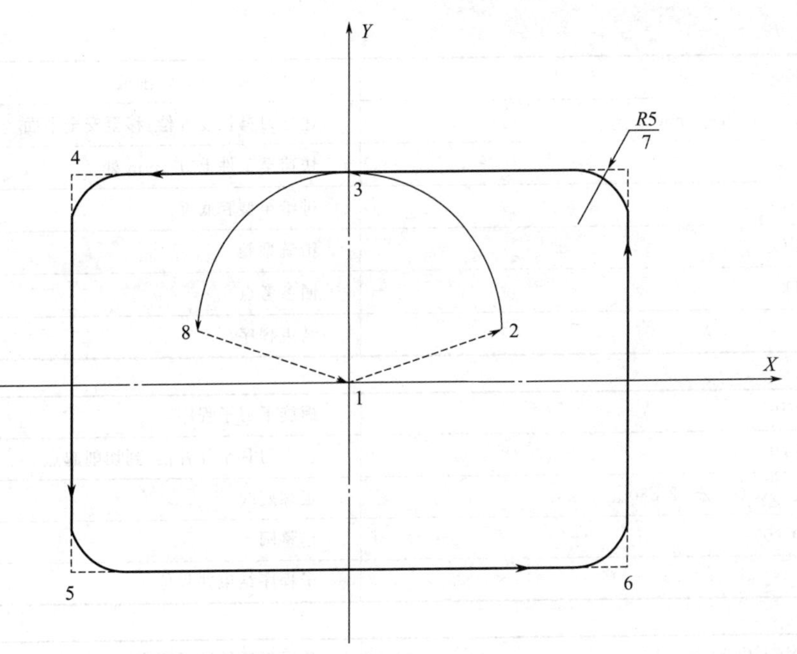

图 7-12　精铣内壁走刀路线

表 7-16　基点坐标值

基点	绝对坐标(X,Y)	基点	绝对坐标(X,Y)
P_1	(0,0)	P_5	(−27.5,−20)
P_2	(15,5)	P_6	(27.5,20)
P_3	(0,20)	P_7	(27.5,20)
P_4	(−27.5,20)	P_8	(−15,5)

(2) 参考程序

JXXQ. MPF	程序名
:10 G17G71G40G94	程序初始化
G74Z0	回参考点
G74X0Y0	
T01	换粗铣刀
M13S800	启动主轴并开启切削液
G90G54G00Z50D01	建立刀具长度补偿,移至安全平面
X0Y0	定位至中心
G0Z1 F60	快速到工件上方 1mm 处
LXXD　P=5	螺旋下刀
G90G40G00X0Y0	撤销刀具半径补偿
Z0	到工件上表面
CXILUNKUO　P=5	粗铣型腔
G74Z0 D0	回参考点
T02	换精铣刀

续表

M13S1200	启动主轴并开启切削液
G90G54G00Z50D02 F60	建立刀具长度补偿,移至安全平面
G00Z1	快速至工件上方1mm处
G01Z－10F40	进给至型腔底部
LUNKUO	精铣型腔
G74Z0 D0	回参考点
M30	结束程序

LXXD. SPF	螺旋下刀子程序
G41X15Y0	建立刀具半径补偿,到切削起点
G91G3I＝AC(0) Z－2 F80	走螺旋线
G3I＝AC(0)	走整圆
RET	子程序结束并复位

CXILUNKUO. SPF	分层粗铣轮廓子程序
G91G01Z－2	增量方式下刀
LUNKUO	调用子程序
RET	子程序结束并复位

LUNKUO. SPF	精铣型腔子程序
G90G41G01X15Y5	建立刀具半径补偿
G03X0Y20CR＝15	圆弧引入
G01X－27.5 RND＝5	按轮廓编程
Y－20 RND＝5	
X27.5 RND＝5	
Y20 RND＝5	
X0	
G03X－15Y5CR＝15	圆弧引出
G40G00X0Y0	撤销刀具半径补偿
RET	子程序结束并复位

7.6 应用构架FRAME典型零件（压力机凸模）加工

如图7-13所示压力机凸模零件，单件加工。

7.6.1 学习目标及要领

① 理解SINUMERIK 840D数控系统程序构架FRAME及使用方法。
② 掌握SINUMERIK 840D数控系统坐标旋转功能“ROT RPL＝”。
③ 掌握SINUMERIK 840D数控系统孔位置HOLES2以及孔循环。

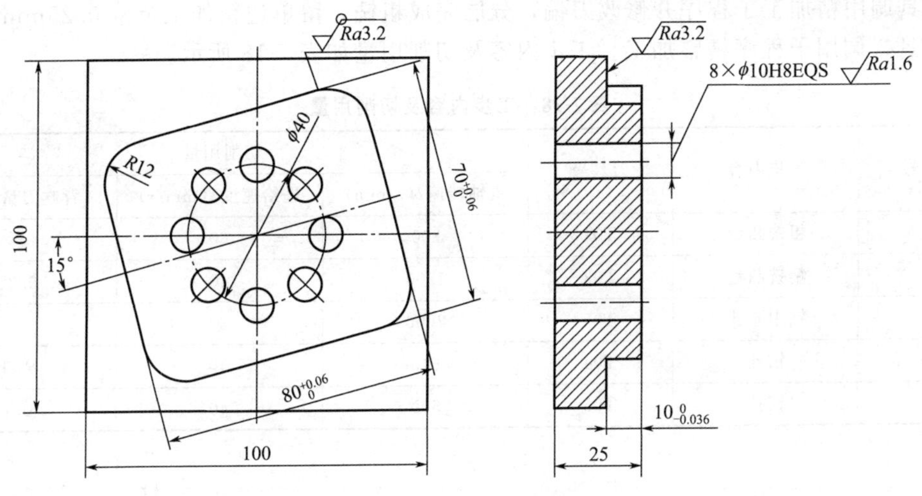

图 7-13 压力机凸模

7.6.2 工、量、刀具清单

工、量、刀具清单如表 7-17 所示。

表 7-17 工、量、刀具清单

名　称	规　格	精　度	数　量
立铣刀	ϕ25		1
立铣刀	ϕ16		1
中心钻	A3.15		1
麻花钻	ϕ9.8		1
铰刀	ϕ12H7		1
游标卡尺	0～100mm	0.02	1
其他	常用加工中心辅具		若干

7.6.3 工艺分析与具体过程

（1）分析零件工艺性能

图 7-13 所示零件由上、下表面，四侧面，凸台以及孔系构成，零件的形状较简单，只需要完成凸台和孔系的加工。

（2）毛坯选用

该零件毛坯是 100mm×100mm×25mm 的板材，材料为 45 钢。

（3）机床选择

该零件加工形状简单，是典型的端盖类零件加工，选用两轴半联动的数控铣床或者三轴联动的加工中心。

（4）装夹方案

装夹方式采用平口虎钳，一次装夹下完成凸台以及所有孔加工。

（5）加工方案

该零件加工主要包含粗铣、精铣凸台，引钻，钻孔以及铰孔五个工步，粗铣凸台时，用较大刀具调用精加工子程序并修改刀偏，分层完成粗铣，留单边精加工余量 0.25mm，最后换小刀具，调用子程序精整加工。工步内容及切削用量如表 7-18 所示。

表 7-18 工步内容及切削用量

工步号	工步内容	刀具号	切削用量		
			主轴转速/(r/min)	进给速度/(mm/r)	背吃刀量/mm
1	粗铣凸台	T01	800	60	—
2	精铣凸台	T02	1200	40	0.25
3	钻中心孔	T03	2000	30	—
4	钻孔	T04	640	40	4.9
5	铰孔	T05	500	40	0.1

7.6.4 参考程序与注释

（1）尺寸计算

加工该零件时设定工件原点在工件上表面几何中心，计算基点坐标。

如图 7-14 所示，1→2→3→4→5→6→7→8 是精铣凸台走刀路线，粗铣采用修改刀具半径补偿值，调用精加工子程序实现。根据走刀路线，确定出各点坐标。

孔加工借助孔位置和孔循环加工，相关坐标不再叙述。

为方便编程时数据读取，将基点坐标整理成表 7-19 所示。

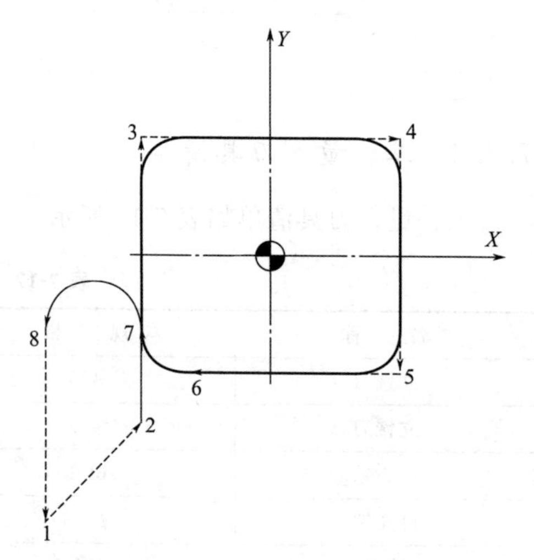

图 7-14 精铣凸台走刀路线

表 7-19 基点坐标值

基点	绝对坐标(X,Z)	基点	绝对坐标(X,Z)
P_1	(−70,−80)	P_5	(40,−35)
P_2	(−40,−50)	P_6	(−28,−35)
P_3	(−40,35)	P_7	(−40,−23)
P_4	(40,35)	P_8	(−70,−23)

（2）参考程序

YLJM. MPF	程序名
;10 G71G17G40G94	程序初始化
G74Z0	回参考点
G74X0Y0	
T01	自动换粗铣刀
M3S800	启动转轴

续表

G90G00Z50D01	建立长度补偿，并移动至安全平面
X－70Y－80	定位至下刀位置
R33＝3	变量赋值
AAA：Z＝－R33	Z向第一次下刀
XZHTT	调用凸台铣削子程序
R33＝R33＋3	Z向下刀量叠加
IF R33＜＝15 GOTOB AAA	Z向下刀最终判断条件
G74Z0	回参考点
T02	自动换精铣刀
M3S1200	重新启动主轴
G90G00Z50D02	建立长度补偿，并移动至安全平面
X－70Y－80	定位至下刀位置
Z－10	Z向下刀至切削层
XZHTT	调用凸台铣削子程序
G74Z0	回参考点
T03	自动换中心钻
M13S2000	重新启动主轴
G90G00Z50D03 F30	建立长度补偿，并移动至安全平面
MCALL CYCLE81(5，0，3，－5)	模态调用孔循环
HOLES2 (0，0，20，0,45，8)	调用孔位置循环
MCALL	模态取消
G74Z0	回参考点
T04	自动换麻花钻
M13S640	重新启动主轴
G90G00Z50D04 F40	建立长度补偿，并移动至安全平面
MCALL CYCLE81(5，0，3，－25)	模态调用孔循环
HOLES2 (0，0，20，0,45，8)	调用孔位置循环
MCALL	模态取消
G74Z0	回参考点
T5	自动换铰刀
M13S500	重新启动主轴
G90G00Z50D05	建立长度补偿，并移动至安全平面
MCALL CYCLE85(5，0，3，－20,30,60)	模态调用孔循环
HOLES2 (0，0，20，0,45，8)	调用孔位置循环
MCALL	模态取消
G74Z0	回参考点
M30	程序结束

XZHTT.SPF	旋转后凸台精加工子程序
ROT RPL=15	平面内绕 Z 轴旋转 15°
XTT	调用子程序
ROT	取消旋转
G40G0X−70.Y−80.	撤销刀补，并回到起刀点
RET	子程序结束并复位

XTT.SPF	旋转前凸台精加工子程序
G41G00X−40 Y−50.	建立半径补偿，并到切削起点
G1Y35 RND=12	轮廓顺铣，采用倒角过渡各拐点
X40 RND=12	
Y−35 RND=12	
G1X−28	
G2X−40Y−23R12	
G3X−70CR=15	圆弧方式引出
RET	子程序结束并复位

7.7 十字凹型板零件加工

加工如图 7-15 所示零件，坯料为 90mm×90mm×20mm 硬铝。

7.7.1 学习目标及要领

(1) 学习目标

① 使用寻边器确定工件零点时应采用碰双边法。

② 精铣时应采用顺铣法，以提高尺寸精度和表面质量。

③ 镗孔时，应用试切法来调节镗刀。

④ ϕ30mm 孔的正下方不能放置垫铁，并应控制钻头的进刀深度，以免损坏平口虎钳和刀具。

(2) 学习要领

确定精加工余量的方法主要有经验估算法、查表修正法、分析计算法等几种。加工中心上通常采用经验估算法或查表修正法确定精加工余量，其推荐值见表 7-20（轮廓指单边余量，孔指双边余量）。

表 7-20 精加工余量推荐值 mm

加工方法	刀具材料	精加工余量	加工方法	刀具材料	精加工余量
轮廓铣削	高速钢	0.2～0.4	铰孔	高速钢	0.1～0.2
	硬质合金	0.3～0.6		硬质合金	0.2～0.3
扩孔	高速钢	0.5～1	镗孔	高速钢	0.1～0.5
	硬质合金	1～2		硬质合金	0.3～1

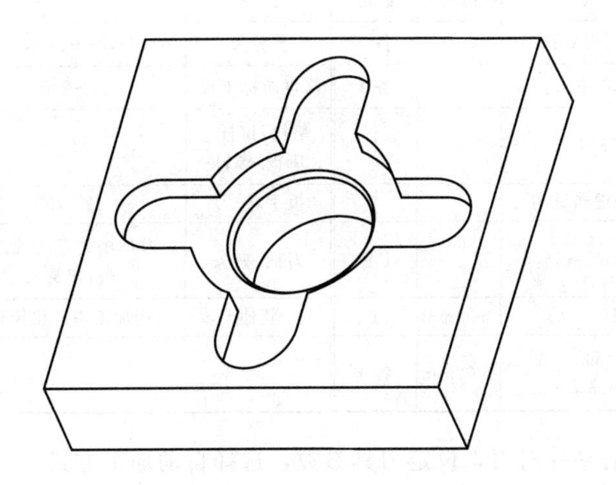

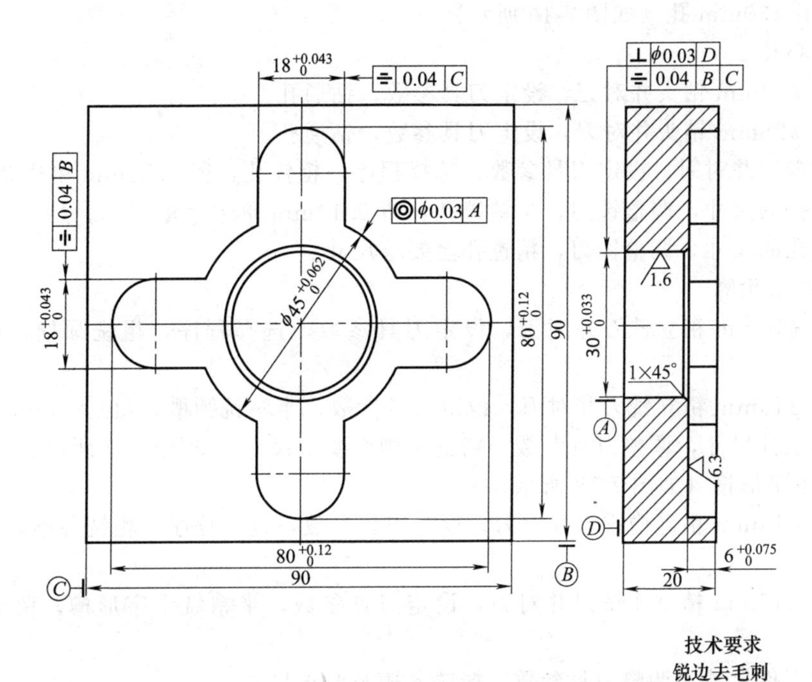

图 7-15 十字凹型板零件图

7.7.2 工、量、刀具清单

工、量、刀具清单如表 7-21 所示。

7.7.3 工艺分析与具体过程

(1) 加工准备

① 详阅零件图，并检查坯料的尺寸。

② 编制加工程序，输入程序并选择该程序。

③ 用平口虎钳装夹工件，伸出钳口 8mm 左右，用百分表找正。

④ 安装寻边器，确定工件零点为坯料上表面的中心，设定零点偏置。

表 7-21 工、量、刀具清单

名称	规格	精度	数量	名称	规格	精度	数量
立铣刀	ϕ16 粗、精三刃立铣刀		各 1	千分尺	0～25,25～50,50～75	0.01mm	各 1
钻头	ϕ12、ϕ28 钻头		各 1	深度游标卡尺	0～200	0.02mm	1 把
镗刀	ϕ30 镗刀		1	垫块,拉杆,压板,螺钉	M16		若干
键槽铣刀	ϕ16 粗、精键槽铣刀		1	扳手,锉刀	12″,10″		各 1 把
半径规	R1～6.5 R7～14.5		1 套	刀柄,夹头	刀具相关刀柄,钻夹头,弹簧夹		若干
偏心式寻边器	ϕ10	0.02mm	1	其他	常用加工中心机床辅具		若干
游标卡尺	0～150 0～150(带表)	0.02mm	各 1				

⑤ 安装 A2.5 中心钻并对刀，设定刀具参数，选择自动加工方式。

(2) 加工 ϕ30mm 孔（如图 7-16 所示）

① 钻中心孔。

② 安装 ϕ12mm 钻头并对刀，设定刀具参数，钻通孔。

③ 安装 ϕ28mm 钻头并对刀，设定刀具参数，钻通孔。

④ 安装镗刀并对刀，设定刀具参数，选择程序，粗镗孔，留 0.50mm 单边余量。

⑤ 实测孔的尺寸，调整镗刀，半精镗孔，留 0.10mm 单边余量。

⑥ 实测孔的尺寸，调整镗刀，精镗孔至要求尺寸。

(3) 铣圆槽轮廓

① 安装 ϕ16mm 粗立铣刀并对刀，设定刀具参数，选择程序，粗铣圆槽，留 0.50mm 单边余量。

② 安装 ϕ16mm 精立铣刀并对刀，设定刀具参数，半精铣圆槽，留 0.10mm 单边余量。

③ 实测工件尺寸，调整刀具参数，精铣圆槽至要求尺寸，如图 7-17 所示。

(4) 铣十字形槽（如图 7-18 所示）

① 安装 ϕ16mm 粗键槽铣刀并对刀，设定刀具参数，选择程序，粗铣各槽，留 0.50mm 单边余量。

② 安装 ϕ16mm 精键槽铣刀并对刀，设定刀具参数，半精铣十字形槽，留 0.10mm 单边余量。

③ 实测工件尺寸，调整刀具参数，精铣各槽至要求尺寸。

④ 安装 90°锪刀，倒角 1×45°。

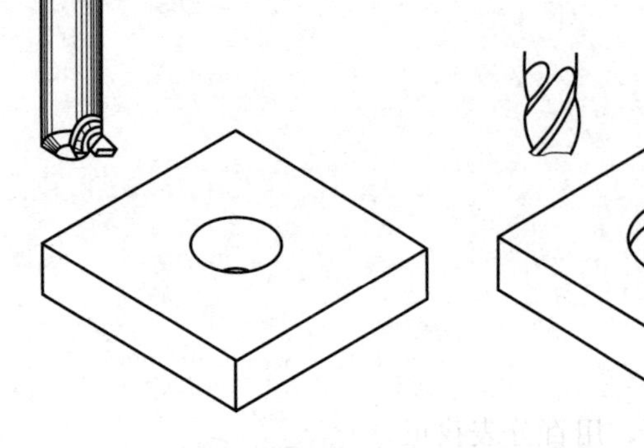

图 7-16 加工 ϕ30mm 孔

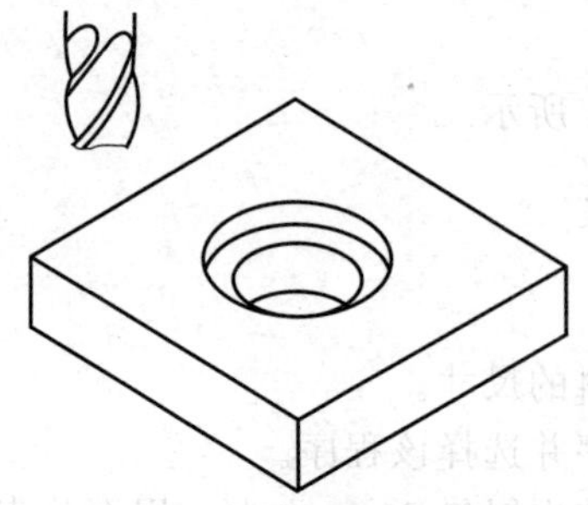

图 7-17 铣圆槽轮廓

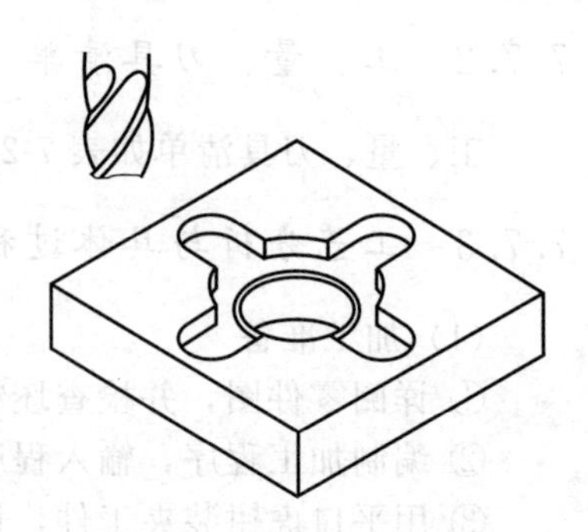

图 7-18 铣十字形槽

7.7.4 参考程序与注释

由于粗铣、半精铣和精铣时使用同一加工程序，因此只需调整刀具参数即可，如表 7-22 所示。

表 7-22 刀具参数（磨损量）的确定

加工性质	刀具参数		加工性质	刀具参数	
	L1 的磨损量	R 的磨损量		L1 的磨损量	R 的磨损量
粗铣	0.20	0.50	精铣	实测后确定	实测后确定
半精铣	0.10	0.10			

参考程序如下。

SK1006.MPF		钻 ϕ28mm 孔主程序
N10	G54 G90 G17	
N20	T1 D1	A2.5 中心钻
N30	G00 Z100 S1200 M03	
N40	X0 Y0 F60	
N50	R101=50	
N60	R102=1	
N70	R103=0	
N80	R104=−4	
N90	R105=1	
N100	LCYC82	调用钻孔循环
N110	G00 Z100 M05	
N120	Y−80	
N130	M00	程序暂停
N140	T2 D1	ϕ12mm 钻头
N150	G00 Z50	
N160	G00 X0 Y0 S500 M03	
N170	R104=−24	
N180	R107=50	
N190	R108=30	
N200	R109=1	
N210	R110=−10	
N220	R111=3	
N230	R127=1	
N240	LCYC83	调用深孔钻削循环
N250	G00 Z100 M05	
N260	Y−80	
N270	M00	程序暂停

续表

N280	T3 D1	ϕ28mm 钻头
N290	G00 Z50	
N300	G00 X0 Y0 S200 M03	
N310	R104=−29	
N320	R107=30	
N330	R108=20	
N340	R109=1	
N350	R110=−12	
N360	R111=3	
N370	R127=0	
N380	LCYC83	调用深孔钻削循环
N390	G00 Z50 M05	
N400	Y−80	
N410	M02	程序结束

SK1007. MPF		锪 ϕ30mm 孔主程序
N10	G54 G90 G17	
N20	T4 D1	ϕ25～38mm 镗刀
N30	G00 Z50 S200 M03	
N40	X0 Y0	
N50	R101=50	
N60	R102=2	
N70	R103=0	
N80	R104=−22	
N90	R105=1	
N100	R107=16	
N110	R108=30	
N120	LCYC85	调用镗孔循环
N130	G00 Z100 M05	
N140	M02	程序结束

SK1008. MPF		铣圆形槽主程序
N10	G54 G90 G17	
N20	T5 D1	ϕ16mm 立铣刀
N30	G00 Z100 S350 M03	
N40	R101=50	
N50	R102=1	
N60	R103=0	

续表

N70	R104＝－5	
N80	R116＝0	
N90	R117＝0	
N100	R118＝45	
N110	R119＝45	
N120	R120＝22.5	
N130	R121＝0	
N140	R122＝100	
N150	R123＝50	
N160	R124＝0	
N170	R125＝0	
N180	R126＝3	
N190	R127＝2	
N200	LCYC75	调用铣槽循环
N210	G00 Z100 M05	
N220	M02	程序结束

	SK1009.MPF	铣十字形槽主程序
N10	R1＝0	
N20	G54 G90 G17	
N30	T5 D1	ϕ16mm 立铣刀
N40	G00 Z100 S350 M03	
N50	MARKER1:G00 X12 Y－0.5	
N60	Z1	
N70	G01 Z－5 F100	
N80	G41 G01 X21 Y－9 F50 G901	
N90	X31	
N100	G03 X31 Y9 CR＝9	
N110	G01 X21	
N120	G40 G01 X18 Y0.5 G900	
N130	G00 Z50	
N140	G259 RPL＝90	
N150	R1＝R1＋1	
N160	IF R1<4GOTOB MARKER1	
N170	G258	
N180	G00 Z100 M05	
N190	M02	程序结束

SK1010. MPF		锪1×45°主程序
N10	G54 G90 G17	
N20	T6D1	ϕ35mm 锪刀
N30	G00 Z100 S180 M03	
N40	X0Y0	
N50	Z5	
N60	G01 Z1 F200	
N70	Z−1 F18	
N80	G4 F5	
N90	Z1 F200	
N100	G00 Z100 M05	
N110	M02	程序结束

7.8 薄壁零件加工

加工如图7-19所示的零件，坯料为100mm×80mm×30mm硬铝。

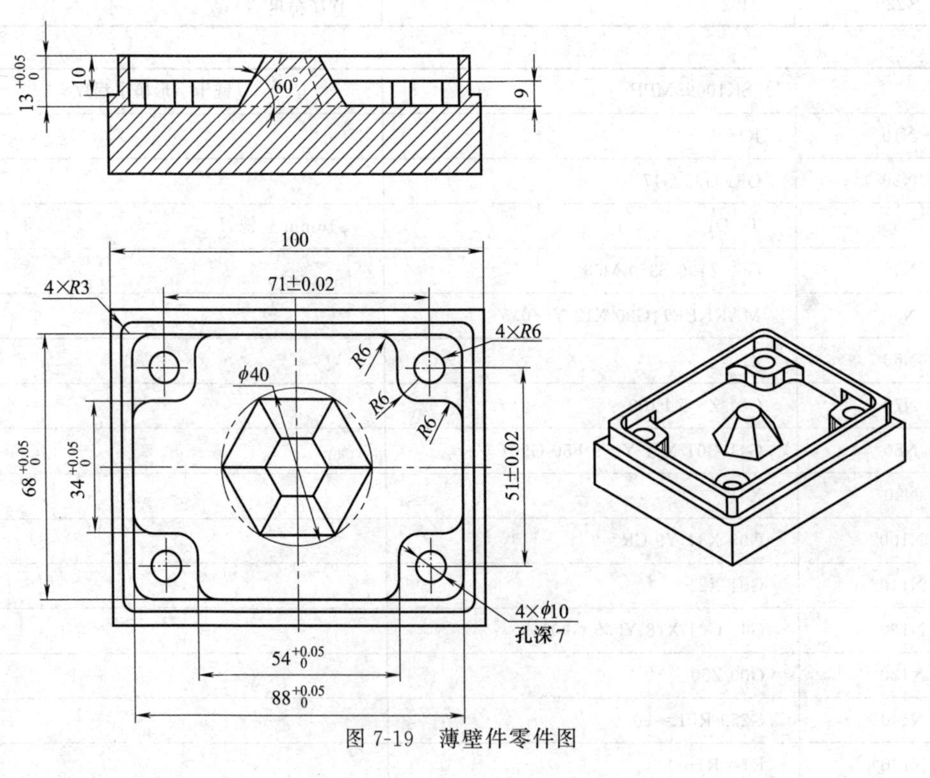

图7-19 薄壁件零件图

7.8.1 学习目标及要领

(1) 学习目标

① 刀具半径补偿的应用。

② 薄壁件加工的方法。

③ 零件的精度分析。

(2) 学习要领

轮廓加工的粗加工和精加工为同一个程序。粗加工时，设定的刀具补偿量为 $R+0.2$（精加工余量）；而在精加工时，设定的刀具补偿量通常为 R，有时，为了保证实际尺寸精度，刀具补偿量可根据粗加工后实测的轮廓尺寸取略小于 R 的值（0.01～0.03mm）。

在工件校正方面，有时为了校正一个工件，要反复多次进行才能完成。因此，工件的装夹与校正一定要耐心细致地进行，否则达不到理想的校正效果。

在提高表面质量方面，导致表面粗糙度质量下降的因素大多可通过操作者来避免或减小。因此，数控操作者的水平将对表面粗糙度质量产生直接的影响。

7.8.2 工、量、刀具清单

工、量、刀具清单如表7-23所示。

表7-23 工、量、刀具清单

名称	规格	精度	数量	名称	规格	精度	数量
立铣刀	ϕ12精三刃立铣刀		1	千分尺	0～25,25～50,50～75	0.01mm	各1
面铣刀	ϕ100八齿端面铣刀		1	深度游标卡尺	0～200	0.02mm	1把
键槽铣刀	ϕ12粗、精键槽立铣刀		各1	垫块,拉杆,压板,螺钉	M16		若干
钻头	ϕ10		1	扳手,锉刀	12″,10″		各1把
半径规	R5～30		1套	刀柄,夹头	刀具相关刀柄,钻夹头,弹簧夹		若干
偏心式寻边器	ϕ10	0.02mm	1	其他	常用加工中心机床辅具		若干
游标卡尺	0～150 0～150(带表)	0.02mm	各1				

7.8.3 工艺分析与具体过程

(1) 加工方案

本例题加工较为复杂，主要分五个部分。

① 用 ϕ12 键槽铣刀铣外方形轮廓。

② 用 ϕ12 键槽铣刀铣内方形轮廓。

③ 用 ϕ12 键槽铣刀铣内花形槽。

④ 加工四个 ϕ10 孔。

⑤ 用 ϕ12 键槽铣刀铣棱台。

(2) 工艺分析

刀具半径补偿功能除了使编程人员直接按轮廓编程，简化了编程工作外，在实际加工中还有许多其他方面的应用。

① 采用同一段程序，对零件进行粗、精加工　在粗加工时，将偏置量设为 $D=R+\Delta$，其中 R 为刀具的半径，Δ 为精加工余量，这样在粗加工完成后，形成的工件轮廓的加工尺寸要比实际轮廓每边都大 Δ。在精加工时，将偏置量设为 $D=R$，这样，零件加工完成后，即得到实际加工轮廓。同理，当工件加工后，如果测量尺寸比图纸要求尺寸大时，也可用同样的方法进行修正解决。

② 采用同一程序段，加工同一公称直径的凹、凸型面　对于同一公称直径的凹、凸型面，内外轮廓编写成同一程序，在加工外轮廓时，将偏置量设为＋D，刀具中心将沿轮廓的外侧切削；在加工内轮廓时，将偏置量设为－(D＋壁厚)，刀具中心将沿轮廓的内侧切削。这种编程与加工方法，在模具加工中运用较多。

7.8.4　参考程序与注释

	SK1011. MPF	外方形轮廓主程序
N10	G40 G90	初始化
N20	G54 G00 Z100	
N30	T1 D1 S600 M03	ϕ12 键槽铣刀
N40	G00 X0 Y－60	
N50	Z5	
N60	G01 Z－10 F100	下刀
N70	G42 G01 X0 Y－37	建立刀补
N80	G01 X44	
N90	G03 X47 Y－34 CR＝3	
N100	G01 Y34	
N110	G03 X44 Y37 CR＝3	
N120	G01 X－44	
N130	G03 X－47 Y34 CR＝3	
N140	G01 Y－34	
N150	G03 X－44 Y－37 CR＝3	
N160	G01 X50	
N170	G40 G00 X0 Y0	取消刀补
N180	G00 Z100	抬刀
N190	M05	主轴停止
N200	M02	程序结束

	SK1012. MPF	内方形轮廓主程序
N10	G40 G90	初始化
N20	G54 G00 Z100	
N30	T1 D1 S600 M03	ϕ12 键槽铣刀
N40	G00 X35 Y0	
N50	Z5	
N60	G01 Z－6 F150	下刀
N70	G42 X44 Y0	建立刀补
N80	G01 Y－28	
N90	G02 X38 Y－34 CR＝6	
N100	G01 X－38	

续表

N110	G02 X−44 Y−28 CR=6	
N120	G01 Y28	
N130	G02 X−38 Y34 CR=6	
N140	G01 X38	
N150	G02 X44 Y28 CR=6	
N160	G40 G01 Y−10	取消刀补
N170	G00 Z100	抬刀
N180	M05	主轴停止
N190	M02	程序结束

SK1013.MPF		内花形槽主程序
N10	G40 G90	初始化
N20	G54 G00 Z100	
N30	T1 D1 S600 M03	ϕ12 键槽铣刀
N40	G00 X35 Y0	
N50	Z5	
N60	G01 Z−13 F150	
N70	G42 X44 Y0	建立刀补
N80	G01 Y−11	
N90	G02 X38 Y−17 CR=6	
N100	G01 X33	
N110	G03 X27 Y−23 CR=6	
N120	G01 Y−28	
N130	G02 X21 Y−34 CR=6	
N140	G01 X−21	
N150	G02 X−27 Y−28 CR=6	
N160	G01 Y−23	
N170	G03 X−33 Y−17 CR=6	
N180	G01 X−38	
N190	G02 X−44 Y−11 CR=6	
N200	G01 Y11	
N210	G02 X−38 Y17 CR=6	
N220	G01 X−33	
N230	G03 X−27 Y23 CR=6	
N240	G01 Y28	
N250	G02 X−21 Y34 CR=6	
N260	G01 X21	
N270	G02 X27 Y28 CR=6	

续表

N280	G01 Y23	
N290	G03 X33 Y17 CR=6	
N300	G01 X38	
N310	G02 X44 Y11 CR=6	
N320	G01 Y−5	
N330	G40 X0 Y0	取消刀补
N340	G00 Z100	抬刀
N350	M05	主轴停止
N360	M02	程序结束

SK1014. MPF		孔加工程序
N10	M40 M90	初始化
N20	G54 G00 Z100	
N30	T2 D1 S400 M03	ϕ9.8 钻头 ϕ10 绞刀
N40	MCALL CYCLE81(10,0,3,−13,)	模态调用CYCLE81循环加工孔
N50	G00 X35.5 Y25.5	第一个孔
N60	X−35.5	第二个孔
N70	Y−25.5	第三个孔
N80	X35.5	第四个孔
N90	MCALL	取消模态调用
N100	G00 Z100	抬刀
N110	M05	主轴停止
N120	M02	程序结束

SK1015. MPF		棱 台 程 序
N10	G40 G90	初始化
N20	G54 G00 Z100	
N30	T1 D1 S600 M03	ϕ12 键槽铣刀
N40	G00 X35 Y0	
N50	Z5	
N60	R0=0	
N70	R1=−13	
N80	R2=26	
N90	AAA:G111 G01 RP=R2 AP=0Z=R1 F300	极坐标编程
N100	AP=60	
N110	AP=120	
N120	AP=180	

续表

N130	AP=240	
N140	AP=300	
N150	AP=360	
N160	R1=R1+0.1	
N170	R0=R0+0.1	
N180	R2=26-R0*TAN[30]	
N190	IF R1<=0 GOTOB AAA	
N200	G90 G00 Z100	抬刀
N210	M05	主轴停止
N220	M02	程序结束

第8章 SIEMENS系统加工中心提高实例

8.1 椭圆凸台零件加工

如图 8-1 所示椭圆凸台零件，单件加工。

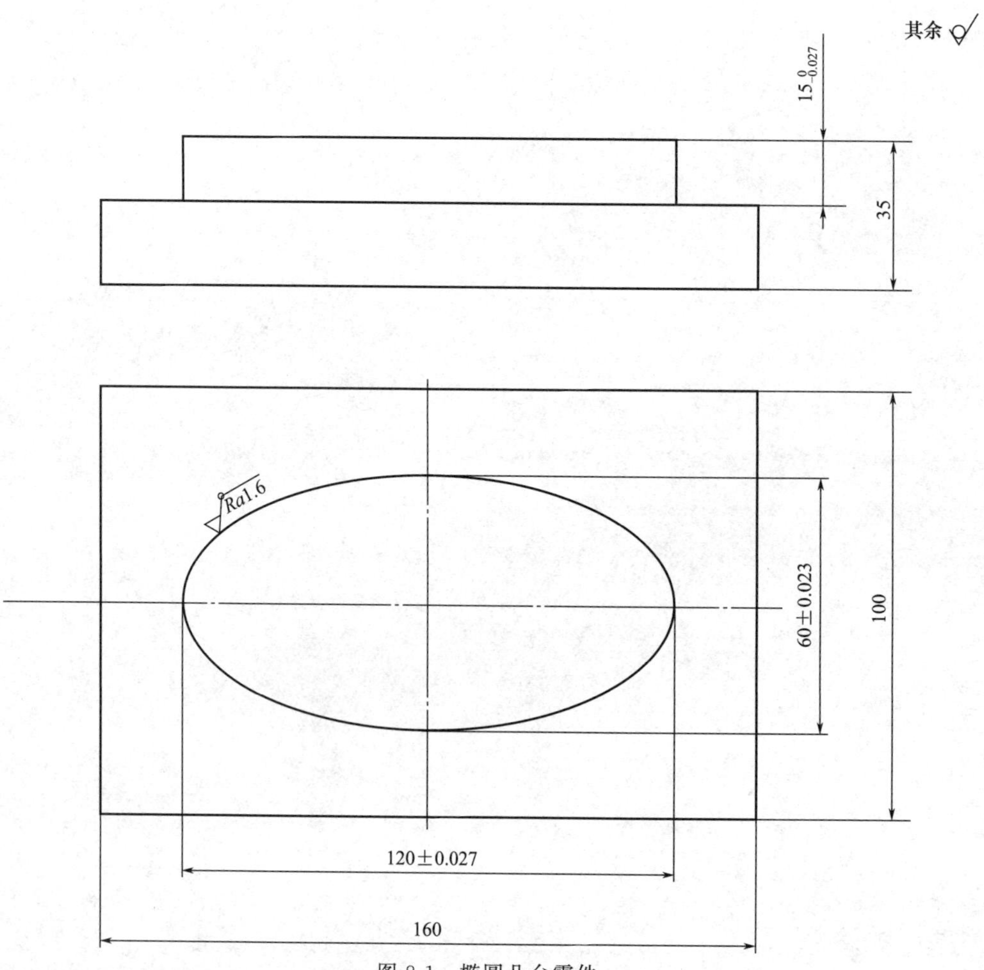

图 8-1 椭圆凸台零件

8.1.1　学习目标及要领

① 掌握 SINUMERIK 840D 数控系统非圆二次曲线加工方法。
② 掌握 SINUMERIK 840D 数控系统 R 参数及控制语句。
③ 掌握椭圆柱铣削加工刀路安排技巧。

8.1.2　工、量、刀具清单

工、量、刀具清单如表 8-1 所示。

表 8-1　工、量、刀具清单

名　称	规　格	精　度	数　量
立铣刀	$\phi20$		1
立铣刀	$\phi12$		1
游标卡尺	0～100mm	0.02	1
其他	常用加工中心辅具		若干

8.1.3　工艺分析与具体过程

（1）分析零件工艺性能

图 8-1 所示零件由下表面、椭圆柱组成，零件的形状较简单，只需要完成椭圆柱的铣削。

（2）毛坯选用

该零件毛坯是 160mm×100mm×35mm 的钢锭，材料为 45 钢。

（3）机床选择

该零件加工形状简单，是典型的平面零件加工，选用两轴半联动的数控铣床或者三轴联动的加工中心。

（4）装夹方案

装夹方式采用平口虎钳直接装夹，一次装夹下完成椭圆柱面粗、精加工。

（5）加工方案

该零件加工主要包含粗铣、精铣两个工步，粗铣时，用立铣刀分层铣削，而精加工用立铣刀一次走刀完成。工步内容及切削用量如表 8-2 所示。

表 8-2　工步内容及切削用量

工步号	工步内容	刀具号	切削用量		
			主轴转速/(r/min)	进给速度/(mm/r)	背吃刀量/mm
1	粗铣圆弧球面	T01	800	60	—
2	精铣圆弧球面	T02	1000	40	0.25

8.1.4　参考程序与注释

（1）尺寸关系

加工该零件时设定工件原点在工件上表面左下角。

如图 8-2 所示，为精铣时的走刀轨迹，粗加工分层并通过调整刀具半径补偿实现。为具

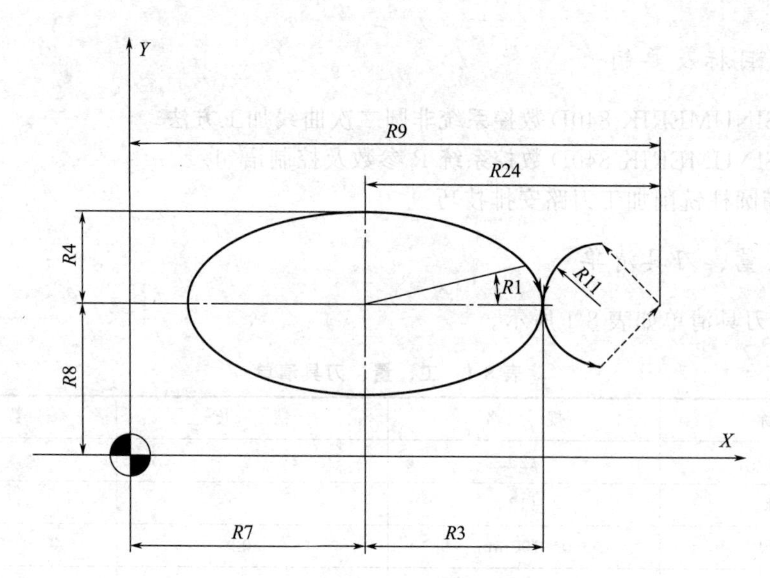

图 8-2 精铣椭圆柱走刀路线

有一般性，图中只给出逻辑关系。

本例中，$R1=0$，$R3=60$，$R4=30$，$R7=80$，$R8=50$，$R11=20$。

本例的关键是各变量之间逻辑关系的换算，详见程序备注。

(2) 参考程序

TYTT. MPF	程序名
G71G17G40G94	程序初始化
G74Z0 G74X0Y0	回参考点
T1	换粗铣刀
G54G0Z50D1	建立刀具长度补偿
S800M13	启动主轴并开启切削液
R1=0 R3=60 R4=30 R7=80 R8=50 R11=20 R26=3 R30=15	变量赋值
TUOYUANZ	调用粗铣椭圆子程序
G74Z0D0	回参考点
T2	换精铣刀
G0Z50D2	建立刀具长度补偿
S1000M13	启动主轴并开启切削液
R1=0 R3=60 R4=30 R7=80 R8=50 R11=20 R26=15 R30=15	变量赋值
TUOYUANZ	调用精铣椭圆子程序
G74Z0D0	回参考点
M30	程序结束

TUOYUANZ. SPF	子程序名
R5=R3 * COS(R1)	变量赋值
R6=R4 * SIN(R1)	
R24=R7+R5	
R25=R8+R6	
R9=R24+2 * R11	
R10=R24+R11	
G00X=R9 Y=R25	定位至下刀点
AAA:	跳转标记
Z=-R26	下刀
G41G00X=R10 Y=R25+R11	建立刀具半径补偿
G03X=R24Y=R8 CR=R11	圆弧引入
R1=0	变量初始化
BBB:	椭圆加工
R5=R3 * COS(R1)	
R6=R4 * SIN(R1)	
R24=R7+R5	
R25=R8-R6	
G01X=R24 Y=R25 F100	
R1=R1+5	
IF R1<=360 GOTOB BBB	
G03X=R10 Y=R25-R11 CR=R11	圆弧引出
G40G00X=R9 Y=R25	撤销刀具半径补偿
R26=R26+3	轴向切深递推
IF R26<=R30 GOTOB AAA	判决条件
RET	子程序结束并复位

8.2　三角板零件加工

如图 8-3 所示三角板零件，单件加工。

8.2.1　学习目标及要领

① 掌握 SINUMERIK 840D 数控系统极坐标指令格式 RP=、AP=。

② 掌握 SINUMERIK 840D 数控系统极心定义 G110、G111、G112。

③ 巩固子程序在粗、精铣轮廓的应用。

④ 掌握 SINUMERIK 840D 数控系统极坐标指令的正确应用。

8.2.2　工、量、刀具清单

工、量、刀具清单如表 8-3 所示。

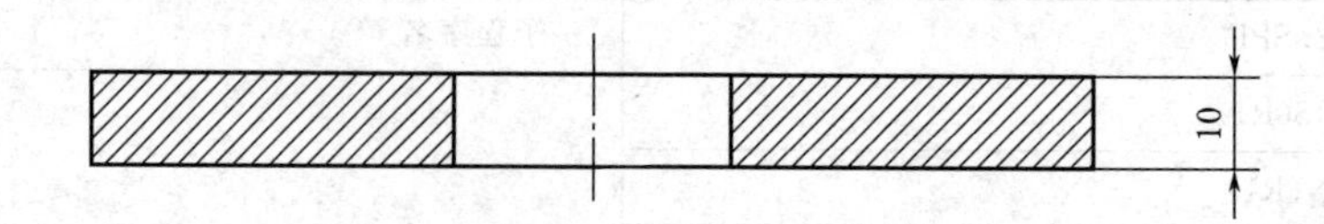

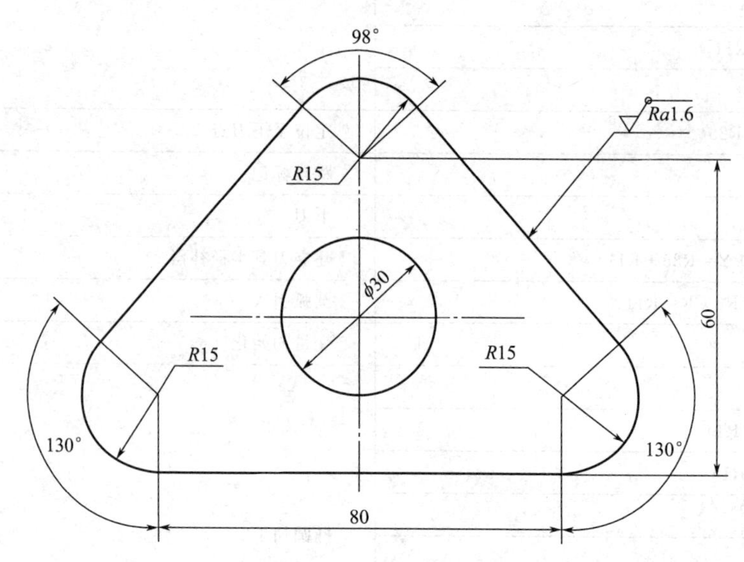

图 8-3 三角板零件

表 8-3 工、量、刀具清单

名 称	规 格	精 度	数 量
立铣刀	$\phi12$		1
立铣刀	$\phi10$		1
游标卡尺	0～100mm	0.02	1
其他	常用加工中心辅具		若干

8.2.3 工艺分析与具体过程

（1）分析零件工艺性能

图 8-3 所示零件由上、下表面，三段圆弧以及三段直线相切构成的侧面组成，零件的形状较简单，只需要完成轮廓的铣削。

（2）毛坯选用

该零件毛坯是 120mm×100mm×10mm 的板材，材料为 45 钢。

（3）机床选择

该零件加工形状简单，是典型的平面零件加工，选用两轴半联动的数控铣床或者三轴联动的加工中心。

（4）装夹方案

装夹方式采用中心定位法，用带有螺纹的圆柱销穿过已有孔 $\phi30$ 结合 U 形压板找正后直接压紧，一次装夹下完成轮廓粗、精加工。

（5）加工方案

该零件加工主要包含粗铣、精铣轮廓两个工步，粗铣时，用较大的刀具尽量一刀去除所有粗加工余量，而精加工用较小刀具一次走刀完成。工步内容及切削用量如表 8-4 所示。

表 8-4　工步内容及切削用量

工步号	工步内容	刀具号	切削用量		
			主轴转速/(r/min)	进给速度/(mm/r)	背吃刀量/mm
1	粗铣轮廓	T01	800	60	—
2	精铣轮廓	T02	1200	40	0.5

8.2.4　参考程序与注释

(1) 尺寸计算

加工该零件时设定工件原点在工件上表面几何中心，计算基点坐标。

如图 8-4 所示，1→2→3→4→5→6→7→8→9→10 是精铣轮廓进给路线，粗加工通过刀具半径补偿值调整分层实现，精车余量为 0.5mm。根据走刀路线，确定出各点坐标。

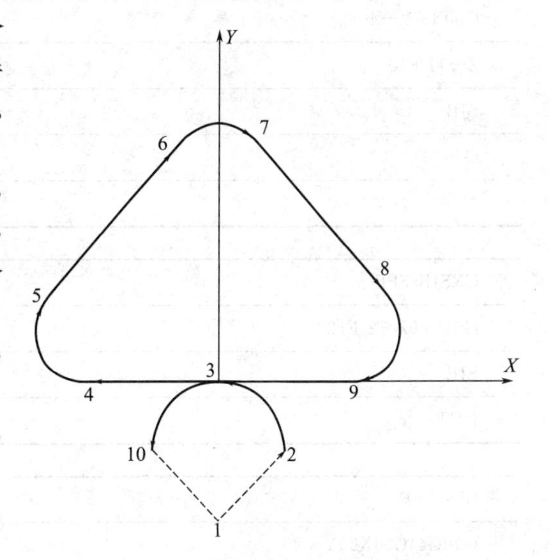

图 8-4　精铣三角板轮廓进给路线

本例的关键是“极坐标系”中极角的计算，根据“极角是以第一编程坐标轴的正向为始边，极半径为终边，逆时针方向为正角”的规定，各点极角计算如下。

P_5：极心相对于坐标原点坐标是（－40，15），极半径 RP=15，极角 AP=140°。

P_6：极心相对于坐标原点坐标是（0，60），极半径 RP=15，极角 AP=139°。

P_7：极心相对于坐标原点坐标是（0，60），极半径 RP=15，极角 AP=41°。

P_8：极心相对于坐标原点坐标是（40，15），极半径 RP=15，极角 AP=40°。

其余坐标宜用直角坐标，如表 8-5 所示。

表 8-5　基点坐标值

基点	绝对坐标(X,Z)	基点	绝对坐标(X,Z)
P_1	(0,−40)	P_4	(−40,0)
P_2	(20,−20)	P_9	(40,0)
P_3	(0,0)	P_{10}	(−20, −20)

(2) 参考程序

ZCXSJB. MPF	程序名
:10 G17G71G40G94	程序初始化
G74Z0	回参考点
G74X0Y0	
T1	换粗铣刀

续表

G90G54G00Z50D01	建立刀具长度补偿
M13 S800	启动主轴,并开启切削液
G00X0 Y−40	定位至下刀点
Z1 F60	轴向接近工件
CXSJB P=6	调用粗铣轮廓子程序6次
G74Z0	回参考点
T2	换精铣刀
G90G54G00Z50D02	建立刀具长度补偿
M3 S1200	启动主轴,并开启切削液
G00X0 Y−40	定位至下刀点
Z−11 F40	下刀至工件底面以下
SJB	调用精铣轮廓子程序
G74Z0	回参考点
M30	结束程序

CXSJB. SPF	粗铣轮廓子程序名
G91G00Z−2 F100	增量下刀,每次下2mm
SJB	调用精铣轮廓子程序
RET	子程序结束并复位

SJB. SPF	精铣轮廓子程序名
G90G41G00X20Y−20	建立刀具半径补偿
G03X0Y0CR=20	圆弧引入
G01X−40	直线进给至(−40,0)处
G111X−40Y15	定义极心
G02 RP=15 AP=140	圆弧插补
G111X0Y60	定义极心
G01 RP=15 AP=139	直线插补
G02 RP=15 AP=41	圆弧插补
G111 X40 Y15	定义极心
G01 RP=15 AP=40	直线插补
G02 RP=15 AP=-90	圆弧插补
G01X0Y0	直线进给至(0,0)处
G03X−20 Y−20 CR=20	圆弧方式引出
G40G00X0 Y−40	撤销刀具半径补偿
RET	子程序结束并复位

8.3　圆弧球面零件加工

如图 8-5 所示三角板零件，单件加工。

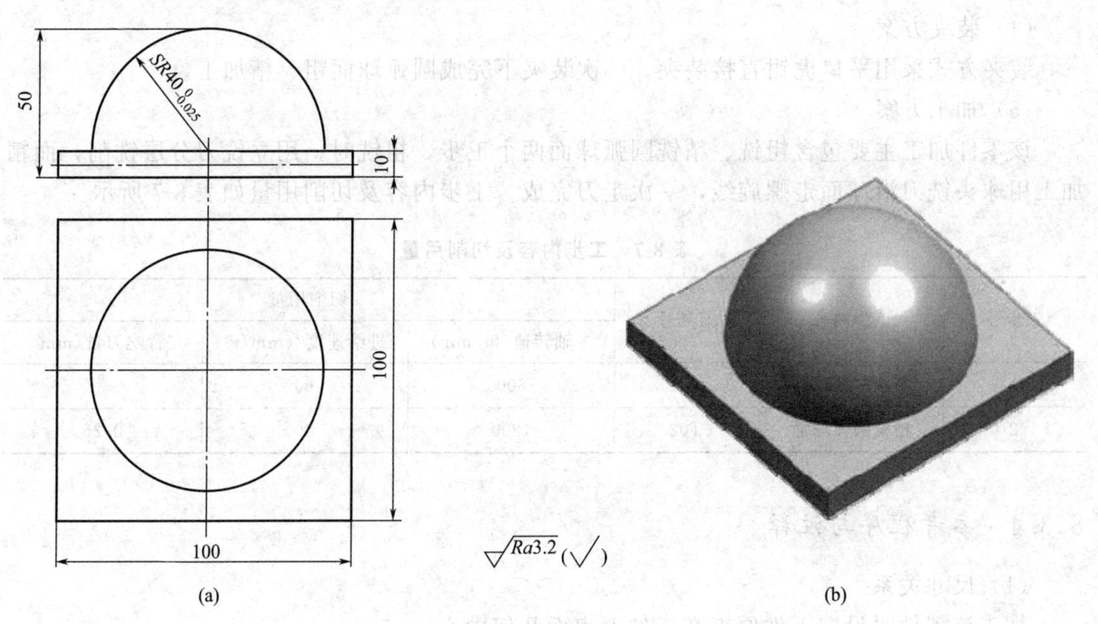

图 8-5　圆弧球面零件

8.3.1　学习目标及要领

① 掌握 SINUMERIK 840D 数控系统 R 参数及其编写思路。

② 掌握 SINUMERIK 840D 数控系统中沿球面走螺旋线的技巧。

③ 掌握数据圆整 ROUND 功能。

8.3.2　工、量、刀具清单

工、量、刀具清单如表 8-6 所示。

表 8-6　工、量、刀具清单

名　称	规　格	精　度	数　量
立铣刀	$\phi 20$		1
球头铣刀	$\phi 20$		1
游标卡尺	0～100mm	0.02	1
其他	常用加工中心辅具		若干

8.3.3　工艺分析与具体过程

（1）分析零件工艺性能

图 8-5 所示零件由下表面、圆弧球面组成，零件的形状较简单，只需要完成球面的铣削。

（2）毛坯选用

该零件毛坯是100mm×100mm×50mm的钢锭，材料为45钢。

（3）机床选择

该零件加工形状简单，是典型的平面零件加工，选用两轴半联动的数控铣床或者三轴联动的加工中心。

（4）装夹方案

装夹方式采用平口虎钳直接装夹，一次装夹下完成圆弧球面粗、精加工。

（5）加工方案

该零件加工主要包含粗铣、精铣圆弧球面两个工步，粗铣时，用立铣刀分层铣削，而精加工用球头铣刀沿球面走螺旋线，一次走刀完成。工步内容及切削用量如表8-7所示。

表8-7 工步内容及切削用量

工步号	工步内容	刀具号	切削用量		
			主轴转速/(r/min)	进给速度/(mm/r)	背吃刀量/mm
1	粗铣圆弧球面	T01	800	60	—
2	精铣圆弧球面	T02	1200	40	0.25

8.3.4 参考程序与注释

（1）尺寸关系

加工该零件时设定工件原点在工件上表面几何中心。

如图8-6所示，为粗铣时某层上的走刀轨迹，粗加工分层实现，每层上根据刀具半径（$R6$）和投影圆弧边界（$R4$）以及毛坯边界（$R8$）换算出加工次数$R5$=ROUND（$R9/R7$），进而换算出实际接刀量$R4=R9/R5$，等该层铣削完后，向下跳1mm，继续做判断并

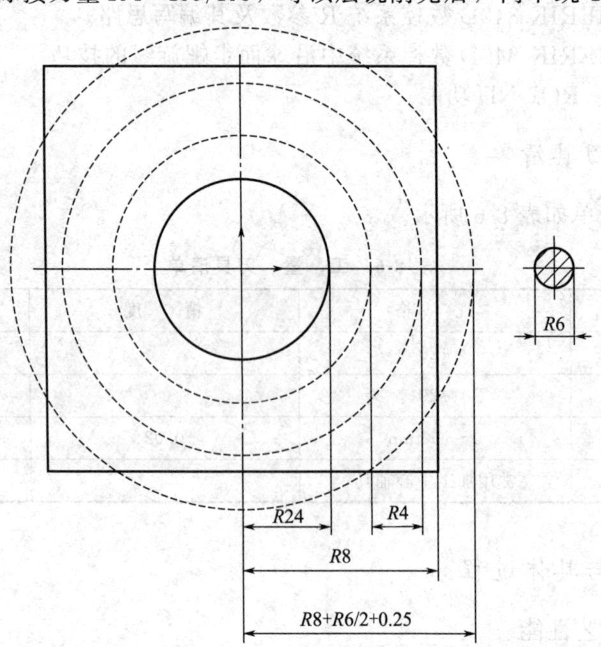

图8-6 某层上切削轨迹

铣削，直到去除所有余量，精车余量为0.25mm。精加工时，从圆弧球面底面开始圆弧引入，沿螺旋轨迹铣削到球顶，然后圆弧引出。

本例的关键是各变量之间逻辑关系的换算，详见程序备注。

（2）参考程序

程序	备注
QIUMIAN. MPF	程序名
G71G17G40G94	程序初始化
G74Z0	回参考点
G74X0Y0	
T01	换粗铣刀
M13S800	启动主轴并开启切削液
G54G90G00Z50D01	建立刀具长度补偿
X150 Y0	定位至下刀位置
R10=40	变量赋值
R11=R10*R10	
R26=39	
BBB:R12=R26*R26	换算X坐标
R13=R11-R12	
R24=SQRT(R13)	
R8=50	求每层上实际铣削宽度
R9=R8-R24	
R6=20	
R7=0.8*R6	
R5=ROUND(R9/R7)	
R4=R9/R5	
G01Z=R26-40	轴向下刀
AAA:G01X=R8+ R6/2+0.25 Y0 F60	直线引入
G02I=-(R8+R6/2+0.25)	走整圆
R8=R8-R4	半径递减
IF R8>=R24 GOTOB AAA	铣削终止条件判断
R8=50	铣削位置复位
G01 X=150 Y0	到铣削起点
R26=R26-1	Z向递减
IF R26>=0 GOTOB BBB	Z向终止下刀条件判定
G74Z0 D0	回参考点
T02	换精铣刀
M3S1200	启动主轴并开启切削液
G90G00Z50D02	建立刀具长度补偿
X100Y0	定位至下刀位置
Z-40	轴向下刀

续表

R16＝40	变量赋值
R1＝0.5	
R2＝0.1	
G41G00X60Y20	建立刀具半径补偿
G03X40Y0 CR＝20F40	圆弧引入
CCC:R27＝R16 * COS(R1)	加工圆弧半径换算
G02I＝－R27	走整圆
R25＝R16 * COS(R1＋R2)	X坐标换算
R28＝R16 * SIN(R1＋R2)	Z坐标换算
G02 X＝R25 I＝－R27 Z＝R28－40	沿球面走螺旋线
R1＝R1＋R2	上升角度递增
IF R1<＝90 GOTOB CCC	高度方向角度终止判定
R30＝R25＋20	引出点换算
G03X＝R30 Y－20 CR＝20	圆弧引出
G40G00X100Y0	撤销刀具半径补偿
G74Z0 D0	回参考点
M30	结束程序

8.4 马氏盘零件加工

加工如图8-7所示马氏盘零件，坯料为100mm×100mm×20mm硬铝。

8.4.1 学习目标及要领

(1) 学习目标

① 基点的计算方法。

② 形状对称零件的加工方法。

③ 精度的控制方法。

(2) 学习要领

保证曲线的轮廓精度，实际上是轮廓铣削时刀具半径补偿值的合理调整，同一轮廓的粗精加工可以使用同一程序，只是在粗加工时，将补偿值设为刀具半径加轮廓余量，在精加工时补偿值设为刀具半径甚至更小些。加工中就应该根据补偿值和实际工件测量值的关系，合理地输入有效的补偿值以保证轮廓精度。

为提高槽宽的加工精度，减少铣刀的种类，加工时可采用直径比槽宽小的铣刀，先铣槽的中间部分，然后用刀具半径补偿功能铣槽的两边。

8.4.2 工、量、刀具清单

工、量、刀具清单如表8-8所示。

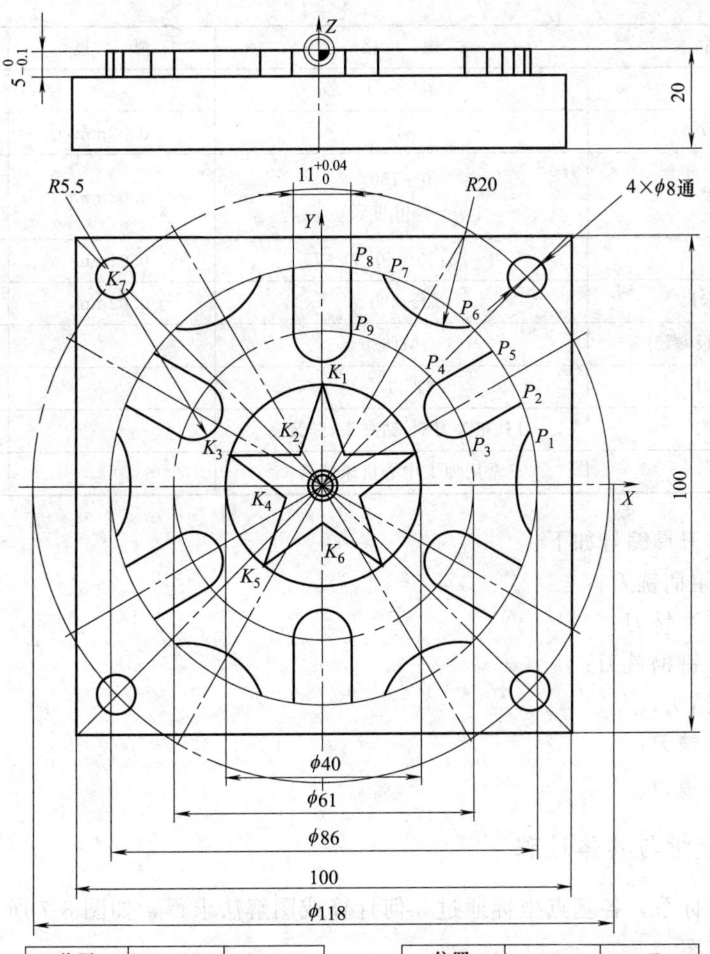

位置	X	Y
P_1	41.579	10.964
P_2	39.683	16.560
P_3	29.164	10.487
P_4	23.664	20.013
P_5	34.183	26.087
P_6	30.760	30.047
P_7	11.295	41.490
P_8	5.500	42.647
P_9	5.500	30.500

位置	X	Y
K_1	0	20.000
K_2	−4.500	6.2000
K_3	−19.000	6.200
K_4	−7.300	−2.400
K_5	−11.800	−16.200
K_6	0	−7.600
K_7	−41.700	−41.700

注：五角星和外接圆刻深1mm，宽2mm

图 8-7　马氏盘零件图

表 8-8　工、量、刀具清单

名　称	规　格	精　度	数　量
立铣刀	φ2 粗柄铣刀		1
面铣刀	φ100 八齿端面铣刀		1
键槽铣刀	φ10 粗键槽立铣刀		1
钻头	φ8		1
镗刀	φ39、φ40		各 1

续表

名　称	规　格	精　度	数　量
半径规	R5～30		1套
偏心式寻边器	ϕ10	0.02mm	1
游标卡尺	0～150 0～150(带表)	0.02mm	各1
千分尺	0～25,25～50,50～75	0.01mm	各1
深度游标卡尺	0～200	0.02mm	1把
垫块,拉杆,压板,螺钉	M16		若干
扳手,锉刀	12″,10″		各1把
刀柄,夹头	刀具相关刀柄,钻夹头,弹簧夹		若干
其他	常用加工中心机床辅具		若干

程序中具体刀具编号如下：

T1——ϕ2 粗柄铣刀；

T2——ϕ30 立铣刀；

T3——ϕ10 键槽铣刀；

T4——ϕ8 钻头；

T5——ϕ39 镗刀；

T6——ϕ40 镗刀。

8.4.3 工艺分析与具体过程

建立工件坐标系，各基点坐标通过几何计算或图解法求得，如图 8-7 所示。

(1) 加工方案

① 五角星及 ϕ40 外接圆采用 ϕ2 粗柄铣刀加工，注意整圆必须采用圆心编程。

② 马氏盘外形。

采用 ϕ30 立铣刀粗精铣 ϕ86 至尺寸，然后采用 ϕ10 立铣刀以 LCYC75 循环铣 6 个销槽，采用 ϕ39 和 ϕ40 镗刀（主偏角 90°，主切削刃宽大于 4），以 LCYC61 循环粗精加工 6 锁弧槽。

③ 4×ϕ8 孔采用 ϕ8 钻头，可自编基本功能程序或子程序逐孔加工，还可采用 LCYC61 循环进行加工。

(2) 工艺分析

工艺上为保证加工效率，往往是尽量选用大直径刀具，而刀具直径越大，发生干涉的概率就越高，故在加工中必须注意避免干涉的发生，需要合理地选择刀具。

在工件坐标系中编程时，为了方便编程，可以设定工件坐标系的子坐标系，由此产生一个当前工件坐标系，此子坐标系称为局部坐标系。

SIEMENS 系统指令格式：

TRANS X _ Y _ Z _；

ATRANS X _ Y _ Z _；

TRANS 为绝对可编程零位偏置，参考基准为 G54～G59 设定的有效坐标系。ATRANS 为附加可编程零位偏置，参考基准为当前设定或最后编程的有效工件零位。用 TRANS 后面不带任何偏置可取消所有以前激活的指令。以上指令在使用时，必须单独占用一个独立的程序段。

8.4.4 参考程序与注释

参考程序如下：

SK1105. MPF		主程序
N10	G54 F300 S500 M03 M07 T1	选择 T1，设定工艺数据以铣五星及外接圆
N20	G00 X0 Y20 Z2	快速引刀接近工件 K_1 点上方以下刀
N30	G01 Z−1	下刀至深度
N40	G02 X0 Y20 J0 J−20	铣外接圆
N50	G01 X−4.5 Y6.2	K_2，开始铣五星
N60	X−19	K_3
N70	X−7.3 Y−2.4	K_4
N80	X−11.8 Y−16.2	K_5
N90	X0 Y−7.6	K_6
N100	X11.8 Y−16.2	
N10	X7.3 Y−2.4	
N20	X19 Y6.2	
N30	X4.5	
N40	X0 Y20	铣五星结束
N50	G00 Z100	退刀
N60	T2 F150 S300 M03	换刀具 T2，调整工艺数据以铣 ϕ86 外圆
N70	G00 X70 Y0 Z−4.95	快速引刀接近切入点并至铣削深度
N80	G01 G42 X43.5 Y0	切入并建立刀具半径补偿
N90	G03 X43.5 Y0 I−43.5 J0	粗铣圆至 ϕ87
N100	G01 X43	径向切入准备精铣
N10	G03 X43 Y0 I−43 J0	精铣圆至 ϕ86
N20	G01 G40 X70 Y0	切出并取消刀具半径补偿
N30	G00 Z100	退刀
N40	T3 F200 S1000 M03	换刀具 T3，调整工艺数据以铣马氏盘销槽
N50	G00 X40 Y0 Z5	
N60	R101=5	
N70	R102=1	
N80	R103=0	
N90	R104=−4.95	
N100	R116=36.75	
N10	R117=0	
N20	R118=23.5	
N30	R119=11	

续表

N40	R120=5.5	
N50	R121=3	
N60	R122=150	
N70	R123=200	
N80	R124=0.2	
N90	R125=0.2	
N100	R126=2	
N10	R127=1	
N20	G258 RPL=30	坐标系旋转至30°位置
N30	LCYC75	调用LCYC75粗铣第一个销槽
N40	G258 RPL=90	坐标系旋转至90°位置
N50	LCYC75	调用LCYC75粗铣第二个销槽
N60	G258 RPL=150	坐标系旋转至150°位置
N70	LCYC75	调用LCYC75粗铣第三个销槽
N80	G258 RPL=210	坐标系旋转至210°位置
N90	LCYC75	调用LCYC75粗铣第四个销槽
N100	G258 RPL=270	坐标系旋转至270°位置
N10	LCYC75	调用LCYC75粗铣第五个销槽
N20	G258 RPL=330	坐标系旋转至330°位置
N30	LCYC75	调用LCYC75粗铣第六个销槽
N40	S1500	
N50	R121=0	设定精铣槽循环参数,其他参数不变
N60	R127=2	
N70	G258 RPL=30	坐标系旋转至30°位置
N80	LCYC75	调用LCYC75精铣第一个销槽
N90	G258 RPL=90	坐标系旋转至90°位置
N100	LCYC75	调用LCYC75精铣第二个销槽
N10	G258 RPL=150	坐标系旋转至150°位置
N20	LCYC75	调用LCYC75精铣第三个销槽
N30	G258 RPL=210	坐标系旋转至210°位置
N40	LCYC75	调用LCYC75精铣第四个销槽
N50	G258 RPL=270	坐标系旋转至270°位置
N60	LCYC75	调用LCYC75精铣第五个销槽
N70	G258 RPL=330	坐标系旋转至330°位置
N80	LCYC75	调用LCYC75精铣第六个销槽
N90	G00 Z100	退刀
N100	T5 F120 S500 M03	换刀具T5,调整工艺数据以粗镗马氏盘锁弧槽
N10	R101=5	

续表

N20	R102=1	
N30	R103=0	
N40	R104=-4.95	
N50	R105=0.5	
N60	R115=82	
N70	R116=0	
N80	R117=0	
N90	R118=59	
N100	R119=6	
N10	R120=0	
N20	R121=0	
N30	LCYC61	调用 LCYC61 循环粗镗六锁弧槽
N40	G00 Z100	退刀
N50	T6 F200 S1000 M03	换刀具 T6,调整工艺数据以精镗马氏盘锁弧槽
N60	LCYC61	调用 LCYC61 循环精镗六锁弧槽
N70	G00 Z100	退刀
N80	T4 F200 S800 M03	换刀具 T4,调整工艺数据以钻 4×ϕ8 孔
N90	G00 X0 Y0 Z10	快速引刀接近工件
N100	R101=5	
N10	R102=1	
N20	R103=0	
N30	R104=-25	
N40	R105=0	
N50	R115=82	
N60	R116=0	
N70	R117=0	
N80	R118=59	
N90	R119=4	
N100	R120=45	
N10	R121=0	
N20	LCYC61	调用 LCYC61 循环钻 4×ϕ8 孔
N30	G00 Z100 M09	
N40	M02	

第9章

SIEMENS系统加工中心经典实例

本章介绍几个经典实例，读者通过学习，可以进一步掌握 SIEMENS 数控加工中心编程技术。

9.1 端盖零件加工

如图 9-1 所示端盖零件，四周和上下表面已加工，单件加工。

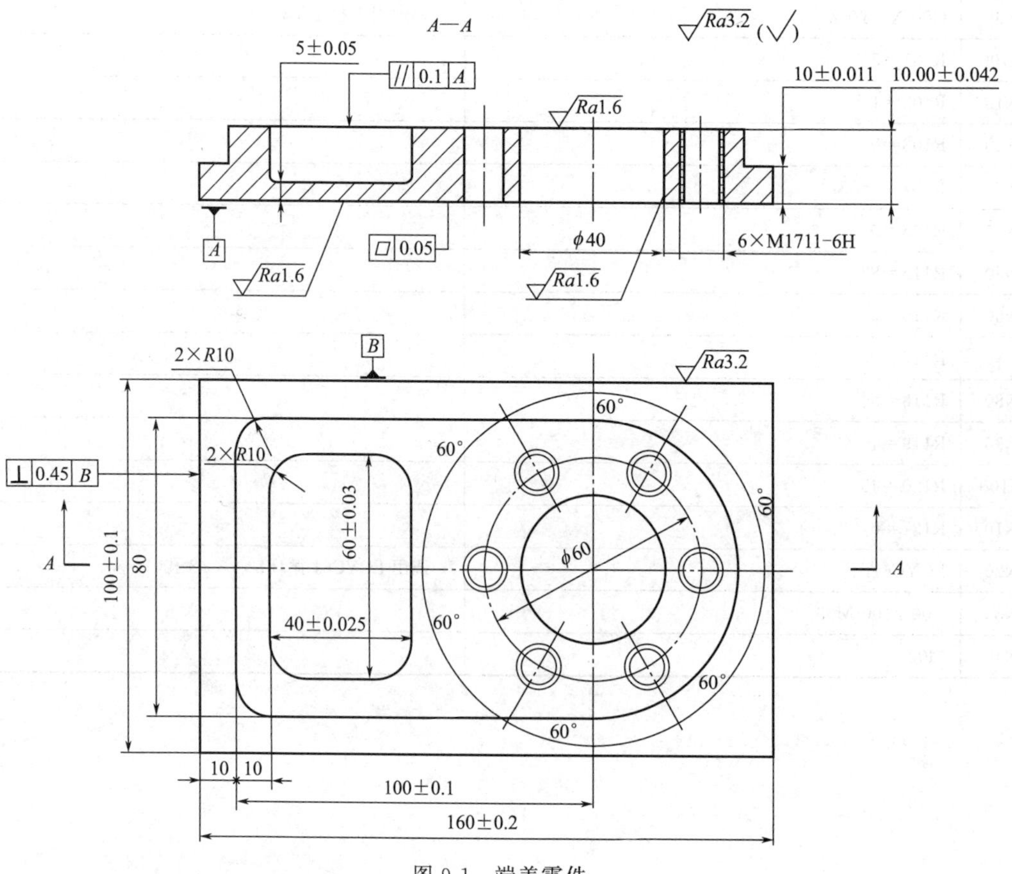

图 9-1 端盖零件

9.1.1　学习目标及要领

① 掌握 SINUMERIK 840D 数控系统矩形型腔铣削循环 POCKET3。

② 掌握 SINUMERIK 840D 数控系统圆形型腔铣削循环 POCKET4。

③ 掌握 SINUMERIK 840D 数控系统孔位置 HOLES2 功能。

9.1.2　工、量、刀具清单

工、量、刀具清单如表 9-1 所示。

表 9-1　工、量、刀具清单

名　　称	规　　格	精　　度	数　　量
立铣刀	ϕ18		1
立铣刀	ϕ12		1
中心钻	A4		1
麻花钻	ϕ11		1
倒角钻	ϕ16		1
丝锥	M12×1 丝锥		1
游标卡尺	0～100mm	0.02	1
其他	常用加工中心辅具		若干

9.1.3　工艺分析与具体过程

（1）分析零件工艺性能

图 9-1 所示零件由上、下表面，凸台，矩形槽，ϕ40H7 孔以及螺纹孔组成，零件外形尺寸 160mm×100mm×20mm 已在前道工序中保证，只需要完成凸台、矩形槽、ϕ40H7 孔以及螺纹孔的加工。

（2）毛坯选用

该零件毛坯是 165mm×105mm×25mm 的板材，材料为 45 钢。

（3）机床选择

该零件加工形状简单，是典型的平面零件加工，选用两轴半联动的数控铣床或者三轴联动的加工中心。

（4）装夹方案

装夹方式采用平口虎钳直接装夹，一次装夹下完成凸台、矩形槽、ϕ40H7 孔以及螺纹孔的加工。

（5）加工方案

该零件加工主要包含粗、精铣凸台轮廓，粗、精铣型腔，粗、精铣孔，单边留 0.5mm 余量，引钻、钻螺纹底孔、孔口倒角以及攻螺纹十个工步。粗、精铣凸台轮廓时，用 R 参数结合子程序方式优化编程。型腔以及孔用铣削循环完成，而螺纹孔及攻螺纹利用孔循环以及孔位置循环完成。工步内容及切削用量如表 9-2 所示。

表 9-2 工步内容及切削用量

工步号	工步内容	刀具号	切削用量		
			主轴转速/(r/min)	进给速度/(mm/r)	背吃刀量/mm
1	粗铣工件凸台外轮廓	T01	800	60	—
2	粗铣 60×40 槽	T01	800	60	—
3	粗铣 ϕ40 孔	T01	800	60	—
4	精铣工件凸台外轮廓	T02	1200	40	0.5
5	精铣 60×40 槽	T02	1200	40	0.5
6	精铣 ϕ40 孔	T02	1200	40	0.5
7	打中心孔	T03	2000	30	—
8	钻孔	T04	800	40	—
9	孔口倒角	T05	600	50	—
10	攻螺纹	T06	500	1	—

9.1.4 参考程序与注释

加工该零件时设定工件原点在工件上表面与左侧面交汇处中点位置。

如图 9-2 所示，为精铣凸台时的走刀轨迹，粗加工分层并通过调整刀具半径补偿实现。计算基点坐标。

为方便编程，将基点坐标整理成表 9-3 所示。

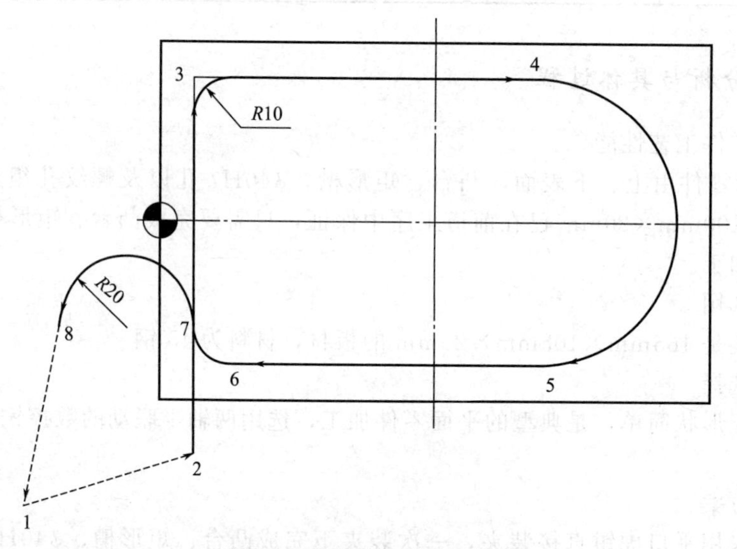

图 9-2 精铣凸台的走刀轨迹

表 9-3 基点坐标值

基点	绝对坐标(X,Y)	基点	绝对坐标(X,Y)
P_1	(−40,−80)	P_5	(110,−40)
P_2	(10,−65)	P_6	(20,−40)
P_3	(10,40)	P_7	(10,−30)
P_4	(110,40)	P_8	(−30,−30)

型腔、孔铣削加工以及螺纹加工由于利用循环编程，故不再单独标出，详见程序备注。

DUANGAI. MPF	程序名
G71G17G40G94	程序初始化
G74Z0	回参考点
G74X0Y0	
T01	ϕ18 立铣刀
M13S800	启动主轴并开启切削液
G54G90G00Z50D01	建立刀具长度补偿
G00X－40Y－80	定位至下刀位置
Z2	轴向接近工件
R6＝5	定义轴向下刀初始值
AAA:G01Z＝－R6F60	轴向下刀
TTLK	调用子程序
R6＝R6＋5	轴向下刀量递减
IF R6<＝10 GOTOB AAA	给定轴向终止值
G00Z5	提刀
POCKET3 (5, 0, 1, －15, 60, 40, 8, 40, 0, 90, 3, 0.25, 0.15, 80, 60, 1, 21, , , , ,2,3)	利用循环粗铣矩形型腔
POCKET4(5, 0, 1, －21, 20,110,0, 3, 0.25, , 80, 60, 1, 21, , , , , ,2,3)	利用循环粗铣大孔
G74Z0	回参考点
T02	ϕ12 立铣刀
M13S1200	启动主轴并开启切削液
G90G00Z50D02	建立刀具长度补偿
G00X－40Y－80	定位至下刀位置
Z－10	轴向下刀
TTLK	调用子程序
G00Z5	提刀
POCKET3 (5, 0, 1, －15, 60, 40, 8, 40, 0, 90, 15, , , 80, 60, 0, 12)	利用循环精铣矩形型腔
POCKET4 (5, 0, 1, －21, 20,110,0,21, , , 80, 60, 0, 12)	利用循环精铣大孔
G74Z0	回参考点
T03	A4 中心钻
M13S2000	启动主轴并开启切削液
G90G00Z50D03 F30	建立刀具长度补偿
MCALL CYCLE81(5, 0, 3, －5)	利用循环加工中心孔
HOLES2 (110, 0, 30, 0, 60, 6)	
MCALL	

续表

G74Z0	回参考点
T04	ϕ11麻花钻
M13S800	启动主轴并开启切削液
G90G00Z50D04 F40	建立刀具长度补偿
MCALL CYCLE81(5，0，3，－25)	利用循环加工孔
HOLES2 (110，0，30，0，60，6)	
MCALL	
G74Z0	回参考点
T05	ϕ16倒角钻
M13S600	启动主轴并开启切削液
G90G00Z50D05 F50	建立刀具长度补偿
MCALL CYCLE82(5，0，3，－25，,5)	利用循环孔口倒角
HOLES2 (110，0，30，0，60，6)	
MCALL	
G74Z0	回参考点
T06	M12×1丝锥
M13S500	启动主轴并开启切削液
G90G95G00Z50D06 F1	建立刀具长度补偿
MCALL CYCLE84(5，0，3，－22，,5,3,12,1.5,0,720,800)	利用循环加工中心孔
HOLES2 (110，0，30，0，60，6)	
MCALL	
G74Z0	回参考点
G74X0Y0	
M30	程序结束

TTLK. SPF	铣削凸台子程序
G41G00X10Y－65	刀具半径补偿建立
G01Y40 RND＝10	凸台轮廓编写
X110	
G02Y－40CR＝40	
G01X20	
G02X10Y－30 CR＝10	
G03X－30 CR＝20	圆弧引出
G40G00X－40Y－80	撤销刀具半径补偿
RET	子程序结束并复位

9.2　阴、阳模零件加工

如图 9-3 所示阴、阳模零件，四周和上下表面已加工，单件加工。

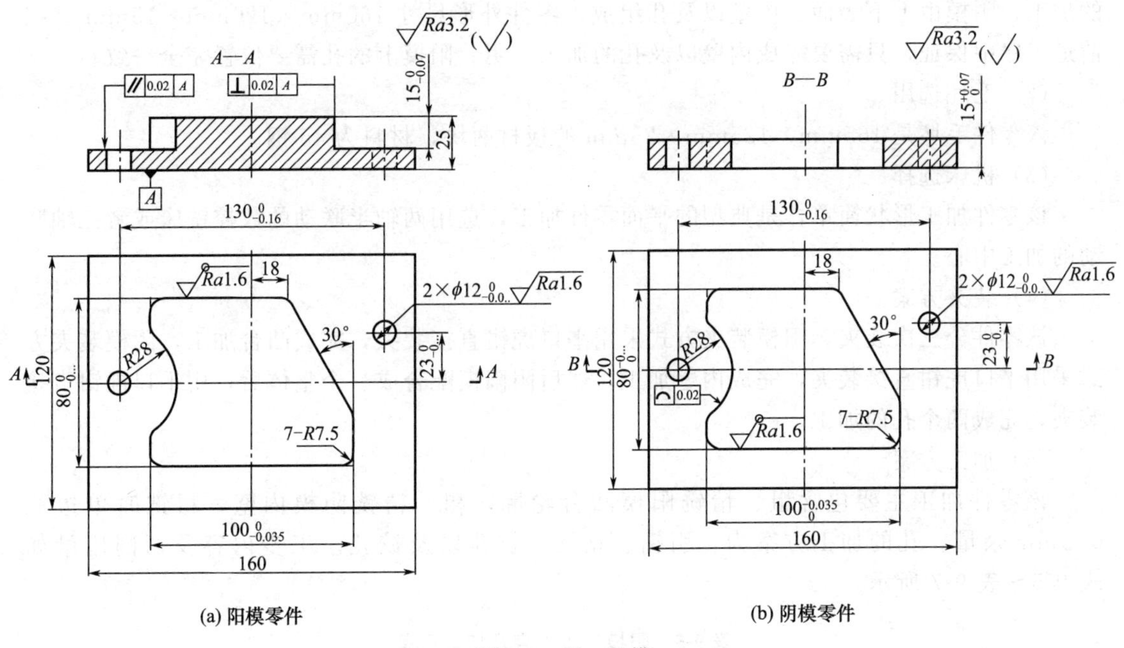

图 9-3　阴、阳模

9.2.1　学习目标及要领

① 掌握 SINUMERIK 840D 数控系统子程序以及嵌套。
② 掌握 SINUMERIK 840D 数控系统自动倒圆角功能。
③ 灵活应用 SINUMERIK 840D 数控系统 R 参数及反三角运算功能。

9.2.2　工、量、刀具清单

工、量、刀具清单如表 9-4 所示。

表 9-4　工、量、刀具清单

名　称	规　格	精　度	数　量
立铣刀	ϕ20		1
立铣刀	ϕ12		1
中心钻	A3.15		1
麻花钻	ϕ9.8		1
扩孔钻	ϕ11.8		1
铰刀	ϕ12H7		1
游标卡尺	0～100mm	0.02	1
其他	常用加工中心辅具		若干

9.2.3 工艺分析与具体过程

(1) 分析零件工艺性能

图9-3所示零件由阴、阳两个零件组成一套配合件，阳模由上下表面、凸台以及孔组成，零件外形尺寸160mm×120mm×25mm已在前道工序中保证，只需要完成凸台以及孔的加工。阴模由上下表面、内壁以及孔组成，零件外形尺寸160mm×120mm×15mm已在前道工序中保证，只需要完成内壁以及孔的加工。阴、阳模上的孔需要位置完全一致。

(2) 毛坯选用

该零件毛坯是165mm×125mm×25mm的板材两块，材料为45钢。

(3) 机床选择

该零件加工形状简单，是典型的平面零件加工，选用两轴半联动的数控铣床或者三轴联动的加工中心。

(4) 装夹方案

该零件分三次装夹，阳模装夹方式采用平口虎钳直接装夹，完成凸台加工，阴模装夹方式采用平口虎钳直接装夹，完成内壁加工，然后阴阳模配合成一个整体后，用平口虎钳直接装夹，完成两个孔的加工。

(5) 加工方案

该零件加工主要包含粗、精铣阳模凸台轮廓，粗、精铣阴模内壁，粗铣时单边留0.5mm余量。孔的加工方案为：引钻、钻孔、扩孔以及铰孔。工步内容及切削用量如表9-5～表9-7所示。

表9-5 阳模工步内容及切削用量

工步号	工步内容	刀具号	切削用量		
			主轴转速/(r/min)	进给速度/(mm/r)	背吃刀量/mm
1	粗铣工件凸台外轮廓	T01	800	60	—
2	精铣工件凸台外轮廓	T02	1200	40	0.5

表9-6 阴模工步内容及切削用量

工步号	工步内容	刀具号	切削用量		
			主轴转速/(r/min)	进给速度/(mm/r)	背吃刀量/mm
1	粗铣工件内壁	T01	800	60	—
2	精铣工件内壁	T02	1200	40	0.5

表9-7 阴、阳模整体工步内容及切削用量

工步号	工步内容	刀具号	切削用量		
			主轴转速/(r/min)	进给速度/(mm/r)	背吃刀量/mm
1	钻中心孔	T03	1500	30	—
2	钻孔	T04	700	60	4.9
3	扩孔	T05	600	40	1
4	铰孔	T06	450	30	0.1

9.2.4 参考程序与注释

(1) 尺寸标注

加工该零件时设定工件原点在工件上表面与左侧面交汇处中点位置。

如图9-4所示，为精铣凸台、内壁时的走刀轨迹，粗加工分层并通过调整刀具半径补偿实现。计算基点坐标。

为方便编程，将基点坐标整理成表9-8所示。

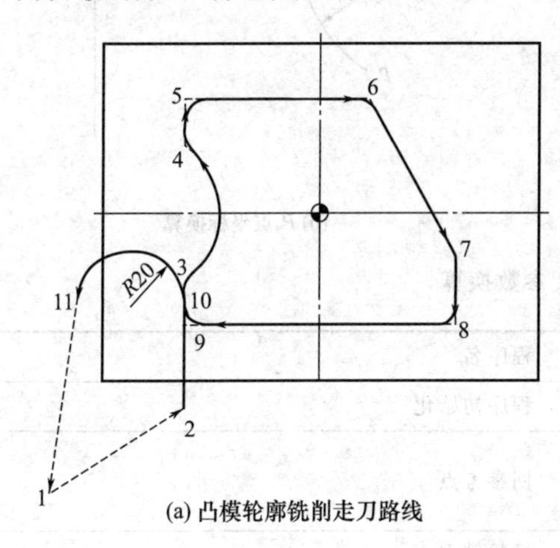

(a) 凸模轮廓铣削走刀路线

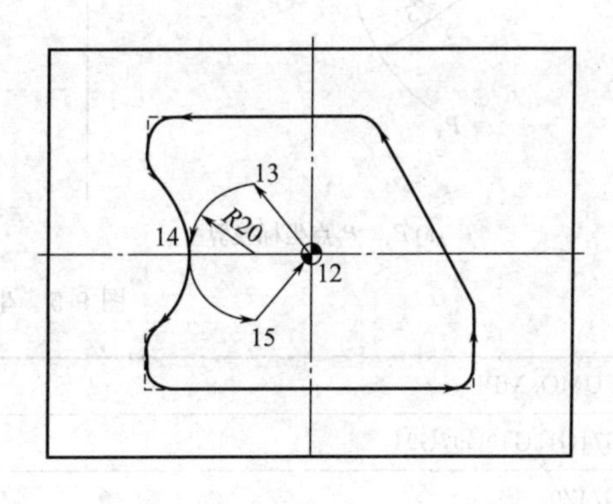

(b) 凹模轮廓铣削走刀路线

图9-4 铣削走刀路线

表9-8 基点坐标值

基点	绝对坐标(X,Y)	基点	绝对坐标(X,Y)
P_1	(−100,−100)	P_{10}	(−50,−32.5)
P_2	(−50,−70)	P_{11}	(−90, −32.5)
P_5	(−50,40)	P_{12}	(0, 0)
P_6	(18,40)	P_{13}	(−17, 20)
P_8	(50,−40)	P_{14}	(−37, 0)
P_9	(−42.5,−40)	P_{15}	(−17,−20)

考虑到P_3、P_4及P_7点坐标不便直接得到，如图9-5所示借助SINUMERIK系统R参数进行换算得出。

P_3：$R3=28$（圆弧半径），$R6=65$（圆心距Y轴距离），$R7=50$（轮廓边界距Y轴距离），$R8=R6-R7$，$R10=$ ACOS（$R8/R3$），G111 X=$-R6$Y0（定义极心），$RP=R3$，$AP=-R10$（极坐标）。

P_4：$RP=R3$，$AP=R10$（极坐标）。

P_7：$R16=18$，$R17=R7-R16$，$R18=30$，$R20=$ TAN（$R18$），$R21=R17/R20$，(50，40$-R21$)。

孔加工轨迹不再重复介绍。

(2) 参考程序

阳模加工程序：

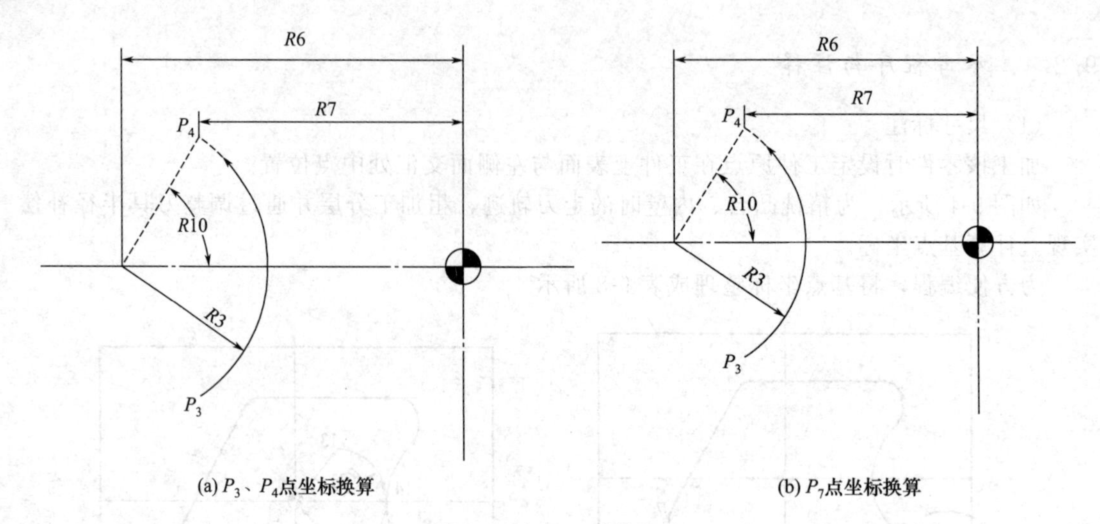

(a) P_3、P_4点坐标换算

(b) P_7点坐标换算

图 9-5 坐标 R 参数换算

TUMO. MPF	程序名
G71G17G40G97G94	程序初始化
G74Z0	回参考点
G74X0Y0	
T1	换粗铣刀
M13S800	启动主轴并开启切削液
G54G90Z50D1	建立刀具长度补偿
G00X－100Y－100	定位至下刀位置
Z0 F60	轴向接近工件
CUXI P＝5	调用粗铣轮廓子程序 5 次
G74Z0D0	回参考点
T02	换精铣刀
M13S1200	启动主轴并开启切削液
G90Z50D2	建立刀具长度补偿
G00X－100Y－100	定位至下刀位置
Z－15	轴向下刀
LUNKUO	调用精铣轮廓子程序
G74Z0	回参考点
M30	程序结束

LUNKUO . SPF	精铣轮廓子程序
G41G90G00X－50Y－70	建立刀具半径补偿
R3＝28	变量赋值
R6＝65	
R7＝50	
R8＝R6－R7	
R80＝ R8/R3	
R10＝ACOS(R80)	

续表

G111 X=－R6Y0	定义极心
G01RP=R3 AP=－R10 RND=7.5	铣削轮廓
G03 RP=R3 AP=R10 RND=7.5	
G01Y40 RND=7.5	
X18 RND=7.5	换算坐标
R16=18	
R17=R7－R16	
R18=30	
R20=TAN(R18)	
R21=R17/R20	
X50Y=40－R21 RND=7.5	铣削轮廓
G01Y－40 RND=7.5	
X－42.5	
G02X－50Y－32.5CR=7.5	
G03X－90CR=20	圆弧引出
G40G00X－100Y－100	撤销刀具半径补偿
RET	子程序结束并复位

CUXI. SPF	粗铣轮廓子程序
G91G00Z－3	增量方式下刀，每层下3mm
LUNKUO	调用精铣轮廓子程序
RET	子程序结束并复位

阴模数控加工程序：

AOMO. MPF	程序名
G71G17G40G97G94	程序初始化
G74Z0	回参考点
G74X0Y0	
T1	换粗铣刀
M13S800	启动主轴并开启切削液
G54G90Z50 D1	建立刀具长度补偿
G00X0Y0	定位至下刀位置
Z3	轴向接近工件
G01 Z0 F60	到达工件上表面
NLKCUXI P=5	调用粗铣内轮廓子程序5次
G74Z0 D0	回参考点
T02	换精铣刀
M13S1200	启动主轴并开启切削液

续表

G90Z50D2	建立刀具长度补偿
G00X－100Y－100	定位至下刀位置
Z－15	轴向下刀
NEILUNKUO	调用精铣内轮廓子程序
G74Z0	回参考点
M30	程序结束

NEILUNKUO.SPF	精铣内轮廓子程序
G41G90G00X－17Y20	建立刀具半径补偿
G03X－37Y0CR＝20	圆弧引入
R3＝28	坐标换算
R6＝65	
R7＝50	
R8＝R6－R7	
R10＝ACOS(R8/R3)	
G111 X＝－R6Y0	极心定义
G02 RP＝R3 AP＝－R10 RND＝7.5	沿轮廓编写
G01Y－40 RND＝7.5	
X50 RND＝7.5	
R16＝18	
R17＝R7－R16	
R18＝30	
R20＝TAN(R18)	
R21＝R17/R20	
Y＝40－R21 RND＝7.5	
G01X18Y40 RND＝7.5	
X－50 RND＝7.5	
G111 X＝－R6Y0	
RP＝R3 AP＝R10 RND＝7.5	
G02X－37Y0CR＝28	
G03X－17Y－20CR＝20	圆弧引出
G40G00X0Y0	撤销刀具半径补偿
RET	子程序结束并复位

NLKCUXI.SPF	粗铣内轮廓子程序
G91G00Z－3	轴向每层下刀3mm
NEILUNKUO	调用内轮廓精加工子程序
RET	子程序结束并复位

配作孔加工程序：

PEIZUOKONG. MPF	配合后整体加工孔程序
G71G17G40G97G94	程序初始化
G74Z0	回参考点
G74X0Y0	
T3	换中心钻
M13S1500	启动主轴并开启切削液
G54G90Z50 D3 F30	建立刀具长度补偿
MCALL CYCLE81(50,0,3,－5)	钻中心孔
X－65 X0	
X65 Y23	
MCALL	
G74Z0	回参考点
T4	换麻花钻
M13S700	启动主轴并开启切削液
G90Z50 D4 F60	建立刀具长度补偿
MCALL CYCLE81(50,0,3,－28)	钻孔
X-65 X0	
X65 Y23	
MCALL	
G74Z0	回参考点
T5	换扩孔钻
M13S600	启动主轴并开启切削液
G90Z50 D5 F40	建立刀具长度补偿
MCALL CYCLE81(50,0,3,－26)	扩孔
X－65 X0	
X65 Y23	
MCALL	
G74Z0	回参考点
T6	换铰刀
M13S450	启动主轴并开启切削液
G90Z50 D6 F30	建立刀具长度补偿
MCALL CYCLE85(50,0,3,－26,40,60)	铰孔
X－65 X0	
X65 Y23	
MCALL	
G74Z0	回参考点
M30	程序结束

9.3 箱体类零件加工

箱体类零件图如图 9-6 所示。

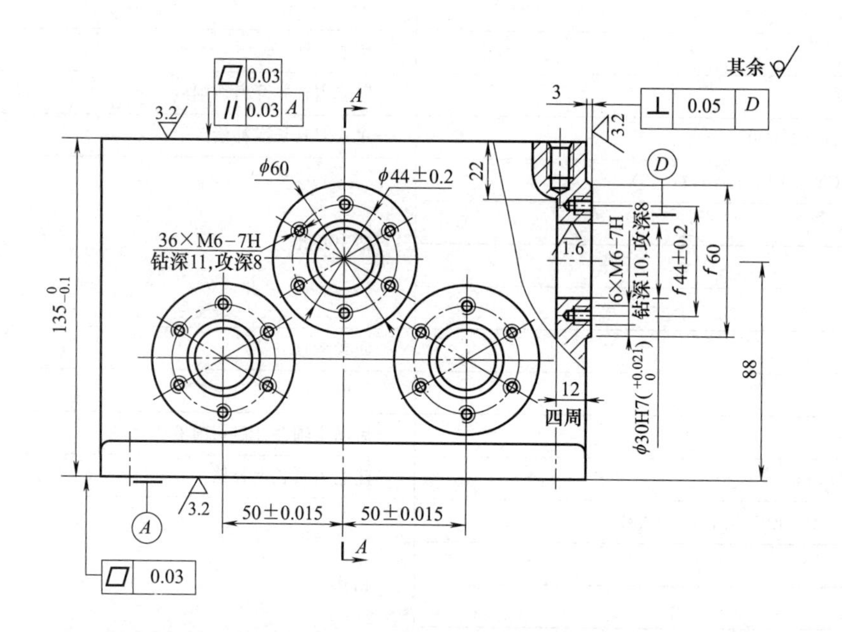

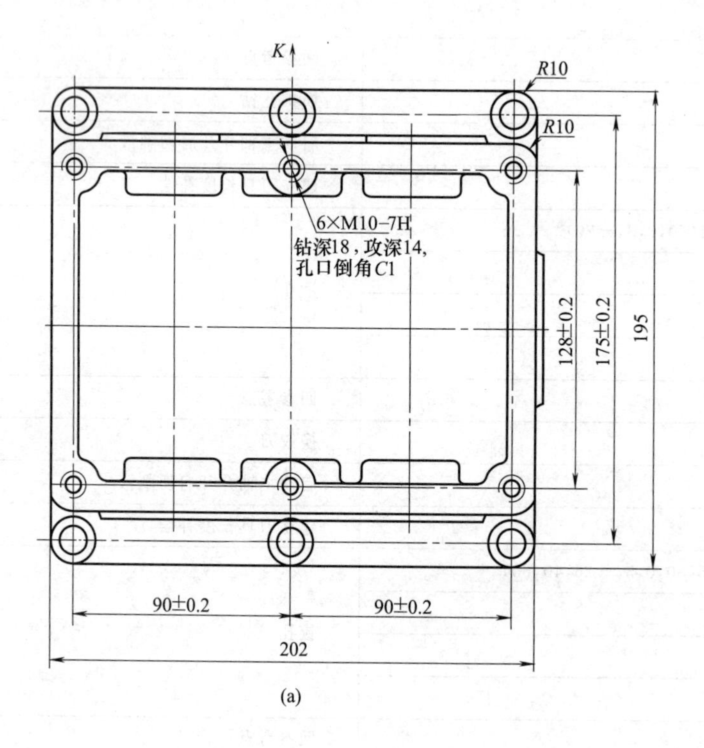

(a)

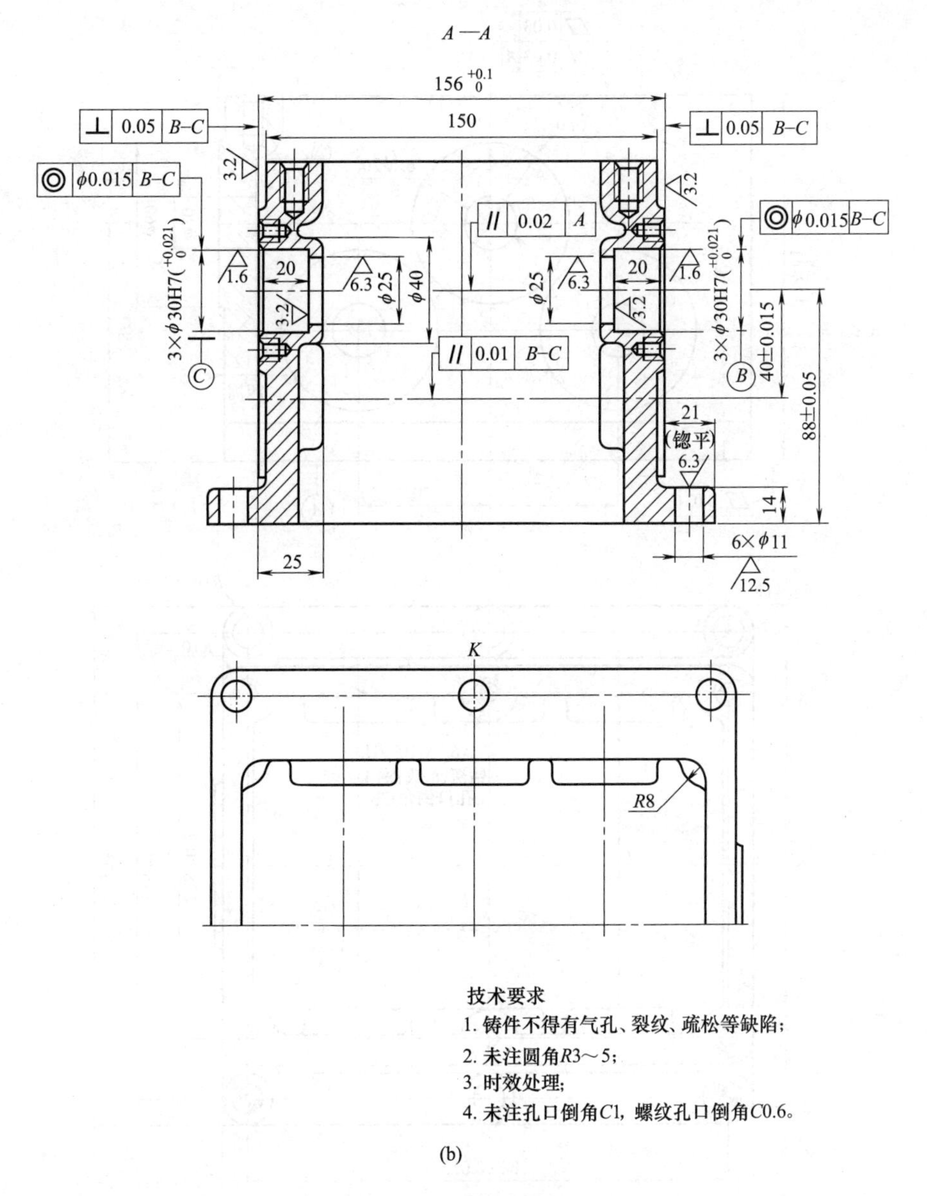

(b)

图 9-6 箱体零件图

9.3.1 学习目标与注意事项

（1）学习目标

① 掌握典型箱体类加工的工艺。

② 箱体类工件的装夹方案。

③ 箱体类工件的形位公差的保证方法。

（2）注意事项

加工箱体类工件时，平面周边轮廓的加工，常采用立铣刀；铣削平面时，应选硬质合金刀片铣刀；加工凸台、凹槽时，选高速钢立铣刀；加工箱体表面或粗加工孔时，可选取镶硬质合金刀片的玉米铣刀；对一些立体型面和变斜角轮廓外形的加工，常采用球头铣刀、环形

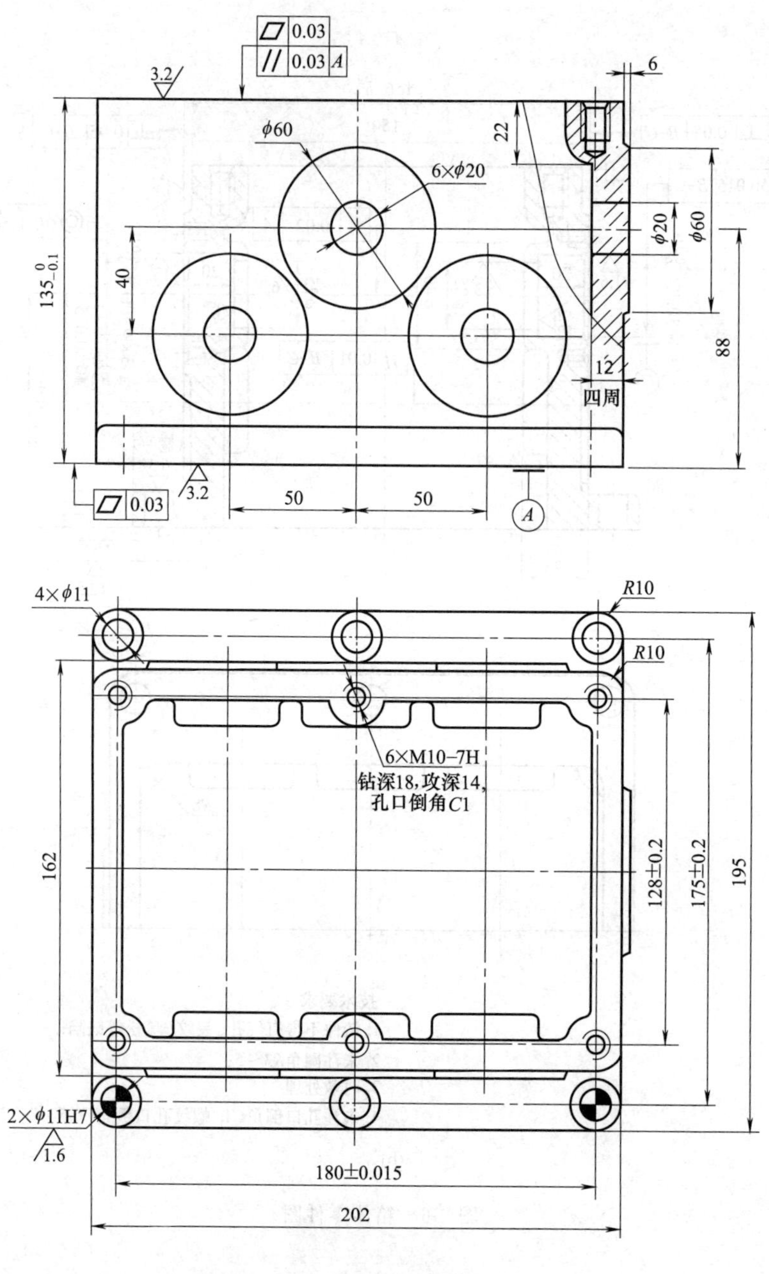

图 9-7 箱体半成品

铣刀、锥形铣刀和盘形铣刀。

在进行自由曲面加工时，由于球头刀具的端部切削速度为零，因此，为保证加工精度，切削行距一般选取得很紧密，故球头常用于曲面的精加工。而平头刀具在表面加工质量和切削效率方面都优于球头刀，因此，只要在保证不过切的前提下，无论是曲面的粗加工还是精加工，都应优先选择平头刀。

9.3.2 工、量、刀具清单

工、量、刀具清单如表 9-9 所示。

表 9-9　工、量、刀具清单

名　称	规　格	精　度	数　量
立铣刀	ϕ16 精三刃立铣刀		1
面铣刀	ϕ125 八齿端面铣刀		1
镗刀	ϕ25、ϕ29 粗镗刀 ϕ29.8 半精镗刀、ϕ30H7 精镗刀		各 1
中心钻	ϕ3		1
麻花钻	ϕ5		1
丝锥	M6H2		1
半径规	R5～30		1 套
偏心式寻边器	ϕ10	0.02mm	1
游标卡尺	0～150 0～150(带表)	0.02mm	各 1
千分尺	0～25,25～50,50～75	0.01mm	各 1
深度游标卡尺	0～200	0.02mm	1 把
垫块,拉杆,压板,螺钉	M16		若干
扳手,锉刀	12″,10″		各 1 把
刀柄,夹头	刀具相关刀柄,钻夹头,弹簧夹		若干
其他	常用加工中心机床辅具		若干

刀具选择及作用如表 9-10 所示。

表 9-10　刀具选择表

加　工　内　容	刀　具　名　称	刀　具　编　号
铣平面	ϕ125 面铣刀	T01
镗 ϕ25	粗镗刀 ϕ25	T02
粗镗 ϕ29	平底粗镗刀 ϕ29,刃长 2	T03
半精镗 ϕ29.8	平底半精镗刀 ϕ29.8,刃长 2	T04
ϕ30H7 孔孔口倒角	45°倒角镗刀	T05
钻 M6 中心孔(带倒角)	ϕ3 中心钻	T06
钻 M6 螺纹底孔	ϕ5 麻花钻	T07
攻 M6 螺纹孔	丝锥 M6H2	T08
精镗 ϕ30H7	平底精镗刀 ϕ30H7,刃长 3	T09

9.3.3　工艺分析与加工方案

(1) 来件状况及工艺分析

零件如图 9-6 所示，来件状况如图 9-7 所示，为典型箱体类零件，中空为腔。

铸件毛坯，材料是 QT450-10。来件上下表面和其上孔已加工完成，下平面上的 6×ϕ11 同侧分布的两个孔已加工成 2×ϕ11H7 的工艺孔。要求加工四个立面上的平面和孔。

两侧面加工要求一样。每个侧面上有三个凸台，凸台高度一样，表面粗糙度为

$Ra3.2\mu m$，凸台平面对 $\phi30H7$ 孔的垂直度为 0.05mm；需加工 $3\times\phi30H7$、$Ra1.6\mu m$ 的台阶孔，台阶小孔为 $\phi25$、$Ra6.3\mu m$；两侧面上 $3\times\phi30H7$ 孔为同轴孔，要求同轴度为 $\phi0.015mm$，两孔中心线对底平面平行度为 0.02mm，$3\times\phi30H7$ 孔间距公差为 $\pm0.015mm$。每个 $\phi30H7$ 周围均布 6×M6－7H 螺孔。

一个端面上无加工内容，另一端面要求加工一凸台，凸台平面粗糙度为 $Ra3.2\mu m$，平面对孔 $\phi30H7$ 的垂直度为 0.05mm；还要加工一个 $\phi30H7$ 的单壁通孔，表面粗糙度为 $Ra1.6\mu m$，孔周围均布 6×M6－7H 螺孔。

（2）选用数控机床

选用 XH756 型卧式加工中心，分度工作台 1°×360 等分，刀库容量 60 把，适合多侧面加工，完全能满足本箱体零件三个侧面的加工要求。

（3）确定装夹方案

定位方案：一面两孔定位，即以底平面和 $2\times\phi11H7$ 工艺孔定位。

夹紧方案：试制工件，采用手动夹紧方式。考虑到要铣立面，为了防止刀具与压板干涉，箱体中间吊拉杆，在箱体顶面上压紧，让工件充分暴露在刀具下面，如图 9-8 所示，一次装夹完成全部加工内容，以保证各加工要素间的位置精度。

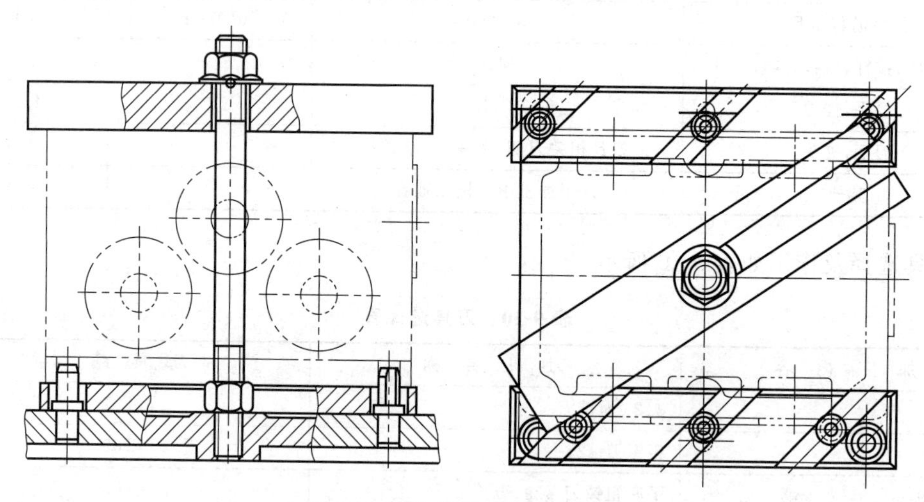

图 9-8 箱体定位和夹紧方案图

（4）确定加工方案

遵循单件试制工序集中、先面后孔、先粗后精、先主后次的原则。确定面、孔加工方案如表 9-11 所示。

表 9-11 面、孔加工方案

加工要素	加工方案	加工要素	加工方案
平面	粗铣—精铣	$\phi30H7$ 孔	粗镗—半精镗—倒角—精镗
$\phi25$ 孔	镗	M6－7H 螺纹孔	钻中心孔(带倒角)—钻底孔—攻螺纹

（5）确定加工顺序

在加工顺序的选择上，除了先面后孔、先大后小等基本原则以外，还要考虑单刀多工位和多刀单工位的问题。本道工序由于所用刀具在每一工位上加工量较少，所以采用单刀多工位的方法进行加工，也就是一把刀加工完所有工位上要加工的内容后，再换下一把刀继续加工，这样能有效防止频繁换刀，提高机械手的寿命。

加工顺序是先铣侧平面，然后镗 ϕ25 孔至尺寸，接着粗镗、半精镗、孔口倒角 ϕ30H7 孔，钻 M6 螺纹中心孔（孔口带倒角）、钻底孔、攻螺纹，最后精镗 ϕ30H7 孔。

9.3.4　程序编制与注释

（1）建立工件坐标系

如图 9-9 所示，在每个工位上分别建立一个工件坐标系，且 A 面和 C 面的工件坐标系对称，这样坐标计算相对简单，编程也方便。

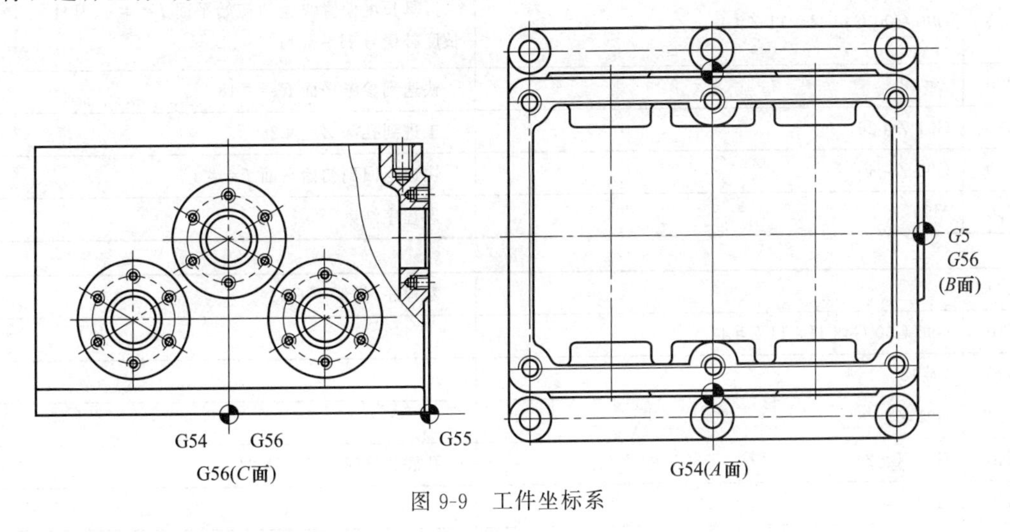

图 9-9　工件坐标系

（2）确定编程方案

采用单刀多工位原则，先加工 A 面，后加工 B 面，再加工 C 面，再按 C 面→B 面→A 面的顺序加工，同规格同侧面上的孔编一个子程序。各凸台上的螺纹孔都一样，所以也编写成一个子程序。

（3）参考程序

O1341		换刀子程序
N10	G90 G00 G40 G49 G80 G67 M09 M19	初始化
N20	G91 G28 Z0	在 Z 轴参考点换刀
N30	G91 G28 Y0	在 Y 轴参考点换刀
N40	M06	换刀
N50	M99	子程序结束

O1342		工作台分度宏程序
N10	G90 G00 G40 G49 G80 G67 M09	初始化
N20	G91 G28 Z0	在 Z 轴参考点工作台转位分度，防止与刀具干涉
N30	B#2	工作台转位分度数用变量#2 表示
N40	M99	宏程序结束

O1343		加工 3×ϕ30H7 和 3×ϕ25 子程序，A 面、C 面程序相同
N10	X50 Y48	右侧孔

续表

N20	X0 Y88	中间孔
N30	X−50 Y48	左侧孔
N40	M99	子程序结束

O1344		宏程序,类似于G81
N10	G90 G00 G43 H#11 Z#4	刀具长度偏置快速到初始平面 $I=\#4$,刀具号 T=长度补偿号 H=#11
N20	Z#18	快速到参考平面 $R=\#18$
N30	G01 Z#26	工进到孔深 $Z=\#26$
N40	G00 Z#4	快速返回到初始平面 $I=\#4$
N50	M99	宏程序结束

O1345		宏程序,类似于G82
N10	G90 G00 G43 H#11 Z#4	
N20	Z#18	
N30	G01 Z#26	
N40	G04 X#24	孔底暂停时间 $X=\#24$
N50	G00 Z#4	
N60	M99	

O1346		宏程序,类似于G84
N10	G90 G00 G43 H#11 Z#4	
N20	Z#18	
N30	#3003=1	禁止单程序段运行
N40	G63	滚丝状态,倍率开关无效
N50	G01 Z#26	
N60	M04	孔底主轴反转
N70	G01 Z#18	工进退到 R 平面
N80	M03	主轴正转
N90	#3003=0	恢复单程序段方式
N100	G00 Z#4	
N110	G64	连续切削方式
N120	M99	

O1347		
N10	G90 G00 G43 H#11 Z#4	
N20	Z#18	
N30	G01 Z#26	
N40	M05	孔底主轴停转

续表

N50	G00 Z#18	
N60	M03	到 R 平面后主轴恢复正转
N70	Z#4	
N80	M99	

O1348		圆周均布孔位坐标宏程序
N10	#2=360/#3	圆周均布，两孔间夹角#2
N20	#4=0	孔加工计数器#4 置 0
N30	WHILE[#4 LE #3] DO 1	当孔加工计数器#4≤孔数#3 时，循环执行 N40～N50 程序段
N40	G90 X[#24+#18*COS[#1+#4*#2]] Y[#25+#18*SIN[#1+#4*#2]]	孔位坐标
N50	#4=#4+1	孔加工计数器累加计数
N60	END1	循环结束
N70	M99	宏程序结束

O1349		主程序
N10	T01	刀库选 T01=ϕ125 面铣刀到换刀位置
N20	M98 P1341	换刀
N30	T02	刀库选粗镗刀 T02=ϕ25 到换刀位置
N40	G90 G00 G54 X150 Y77 F250 S400 M03	用 T01=ϕ125 面铣刀粗铣 A 面定位、初始化
N50	G43 H01 Z50	刀具长度补偿、刀位点到 Z50 安全平面
N60	G01 X-150	直线插补粗铣 A 面
N70	G65 P1342 B90	工作台转 90°，B 面到主轴侧
N80	G90 G00 G55 X105 Y88 F250 S400 M03	粗铣 B 面
N90	G43 H01 Z0.2 M08	
N100	G01 X-105	
N110	G65 P1342 B180	工作台转到 180°，C 面到主轴侧
N120	G90 G00 G56 X150 Y77	粗铣 C 面
N130	G43 H01 Z0.2 M08	
N140	G01 X-150	
N150	F200 S500 M03	改变 S、F 值，精铣 C 面
N160	Z0	
N170	X150	
N180	G65 P1342 B90	
N190	G90 G00 G55 X105 Y88	精铣 B 面
N200	Z0	
N210	G01 X-105	
N220	G65 P1342 B0	

续表

N230	G90 G00 G54 X150 Y88	精铣 *A* 面
N240	Z0	
N250	G01 X－150	
N260	M98 P1341	将刀库换刀位置上的粗镗刀 T02＝ϕ25 与主轴上的 T01 交换
N270	T03	刀库选粗镗刀 T03＝ϕ29 到换刀位置
N280	G90 G00 G54 F120 S800 M03 M08	镗 *A* 面 3×ϕ25
N290	G66 P1344 H02 I5 R5 Z－30	
N300	M98 P1343	
N310	G65 P1342 B180	
N320	G90 G00 G56 M08	镗 *C* 面 3×ϕ25
N330	G66 P1344 H02 I5 R5 Z－30	
N340	M98 P1343	
N350	M98 P1341	
N360	T4	
N370	G90 G00 G56 F120 S800 M03 M08	粗镗 *C* 面 3×ϕ30H7
N380	G66 P1345 H03 I5 R5 Z－19.8	
N390	M98 P1343	
N400	G65 P1342 B90	
N410	G90 G00 G55 X0 Y88 M08	粗镗 *B* 面 ϕ30H7
N420	G66 P1344 H03 I5 R5 Z－19 E2	
N430	G65 P1342 B0	
N440	G90 G00 G54 M08	粗镗 *A* 面 3×ϕ30H7
N450	G66 P1345 H03 I5 R5 Z－19.8 E2	
N460	M98 P1343	
N470	M98 P1341	
N480	T5	
N490	G90 G00 G54 F80 S800 M03 M08	半精镗 *A* 面 3×ϕ30H7
N500	G66 P1345 H04 I5 R5 Z－19.9 E2	
N510	M98 P1343	
N520	G65 P1342 B90	
N530	G90 G00 G55 X0 M08	半精镗 *B* 面 ϕ30H7
N540	G66 P1344 H04 I5 R5 Z－19	
N550	G65 P1342 B180	
N560	G90 G00 G56 M08	半精镗 *C* 面 3×ϕ30H7
N570	G66 P1345 H04 I5 R5 Z－19.9 E2	
N580	M98 P1343	
N590	M98 P1341	

续表

N600	T06	
N610	G90 G00 G56 F60 S600 M03 M08	*C* 面 3×ϕ30H7 倒角
N620	G66 P1345 H05 I5 R5 Z－1 E2	必要时修改倒角大小
N630	M98 P1343	
N640	G65 P1342 B90	
N650	G90 G00 G55 X0 Y88 M08	*B* 面 ϕ30H7 倒角
N660	G65 P1345 H05 I5 R5 Z－1 E2	必要时修改倒角大小
N670	G65 P1342 B0	
N680	G90 G00 G54 M08	*A* 面 3×ϕ30H7 倒角
N690	G66 P1345 H05 I5 R5 Z－1 E2	必要时修改倒角大小
N700	M98 P1343	
N710	M98 P1341	
N720	T07	
N730	G90 G00 G54 F100 S1200 M03 M08	钻 *A* 面 18×M6－7H 中心孔(带倒角)
N740	G66 P1344 H06 I5 R5 Z－5	必要时修改倒角大小
N750	G65 P1348 X50 Y48 R22 A30 C6	右侧 6×M6
N760	G65 P1348 X0 Y88 R22 A30 C6	中间 6×M6
N770	G65 P1348 X－50 Y48 R22 A30 C6	左侧 6×M6
N780	G65 P1342 B90	
N790	G90 G00 G55 M08	钻 *B* 面 6×M6－7H 中心孔(带倒角)
N800	G66 P1344 H06 I5 R5 Z－5	必要时修改倒角大小
N810	G65 P1348 X0 Y88 R22 A30 C6	
N820	G65 P1342 B180	
N830	G90 G00 G56 M08	钻 *C* 面 18×M6－7H 中心孔(带倒角)
N840	G66 P1344 H06 I5 R5 Z－5	必要时修改倒角大小
N850	G65 P1348 X50 Y48 R22 A30 C6	右侧 6×M6
N860	G65 P1348 X0 Y88 R22 A30 C6	中间 6×M6
N870	G65 P1348 X－50 Y48 R22 A30 C6	左侧 6×M6
N880	M98 P1341	
N890	T08	
N900	G90 G00 G56 M08	钻 *C* 面 18×M6－7H 底孔
N910	G66 P1344 H07 I5 R5 Z－11	
N920	G65 P1348 X50 Y48 R22 A30 C6	
N930	G65 P1348 X0 Y88 R22 A30 C6	
N940	G65 P1348 X－50 Y48 R22 A30 C6	
N950	G65 P1342 B90	
N960	G90 G00 G55 M08	钻 *B* 面 6×M6－7H 底孔
N970	G66 P1344 H07 I5 R5 Z－11	

续表

N980	G65 P1348 X0 Y88 R22 A30 C6	
N990	G65 P1342 B0	
N1000	G90 G00 G54 M08	钻 *A* 面 18×M6－7H 底孔
N1010	G66 P1344 H07 I5 R5 Z－11	
N1020	G65 P1348 X50 Y48 R22 A30 C6	
N1030	G65 P1348 X0 Y88 R22 A30 C6	
N1040	G65 P1348 X－50 Y48 R22 A30 C6	
N1050	M98 P1341	
N1060	T09	
N1070	G90 G00 G54 F200 S200 M03 M08	攻 *A* 面 18×M6－7H
N1080	G66 P1346 H08 I5 R5 Z－10	
N1090	G65 P1348 X50 Y48 R22 A30 C6	
N1100	G65 P1348 X0 Y88 R22 A30 C6	
N1110	G65 P1348 X－50 Y48 R22 A30 C6	
N1120	G65 P1342 B90	
N1130	G90 G00 G55 M08	攻 *B* 面 6×M6－7H
N1140	G66 P1346 H08 I5 R5 Z－10	
N1150	G65 P1348 X0 Y88 R22 A30 C6	
N1160	G65 P1342 B180	
N1170	G90 G00 G56 M08	攻 *C* 面 18×M6－7H
N1180	G66 P1346 H08 I5 R5 Z－10	
N1190	G65 P1348 X50 Y48 R22 A30 C6	
N1200	G65 P1348 X0 Y88 R22 A30 C6	
N1210	G65 P1348 X－50 Y48 R22 A30 C6	
N1220	M98 P1341	
N1230	T00	刀库不动
N1240	G90 G00 G56 F90 S900 M03 M08	精镗 *C* 面 3×ϕ30H7
N1250	G66 P1345 H09 I5 R5 Z－30 E2	
N1260	M98 P1343	
N1270	G65 P1342 B90	
N1280	G90 G00 G55 M08	精镗 *B* 面 ϕ30H7
N1290	G66 P1347 H09 I5 R5 Z－30	
N1300	G65 P1342 B0	
N1310	G90 G00 G54 M08	精镗 *A* 面 3×ϕ30H7
N1320	G66 P1345 H09 I5 R5 Z－30 E2	
N1330	M98 P1343	
N1340	M98 P1341	将主轴上刀换回刀库
N1350	M30	程序结束

第4篇

自动加工编程

ZIDONG JIAGONG BIANCHENG

第10章

CAM自动编程基础

手工编程工作量很大，通常只是对一些简单的零件进行手工编程。但是对于几何形状复杂，或者虽不复杂但程序量很大的零件（如一个零件上有数千孔），编程的工作量是相当繁重的，这时手工编程便很难胜任。一般认为，手工编程仅适用于3轴联动以下加工程序的编制，3轴联动（含3轴）以上的加工程序必须采用自动编程。本章将首先介绍自动编程基础知识。

10.1 自动编程特点与发展

10.1.1 自动编程的特点

自动编程是借助计算机及其外围设备装置自动完成从零件图构造、零件加工程序编制到控制介质制作等工作的一种编程方法，目前，除工艺处理仍主要依靠人工进行外，编程中的数学处理、编写程序单、制作控制介质、程序校验等各项工作均已通过自动编程达到了较高的计算机自动处理的程度。与手工编程相比，自动编程解决了手工编程难以处理的复杂零件的编程问题，既减轻劳动强度、缩短编程时间，又可减少差错，使编程工作简便。

10.1.2 自动编程的应用发展

20世纪50年代初，美国麻省理工学院（MIT）伺服机构实验室研制出第一台三坐标立式数控铣床。1955年公布了用于机械零件数控加工的自动编程语言APT（Automatical Programmed Tools），1959年开始用于生产。随着APT语言的不断更新和扩充，先后形成了APT2、APT3和APT4等不同版本。除APT外，世界各国都发展了基于APT的衍生语言，如美国的APAPT，德国的EXAPT-1（点位）、EXAPT-2（车削）、EXAPT-3（铣削），英国的2CL（点位、连续控制），法国的IFAPT-P（点位）、IFAPT-C（连续控制），日本的FAPT（连续控制）、HAPT（连续控制二坐标），我国的SKC、ZCX、ZBC-1、CKY等。

20世纪60年代中期，计算机图形显示器的出现，引起了数控自动编程的一次变革。利用具有人机交互式功能的显示器，把被加工零件的图形显示在屏幕上，编程人员只需用鼠标点击被加工部位，输入所需的工艺参数，系统就自动计算和显示刀具路径，模拟加工状态，检查走刀轨迹，这就是图形交互式自动编程，这种编程方式大大减少了编程出错率，提高了编程效率和编程可靠性。对于大型的较复杂的零件，图形交互式自动编程的编程时间大约为APT编程的25%～30%，经济效益十分明显，已成为CAD/CAE/CAM集成系统的主流方向。

自动编程系统的发展主要表现在以下几方面。

① 人机对话式自动编程系统。它是会话型编程与图形编程相结合的自动编程系统。

② 数字化技术编程。由无尺寸的图形或实物模型给出零件形状和尺寸时，来用测量机将实际图形或模型的尺寸测量出来，并自动生成计算机能处理的信息。经数据处理，最后控制其输出设备，输出加工纸带或程序单。这种方式在模具的设计和制造中经常采用，即所谓的"逆向工程"。

③ 语音数控编程系统。该系统就是用音频数据输入到编程系统中，使用语言识别系统时，编程人员需使用记录在计算机内的词汇，既不要写出程序，也不要根据严格的程序格式打出程序，只要把所需的指令讲给话筒就行。每个指令按顺序显示出来，之后再显示下次输入需要的指令，以便操作人员选择输入。

④ 依靠机床本身的数控系统进行自动编程。

10.2 自动编程的工作原理

交互式图形自动编程系统采用图形输入方式，通过激活屏幕上的相应菜单，利用系统提供的图形生成和编辑功能，将零件的几何图形输入到计算机，完成零件造型。同时以人机交互方式指定要加工的零件部位、加工方式和加工方向，输入相应的加工工艺参数，通过软件系统的处理自动生成刀具路径文件，并动态显示刀具运动的加工轨迹，生成适合指定数控系统的数控加工程序，最后通过通信接口，把数控加工程序送给机床数控系统。这种编程系统具有交互性好，直观性强，运行速度快，便于修改和检查，使用方便，容易掌握等特点。因此，交互式图形自动编程已成为国内外流行的CAD/CAM软件所普遍采用的数控编程方法。在交互式图形自动编程系统中，需要输入两种数据以产生数控加工程序，即零件几何模型数据和切削加工工艺数据。交互式图形自动编程系统实现了造型——刀具轨迹生成——加工程序自动生成的一体化，它的三个主要处理过程是：零件几何造型、生成刀具路径文件、生成零件加工程序。

(1) 零件几何造型

交互式图形自动编程系统（CAD/CAM），可通过三种方法获取和建立零件几何模型。

① 软件本身提供的CAD设计模块。

② 其他CAD/CAM系统生成的图形，通过标准图形转换接口（例如STEP、DXFIGES、STL、DWG、PARASLD、CADL、NFL等），转换成编程系统的图形格式。

③ 三坐标测量机数据或三维多层扫描数据。

(2) 生成刀具路径

在完成了零件的几何造型以后，交互式图形自动编程系统第二步要完成的是产生刀具路径。其基本过程如下。

① 首先确定加工类型（轮廓、点位、挖槽或曲面加工），用光标选择加工部位，选择走刀路线或切削方式。图10-1所示为数控铣削加工时交互式图形自动编程系统通常处理的几种加工类型。

② 选取或输入刀具类型、刀号、刀具直径、刀具补偿号、加工预留量、进给速度、主

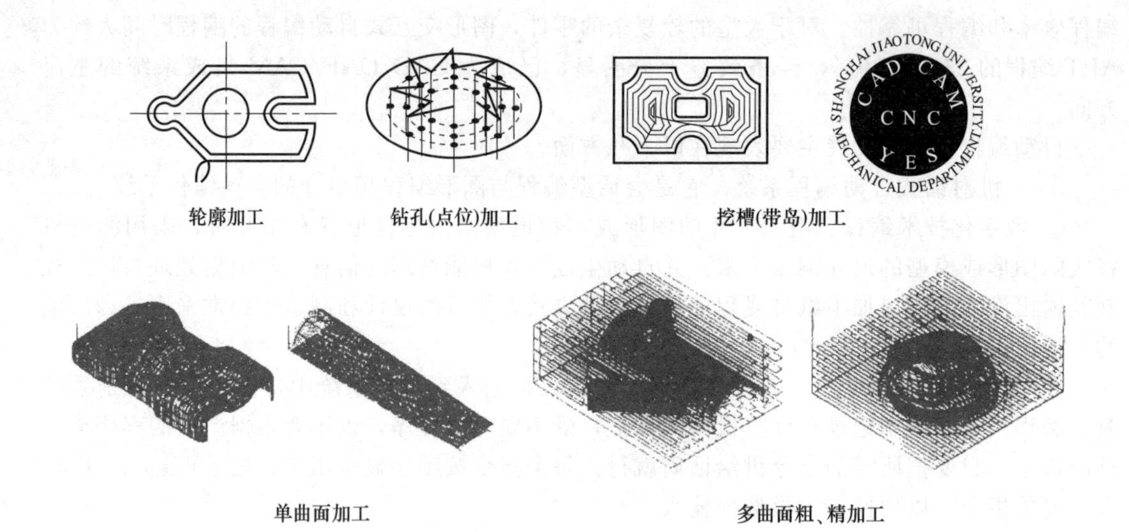

图 10-1 几种加工编程类型

轴转速、退刀安全高度、粗精切削次数及余量、刀具半径长度补偿状况、进退刀延伸线值等加工所需的全部工艺切削参数。

③ 编程系统根据这些零件几何模型数据和切削加工工艺数据，经过计算、处理，生成刀具运动轨迹数据，即刀位文件 CLF（Cut Location File），并动态显示刀具运动的加工轨迹。刀位文件与采用哪一种特定的数控系统无关，是一个中性文件，因此通常称产生刀具路径的过程为前置处理。

（3）后置处理

后置处理的目的是生成针对某一特定数控系统的数控加工程序。由于各种机床使用的数控系统各不相同，例如有 FANUC、SIEMENS、华中等系统，每一种数控系统所规定的代码及格式不尽相同，为此，自动编程系统通常提供多种专用的或通用的后置处理文件，这些后置处理文件的作用是将已生成的刀位文件转变成合适的数控加工程序。早期的后置处理文件是不开放的，使用者无法修改。目前绝大多数优秀的 CAD/CAM 软件提供开放式的通用后置处理文件。使用者可以根据自己的需要打开文件，按照希望输出的数控加工程序格式，修改文件中相关的内容。这种通用后置处理文件，只要稍加修改，就能满足多种数控系统的要求。

（4）模拟和通信

系统在生成了刀位文件后模拟显示刀具运动的加工轨迹是非常必要和直观的，它可以检查编程过程中可能的错误。通常自动编程系统提供一些模拟方法，下面简要介绍线架模拟和实体模拟的基本过程。

线架模拟可以设置的参数有：①以步进方式一步步模拟或自动连续模拟，步进方式中按设定的步进增量值方式运动或按端点方式运动；②运动中每一步保留刀具显示的静态模拟或不保留刀具显示的动态模拟；③刀具旋转；④模拟控制器刀具补偿；⑤模拟旋转轴；⑥换刀时刷新刀具路径；⑦刀具轨迹涂色；⑧显示刀具和夹具等。

实体模拟可以设置的参数有：①模拟实体加工过程或仅显示最终加工零件实体；②零件毛坯定义；③视角设置；④光源设置；⑤步长设置；⑥显示加工被除去的体积；⑦显示加工时间；⑧暂停模拟设置；⑨透视设置等。

通常自动编程系统还提供计算机与数控系统之间数控加工程序的通信传输。通过 RS232

通信接口，可以实现计算机与数控机床之间NC程序的双向传输（接收、发送和终端模拟），可以设置NC程序格式（ASCⅡ、EIA、BIN），通信接口（COM1、COM2），传输速度（波特率），奇偶校验，数据位数，停止位数及发送延时参数等有关的通信参数。

10.3 自动编程的环境要求

（1）硬件环境

根据所选用的自动编程系统，配置相应的计算机及其外围设备硬件。计算机主要由中央处理器（CPU）、存储器和接口电路组成。外围设备包括输入设备、输出设备、外存储器和其他设备等。

输入设备是向计算机送入数据、程序以及各种信息的设备，常用的有键盘、图形输入设备、光电阅读机、软盘（光盘）驱动器等。

输出设备是把计算机的中间结果或最终结果表示出来，常用的有显示器、打印机或绘图仪、纸带穿孔机、软盘驱动器等。

外存储器简称外存，它的特点是容量大，但存取周期较长，常用于存放计算机所需要的固定信息，如自动编程所需的产品模型数据、加工材料数据、工具数据、加工数据、归档的加工程序等。常用的外存有磁带、磁盘、光盘等。对于外围设备中的其他设备，则要据具体的自动编程系统和需要进行配置。

（2）软件环境

软件是指程序、文档和使用说明书的集合，其中文档是指与程序的计划、设计、制作、调试和维护等相关的资料；使用说明书是指计算机和程序的用户手册、操作手册等；程序是用某种语言表达的由计算机去处理的一系列步骤，习惯也将程序简称为软件，它包括系统软件和应用软件两大类。

① 系统软件　是直接与计算机硬件发生关系的软件，起到管理系统和减轻应用软件负担的作用。

② 应用软件　是指直接形成和处理数控程序的软件，它需要通过系统软件才能与计算机硬件发生关系。应用软件可以是自动编程软件，包括识别处理由数控语言编写的源程序的语言软件（如APT语言软件）和各类计算机辅助设计/计算机辅助制造（CAD/CAM）软件；其他工具软件和用于控制数控机床的零件数控加工程序也属于应用软件。

在自动编程软件中，按所完成的功能可以分为前置计算程序和后置处理程序两部分。前置计算程序是用来完成工件坐标系中刀位数据计算的一部分程序，如在图形交互式自动编程系统中，前置计算程序主要为图形CAD和零件CAM部分。前置计算过程中所需要的原始数据都是编程人员给定的，可以是以APT语言源程序给定，可以是在人机交互对话中给定，也可以通过其他的方式给定。编程人员除给定这些原始数据外，还会根据工艺要求给出一些与计算刀位无关的其他指令或数据。对于后一类指令或数据，前置计算程序不予处理，都移交到后置处理程序去处理。

后置处理程序也是自动编程软件中的一部分程序，其作用主要有两点：一是将前置计算形成的刀位数据转换为与加工工件所用CNC控制器对应的数控加工程序运动指令值；二是将前置计算中未做处理而传递过来的编程要求编入数控加工程序中。在图形交互式自动编程系统中，有多个与各CNC控制器对应的后置处理程序可供选择调用。

10.4 自动编程的分类

自动编程技术发展迅速，至今已形成繁多的种类。从使用的角度出发，自动编程可从如下方面来分类。

(1) 按计算机硬件的种类规格分类

① 微机自动编程　以微机作为自动编程的硬件设备，最大的优点是价格低廉，使用方便。微机对工作环境没有很高的要求，普通的办公室条件即可，微机对能源的消耗也较低。但在微机上运行大中型的CAD/CAM软件，目前还有一定的困难。另外，在带动多台终端的能力方面，无论是软件的来源、档次、价格，还是软件费用，微机自动编程都受到一定的限制。但随着微机技术的不断发展，微机自动编程应用越来越广泛。目前使用较多的微机自动编程软件有北航海尔软件有限公司的CAXA软件；美国CNC软件公司的Mastercam软件等。

② 大、中、小型计算机自动编程　国内现有的VAX计算机属于超小型计算机，IBM43××系列计算机属于中型计算机，国内研制的银河系列计算机属于大型计算机。这些大、中、小型计算机可以运行CADAM、APT4/SS等大中型的CAD/CAM软件，充分发挥CAD/CAM功能和网络功能。

③ 工作站自动编程　工作站的硬件及软件全部配套供应，具有计算、图形交互处理功能，特别适用于中小型企业。而对于大型企业，合理使用工作站，可以减轻大型企业计算机主机的负担，降低CAD/CAM费用。工作站常以小型计算机为其主机，其硬件包括字符终端、图形显示终端和数据输入板等。这类小系统的功能一般有：2维～3维几何定义，曲线及曲面的生成，体素的拼合，工程制图，2轴、2.5轴、3轴、4轴、5轴的数控自动编程，数据库管理和网络通信等。

④ 依靠机床本身的数控系统进行自动编程　在机床本身的数控系统中，早已具有循环功能、镜像功能、固定子程序功能、宏指令功能等，这些功能可以看成是利用机床本身的数控系统进行自动编程的雏形，先进的数控系统已能进行一般性的编程计算和图形交互处理功能。"后台编辑"功能可以让用户在机床工作时利用数控系统的"后台"进行与现场无关的编程工作。这种自动编程方式，适用于数控机床拥有量不多的小用户。

(2) 按计算机联网的方式分类

① 单机工作方式的自动编程　这种方式是单台计算机独立进行编程工作。

② 联网工作方式的自动编程　它是建立在通信网络的基础上，同时有多个用户进行编程。按照联网的分布，这种方式又可分为集中式联网、分布式联网和环网式联网等形式。

(3) 按编程信息的输入方式分类

① 批处理方式自动编程　它是编程人员一次性地将编程信息提交给计算机处理，如早期的APT语言编程。由于信息的输入过程和编程结果较少有图形显示，特别是在编程过程中没有图形显示，故这种方式欠直观、容易出错，编程较难掌握。

② 人机对话式自动编程　它又称为图形交互式自动编程，是在人机对话的工作方式下，编程人员按菜单提示内容反复与计算机对话，完成编程全部工作。由于人机对话对于图形定义、刀具选择、起刀点的确定、走刀路线的安排以及各种工艺数据输入等都采用了图形显示，所以它能及时发现错误，使用直观、方便，是目前广泛应用的一种自动编程方式。

(4) 按加工中采用的机床坐标数及联动性分类

按这种方式分类，自动编程可以点位自动编程、点位直线自动编程、轮廓控制机床自动编程等。对于轮廓控制机床的自动编程，依照加工中采用的联动坐标数量，又有2、2.5、3、4、5坐标加工的自动编程。

10.5 CAM编程软件简介

（1）美国CNC Software公司的Mastercam软件

Mastercam软件是在微机档次上开发的，在使用线框造型方面较有代表性，而且，它又是侧重于数控加工方面的软件，这样的软件在数控加工领域内占重要地位，有较高的推广价值。

Mastercam的主要功能是：二维、三维图形设计、编辑；三维复杂曲面设计；自动尺寸标注、修改；各种外设驱动；5种字体的字符输入；可直接调用AUTOCAD、CADKEY、SURFCAM等；设有多种零件库、图形库、刀具库；2～5轴数控铣削加工；车削数控加工；线切割数控加工；钣金、冲压数控加工；加工时间预估和切削路径显示，过切检测及消除；可直接连接300多种数控机床。

（2）美国通用汽车公司的UG NX的主要特点与功能

① UG NX具有很强的二维出图功能，由模型向工程图的转换十分方便。

② 曲面造型采用非均匀有理B样条作为数学基础，可用多种方法生成复杂曲面、曲面修剪和拼合、各种倒角过渡以及三角域曲面设计等等。其造型能力代表着该技术的发展水平。

③ UG NX的曲面实体造型（区别于多面实体）源于被称为世界模型之祖的英国剑桥大学Shape Data Ltd。该产品（PARASOLID）已被多家软件公司采用。该项技术使得线架模型、曲面模型、实体模型融为一体。

④ UG NX率先提供了完全特征化的参数及变量几何设计（UG CONCEPT）。

⑤ 由于PDA公司以PARASOLID为其内核，使得UG NX与PATRAN的连接天衣无缝。与ICAD、OPTIMATION、VALISYS、MOLDFLOW等著名软件的内部接口方便可靠。

⑥ 由于统一的数据库，UG NX实现了CAD、CAE、CAM各部分之间的无数据交换的自由切换，3～5坐标联动的复杂曲面加工和镗铣，方便的加工路线模拟，生成SIEMENS、FANUC机床控制系统代码的通用后置处理，使真正意义上的自动加工成为现实。

⑦ UG NX提供可以独立运行的、面向目标的集成管理数据库系统（INFORMATION PSI-MANAGER）。

⑧ UG NX是一个界面设计良好的二次开发工具。通过高级语言接口，使UG NX的图形功能与高级语言的计算功能很好地结合起来。

（3）美国PTC公司的Pro/ENGINEER软件

Pro/ENGINEER是唯一的一整套机械设计自动化软件产品，它以参数化和基于特征建模的技术，提供给工程师一个革命性的方法，去实现机械设计自动化。Pro/ENGINEER是由一个产品系列组成的。它是专门应用于机械产品从设计到制造全过程的产品系列。

Pro/ENGINEER产品系列的参数化和基于特征建模给工程师提供了空前容易和灵活的环境。另外，Pro/ENGINEER的唯一的数据结构提供了所有工程项目之间的集成，使整个产品从设计到制造紧密地联系在一起，这样，能使工程人员并行地开发和制造产品，可以很容易地评价多个设计的选择，从而使产品达到最好的设计、最快的生产和最低的造价。Pro/ENGINEER 的基本功能可分为以下几方面。

① 零件设计。

a. 生成草图特征。包括凸台、凹槽、冲压的、沿二维草图扫过的轨迹槽沟，或两个平行截面间拼合的槽沟。

b. 生成“Pick and Place”特征。如孔、通孔、倒角、圆角、壳、规则图、法兰盘、棱等。

c. 草图美化特征。

d. 参考基准面、轴、点、曲线、坐标系，以及为生成非实体参考基准的图。

e. 修改、删除、压缩、重定义和重排特征，以及只读特征。

f. 通过向系列表中增加尺寸生成表驱动零件。

g. 通过生成零件尺寸和参数的关系获得设计意图。

h. 产生工程信息。包括零件的质量特性、相交截面模型、参考尺寸。

i. 在模型上生成几何拓扑关系和曲面的粗糙度。

j. 在模型上给定密度、单位、材料特性或用户专用的质量特性。

k. 可通过 Pro/ENGINEER 增加功能。

② 装配设计。

a. 使用命令如 mate、align、incort 等安放组件和装配子功能生成整个产品的装配。

b. 从一个装配中拆开装配的组件。

c. 修改装配时安排的偏移。

d. 生成和修改装配的基准面、坐标系和交叉截面。

e. 修改装配模型中的零件尺寸。

f. 产生工程信息、材料清单、参考尺寸和装配质量特性。

g. 功能可增加扩充。

③ 设计文档（绘图）。

a. 生成多种类型的视图。包括总图、投影图、附属图、详细图、分解图、局部图、交叉截面图和透视图。

b. 完成扩大视图的修改。包括视图比例和局部边界或详细视图的修改，增加投影图、交叉截面视图的箭头和生成快照视图。

c. 用多模型生成绘图。从绘图中删除一个模型、对当前绘图模型设置和加强亮度。

d. 用草图作参数格式。

e. 操作方式包括：显示、擦除和开关视图、触发箭头、移动尺寸、文本或附加点。

f. 修改尺寸值和数字数据。

g. 生成显示、移动、擦除和用于标准注释的开关视图。

h. 包括在绘图注释中已有的几何拓扑关系。

i. 更新几何模型的组成设计的改变。

j. 专门绘图的 IGES 文件。

k. 标志绘图指示作更改。

l. 通过 Pro/DETAIL 增加功能。

④ 通用功能。

a. 数据库管理命令。

b. 在层和显示层上放置零件的层控制。

c. 用于距离的测量、几何信息角度、间隙和在零件间及装配的总干涉命令。

d. 对于扫视、变焦距、旋转、阴影、重新定位模型和绘图的观察能力。

(4) 以色列的 Cimatron 软件

Cimatron 是以色列 Cimatron 公司开发的 CAD/CAE/CAM 全功能、高度集成的软件系统。该公司是以色列 ClaL Comnter and Technology 集团公司的一个分公司。其背景是以色列航空公司的 CAD/CAE/CAM 技术，该公司成立于 1982 年，1986 年产品开始进入市场，于 1989 年公布 Cimatron90 系统的微机版本，其功能和工作站版本完全相同。到 1994 年初开发具有参数化设计和变量几何设计功能的实体造型模块之后，完成了系统的全功能开发。它目前的基本功能和当代知名软件相比，可以说是各有千秋。而在系统的开销小、好学好用、某些重要功能以及有微机版本等方面还有其独到之处。

其主要 CAM 功能如下。

① 型芯和型腔设计。能迅速将实体及曲面模型分离成型芯、型腔、滑块、嵌件，自动生成分模线并自动建立分模面。

② 模架库设计。自动模架库设计支持国际流行的所有模架标准，也支持用户自定义的模架标准；在相关的数据库中支持主要工业标准；开放的系统标准可以在已存在的系列内增加用户自己定义的组件；Mold Base3D 可处理曲面和实体几何模型间的缝隙。

③ 数控加工。在 CAM 环境下可修正实体及曲面模型；2～5 轴轮廓铣削；3～5 轴面向实体与曲面模型的粗加工、半精加工和精加工；为通用的零件加工提供预定义的加工模板和加工方法；全面的干涉检查；仿真和校验模拟加工的过程；高速铣削功能；支持 NURBS 插补功能。

(5)“CAXA 制造工程师”软件

“CAXA 制造工程师”软件是由北京北航海尔软件有限公司开发的全中文 CAD/CAM 软件。

① CAXA 的 CAD 功能　提供线框造型、曲面造型方法来生成 3D 图形。采用 NURBS 非均匀 B 样条造型技术，能更精确的描述零件形体。有多种方法来构建复杂曲面，包括扫描、放样、拉伸、导动、等距、边界网格等。对曲面的编辑方法有任意裁剪、过渡、拉伸、变形、相交、拼接等。可生成真实感图形，具有 DXF 和 IGES 图形数据交换接口。

② CAXA 的 CAM 功能　支持车削加工，具有轮廓粗车、精切、切槽、钻中心孔、车螺纹功能。可以用参数修改功能对轨迹的各种参数进行修改，以生成新的加工轨迹；支持线切割加工，具有快、慢走丝切割功能，可输出 3B 或 G 代码的后置格式；2～5 轴铣削加工，提供轮廓、区域、三轴和四到五轴加工功能。区域加工允许区域内有任意形状和数量的岛。可分别指定区域边界和岛的起模斜度，自动进行分层加工。针对叶轮、叶片类零件提供 4～5 轴加工功能。可以利用刀具侧刃和端刃加工整体叶轮和大型叶片。还支持带有锥度的刀具进行加工，可任意控制刀轴方向。此外还支持钻削加工。

系统提供丰富的工艺控制参数，多种加工方式（粗加工、参数线加工、限制线加工、复杂曲线加工、曲面区域加工、曲面轮廓加工），刀具干涉检查，真实感仿真，数控代码反读，后置处理功能。

第11章

Mastercam自动编程实例

Mastercam 是由美国 CNC Software NC 公司开发的基于 PC 平台上的 CAD/CAM 一体化软件。Mastercam 自问世以来，一直以其独有的特点在专业领域享有很高的声誉，主要应用于机械、电子、汽车等行业，特别在模具制造业中应用最广。CNC Software NC 公司于 2013 年推出了 Mastercam 的最新产品——Mastercam X7。Mastercam X7 继承了 Mastercam X 的一贯风格和绝大多数的传统设置，并在此基础上辅以最新的功能，与以往版本相比，新版本的操作界面及操作流程更符合当前的 Windows 视窗应用软件操作规范，使用户的操作更加合理、便捷、高效。下面对 Mastercam X7 做一简单介绍，包括用户操作界面、文件管理、图素管理、加工技术等知识。

11.1 Mastercam X7 简介

Mastercam X7 软件主要包括 Design（设计）、Mill（铣削加工）、Lathe（车削加工）和 Wire（激光线切割加工）4 个功能模块。本章主要介绍它的加工模块的功能及使用。

11.1.1 Mastercam X7 用户界面

Mastercam X7 安装完成后，将在程序文件夹和桌面上建立相应的快捷方式，双击桌面上的“Mastercam X7”图标，或选择“开始”→“所有程序”→“Mastercam X7”→“Mastercam X7”命令，可启动 Mastercam X7 软件，如图 11-1 所示。该操作界面和其他应用软件类似，简单易学，界面友好。和旧版本比较更加符合现在流行的操作方式，体现了 Mastercam X7 系统紧跟时代需求的特点。

Mastercam X7 的用户界面主要包括标题栏、菜单栏、工具栏、操作栏、操作管理器、图形区（绘图区）、操作命令记录栏、状态栏等。

（1）标题栏

显示界面的顶部是“标题栏”，从左向右依次显示软件名称、当前所使用的模块、当前打开的文件路径和名称。例如，当用户使用铣削加工模块时，标题栏将显示 Mastercam 铣床 X7。在标题栏的右上角是 3 个标准的控制按钮，包括“最小化窗口”、“还原窗口”和“关闭程序窗口”。

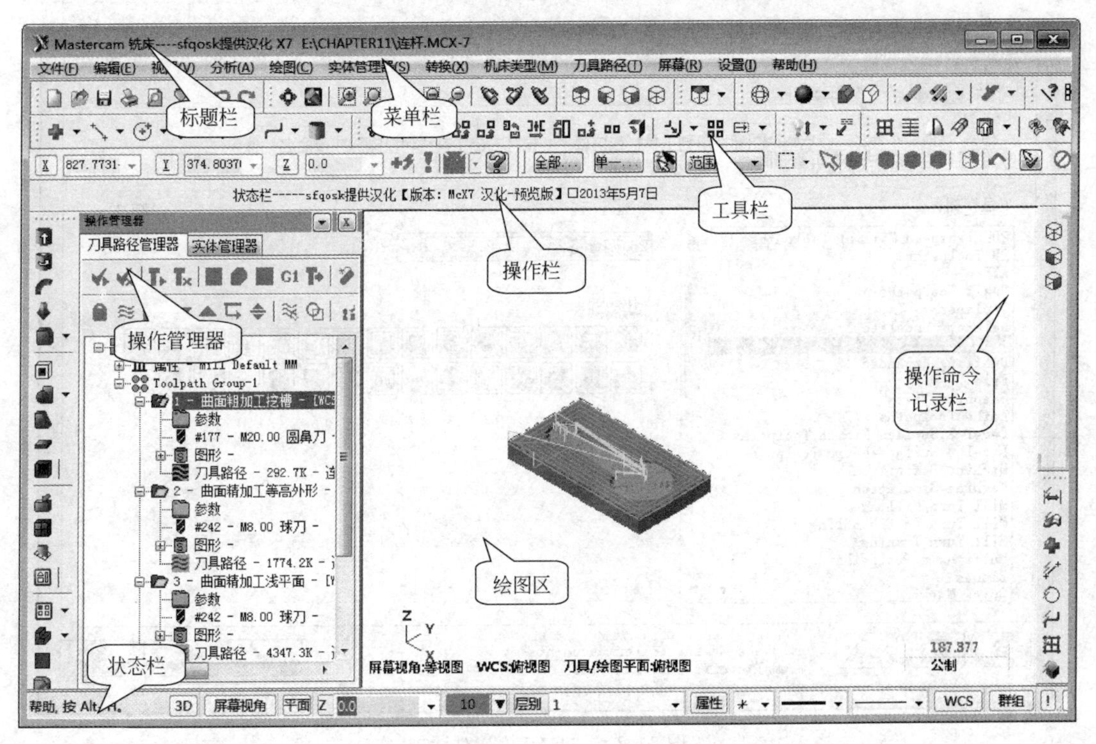

图 11-1 Mastercam X7 用户操作界面

注意：用户可选择下拉菜单“机床类型”下的相关菜单命令来进行功能模块切换。

(2) 菜单栏

Mastercam X7 菜单栏位于标题栏的下方，集中了几乎所有的 Mastercam X7 命令，主要由“文件”、“编辑”、“视图”、“分析”、“绘图”、“实体”、“转换”、“机床类型”、“刀具路径”、“设置”和“帮助”等。

(3) 工具栏

菜单栏下面的是“工具栏”，它是将菜单栏中的命令以图标的形式来表达，方便用户快速地选择和应用相应的命令，提高效率。

用户可通过选择下拉菜单“设置”→“用户自定义”命令，利用弹出的“自定义”对话框来增加或者减少工具栏中的图标命令，如图 11-2 所示。

(4) 坐标输入及捕捉栏

紧接工具栏下面的是“自动抓点”工具栏，主要用于坐标输入及绘图捕捉，如图 11-3 所示。

- 【X、Y、Z】：用于输入目标点的 X、Y、Z 坐标值，输入每一个坐标值后按 Enter 键确认即可。
- 【快速绘点】：单击该按钮，系统弹出快速坐标输入框，如图 11-4 所示。用户可直接输入目标点的坐标值，这样可避免在 3 个独立的坐标输入框内移动鼠标光标的麻烦，输入坐标值后按 Enter 键确认即可。
- 【自动捕捉设置】：单击该按钮，弹出“自动抓点设置”对话框，如图 11-5 所示。用于设置自动捕捉功能，单击“全选”按钮 全选 ，可一次设置所有的捕捉功能；单击“全关”按钮 全关 ，全部关闭所有捕捉功能。

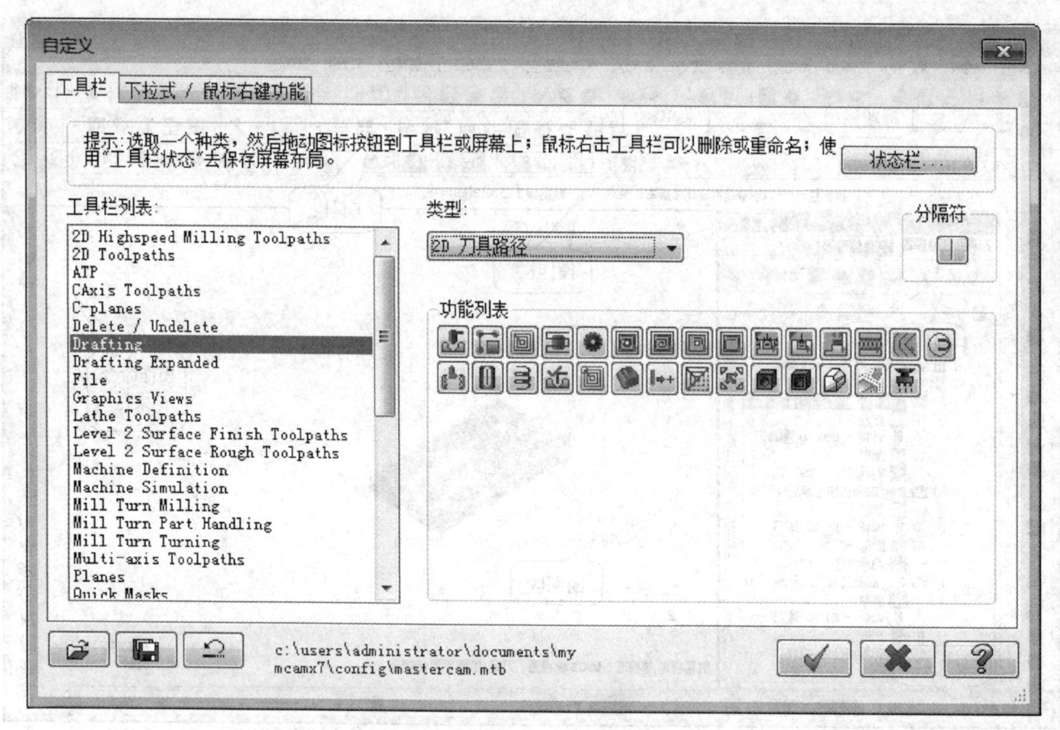

图 11-2 “自定义”对话框

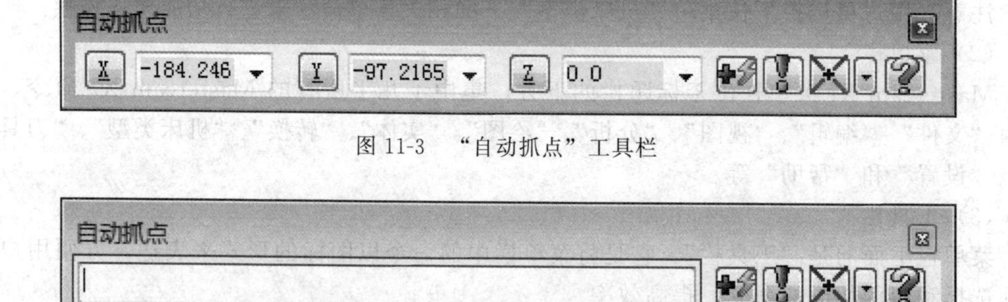

图 11-3 “自动抓点”工具栏

图 11-4 快速绘点坐标值输入框

- 【手动捕捉设置】：除了自动捕捉功能外，系统还提供了手动捕捉功能，单击工具栏右侧的按钮，弹出如图 11-6 所示的手动捕捉下拉列表，用于可以根据需要选择相应的捕捉选项。

(5) 目标选择栏

位于“坐标输入及捕捉栏”的右侧是“标准选择”，用于目标选择的功能，如图 11-7 所示。

(6) 操作栏（Ribbon 工具栏）

操作栏位于工具栏的下方，它是子命令选择、选项设置以及人机对话的主要区域，用于设置所运行命令的各种参数。在未选择任何命令时操作栏处于屏蔽状态，当选择命令后将显示该命令的所有选项，并做出相应的提示。操作栏的显示内容根据所选命令的不同而不同，图 11-8 是绘制圆时的操作栏。

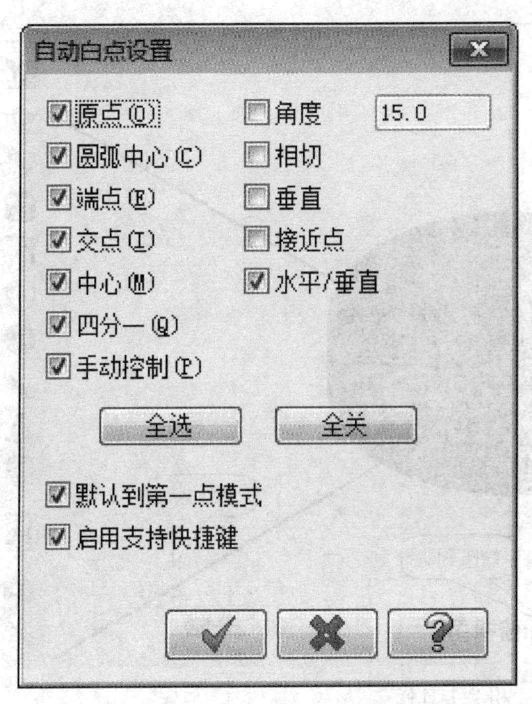

图 11-5 “自动抓点设置”对话框

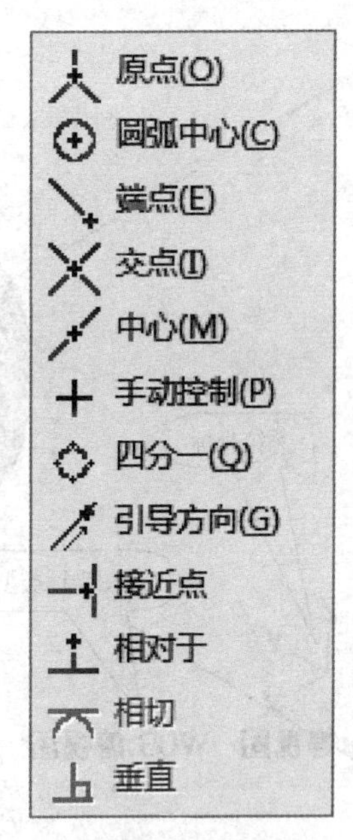

图 11-6 手动捕捉类型下拉列表

图 11-7 “标准选择”工具栏

图 11-8 绘制圆时操作栏显示内容

(7) 图形区和图形对象

在 Mastercam X7 系统的工作界面上，最大的空白区域就是图形区，或者称为绘图区。所有的绘图操作都将在上面完成，比如，浏览、创建和修改图形对象。

为了增加图形工作窗口，可以点击拖动左侧的对象管理区，该操作将同时调整管理区的尺寸大小，调整后的大小将在下一个任务或者文件中保持不变，而且再次打开 Mastercam X7 系统也是如此。

图形窗口也显示了 Mastercam X7 系统当前的测量系统（inch 或 mm）、当前工作所在的视图设置（Gview 视图、Cplane 构图面、Tplane 加工图面、WCS 坐标类型），如图 11-9 所示。

在图形区单击鼠标右键，弹出快捷菜单，可快速进行一些视图方面的操作，如图 11-10 所示。例如，选择“自动抓点”命令，弹出“光标自动抓点设置”对话框。

(8) 操作命令记录栏

在操作界面的右侧是操作命令记录栏，用户在操作过程中所使用的 10 个命令逐一记录

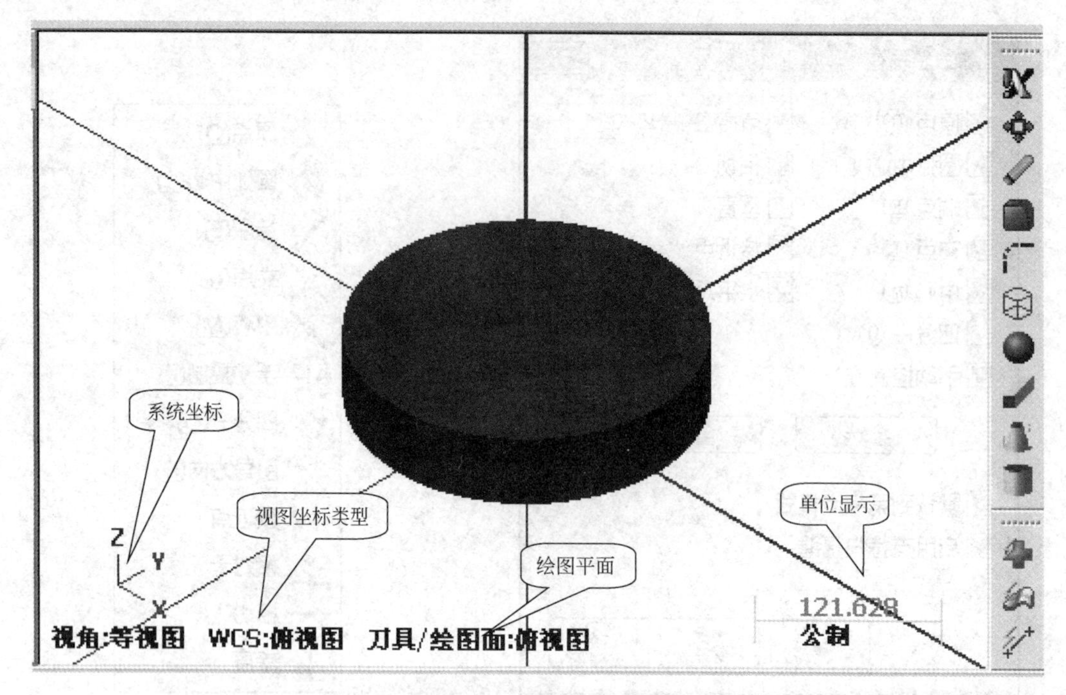

图 11-9 相关工具栏

视窗放大(Z)	F1
缩小0.8倍(0)	Alt+F2
动态旋转(D)	
适度化(F)	Alt+F1
重画(R)	F3
俯视图(WCS)(W)	Alt+1
前视图(WCS)(W)	Alt+2
右视图(WCS)(W)	Alt+5
等视图(WCS)(W)	Alt+7
自动抓点	
清除颜色(C)	

图 11-10 快捷菜单命令

在此操作栏上，用于可以直接从操作命令记录栏中选择最近要重复使用的命令，提高了选择命令的效率。

（9）对象管理器

对象管理器位于 Mastercam X7 界面的左侧，如图 11-11 所示，包括“刀具路径管理器”、“实体管理器”等选项卡，可单击相应选项卡实现相互切换。刀具路径管理器（也称为

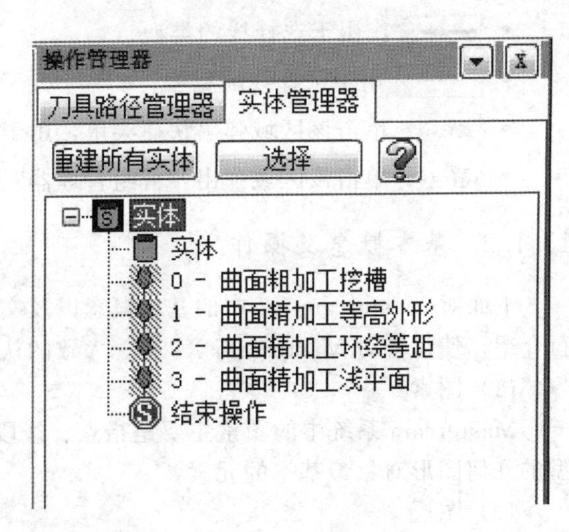

图 11-11　对象管理器

加工操作管理器）能对已经产生的刀具路径参数进行修改，如重新选择刀具的大小及形式、修改主轴转速和进给量等；实体管理器用于修改实体尺寸、属性以及重排实体创建顺序。

注意：对象管理器通常被固定在工作界面的左侧，系统默认对象管理区是显示的，如果想隐藏它，可以选择下拉菜单“视图”→“切换操作管理”命令，该命令可在工作的时候显示/隐藏对象管理器。

（10）状态栏

在窗口底部是一行状态栏，可动态显示上下文相关的帮助信息、当前所设置的颜色、点类型、线型、线宽、图层和 Z 深度等，如图 11-12 所示。

帮助, 按 Alt+H。 3D 屏幕视角 平面 Z 0.0 10 层别 1 属性 * WCS 群组

图 11-12　状态栏

- 【3D】：用于切换 2D/3D 构图模式。在 2D 构图模式下，所创建的图素都具有当前的构图深度（Z 深度），且平行于当前构图平面；而 3D 构图模式下，用户可以不受构图深度和构图平面的约束。
- 【屏幕视角】：图形显示视角，单击该区域将打开快捷菜单，用于选择、创建、设置视角。
- 【平面】：用于设置刀具平面和构图平面。
- Z: 0.0：设置构图深度，单击该区域可在绘图区选择一点，将其构图深度作为当前构图深度；也可在其右侧的文本框中直接输入数据作为新的构图深度。
- 10：单击该区域打开“颜色”对话框，用于设置当前颜色；也可以直接单击右侧的向下箭头，单击弹出的“选择颜色”菜单命令，可在图形区选择一种图素，将其颜色作为当前色。
- 层别: 1：单击该区域将打开“层别管理”对话框，可进行选择、创建、设置图层属性；也可以在其右侧的下拉列表中选择图层。
- 【属性】：单击该区域将打开“属性”对话框，用于设置颜色、线型、点的类型、层别、线宽等图形属性。
- *：用于选择点的类型。

- ——▾：用于选择线的类型。
- ——▾用于选择线的宽度。
- WCS：单击该区域弹出快捷菜单，用于选择、创建、设置工作坐标系。
- 群组：单击该区域弹出“群组管理器”对话框，用于选择、创建、设置群组。

11.1.2 基本概念及操作

下面对 Mastercam X7 中的基本概念以及文件管理、图素管理、系统规划等基本操作进行介绍，使读者对 Mastercam X7 有一大致的认识。

（1）图素

Mastercam 系统中的图素主要是指点、线段、样条曲线、曲面和实体等，它们是构成模型的几何图形对象最基本的元素。

（2）图层

在 Mastercam X7 系统中提供了强大的图层管理功能，能够让用户高效、快速地组织和管理设计加工过程中的各项工作。图层是一个基本的组织管理工具，可以分别建立独立的图层来管理线框、曲面、草图要素和刀具路径等。通过图层，任何时候都可以更加容易地去控制：哪个部分是可见的，哪个部分是可选的，从而避免了在不经意间修改原本不想修改的部分。

在构图中永远处于主图层上——工作图层，可以建立和命名 20 亿个图层以及设置任意一个为工作图层。通过图层的管理对话窗口，可以建立图层、编辑图层和设置工作图层。可以从一个图层拷贝或者移动相应的几何元素到其他的图层，也可以隐藏、命名和甚至设置几个图层为一个组。

（3）工作坐标系（WCS）

工作坐标系是指在 Mastercam X7 系统中在任何给定时间里使用的那个坐标系。WCS 包含了 X、Y、Z 三个坐标轴的方向和定位的零点（原点），通常在 WCS 中默认的平面是俯视 Top 平面，或者 XY 平面。也可以通过告诉软件来确定构图面或加工平面，实际上可以把 WCS 平面想象成和所构建零件相关的车间或者工场。

视角、绘图平面、刀具平面都是相对于 WCS 来定向的。可以通过视图管理窗口来选择一个不同的视图，WCS 将会更新到相应的视图或者构建一个用户视图。

一个典型运用 WCS 的例子是加工一个航天飞机的部件，该部件是一个机翼或者机尾的组件，在特定角度安装以及定位在和原点有一定距离的位置上。相对地，可以移动 WCS 而不是移动部件，Mastercam 系统会认为是部件在平移，并且构建相应的刀具路径。

在重新定位刀具路径中，改变 Tplanes 会在进行刀具路径后处理中产生一个旋转的代码，这样刀具轴或固定部件将会移动到适当的部件位置。而相反地，改变 WCS 通常不会产生任何旋转或其他代码，它的效果仅仅是在 Mastercam 内部外观上的改变。

关于不同坐标系的运用也会在以后的相关章节中作介绍。

（4）图形对象观察

在 Mastercam X7 系统中对图形对象提供了各种各样的观察工具，有关视图观察命令集中在下拉菜单“视图”中。比如通过下拉菜单“视图”→“切换操作管理”命令来切换隐藏/显示对象管理区来改变图形对象的显示区域大小。另外，用户也可以通过选择“视角管理”工具栏上的相关命令来观察图形对象，如图 11-13 所示。

“视角管理”工具栏上相关按钮命令含义如下。

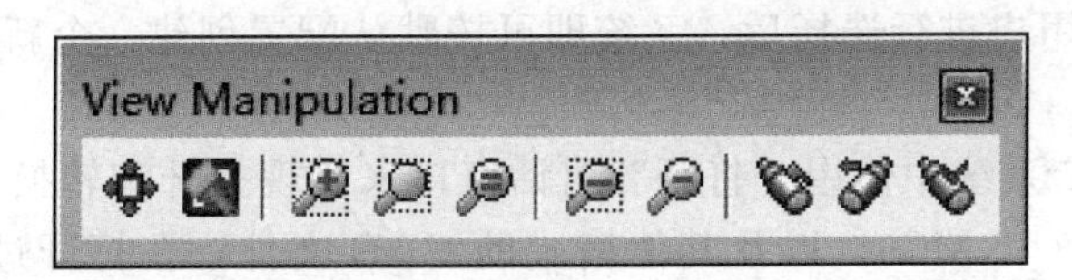

图 11-13 “View Manipulation（视角管理）”工具栏

- 【适度化】：调整视图适中显示窗口，快捷键 Alt+F1。
- 【重画】：重新生成图形，快捷键 F3。
- 【平移】：在窗口中平移对象。
- 【目标放大】：通过两点，放大图形的特定一个区域。
- 【视窗放大】：通过框选，放大图形的一个部分，快捷键 F1。
- 【缩小】：缩小图形的显示大小到 50%或最初大小，快捷键 F2。
- 【动态缩放】：动态缩放。
- 【指定缩放】：对预选的要素进行适中显示的操作。

图 11-14 “Graphics View（绘图视角）”工具栏

用户还可以通过“绘图视角”工具栏上调整对象视图方向，如图 11-14 所示。

提示：(1) 可以在任何时候使用鼠标滚轮对图形窗口内的对象进行缩放的操作；(2) 可以在图形窗口区域使用鼠标右键，弹出图形对象观察视图工具的快捷键；(3) 可以按住鼠标滚轮对图形窗口内的对象进行旋转的操作。

11.1.3 文件管理

在 Mastercam X7 系统中的文件管理主要是提供对文件新建、打开和保存等基本操作的支持，对话框在一定程度上都有相同的功能，以下是详细的介绍。

(1) 新建文件

在启动 Mastercam X7 后，系统按其默认配置自动创建一个新文件，用户可以直接进行图形绘制等操作。

如果已经在编辑一个文件，要新建另一个文件，可选择下拉菜单“文件”→“新建文件”命令，此时如果正在编辑的文件进行过修改且未进行保存，系统将弹出如图 11-15 所示的对话框，提示是否保存当前的文件。用户选择“是”保存当前文件的修改，若选择“否”，

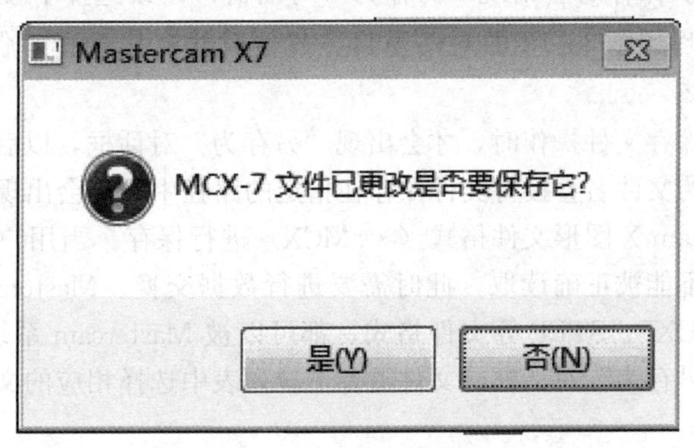

图 11-15 文件保存提示

不保存文件的修改。用户进行选择后，系统即可按默认配置创建一个新文件。

（2）打开文件

在 Mastercam X7 系统中使用“打开”对话窗口来实现打开和转换已经存在的文件，比如 MCX、MC7、MC8 和 MC9，以及其他格式的 CAD 文件，在打开过程中 Mastercam X7 系统将其转换成 MCX 格式文件。

选择下拉菜单“文件”→“打开文件”命令，系统弹出打开文件对话框，如图 11-16 所示。用户可在磁盘中选择所需文件，单击“打开”按钮即可将文件打开。

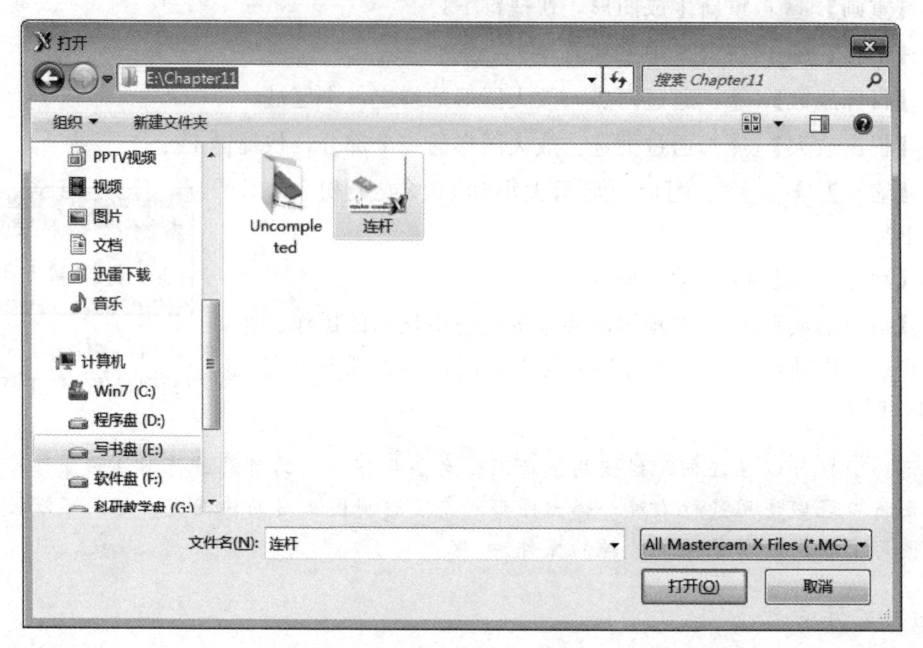

图 11-16 “打开”对话框

单击“打开”对话框中的“文件类型”下拉列表右侧的向下箭头，可显示 Mastercam 能打开的所有文件类型，如图 11-17 所示。

（3）保存/另存为文件

在 Mastercam X7 系统中使用“另存为”对话窗口来实现对当前文件几何元素，属性和操作（刀具路径）的保存，可以保存为以下文件格式，比如 MCX、MC7、MC8 和 MC9，以及其他格式的 CAD 文件，在保存过程中 Mastercam X7 系统将其转换成其他格式文件。

在新建文件第一次保存时会出现“另存为”对话窗口，或选择下拉菜单“文件”→“另存为”命令时也会出现如图 11-18 的对话窗口，其他时候直接选择“保存”按钮即可实现文件的保存。

只有在首次执行保存文件操作时，才会出现“另存为”对话框，以后再执行保存文件的操作时，系统将以指定的文件名直接将文件保存在指定的路径中，不会出现任何提示。默认情况下，文件将以 Mastercam X 图形文件格式（*.MCX）进行保存。当用户需要将该文件用于其他软件时，该格式就不能被正确读取，此时需要进行数据交换。Mastercam X7 系统提供了多种数据交换格式，如 DXF、STEP 等文件格式，都可以被 Mastercam 系统正确地读取或保存。使用时，只需要在“另存为”对话框的文件类型下拉列表中选择相应的文件格式即可。

（4）文件合并

文件合并可实现另外一个已经存在文件的导入或者合并到当前文件中，这是一个非常有

Mastercam X Files (*.MCX)
Mastercam Educ X Files (*.EMCX)
所有 Mastercam 文件 (*.MCX;*.EMCX;*.MC9;*.MC8)
Mastercam V9 版本文件 (*.MC9)
Mastercam V8 版本文件 (*.MC8)
IGES 文件 (*.IGS;*.IGES)
AutoCAD 文件 (*.DWG;*.DXF;*.DWF)
Parasolid 文件 (*.X_T;*.X_B;*.XMT_TXT)
Pro/E 文件 (*.PRT;*.ASM;*.PRT.*;*.ASM.*)
ACIS Kernel SAT 文件 (*.SAT;*.SAB)
STEP 文件 (*.STP;*.STEP)
VDA 文件 (*.VDA)
Rhino 3D (犀牛)文件 (*.3DM)
SolidWorks 文件 (*.SLDPRT;*.SLDASM)
SolidWorks Drawing Files (*.SLDDRW)
Solid Edge 文件 (*.PAR;*.PSM;*.ASM)
Autodesk Inventor 文件 (*.IPT;*.IAM)
Autodesk Inventor Drawing 文件 (*.IDW)
KeyCreator Files (*.CKD)
ASCII 文件 (*.TXT;*.CSV;*.DOC)
StereoLithography 文件 (*.STL)
Catia V4 文件 (*.MODEL;*.EXP)
Catia V5 文件 (*.CATPART;*.CATProduct)
SpaceClaim Files (*.SCDOC)
Alibre Design 文件 (*.AD_PRT;*.AD_SMP)
HPGL Plotter 文件 (*.PLT)
Cadkey CDL 文件 (*.CDL)
PostScript 文件 (*.EPS;*.AI;*.PS)
所有文件 (*.*)

图 11-17　Mastercam 打开文件类型

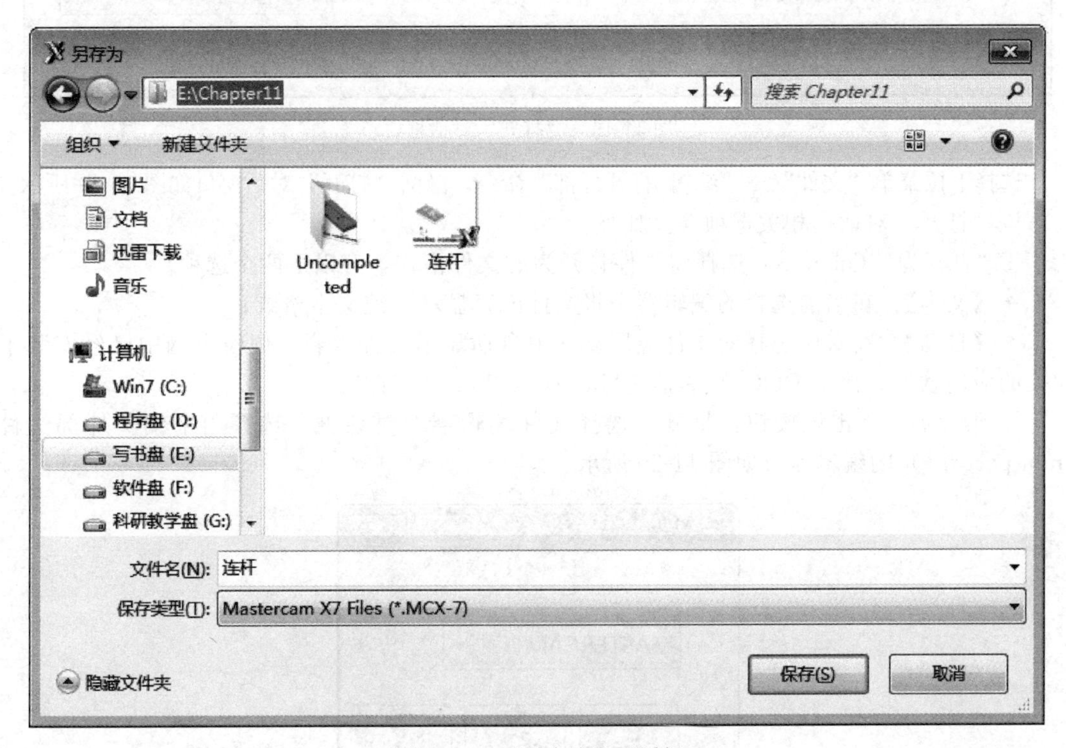

图 11-18　“另存为”对话框

用的功能，避免了对相同零部件的重复构建，提高了设计效率。选择下拉菜单“文件”→“合并文件”命令，系统弹出“打开”对话框，选择需要合并的文件后，单击 ✓ 按钮，即可将该文件加入到当前文件中。

（5）外部编辑文件（non-part file）

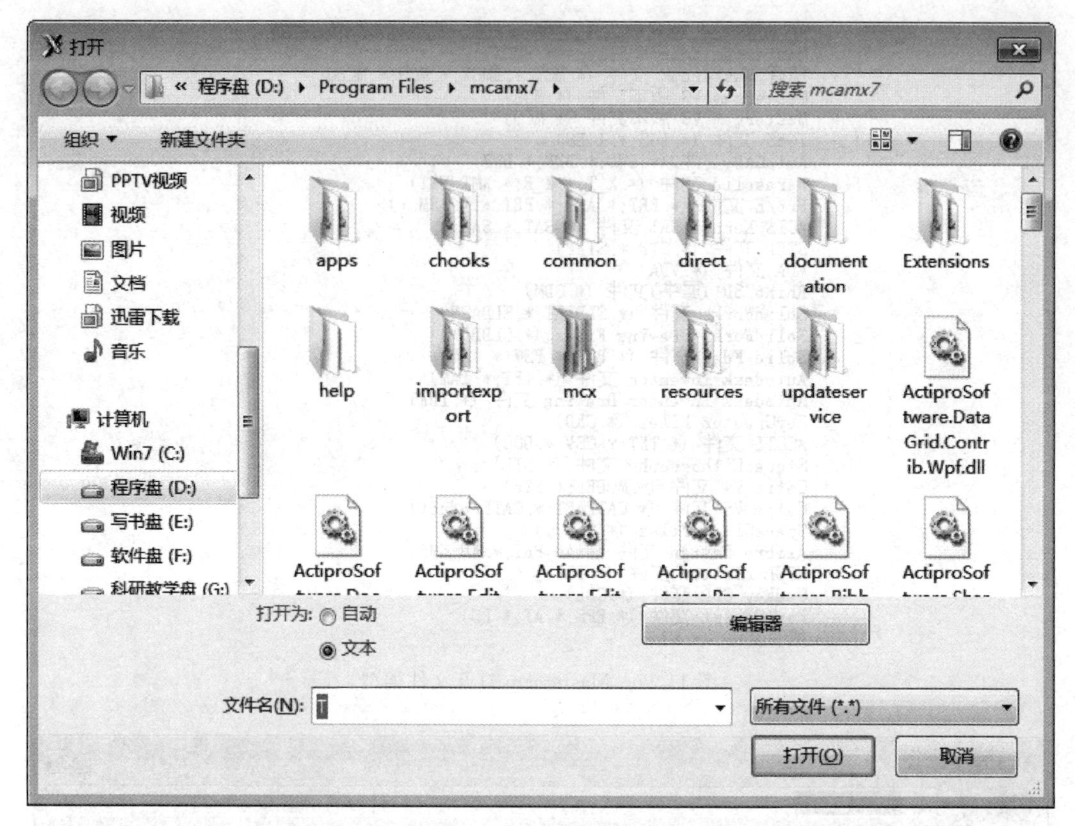

图 11-19 “打开”对话框

选择下拉菜单“文件”→“编辑/打开外部”命令，激活“打开”对话窗口如图 11-19 所示。该“打开”对话框相关选项含义如下。

①“打开为” Open as：选择将文件打开为的文件格式，有以下两个选项。

- 【文本】：在当前选择的编辑器中将文件内容显示为纯文本格式；
- 【自动】：在对应选择的文件应用软件中自动显示文件内容，假设电脑中已经安装了相关的应用软件，比如 DOC 文件将在 Microsoft Word 中打开。

② 编辑器：单击该按钮，打开“选择文件编辑器”对话框，选择用来编辑外部文件（non-part file）的编辑器，如图 11-20 所示。

图 11-20 “选择文件编辑器”对话框

（6）文件打印

选择下拉菜单“文件”→“打印文件”命令，打开如图 11-21 的对话窗口，可以打印任何在图形窗口上可见的实体，还可以通过放大来选择要打印的对象。

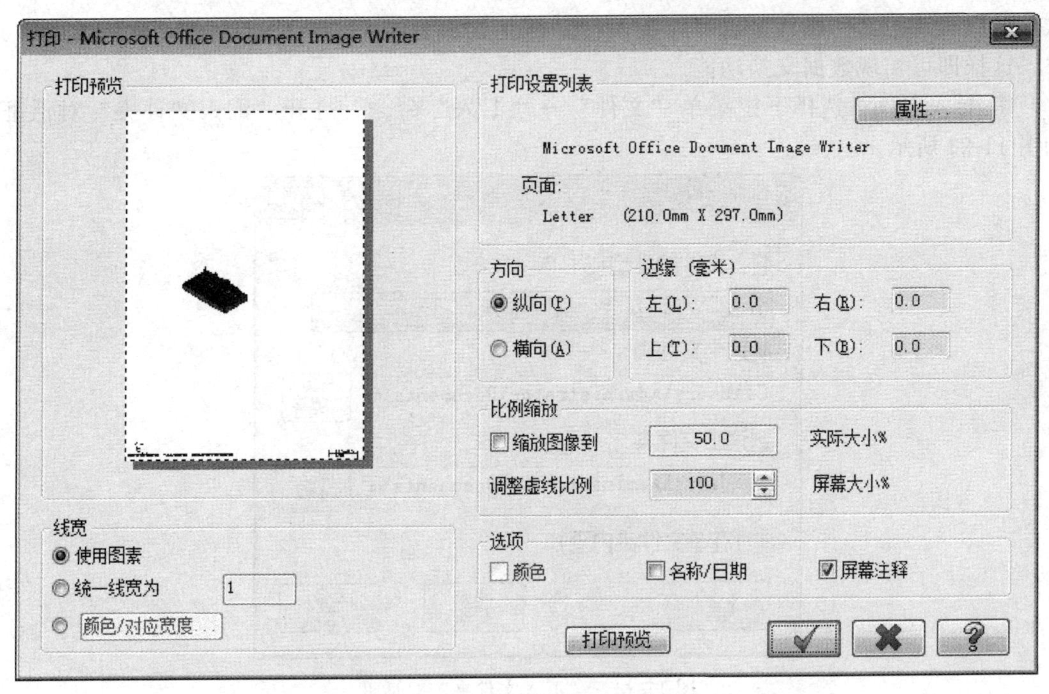

图 11-21　Print 文件打印命令

也可以选择一个打印机，指定打印数量，浏览要打印的图片等等，详细说明如下。

① 预览　用于预览要打印的文件。

② 属性　用于调整属性设置，比如纸张大小、方向和打印质量等。单击该按钮，打开“打印设置”对话框，如图 11-22 所示。

（7）文件转换（Import/EX2port）

Mastercam X 系统可以与其他 CAD/CAM 软件进行数据交换，比如 AutoCAD、SolidWorks、CATIA 以及 Pro/E 等。用户既可以将 Mastercam 图形文件保存为其他 CAD/CAM

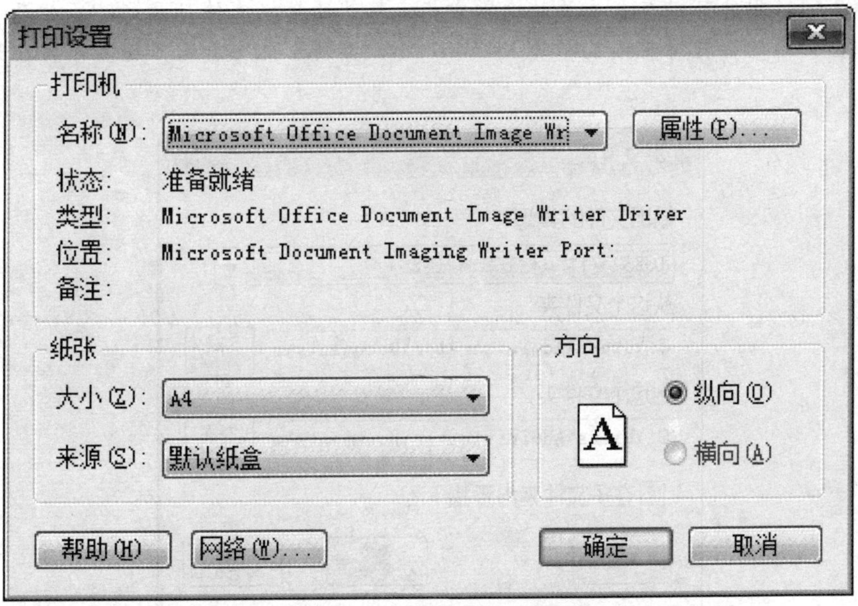

图 11-22　“打印设置”对话框

软件可以识别的文件格式，也可以在 Mastercam 软件中导入其他 CAD/CAM 软件的图形文件，这样即可实现数据交换功能。

① 导入文件　选择下拉菜单“文件”→“汇入”命令，打开“汇入文件夹”对话框，如图 11-23 所示。

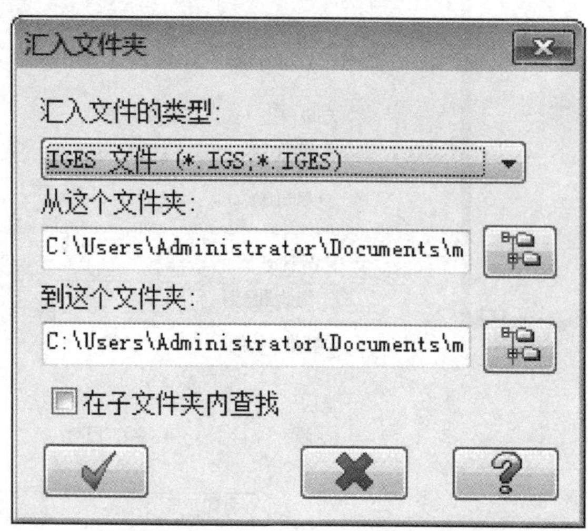

图 11-23　“汇入文件夹”对话框

在“汇入文件的类型”下拉列表中选择要导入的文件类型，该列表中提供了众多 CAD/CAM 软件的文件格式。在“从这个文件夹”文本框中指定要导入文件的路径和文件名称，在“到这个文件夹”下的输入框中指定转换后的文件保存路径和文件名，单击✔按钮，就可以将其他 CAD/CAM 软件的图形文件转换成 Mastercam X7 的图形文件。

② 输出文件　当需要输出文件时，选择下拉菜单“文件”→“汇出”命令，弹出“汇出文件夹”对话框，如图 11-24 所示。该对话框的操作与导入文件操作基本相同，请读者参照导入文件的操作方法练习。

提示：(1) 用户可以在系统参数设置中指定默认的转换文件目录；(2) 打开或者保存实体文件，必须运行支持实体版本的 Mastercam，否则系统要求选择将实体转换为曲面或者曲线。

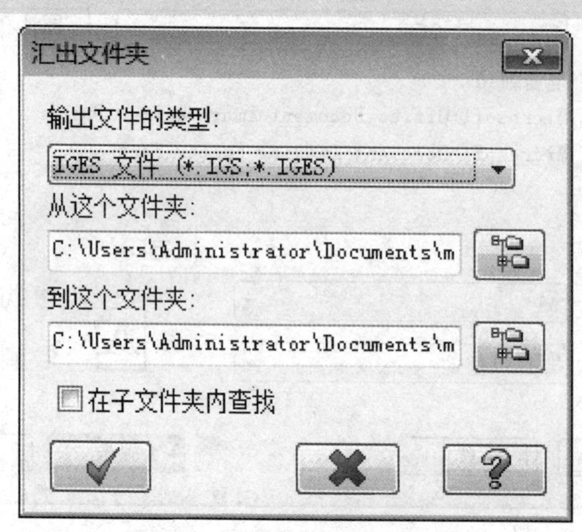

图 11-24　“汇出文件夹”对话框

（8）文件属性

选择下拉菜单“文件”→“属性”命令，弹出“图形属性”对话框，如图11-25所示。该对话框提供文件属性统计，显示该文件已经被加入的描述信息。

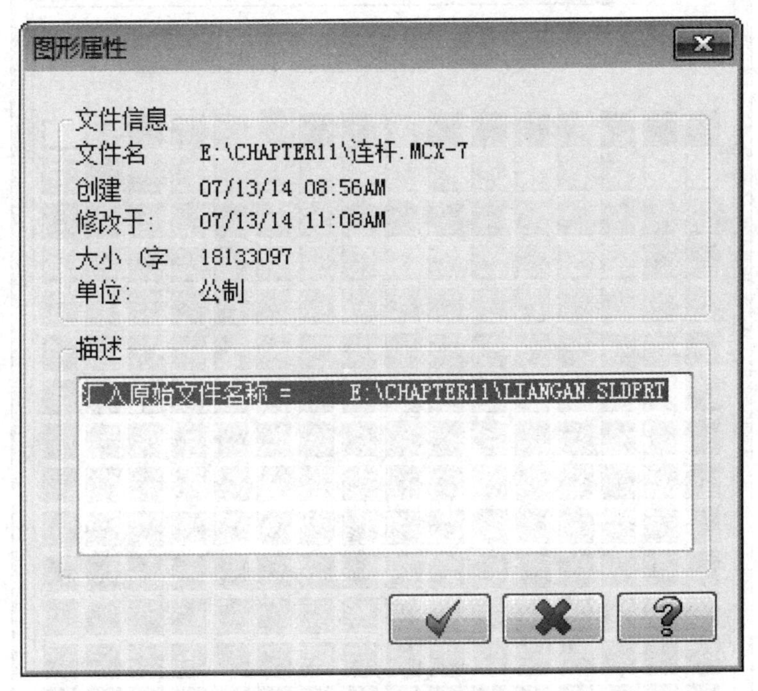

图11-25 文件属性信息

11.1.4 Mastercam X7图素管理

图素是构成图样的基本几何图形，主要包括点、直线、曲线、曲面以及实体等。在Mastercam X7中，每一个图素除了它本身包含的几何信息外，还具有其他一些属性，比如图素颜色、线型、线宽以及所在图层等。通常在绘制图素前，用户需要首先设置一些相关的属性，为了便于操作，Mastercam X7将这些属性放置在状态栏中。

（1）颜色设置

单击“状态栏”中的“颜色”图标 10▼，弹出“颜色”对话框，如图11-26所示。用户可在其中选择合适的颜色，然后单击 ✔ 按钮，完成颜色设置。

（2）图层管理

图层是Mastercam X7管理图素的一个主要工具。在Mastercam中，用户可以将线框模型、曲面、实体、标注尺寸以及刀具路径等不同的图素放置在不同的层中，这样可方便控制图素的选取以及图素的显示等操作。

① 图层简介 可以将图层比喻为一张张透明的图纸，分别在上面创建属性相同的制图要素，比如在一张透明图纸上创建轮廓线，创建尺寸标注在另外一张图纸上等，然后将所有透明图纸叠加在一起，就组成了一张完整的图纸。当需要对视图轮廓线进行编辑时，就可以临时将其他透明图纸隐藏起来，使得创建几何图形界面更加清晰、操作更加快捷。当对视图轮廓线编辑完成后，再将其他图纸取消隐藏，重新组成一张完整的图纸。

②“层别管理”对话框 系统图层操作管理非常简单，单击“状态栏”上的“层别”图标 层别:，弹出“层别管理”对话框，如图11-27所示。利用该对话框可对图层进行管理操作。

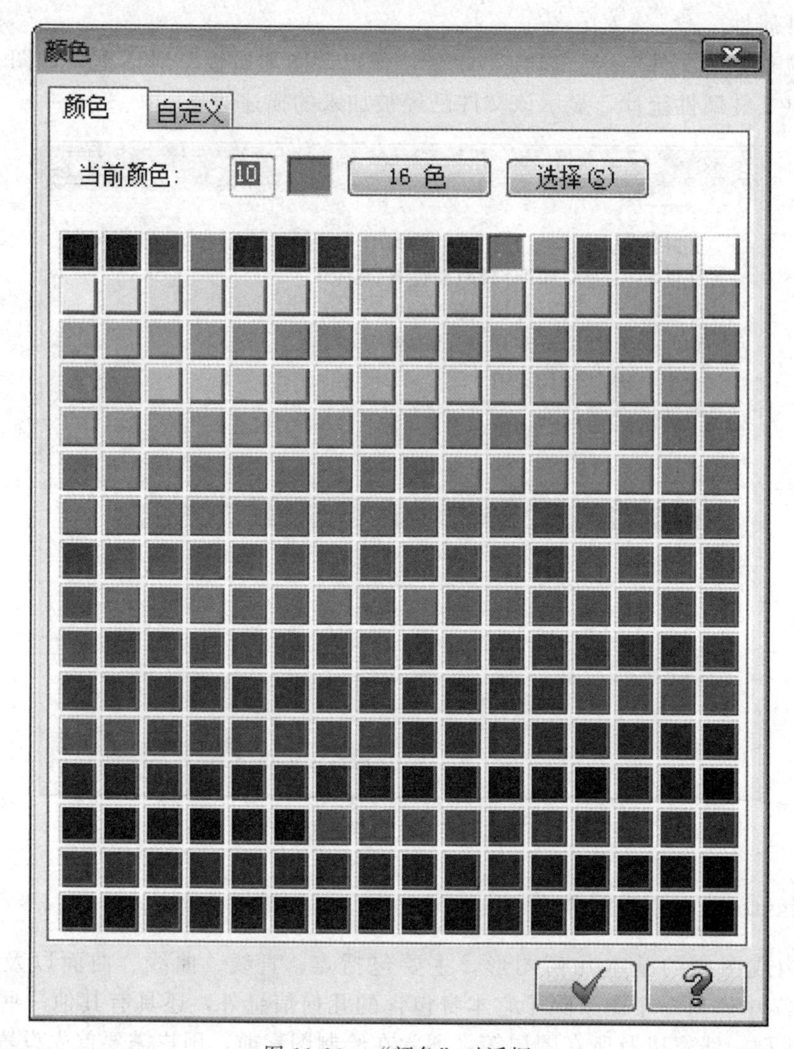

图 11-26 “颜色”对话框

“层别管理”对话框中相关选项的简介如下。

- 【号码】：此列下方显示了系统提供的图层列表，用户可以直接用鼠标左键选择某个图层作为当前使用图层，系统将选中的图层用黄颜色标示。
- 【突显】：此列下方显示了各图层“打开”或“关闭”的情况，“打开”的图层，系统用 X 标示，已“关闭”的图层，则无 X 标示。
- 【名称】：此列下方显示了各图层的名称，图层的名称需要在“主层别”选项下的“名称”栏中输入。
- 【图素数量】：此列下方显示了各图层内包含的几何图形数量。
- 【层别设置】：此列下方显示了各图层组的名称，图层组的名称需要在“主层别”选项下的“层别设置”栏内输入。
- 【主层别】：用于设置当前的工作图层及该图层的属性，包括以下选项。

➢ 〖层别号码〗：用于输入当前图层的图层号。

➢ 〖层别名称〗：用于输入当前图层的图层名称。

➢ 〖层别设置〗：用于输入当前图层组的名称。

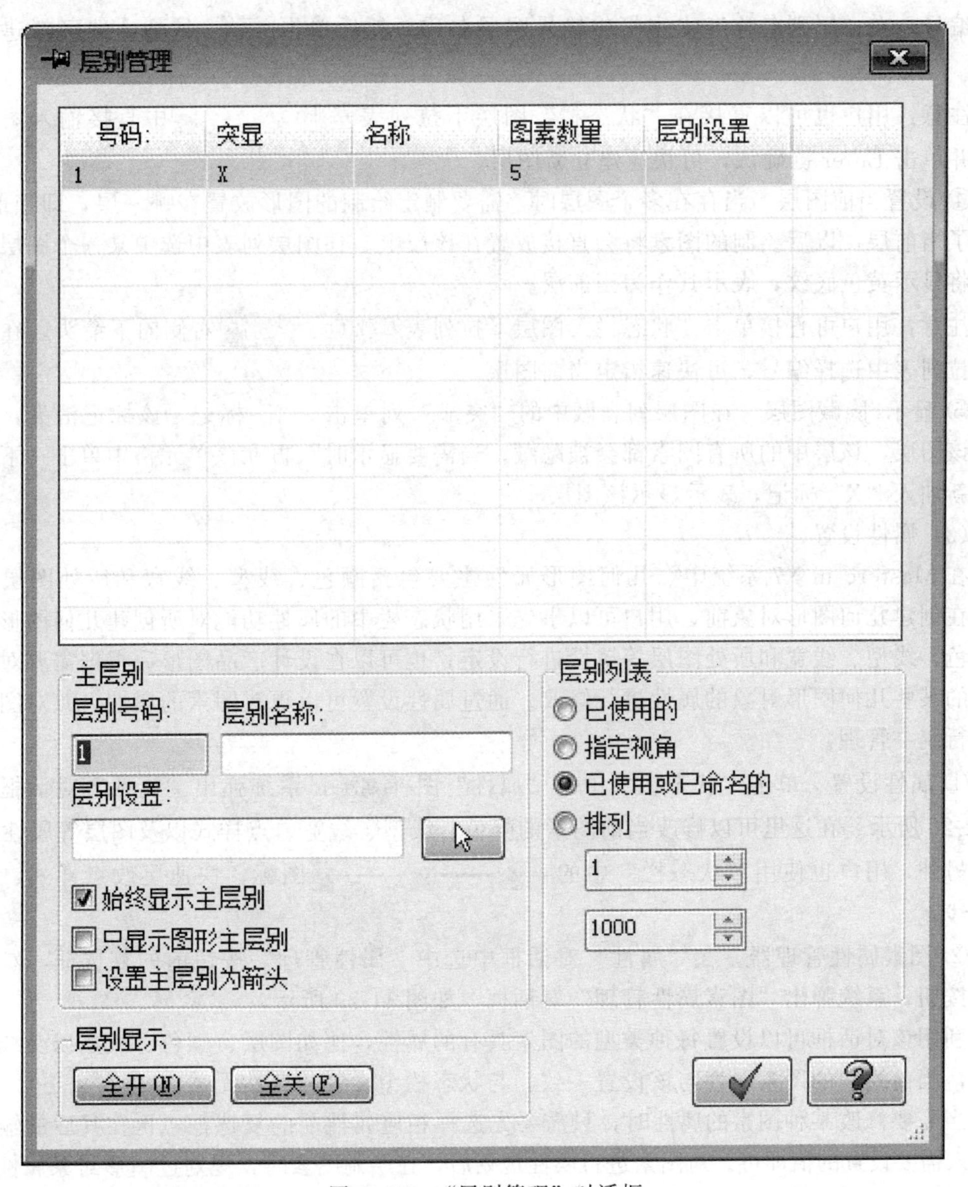

图 11-27 “层别管理”对话框

➢〖始终显示主层别〗：选择该项，当前图层一直设置为显示状态，即此时当前图层不能被关闭，只有在取消此复选框后，当前图层才能被关闭。

• 【层别列表】：用于设置在图层列表中列出的图层类型，主要包括以下选项。

➢〖已使用的〗：选择该项，只显示已使用的图层。

➢〖已使用或已命名的〗：选择该项，显示已使用或已命名的图层。

• 【层别显示】：包括以下选项。

➢〖全开〗：单击此按钮，一次性打开所有图层。

➢〖全关〗：单击此按钮，一次性关闭所有图层（当选择了 Make main level always visible 复选框时，当前图层不能被关闭）。

③ 新建图层　在“层别管理”对话框中的“主层别”下的“层别号码”输入框中输入

图层编号，在“层别名称”文本框中输入图层名称，然后单击 ✓ 按钮，即可新建一个图层。

注意：用户也可以直接在“状态栏”图层下拉列表 层别: 1 中直接输入图层编号，并单击 Enter 键确认，可快速建立新图层。

④ 设置当前图层　当存在多个图层时，需要制定绘制的图形放置在哪一层，即当前层。指定了当前层，以后绘制的图素将会直接放置在该层上。在图层列表中选中某一个图层，该图层将显示黄色底纹，表示其作为当前层。

注意：用户可直接单击“状态栏”图层下拉列表 层别: 1 右侧向下箭头，在弹出的下拉列表中选择编号，可快速指定当前图层。

⑤ 显示/隐藏图层　在图层列表区中的“突显”列单击“X”标记，该标记消失，即可关闭该图层，该层中的所有图素都会被隐藏；当需要显示时，再在该单元格中单击一下，就可重新加入“X”标记，表示显示该图层。

(3) 属性设置

在 Mastercam X7 系统中，几何图形属性主要包括颜色、线型、线宽和所处图层等内容。在创建几何图形对象前，用户可以事先采用状态栏中的属性功能对所创建几何图形对象的颜色、线型、线宽和所处图层等属性进行设定；也可以在设计产品图形后根据需要对产品图中的某些几何图形对象的属性进行修改。通过属性设置可以更改图素的属性，并对图素属性进行统一管理。

① 属性设置　单击“状态栏”中的“属性”图标 属性，系统弹出“属性”对话框，如图 11-28 所示。在这里可以修改当前图素的颜色、线型、线宽、点样式以及图层等属性。

另外，用户也使用“状态栏”中的 * ▾ ── ▾ ── ▾ 图标，快速更改点样式、线型以及线宽。

② 图素属性管理器　在“属性”对话框中选中“属性管理”按钮前的复选框，然后单击该按钮，系统弹出“图素属性管理”对话框，如图 11-29 所示。

利用该对话框可以设置每种类型的图素具有的属性，比如图层、颜色、线型以及线宽等属性，当前绘制的图素属性与该设置一致，与状态栏中设置的属性无关。

当需要修改某种图素的属性时，只需要先选择相应属性前的复选框，再在其后的输入框中输入需要设置的值即可。对图素进行属性规划后，在绘制图素时，规划过图形对象属性直接采用其规划值，而未规划的图形对象的属性则采用当前设置的属性值。例如，按照图11-28进行属性规划，在绘制直线时，无论当前的属性设置如何，直线都将绘制在图层 1 上，直线的颜色为绿色（色号为 10），线型为实线。同时由于未对其他图形对象进行属性规划，其他图形对象的所有属性值为绘制该对象时的各属性设置值。

③ 修改属性　设计时，常常需要修改一些图素的属性，比如将图素从一个图层移动到另外一个图层中，以便于执行某些特定的编辑操作。

在状态栏中的“属性”图标上单击鼠标右键，选择需要改变属性的图素，系统将会打开“属性”对话框，然后对图层、颜色、线型以及线宽等属性进行修改。

(4) 群组

群组管理就是将某些图素设置在同一群组，以便对这些图素进行显示及选取等操作。

单击“状态栏”上的“群组”图标 群组，弹出“群组管理”对话框，如图 11-30 所示。利用该对话框可设置群组信息。

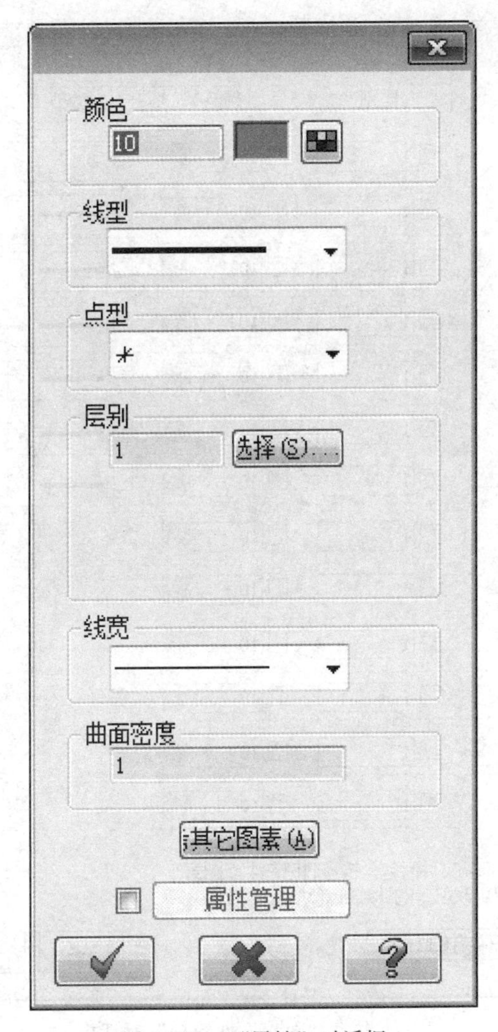

图 11-28　“属性”对话框

11.1.5　Mastercam X7 系统参数设置

Mastercam X7 系统安装完成后，软件自身有一个预定的系统参数配置方案，用户可以直接使用也可以根据自己的工作需要和实际情况来更改某些参数，以满足实际的使用需要。

Mastercam X7 系统为用户准备了设置参数的命令，要进行参数设置，可以选择下拉菜单“设置”→“系统配置”命令，系统弹出如图 11-31 所示的“系统配置”对话框，用户可根据需要进行相关参数设置。

(1) 公差设置

选择“系统配置”对话框左侧列表下面的“公差”选项，如图 11-31 所示。用户可设置曲面和曲线的公差值，从而控制曲线和曲面的光滑程度。

“公差设置”选项中各参数含义如下。

- 【系统公差】：用于设置系统的公差值。系统公差是指系统可区分的两个点的最小距离，这也是系统能创建的直线的最短长度。公差值越小，误差越小，但是系统运行速度越慢。
- 【串连公差】：用于设置串连几何图形的公差值。串连公差是指系统将两个图素作为

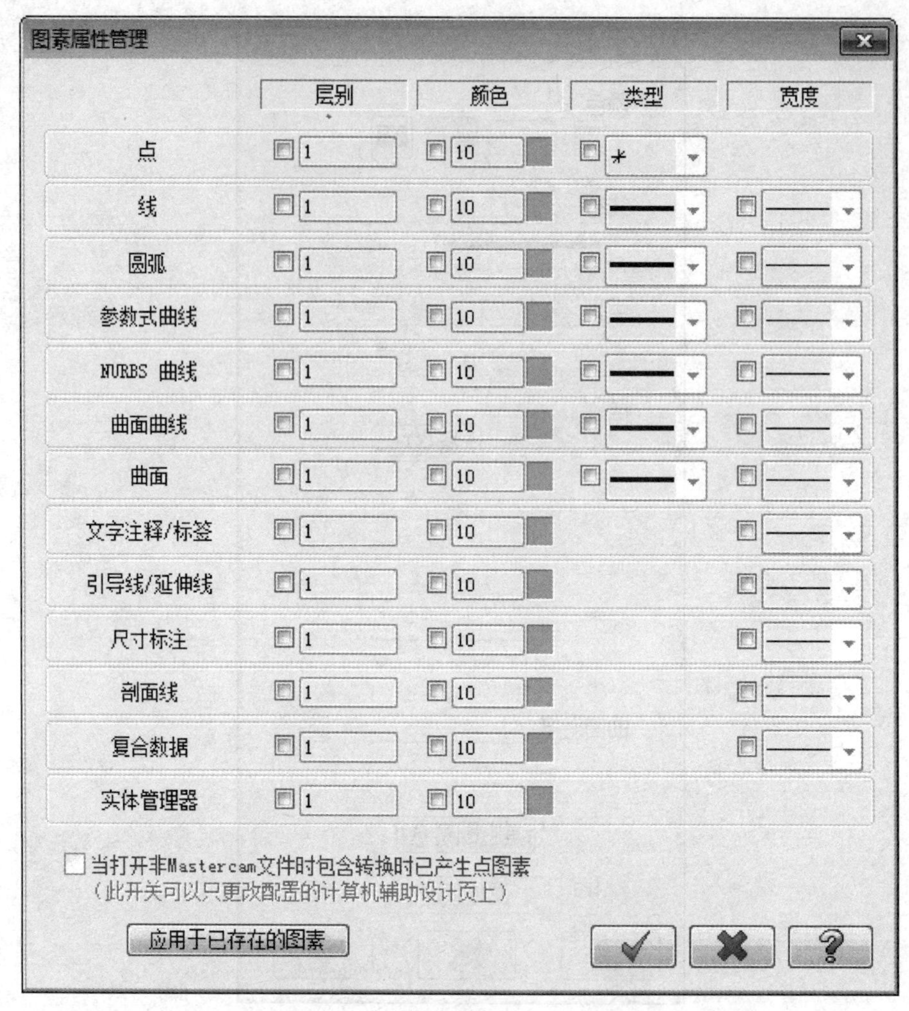

图 11-29 “图素属性管理”对话框

串连的两个图素端点的最大距离。

- 【平面串连公差】：用于设置平面串连几何图形的公差值。平面串连公差是指当图素与平面之间的距离小于平面串连公差时，可认为图素在平面上。
- 【最短圆弧长】：用于设置所能创建的最小圆弧长度，设置该参数可避免创建不必要的过小的圆弧。
- 【曲线最小步进距离】：用于设置在沿曲线创建刀具路径或将曲线打断为圆弧等操作时的最小步长。
- 【曲线最大步进距离】：用于设置在沿曲线创建刀具路径或将曲线打断为圆弧等操作时的最大步长。
- 【曲线弦差】：用于设置曲线的弦差。曲线的弦差是指用线段代替曲线时线段与曲线间允许的最大距离。
- 【曲面最大误差】：用于设置曲面的最大偏差。曲面的最大误差是指曲面与生成该曲面的曲线之间最大距离。
- 【刀具路径公差】：用于设置刀具路径的公差值，公差越小，刀具路径越准确，但计算时间越长。

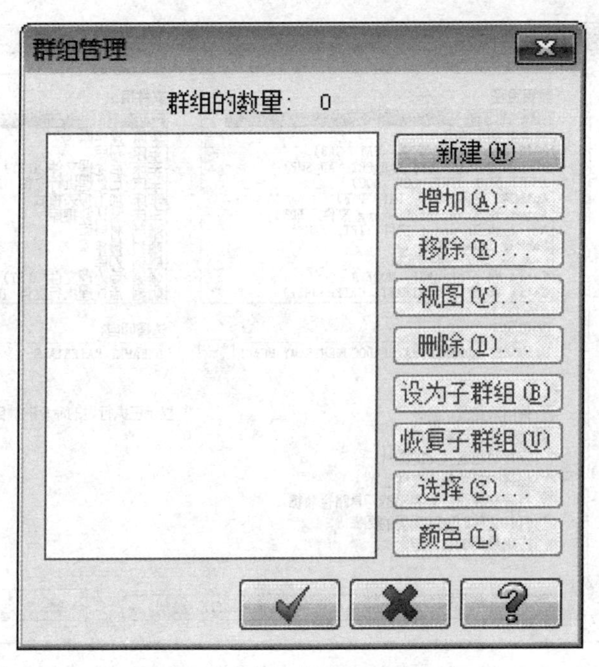

图 11-30 “群组管理”对话框

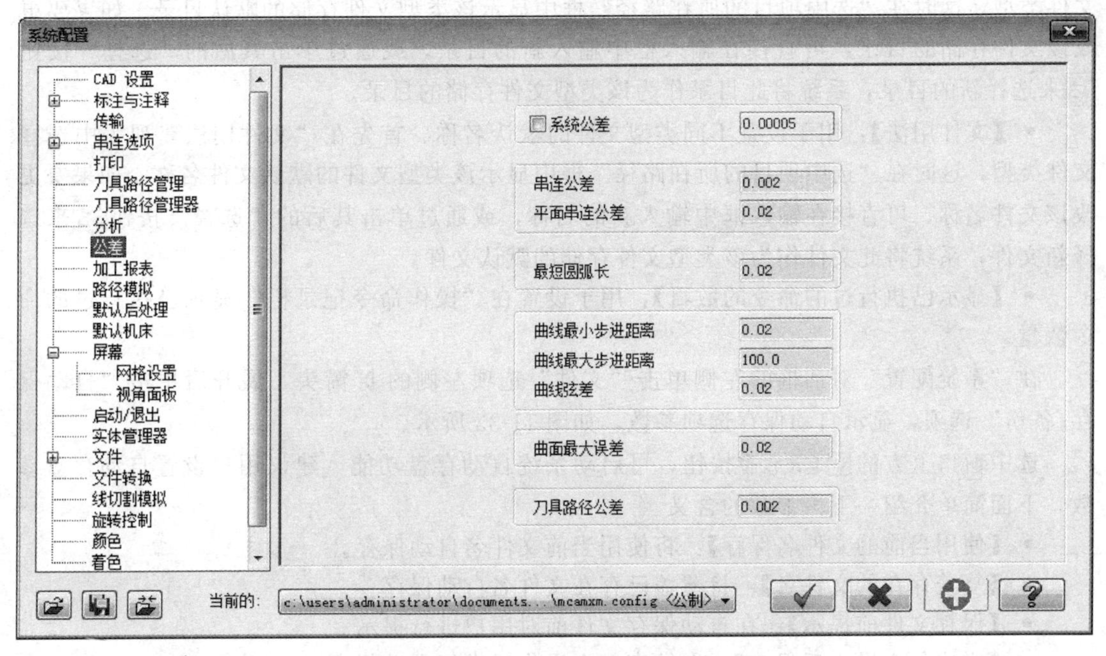

图 11-31 “系统配置”对话框

（2）文件设置

选择“系统配置”对话框左侧列表下面的“文件”选项，如图 11-32 所示。用户可设置不同类型文件的存储目录及使用的不同文件的默认名称等。

大部分系统文件管理参数可以按照系统默认设置即可，下面简单介绍一下“文件设置”各参数含义。

- 【数据路径】：用于设置不同类型文件的存储目录。首先在“数据路径”列表中选择

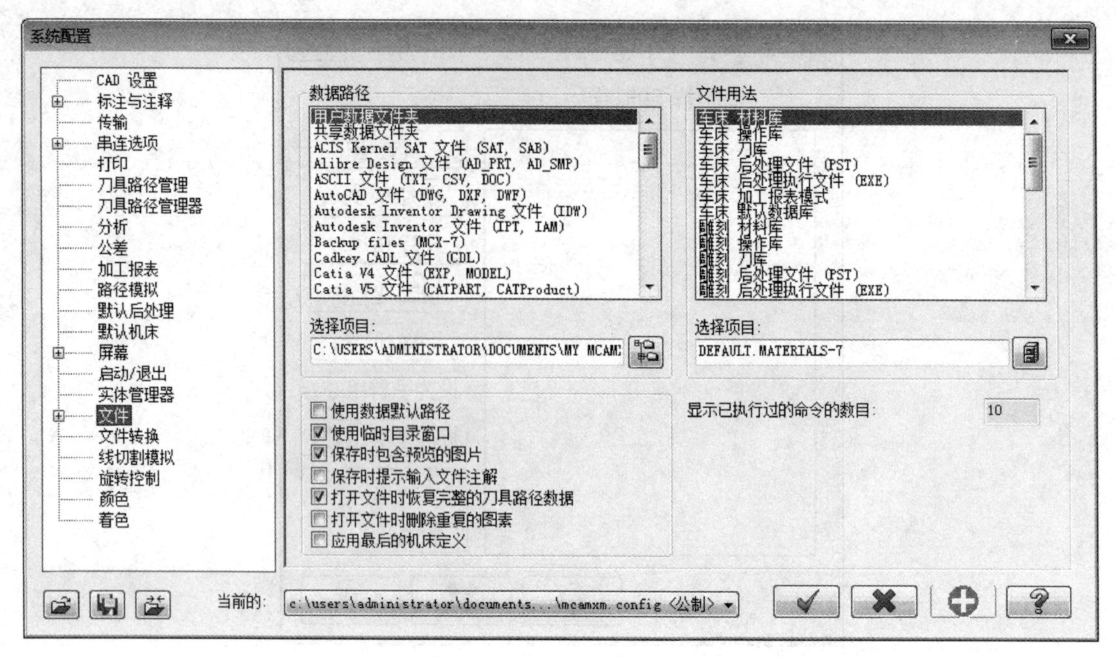

图 11-32 文件设置

文件类型，这时在“选中项目的所在路径”框中显示该类型文件存储的默认目录。如果要更改该文件存储的目录，可直接在输入框中输入新的目录，或通过单击其后的“选择”按钮来选择新的目录，系统将此目录作为该类型文件存储的目录。

- 【文件用法】：用于设置不同类型文件的默认名称。首先在“文件用法”列表中选择文件类型，这时在“选中项目的所在路径”框中显示该类型文件的默认文件名称。如果要更改该文件名称，可直接在输入框中输入新的名称，或通过单击其后的“选择”按钮来选择新文件，系统将此文件作为该类型文件存储的默认文件。
- 【显示已执行过的命令的数目】：用于设置在“操作命令记录栏”显示已执行过的命令数量。

在“系统配置”对话框的左侧单击“文件”选项左侧的▷箭头，展开后单击“自动保存/备份”选项，显示自动保存选项参数，如图 11-33 所示。

选中窗口上方的☑自动保存按钮，可启动系统自动存盘功能，建议用户设置自动存盘参数。下面简单介绍一下该参数的含义。

- 【使用当前的文件名保存】：将使用当前文件名自动保存。
- 【复盖存在的文件名】：将覆盖已存在文件名自动保存。
- 【保存文件前提示】：在自动保存文件前对用户进行提示。
- 【完成每个操作后保存】：在结束每个操作后进行自动保存。
- 【保存时间（分钟）】：设置系统自动保存文件的时间间隔，单位为分钟。
- 【文件名称】：用于输入系统自动保存文件时的文件名称。

（3）文件转换

选择“系统配置”对话框左侧列表下面的“文件转换”选项，如图 11-34 所示。用户可以设置 Mastercam X7 系统与其他软件系统进行文件转换时的参数，建议按照系统的默认设置即可。

（4）屏幕设置

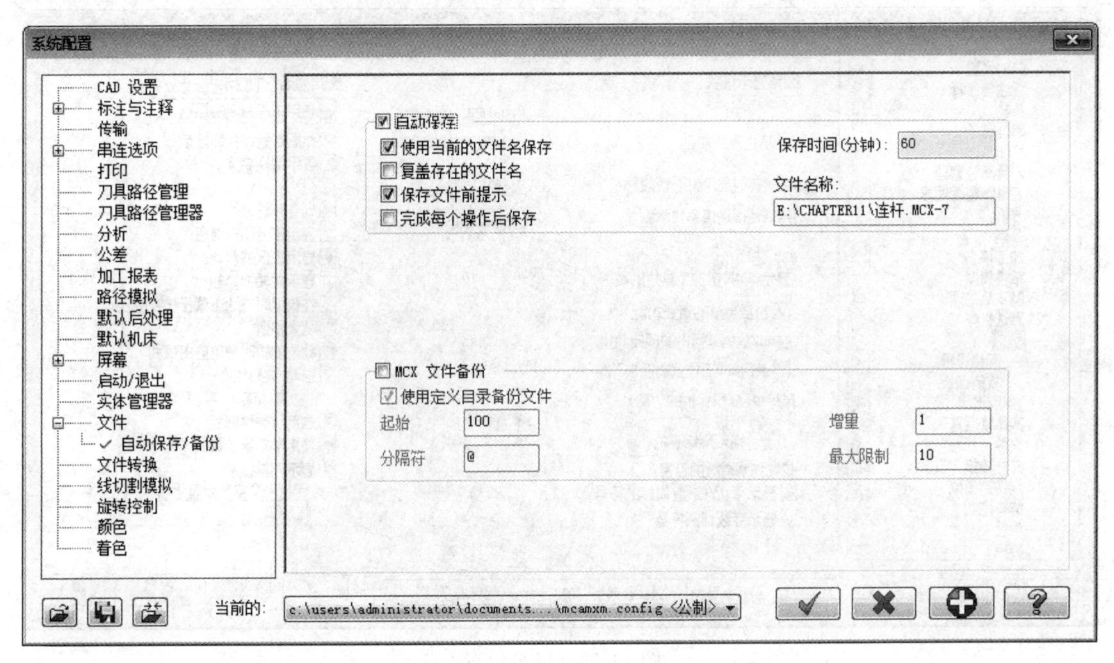

图 11-33　自动保存/备份

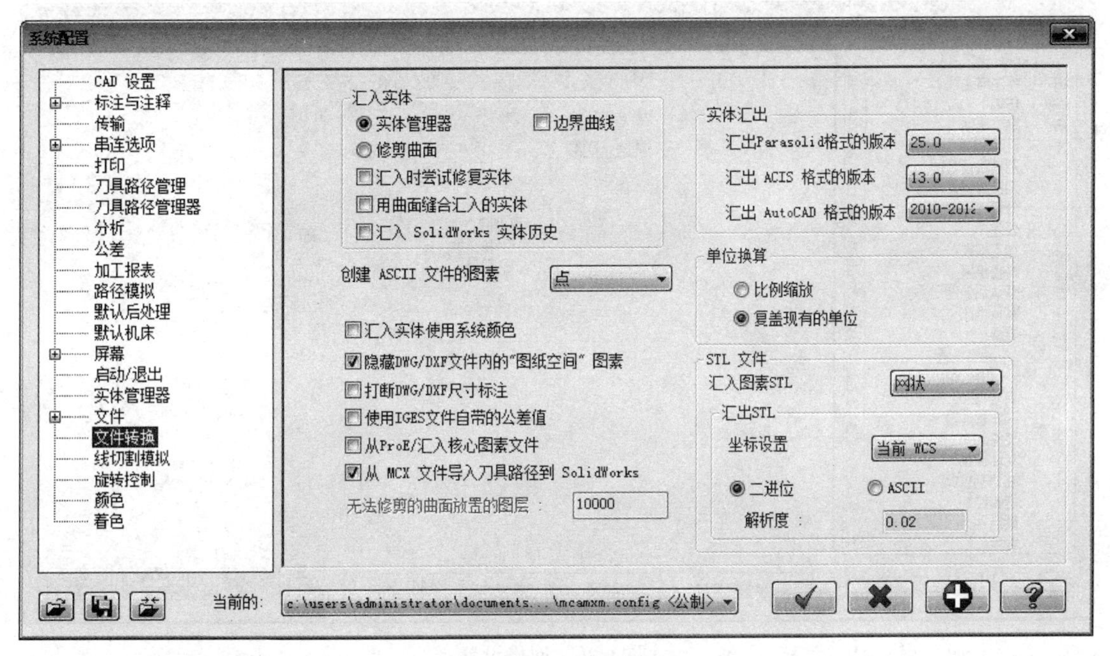

图 11-34　文件转换

选择“系统配置”对话框左侧列表下面的“屏幕”选项，如图 11-35 所示。用户可以设置 Mastercam X7 系统屏幕显示方面的参数，建议按照系统的默认设置即可。

在“系统配置”对话框的左侧单击“网格设置”选项左侧的 ▷ 箭头，展开后单击“网格设置”选项，如图 11-36 所示。

对于借助栅格进行绘图的用户可以设置系统栅格 Grid 的参数，各参数含义如下。

- 【启用网格】：选中该复选框，可启动栅格捕捉功能。

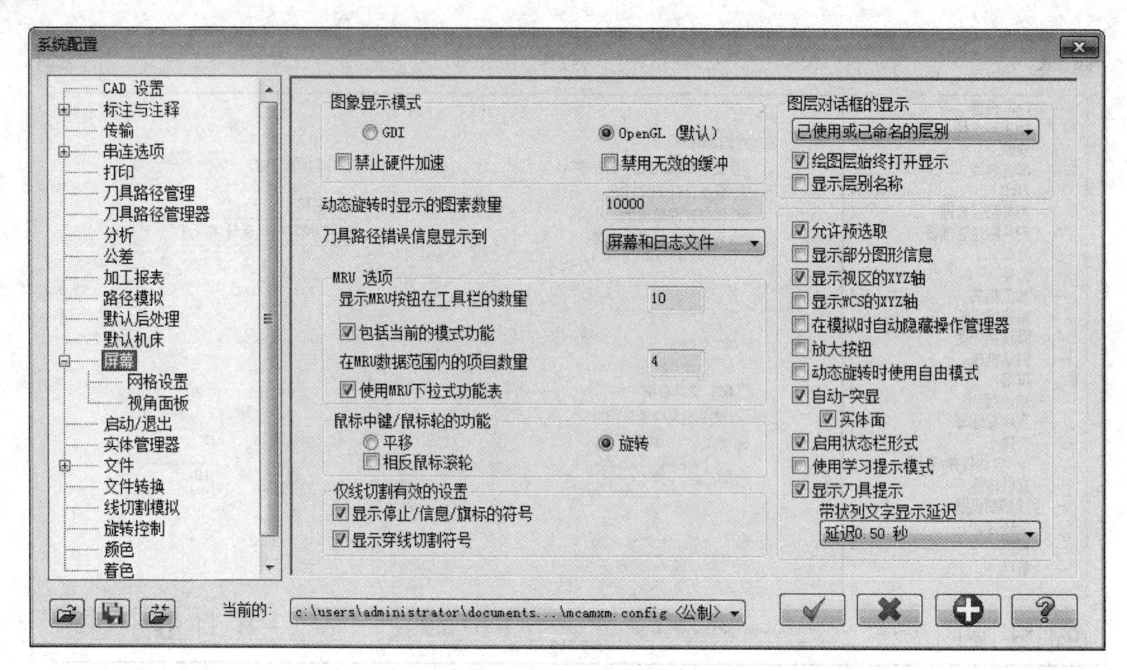

图 11-35 屏幕设置

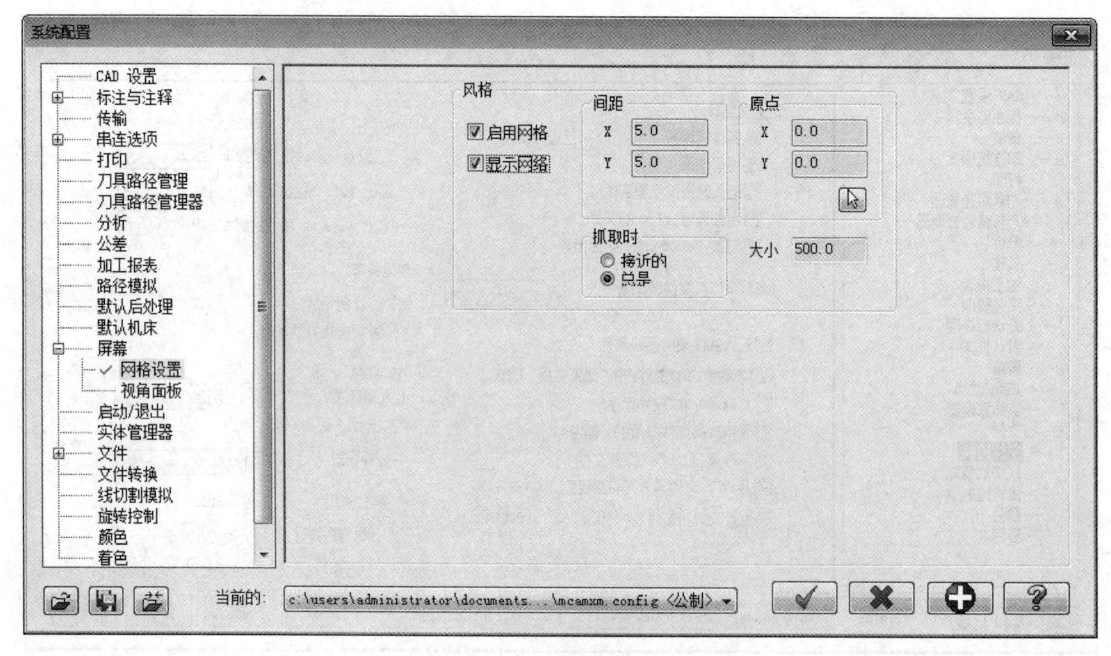

图 11-36 网格设置

- 【显示网格】：选中该复选框，系统显示栅格。
- 【间距】：设置栅格 X，Y 方向间距。
- 【原点】：设置栅格的原始坐标。
- 【抓取时】：设置捕捉选项，选择“接近的”选项时，当光标和栅格间距小于捕捉距离时启动捕捉功能，选择“总是”选项时，无论光标和栅格间距为多少，总是启动栅格捕捉功能。
- 【大小】：设置栅格显示区域大小。

栅格参数设置完毕后，单击“应用”按钮 ，对栅格参数进行显示测试，对不合适的参数进行再调整，读者可以自行练习。

（5）颜色设置

选择“系统配置”对话框左侧列表下面的“颜色”选项，如图 11-37 所示。用户可以设置 Mastercam X7 系统颜色方面的参数。

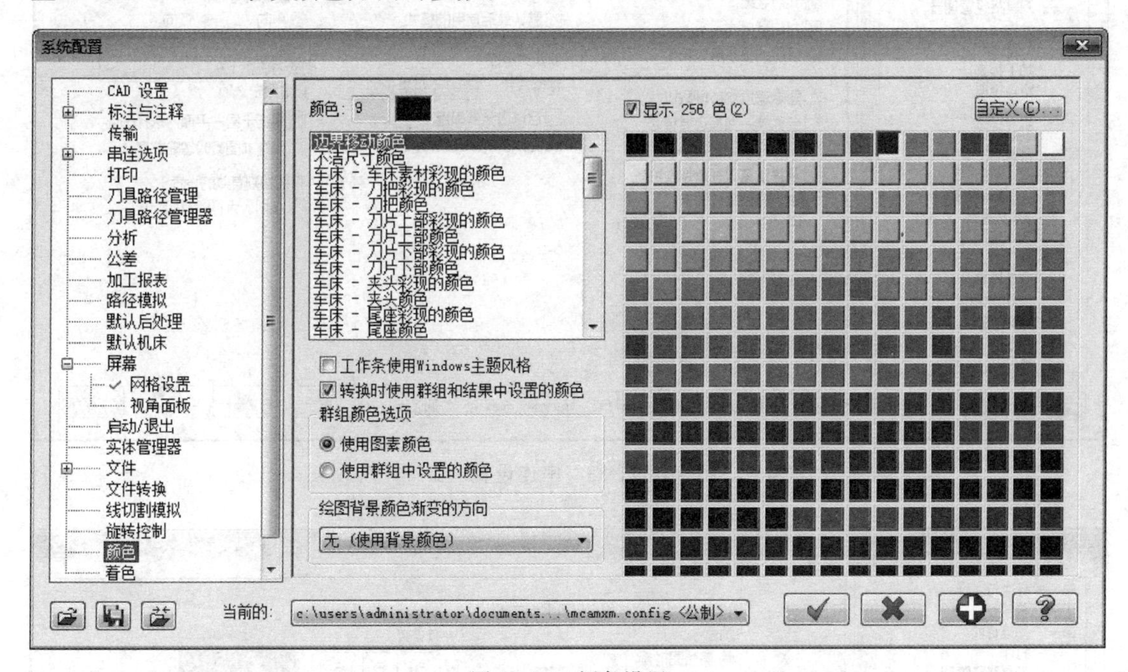

图 11-37　颜色设置

大部分的颜色参数按照系统默认设置即可，对于有绘图区域背景颜色喜好的用户可以设置系统绘图区背景参数。其中“工作区背景颜色”用于设置系统绘图区域背景颜色，用户可以在右侧的颜色选择区域选择自己所喜好的背景颜色，比如可以选择背景颜色为白色等。

（6）串连设置

选择“系统配置”对话框左侧列表下面的“串连选项”选项，如图 11-38 所示。用户可以设置 Mastercam X7 系统串连选择方面的参数，建议按照系统默认设置。

（7）着色设置

选择“系统配置”对话框左侧列表下面的“着色”选项，如图 11-39 所示。用户可以设置 Mastercam X7 系统曲面和实体着色方面的参数，建议按照系统默认设置。

“着色”相关选项参数含义如下。

- 【启用着色】：选中该复选框，系统启用着色功能。
- 【所有图素】：选中该复选框，将对所有曲面和实体进行着色，否则需要选择进行着色的曲面或者实体。
- 【颜色】：用于设置曲面和实体的颜色，包括以下选项。

➢ 〖原始图素颜色〗：曲面和实体着色的颜色与其本身原来颜色相同。

➢ 〖选择颜色〗：所有曲面和实体以单一的所选颜色进行着色显示。

➢ 〖材质〗：所有曲面和实体以单一的所选材质颜色进行着色显示。

- 【参数】：用于参数设置，包括以下选项。

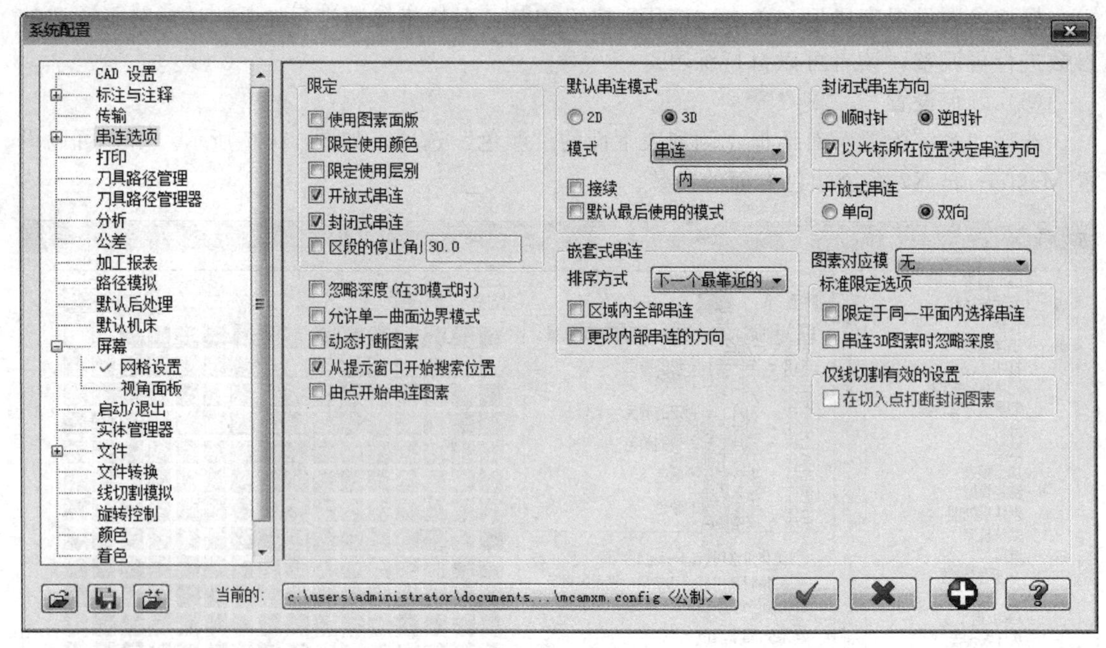

图 11-38 串连设置

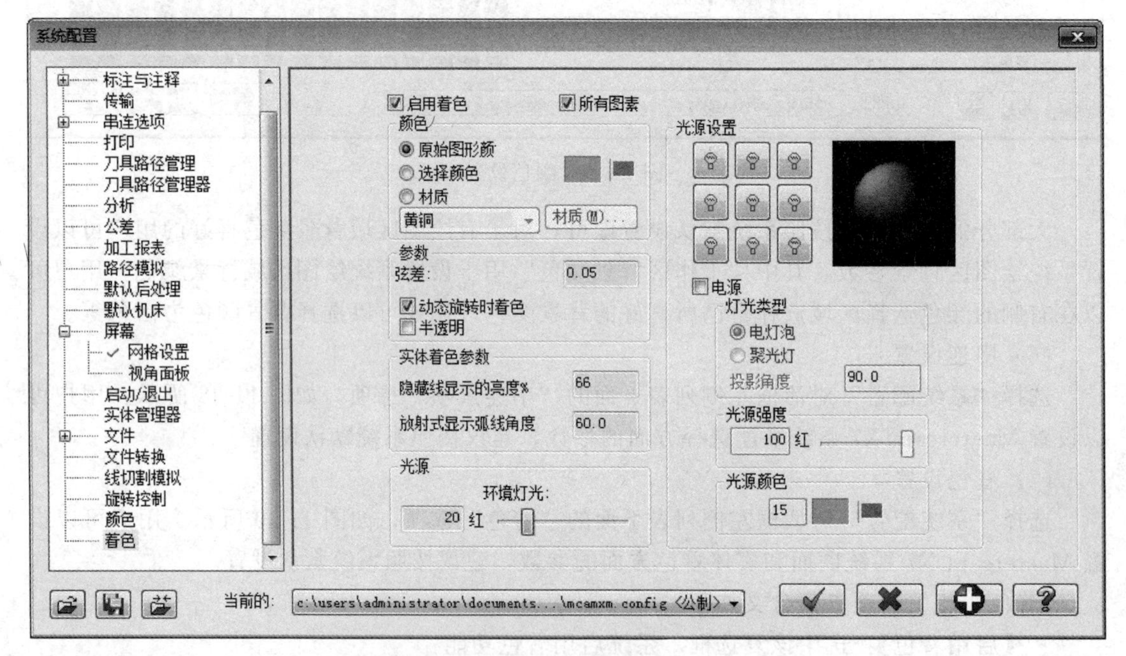

图 11-39 着色设置

➢ 〖弦差〗：用于设置曲面的弦高，此数值越小曲面着色时越光滑，耗时也越长。

➢ 〖动态旋转时着色〗：动态旋转图形时，曲面仍然为着色模式。

➢ 〖半透明〗：曲面和实体为透明的着色模式。

- **【实体着色参数】**：用于设置实体着色参数，包括以下选项。

➢ 〖隐藏线显示的亮度%〗：用于输入实体隐藏线的显示亮度值。

➢ 〖放射式显示弧形角度〗：用于输入实体径向显示线之间的夹角，角度越小实体径向显示线越多。

- 【光源设置】：用于环境光参数设置。用户可调整滑块来改变环境光的强度。
- 【光源】：用于灯光设置。系统提供 9 盏灯供用户配置，任意选择一盏灯后，就可以对“灯光类型”、“光源强度”和“光源颜色”等参数进行调配了。

（8）打印设置

选择“系统配置”对话框左侧列表下面的“打印”选项，如图 11-40 所示。用户可以设置 Mastercam X7 系统打印参数。

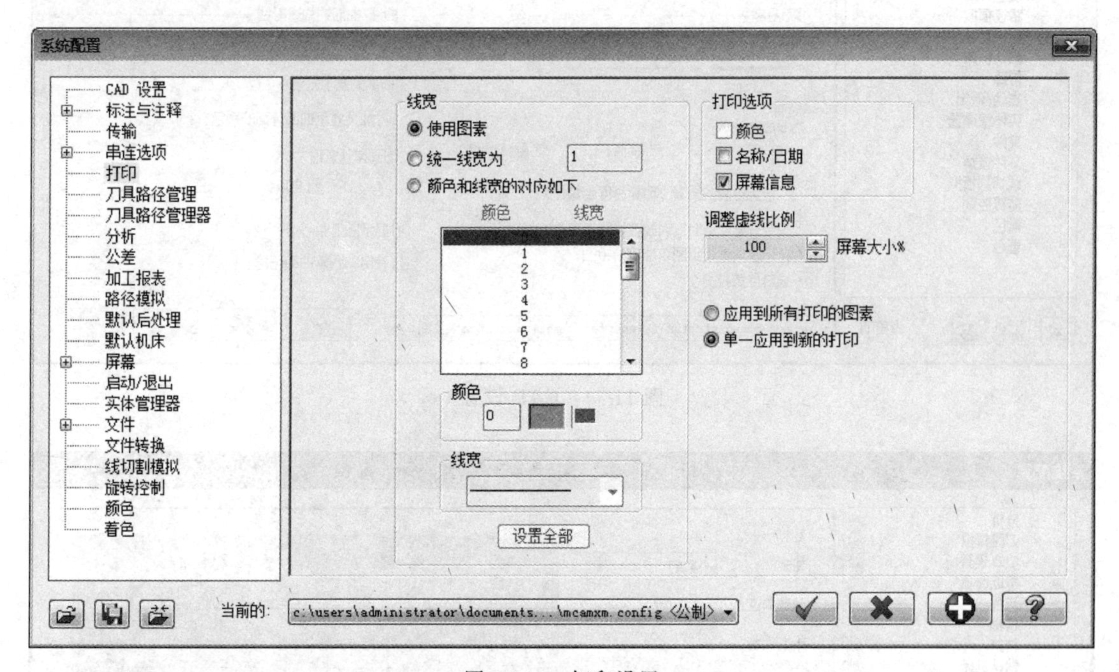

图 11-40　打印设置

“打印设置”相关选项参数含义如下。

- 【线宽】用于设置线宽，包括以下选项。

➢ 〖使用图素〗：系统以几何图形本身的线宽进行打印。

➢ 〖统一线宽为〗：用户可以在输入栏输入所需要的打印线宽。

➢ 〖颜色与线宽的对应如下〗：在列表中对几何图形的颜色进行线宽设置，这样系统在打印时以颜色来区分线型的打印宽度。

- 【打印选项】：用于设置打印选项，包括以下选项。

➢ 〖颜色〗：系统可以进行彩色打印。

➢ 〖名称/日期〗：系统在打印时将文件名称和日期打印在图纸上。

➢ 〖屏幕信息〗：将对曲面和实体进行着色打印。

（9）CAD 设置

选择“系统配置”对话框左侧列表下面的“CAD 设置”选项，如图 11-41 所示。用户可以设置 Mastercam X7 系统 CAD 方面的参数，建议采用系统默认设置。

（10）标注与注释

选择“系统配置”对话框左侧列表下面的“标注与注释”选项，如图 11-42 所示。用户可以设置 Mastercam X7 系统尺寸方面的参数。系统的尺寸标注设置包括“尺寸属性”、“尺

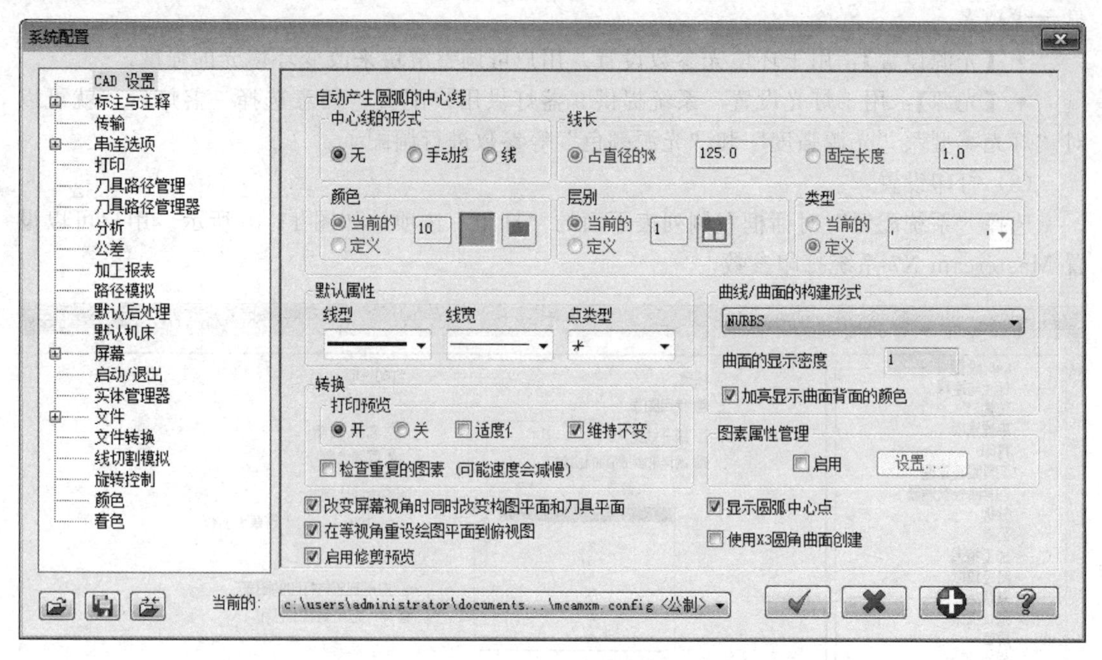

图 11-41 CAD 设置

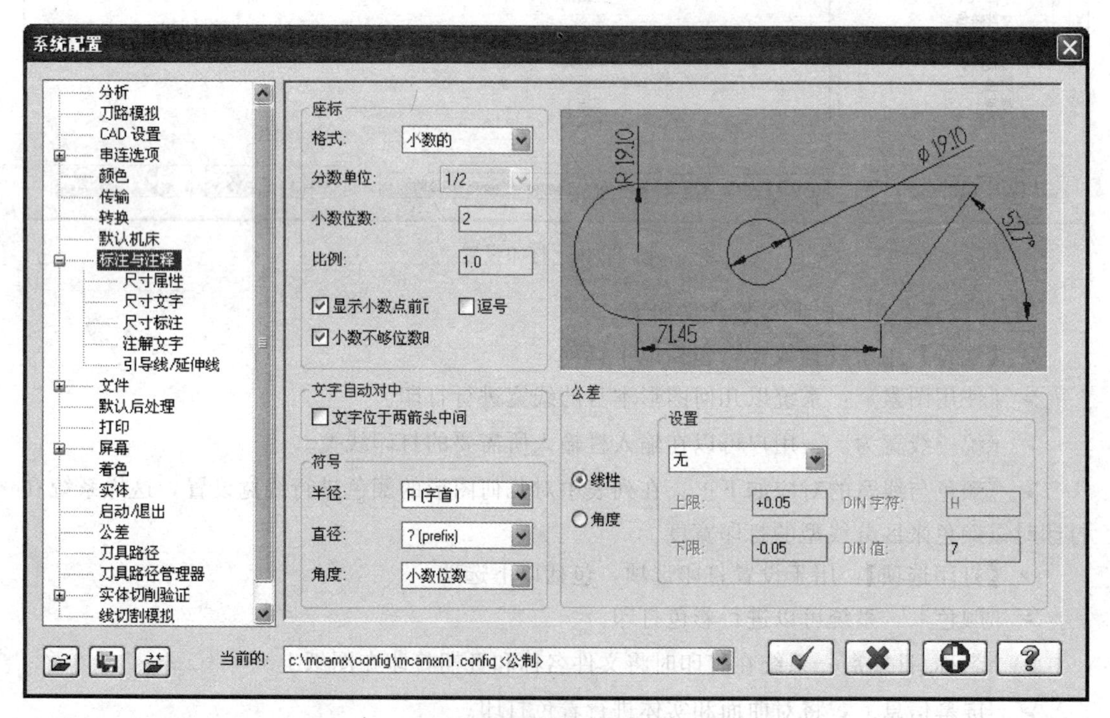

图 11-42 标注与注释

寸文字”、“尺寸标注”、“注解文字”、“引导线/延伸线”5 个选项。

（11）启动/退出

选择“系统配置”对话框左侧列表下面的“启动/退出”选项，如图 11-43 所示。用户可以设置 Mastercam X7 系统启动/退出方面的参数。

大部分参数按照系统默认设置就可以，一般需要设置的参数为“系统配置”，用于设置

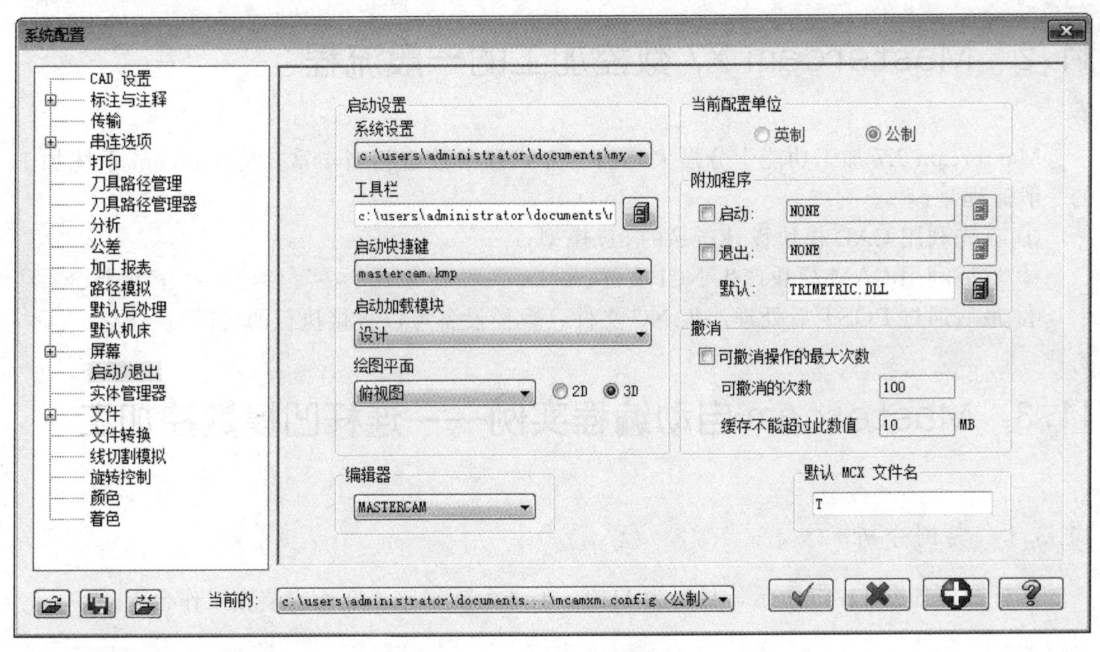

图 11-43　启动/退出

系统启动时自动调入的单位，有公制“DEFAULT（Metric）”和英制“DEFAULT（English）”两种单位，一般选择公制“DEFAULT（Metric）”单位，这样系统在每次启动时都将进入公制单位设计环境。

（12）刀具路径管理器

选择“系统配置”对话框左侧列表下面的“刀具路径管理器”选项，如图 11-44 所示。用户可以设置 Mastercam X7 系统刀具路径方面的参数。

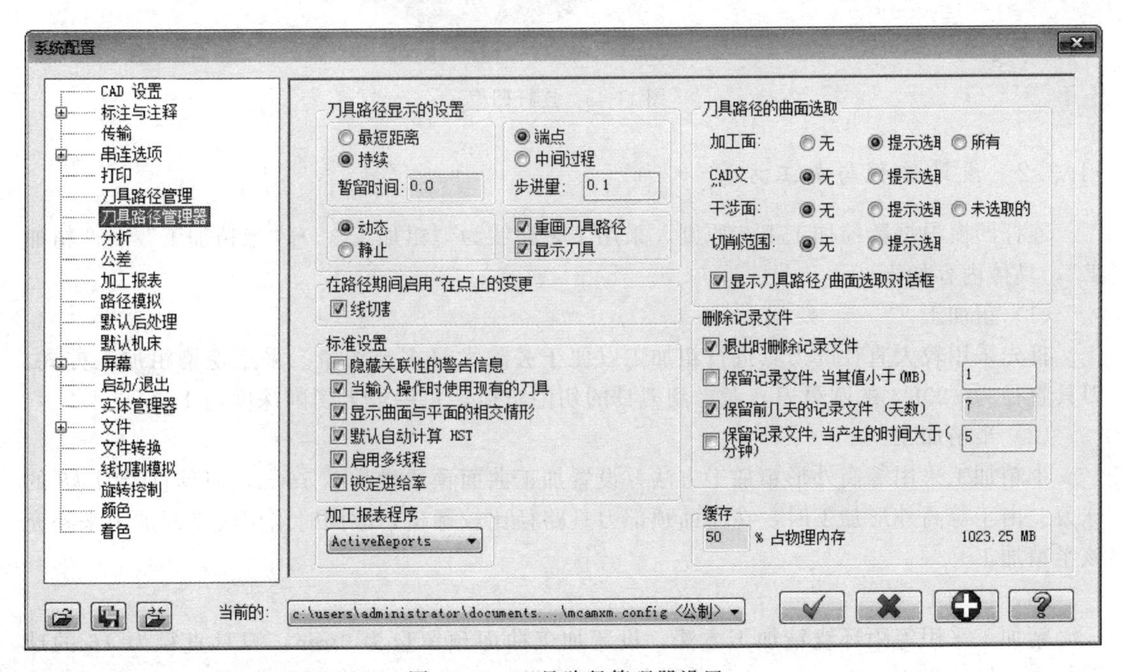

图 11-44　刀具路径管理器设置

11.2 Mastercam X7 数控加工的一般流程

Mastercam X7 加工功能十分强大，加工方式和参数也相当丰富。Mastercam 系统加工的一般流程是：

① 首先利用 CAD 模块设计产品的 3D 模型；

② 然后利用 CAM 模块产生 NCI 文件；

③ 最后通过 POST 后处理产生 NC 文件（数控设备可以直接执行的代码）。

11.3 Mastercam 自动编程实例——连杆凹模数控加工

11.3.1 实例分析

连杆凹模如图 11-45 所示，材料为 H13，毛坯六面平整，底面安装在工作台上。

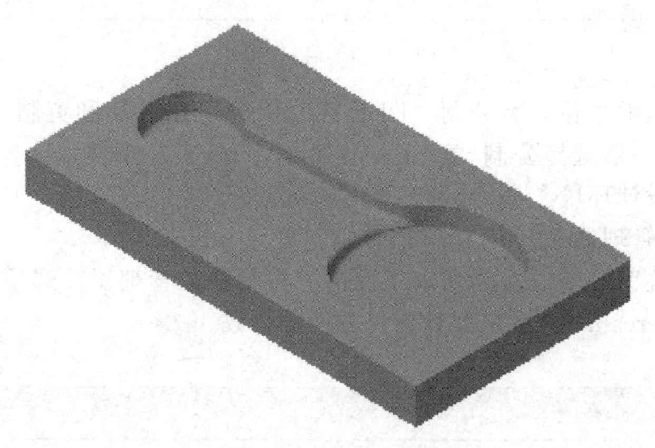

图 11-45 连杆凹模

11.3.2 设计流程与加工方案

连杆凹模根据数控加工工艺原则，采用工艺路线为“粗加工”→“半精加工”→“精加工”，具体内容如下。

(1) 粗加工

首先采用较大直径的刀具进行粗加工以便于去除大量多余留量。采用挖槽粗加工方式，刀具直径为 $\phi 20R4$ 的圆鼻刀，考虑到刀具的切削负荷，每层最大切削深度为 1mm。

(2) 半精加工

半精加工采用等高外形精加工方法，设置加工曲面预留量为 0.5mm，刀具直径为 $\phi 8$ 的球刀。由于等高外形加工时，在曲面顶部刀具路径比较稀疏，故同时采用浅平面加工来补充该半精加工。

(3) 精加工

精加工采用等距环绕精加工方法，设置加工曲面预留量为 0mm，刀具直径为 $\phi 6$ 的球刀，主轴转速为 1800r/min。为了保证加工后质量，设置最大切削间距为 0.5mm。

11.3.3　加工流程与所用知识点

连杆凹模数控加工具体的设计流程和知识点，如表11-1所示。

表11-1　连杆凹模加工流程和知识点

步骤	设计知识点	设计流程效果图
Step 1:打开文件	启动Mastercam,打开文件	
Step 2:设置加工工件	设置工件毛坯,以便于更好显示实体切削验证	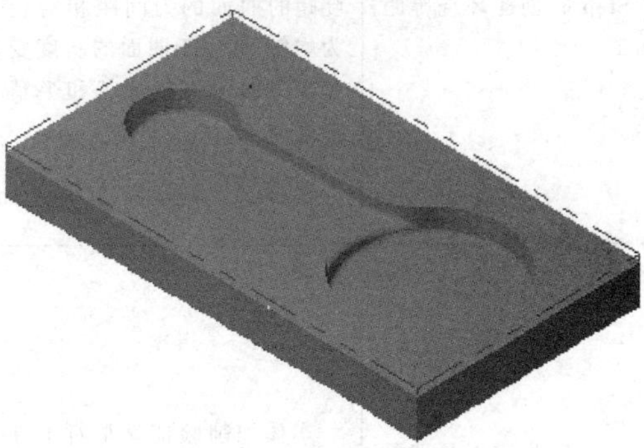
Step 3:创建挖槽加工	挖槽粗加工的特征是在刀具路径在同一高度内完成一层切削,遇到曲面或实体时将绕过,下降一个高度进行下一层的切削	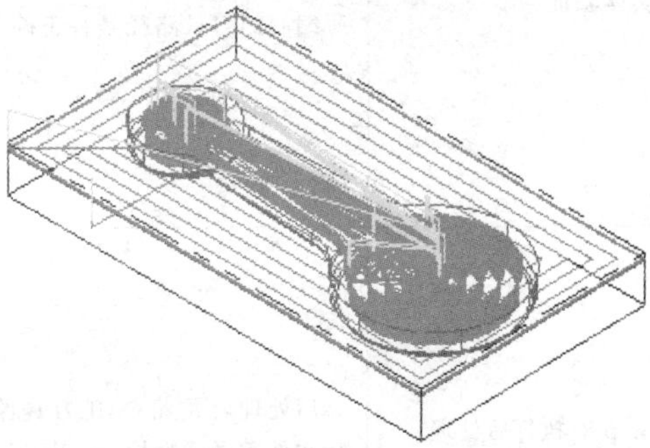
Step 4:创建等高外形加工	等高外形精加工的刀具路径在同一高度层内围绕曲面进行加工,逐渐降层进行加工,主要用于大部分直壁或者斜度不大的侧壁的精加工	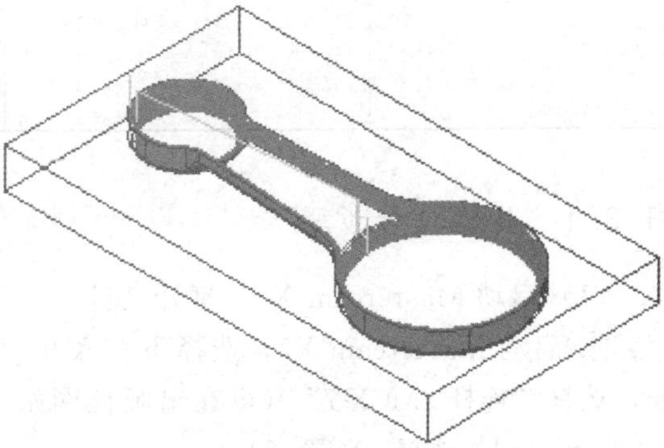

续表

步骤	设计知识点	设计流程效果图
Step 5：创建浅平面加工	浅平面精加工可以对坡度小的曲面产生精加工刀具路径，与陡峭面精加工正好相反	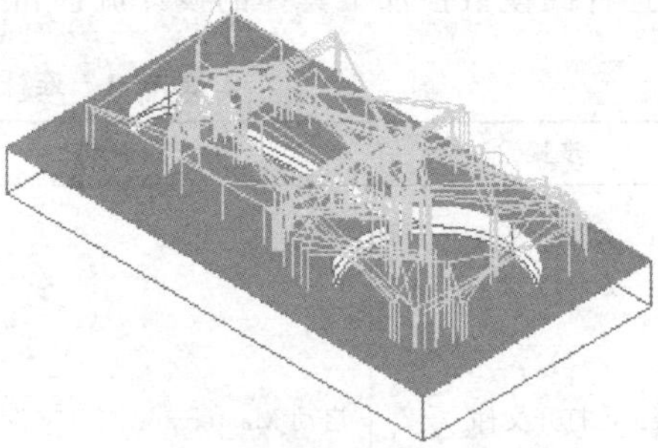
Step 6：创建环绕等距加工	环绕等距曲面加工产生的刀具路径在平缓的曲面上及陡峭的曲面的刀间距相对较为均匀，使用于曲面的斜度变化较多的两件精加工和半精加工	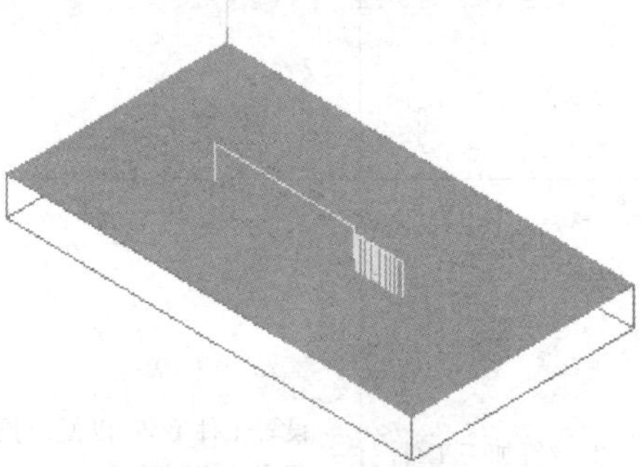
Step 7：生成刀具路径和实体验证	实体切削验证就是对工件进行逼真的切削模拟来验证所编制的刀具路径是否正确	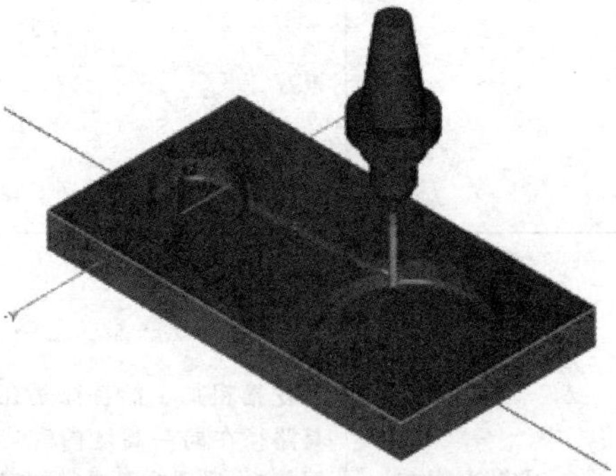
Step 8：执行后处理	后处理就是将 NCI 刀具路径文件翻译成数控 NC 程序	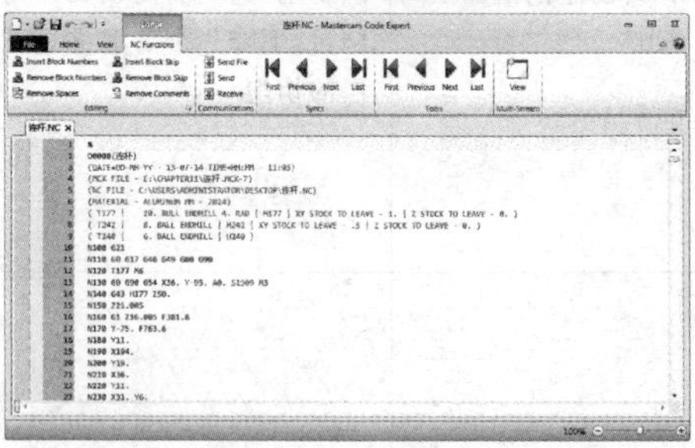

11.3.4 具体设计步骤

(1) 启动 Mastercam X7，打开文件

① 启动 Mastercam X7，选择下拉菜单“文件”→“打开”命令，弹出“打开”对话框，选择“连杆.MCX-7”（可在出版社网站 www.cip.com.cn 资源下载区下载\第 11 章\uncompleted\连杆.MCX-7）。

② 单击“打开”对话框中的 [✓] 按钮，将该文件打开。单击“绘图视角”工具栏上的“I 等角视图”按钮，如图 11-46 所示。

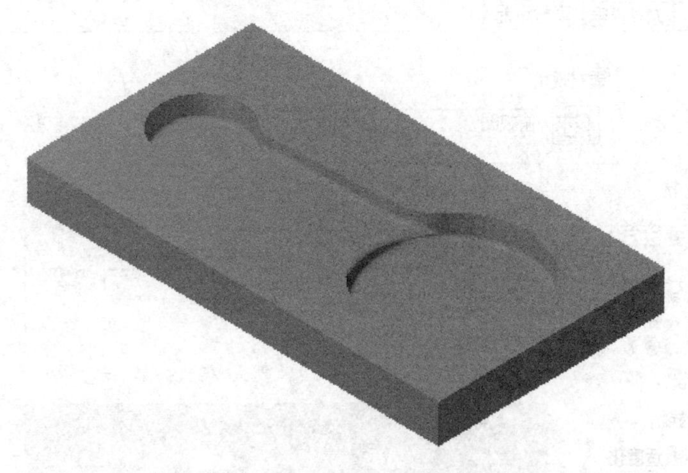

图 11-46 打开模型文件

（2）选择加工系统

选择下拉菜单“机床类型”→“铣床”→“默认”命令，此时系统进入铣削加工模块。

（3）设置加工工件

① 双击如图 11-47 所示“操作管理器”中的“属性-Mill Default MM”标识，展开“属性”后的“操作管理器”如图 11-48 所示。

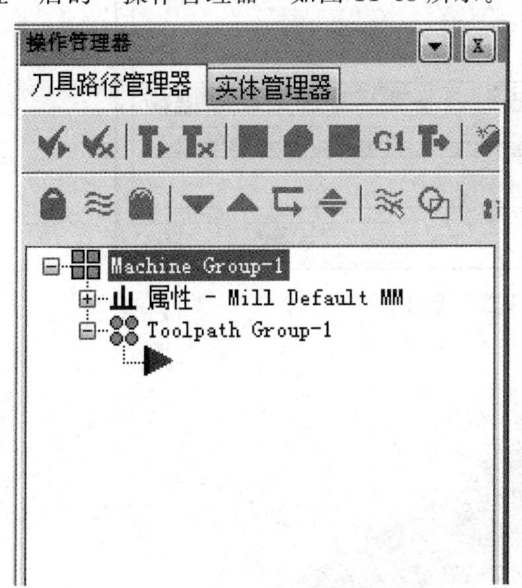

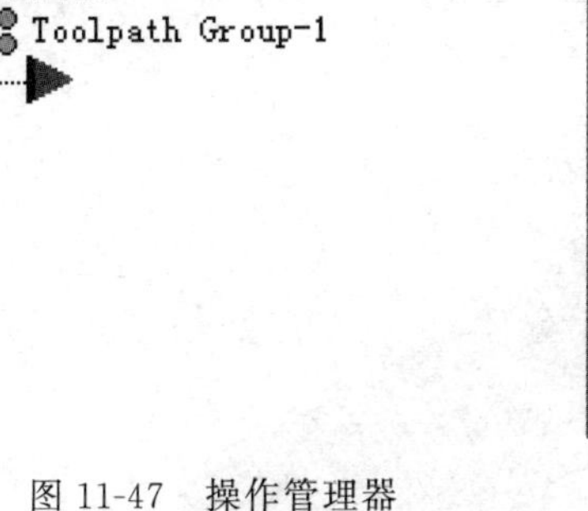

图 11-47 操作管理器

图 11-48 展开属性后的操作管理器

② 单击“属性”选项下的“素材设置”命令，系统弹出“机器群组属性”对话框中的“素材设置”选项卡，设置毛坯形状为立方体，选中“显示”中的“线架构”，以在显示窗口中以线框形式显示毛坯，如图 11-49 所示。

③ 单击“所有实体”按钮，设置素材原点为（115，15，20），立方体尺寸为（180，330，35），单击“机器群组属性”对话框中的 [✓] 按钮，完成加工工件设置，如图 11-50 所示。

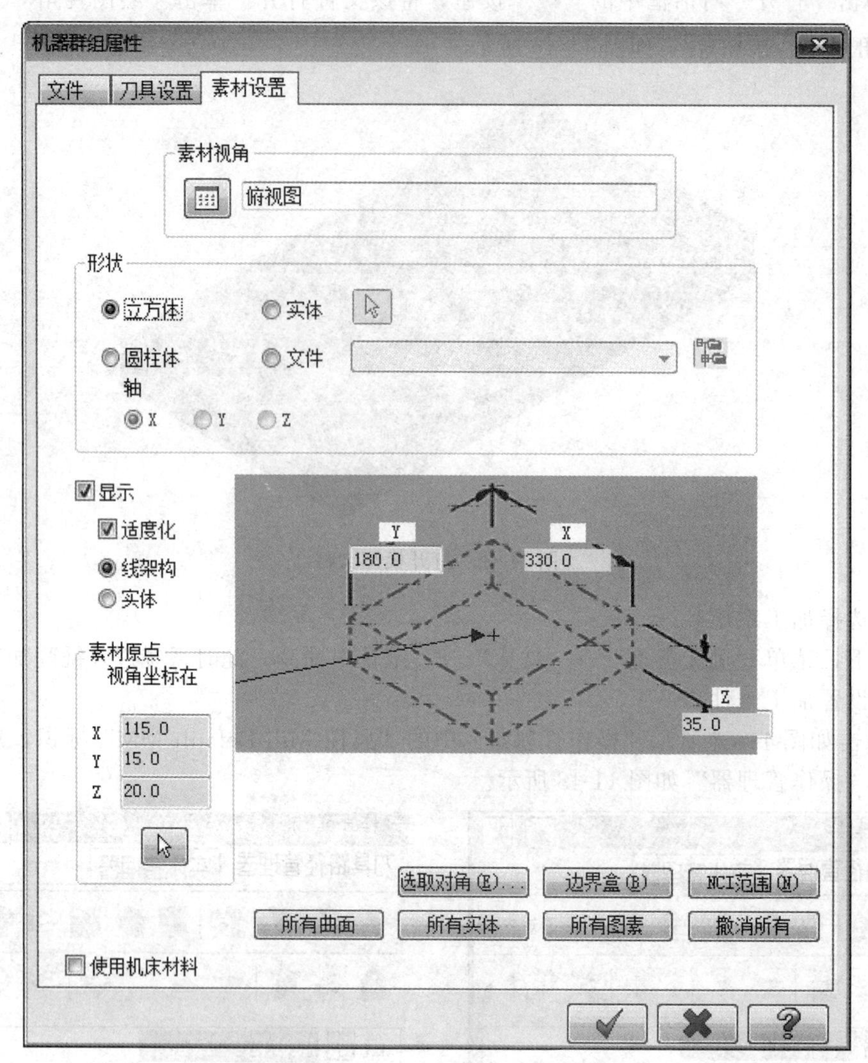

图 11-49 “素材设置”选项卡

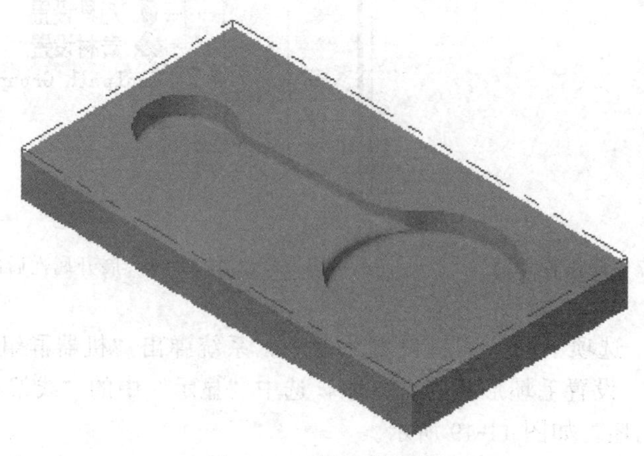

图 11-50 设置的工件

（4）挖槽粗加工

① 启动挖槽粗加工

• 选择下拉菜单“刀具路径”→“曲面粗加工”→“粗加工挖槽加工”命令，弹出“输入新的 NC 名称”对话框，重新命名为“连杆”，如图 11-51 所示。

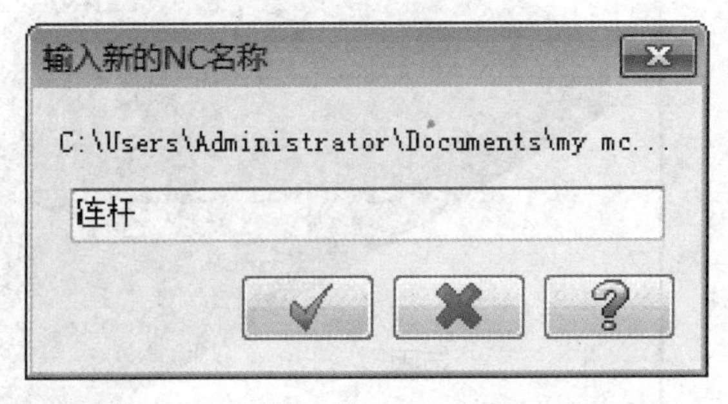

图 11-51 “输入新的 NC 名称”对话框

• 单击“确定”按钮后，系统提示选择需加工曲面，拉框选择如图 11-52 所示所有曲面。

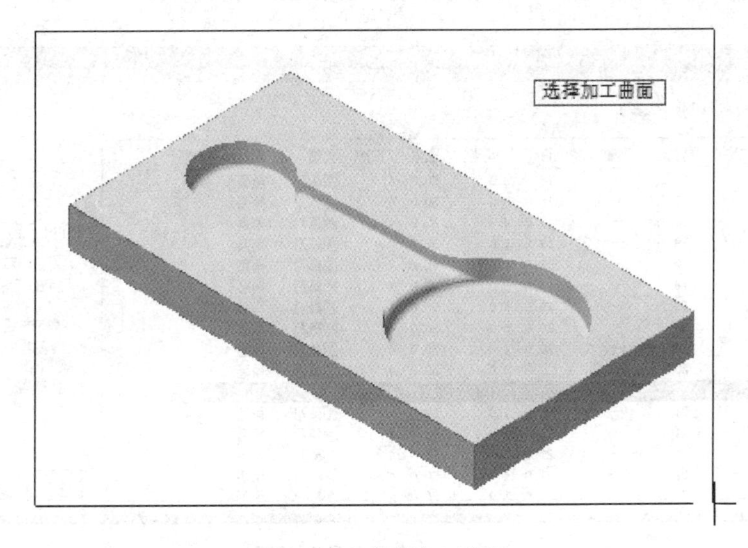

图 11-52 选择加工曲面

• 单击 ENTER 键，弹出“刀具路径的曲面选取”对话框。单击“Containment boundary”选项中的按钮，选择如图 11-53 所示的曲面边界线。单击“确定”按钮，完成选择。

② 设置加工刀具

• 在弹出的“曲面粗加工挖槽”对话框中单击“选择库中刀具”按钮，弹出“选择刀具”对话框。单击窗口左上方下拉列表框，在列表中选择刀库“Mill _ MM. Tooldb”，选择“号码”为 177，直径为 $\phi 20R4$ 的圆鼻刀，如图 11-54 所示。

• 确定后，返回“曲面粗加工挖槽”对话框，在“刀具路径参数”选项卡中设置“进给率”、“主轴转速”、“下刀速率”和“提刀速率”，如图 11-55 所示。

③ 设置曲面加工参数 单击“曲面参数”标签，弹出该选项卡，设置相关加工参数如图 11-56 所示。

④ 设置挖槽加工参数

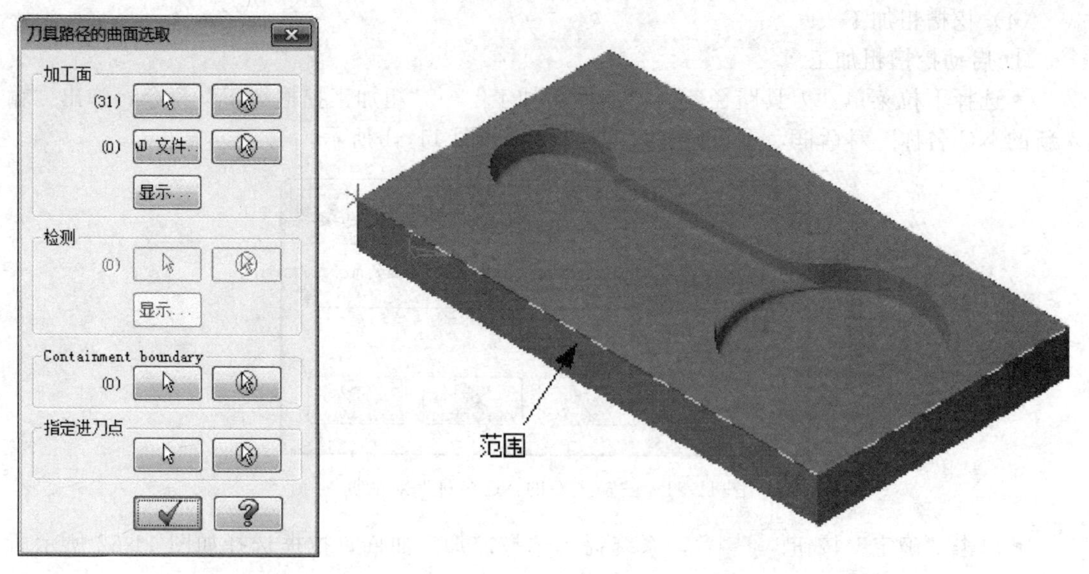

图 11-53 定义切削范围

选择刀具 - C:\users\public\documents\shared mcamx7\Mill\Tools\Mill_mm.Tooldb

C:\users\publi...\Mill_mm.Tooldb

刀具号	程序集名称	刀具名称	刀柄的名称	直径	刀角半径	长度	刀刃数	类型	刀具半径类型
167	--	18...	--	18.0	2.0	50.0	4	圆鼻刀	角落
168	--	18...	--	18.0	3.0	50.0	4	圆鼻刀	角落
169	--	18...	--	18.0	4.0	50.0	4	圆鼻刀	角落
170	--	19...	--	19.0	1.0	50.0	4	圆鼻刀	角落
171	--	19...	--	19.0	2.0	50.0	4	圆鼻刀	角落
172	--	19...	--	19.0	3.0	50.0	4	圆鼻刀	角落
173	--	19...	--	19.0	4.0	50.0	4	圆鼻刀	角落
174	--	20...	--	20.0	1.0	50.0	4	圆鼻刀	角落
175	--	20...	--	20.0	2.0	50.0	4	圆鼻刀	角落
176	--	20...	--	20.0	3.0	50.0	4	圆鼻刀	角落
177	--	20...	--	20.0	4.0	50.0	4	圆鼻刀	角落
178	--	21...	--	21.0	1.0	50.0	4	圆鼻刀	角落
179	--	21...	--	21.0	2.0	50.0	4	圆鼻刀	角落
180	--	21...	--	21.0	3.0	50.0	4	圆鼻刀	角落
181	--	21...	--	21.0	4.0	50.0	4	圆鼻刀	角落
182	--	22...	--	22.0	1.0	50.0	4	圆鼻刀	角落

过虑(F)...
启用刀具过)
显示的刀具数149 /
显示方式
刀具
装配
两者

图 11-54 “选择刀具”对话框

• 单击“粗加工参数”选项卡，设置相关参数如图 11-57 所示。

• 选中“螺旋式下刀”复选框，单击“螺旋式下刀”按钮，打开“螺旋/斜插式下刀参数”对话框，设置相关参数如图 11-58 所示。

• 设置切削深度。单击“切削深度”按钮，弹出“切削深度设置”对话框，设置切削控制参数如图 11-59 所示。

• 设置间隙。单击“间隙设置”按钮，弹出“刀具路径的间隙设置”对话框，设置相关参数如图 11-60 所示。

• 单击“挖槽参数”选项卡，设置相关参数如图 11-61 所示。

• 单击“确定”按钮，完成加工参数设置。

⑤ 生成刀具路径并验证

• 完成加工参数设置后，产生加工刀具路径，如图 11-62 所示。

• 单击“操作管理器”中的“实体加工验证”按钮，系统弹出“Mastercam Simulator”

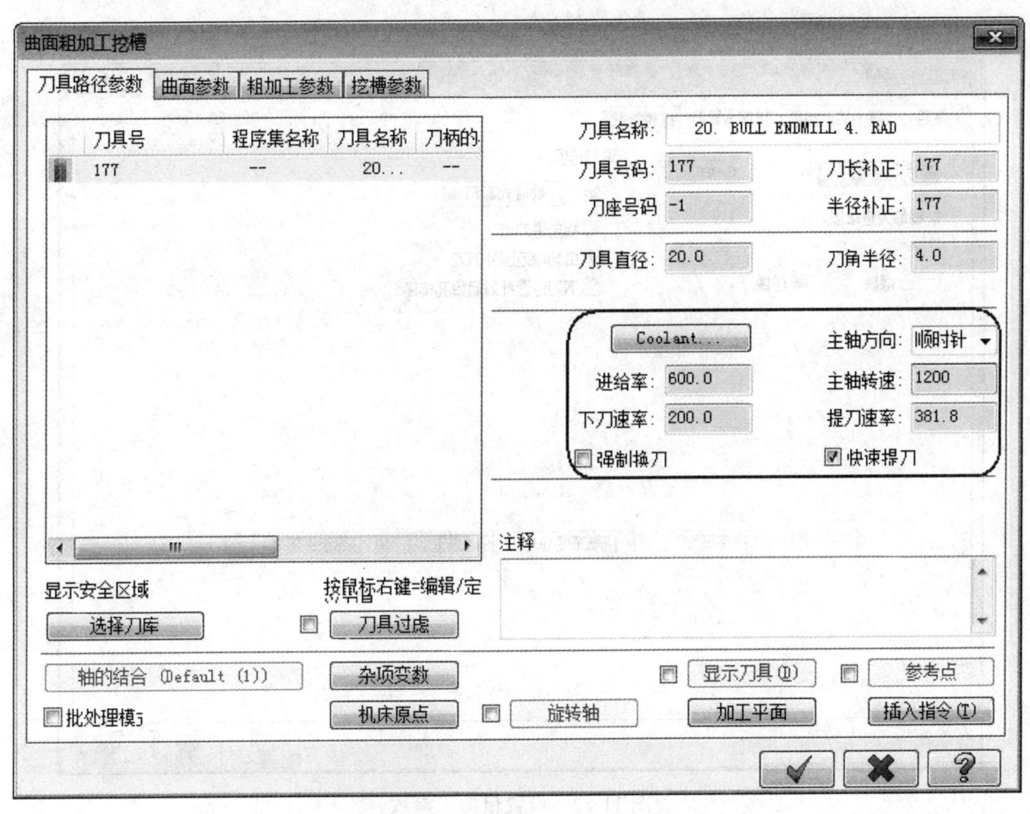

图 11-55　设置刀具加工参数

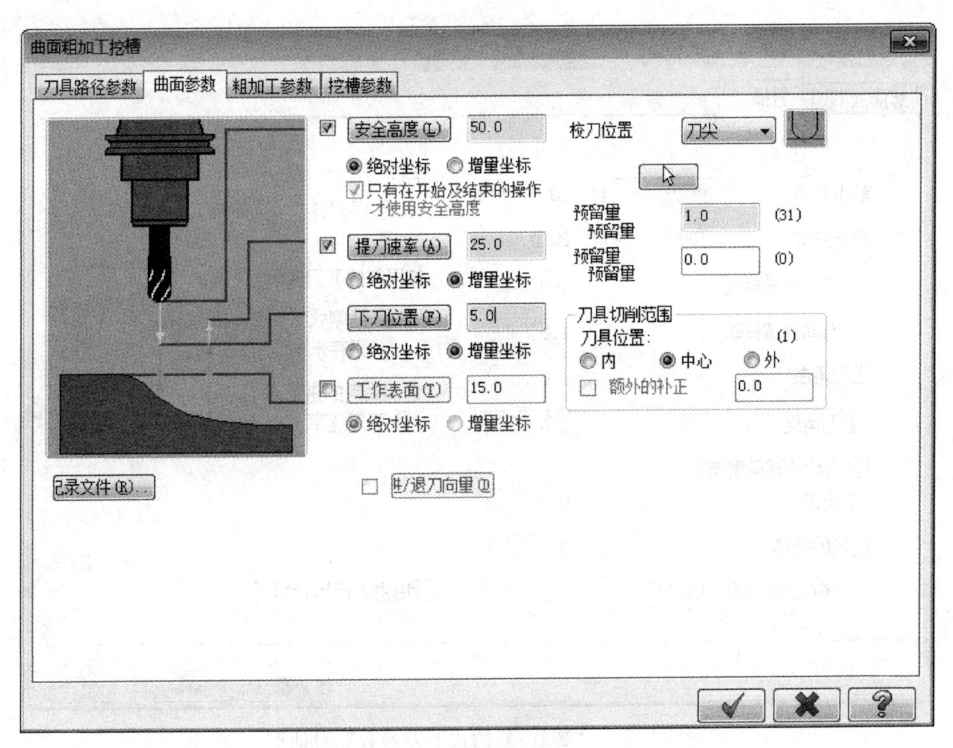

图 11-56　设置曲面铣削加工参数

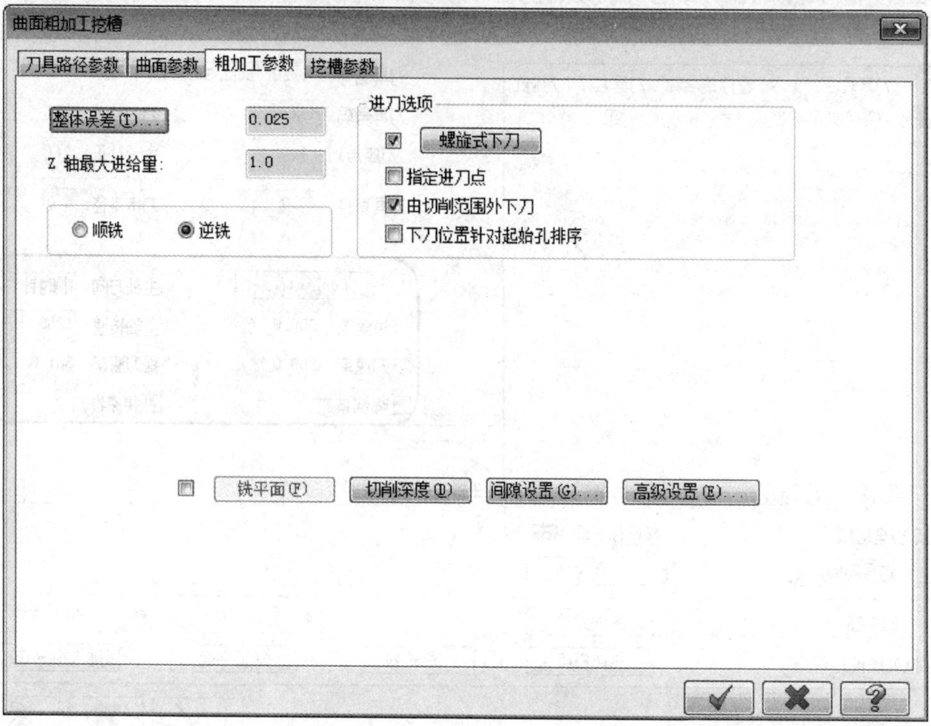

曲面粗加工挖槽

刀具路径参数 | 曲面参数 | 粗加工参数 | 挖槽参数

整体误差(T)... 0.025

Z 轴最大进给量: 1.0

顺铣 逆铣

进刀选项

螺旋式下刀

指定进刀点

由切削范围外下刀

下刀位置针对起始孔排序

铣平面(F) 切削深度(D) 间隙设置(G)... 高级设置(E)...

图 11-57 设置粗加工参数

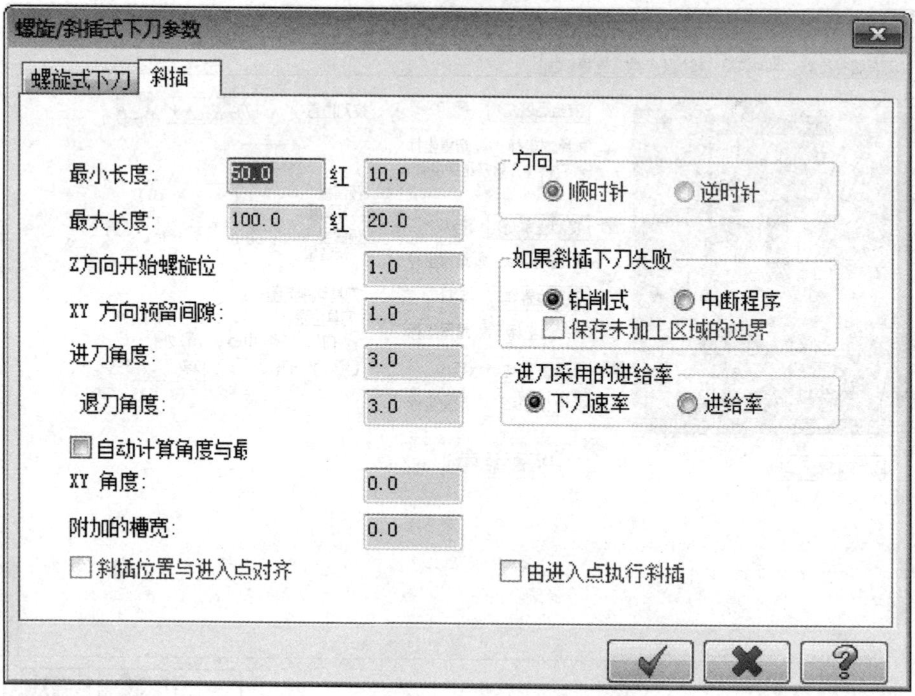

螺旋/斜插式下刀参数

螺旋式下刀 | 斜插

最小长度: 50.0 红 10.0

最大长度: 100.0 红 20.0

Z方向开始螺旋位 1.0

XY 方向预留间隙: 1.0

进刀角度: 3.0

退刀角度: 3.0

自动计算角度与最

XY 角度: 0.0

附加的槽宽: 0.0

斜插位置与进入点对齐

方向

顺时针 逆时针

如果斜插下刀失败

钻削式 中断程序

保存未加工区域的边界

进刀采用的进给率

下刀速率 进给率

由进入点执行斜插

图 11-58 “螺旋/斜插式下刀参数”对话框

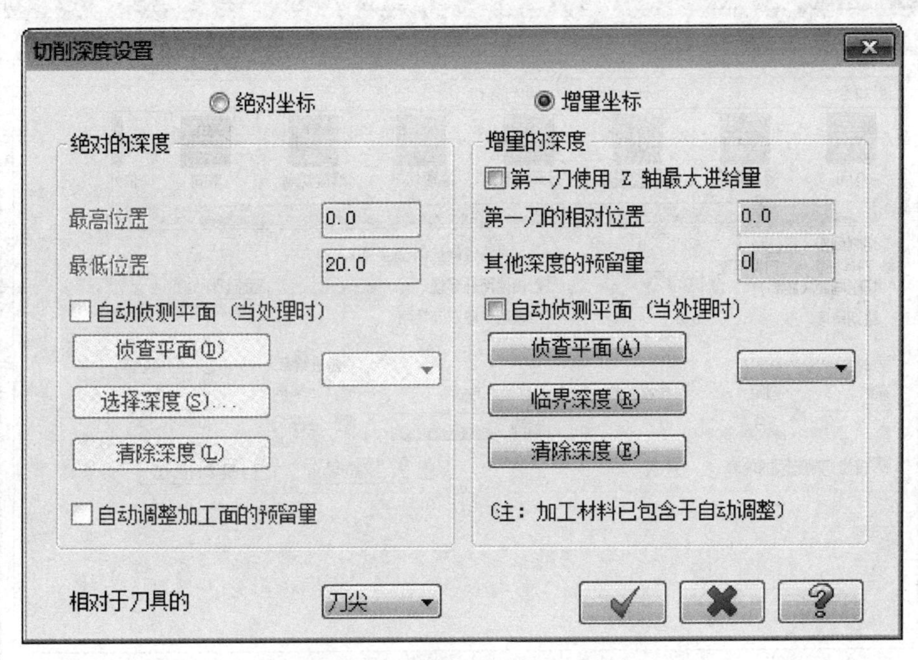

图 11-59　“切削深度设置”对话框

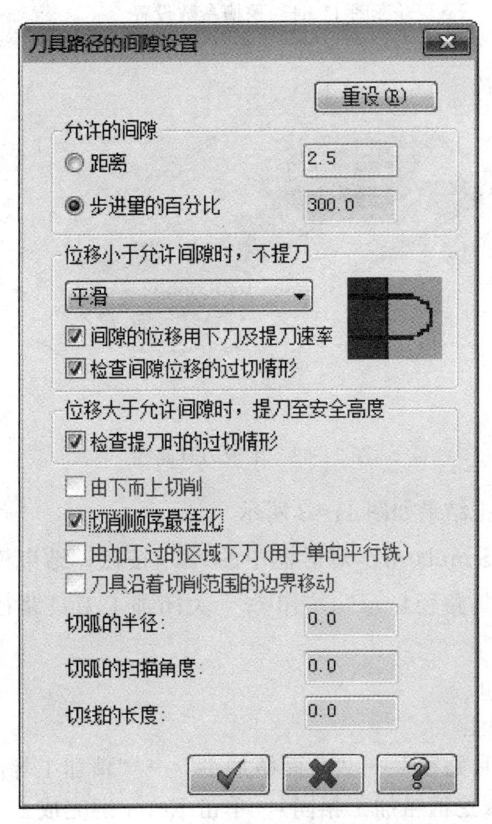

图 11-60　“刀具路径的间隙设置”对话框

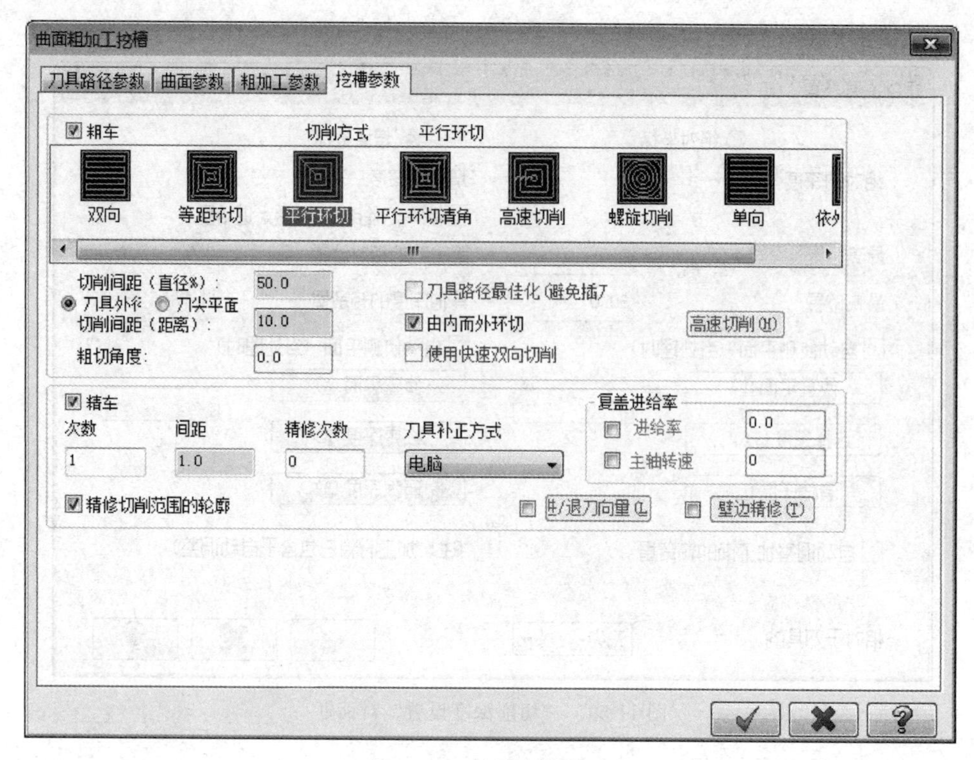

图 11-61 挖槽参数设置

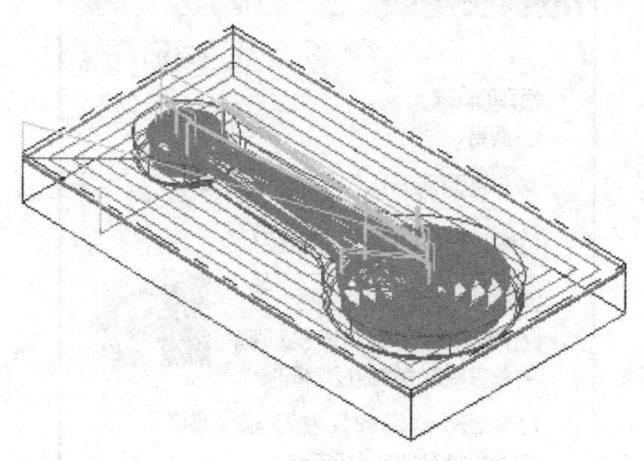

图 11-62 生成刀具路径

对话框，单击▶按钮，模拟结果如图 11-63 所示。

• 单击“Mastercam Simulator”对话框中的 ⊠ 按钮，结束模拟操作。然后单击“操作管理器”中的“关闭刀具路径显示”按钮≋，关闭加工刀具路径的显示，为后续加工操作做好准备。

（5）等高外形半精加工

① 启动等高外形精加工

• 选择下拉菜单“刀具路径”→“曲面精加工”→“精加工等高外形”命令，窗选如图 11-64 所示的所有曲面（跟挖槽粗加工相同）。单击 Enter 键完成。

• 单击 ENTER 键，弹出“刀具路径的曲面选取”对话框。单击“Containment boundary”选项中的按钮，选择如图 11-65 所示的曲面边界线。单击“确定”按钮✔，

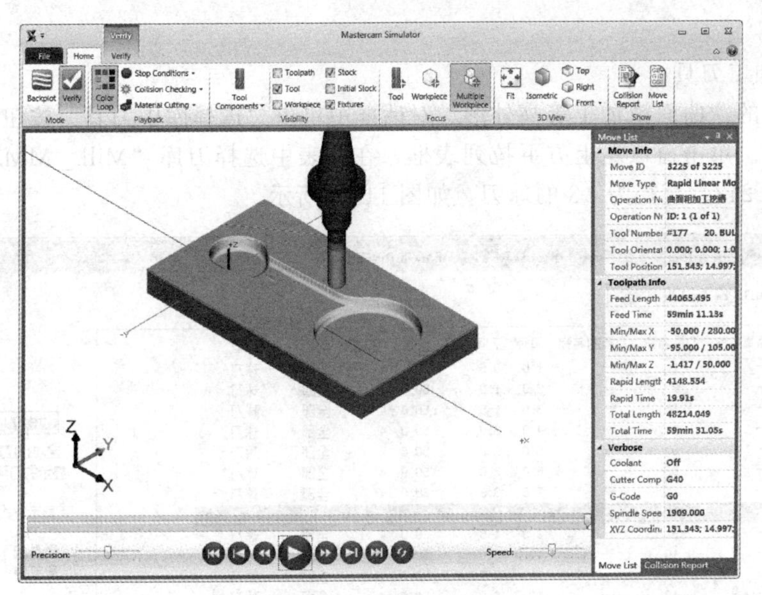

图 11-63　实体验证效果

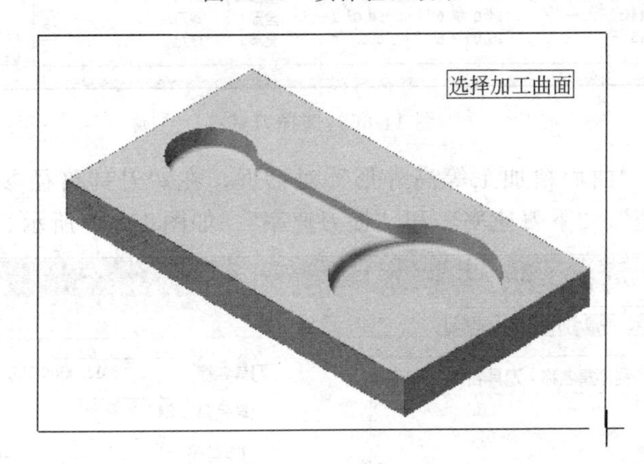

图 11-64　选择加工曲面

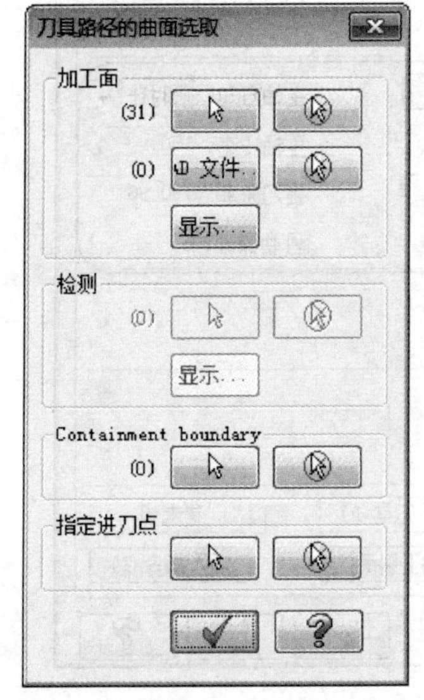

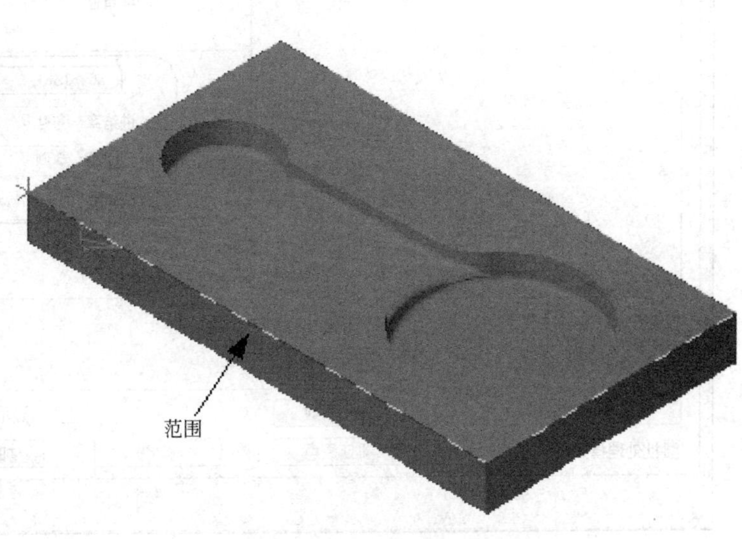

图 11-65　定义切削范围

完成选择。

② 设置加工刀具

• 在弹出的“曲面精加工等高外形”对话框中单击“选择库中刀具”按钮，弹出“选择刀具”对话框。单击窗口左上方下拉列表框，在列表中选择刀库“Mill _ MM. Tooldb”，选择“号码”为 242、直径为 $\phi8$ 的球刀，如图 11-66 所示。

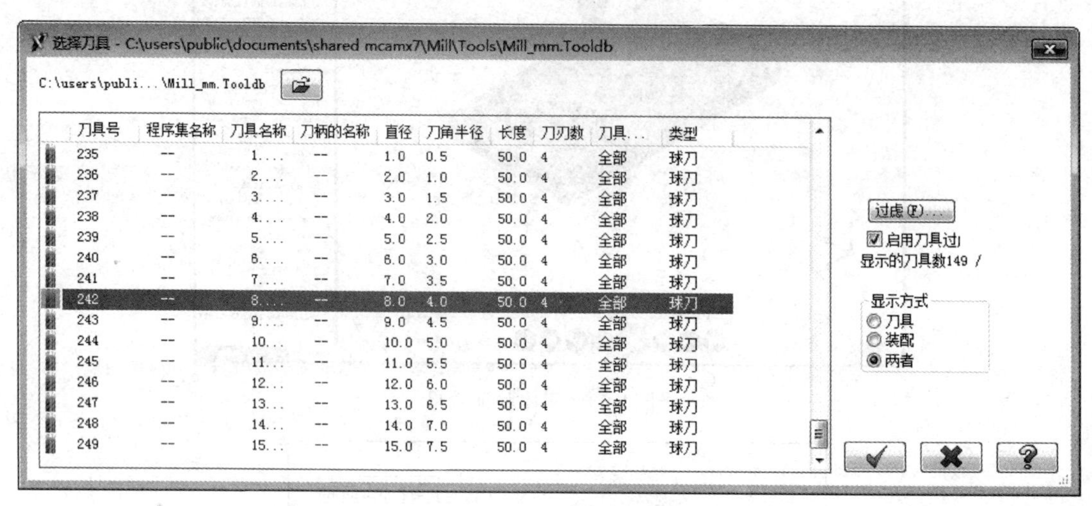

图 11-66 选择刀具

• 确定后，返回“曲面精加工等高外形”对话框，在“刀具路径参数”选项卡中设置“进给率”、“主轴转速”、“下刀速率”和“提刀速率”，如图 11-67 所示。

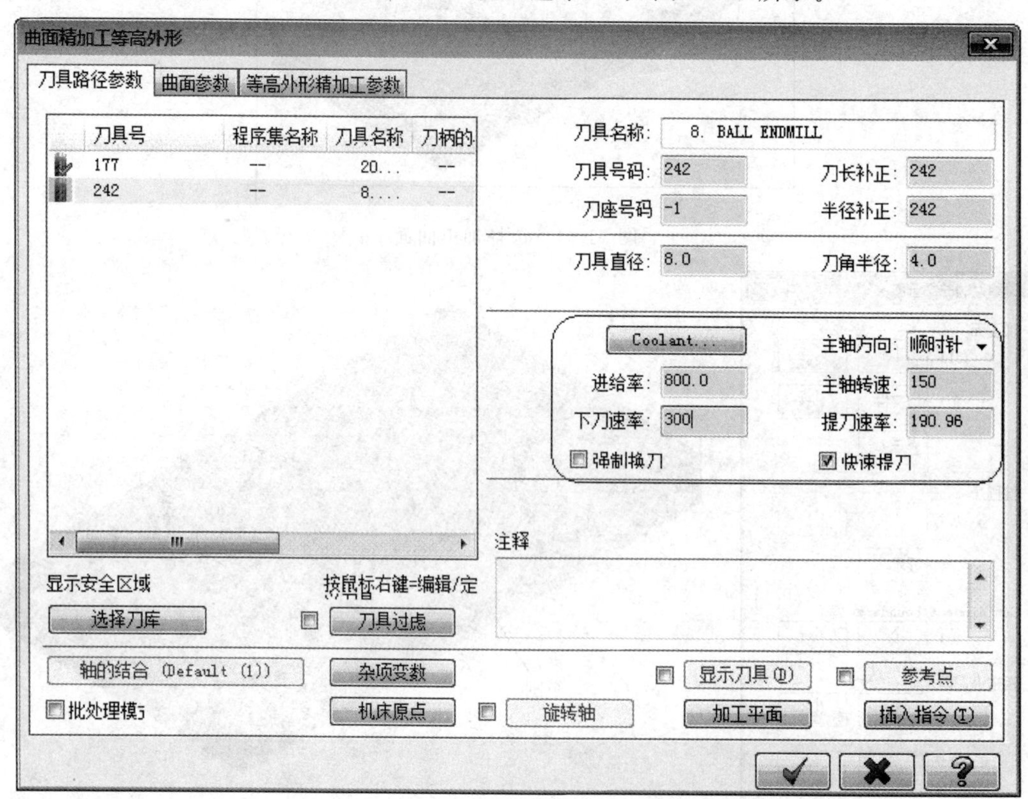

图 11-67 设置刀具及其加工参数

③ 设置曲面加工参数。单击“曲面参数”标签，弹出该选项卡，设置相关加工参数如图11-68所示。

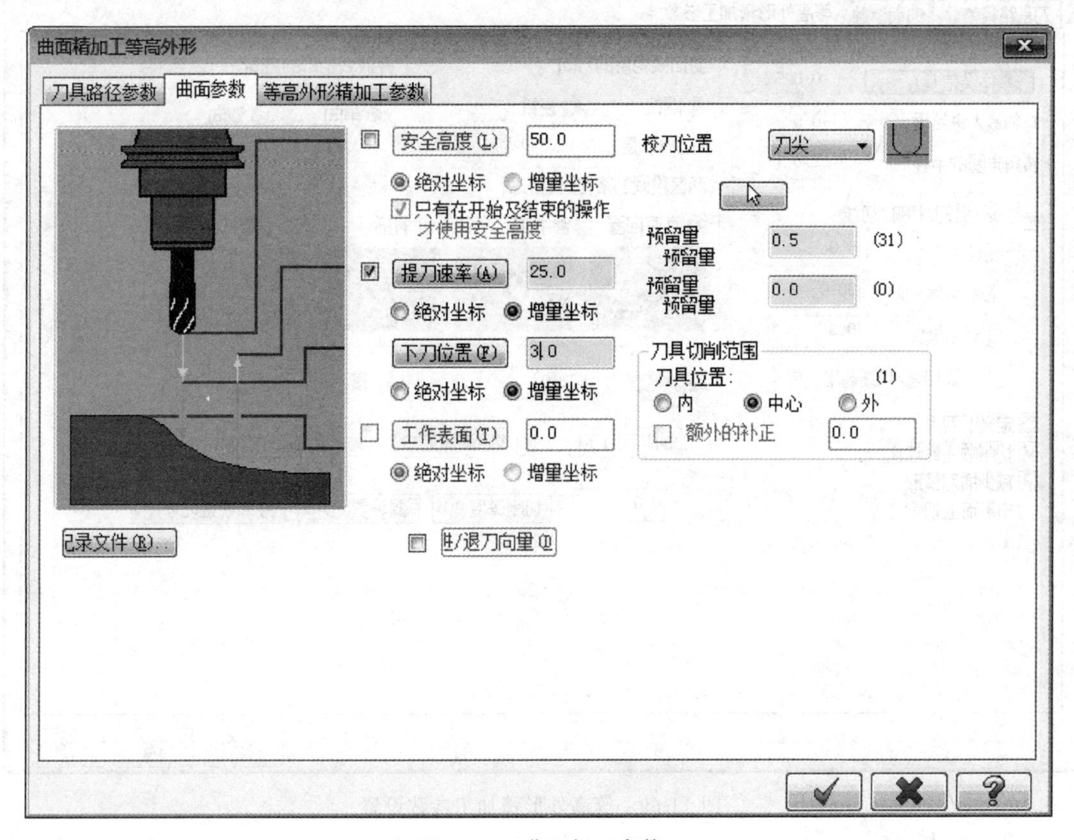

图11-68 曲面加工参数

④ 设置等高外形加工参数

• 单击“等高外形精加工参数”选项卡，设置相关参数如图11-69所示。

• 单击“确定”按钮，完成加工参数设置。

⑤ 生成刀具路径并验证

• 完成加工参数设置后，产生加工刀具路径，如图11-70所示。

• 单击“操作管理器”中的“实体加工验证”按钮，系统弹出“Mastercam Simulator”对话框，单击按钮，模拟结果如图11-71所示。

• 单击“Mastercam Simulator”对话框中的按钮，结束模拟操作。然后单击“操作管理器”中的“关闭刀具路径显示”按钮≋，关闭加工刀具路径的显示，为后续加工操作做好准备。

(6) 底面浅平面半精加工

① 启动底面浅平面半精加工

• 选择下拉菜单“刀具路径”→“曲面精加工”→“精加工浅平面加工”命令，窗选如图11-72所示的所有曲面（跟挖槽粗加工相同）。单击Enter键完成。

• 单击ENTER键，弹出“刀具路径的曲面选取”对话框。单击“Containment boundary”选项中的按钮，选择如图11-73所示的曲面边界线。单击“确定”按钮，完成选择。

② 设置加工刀具

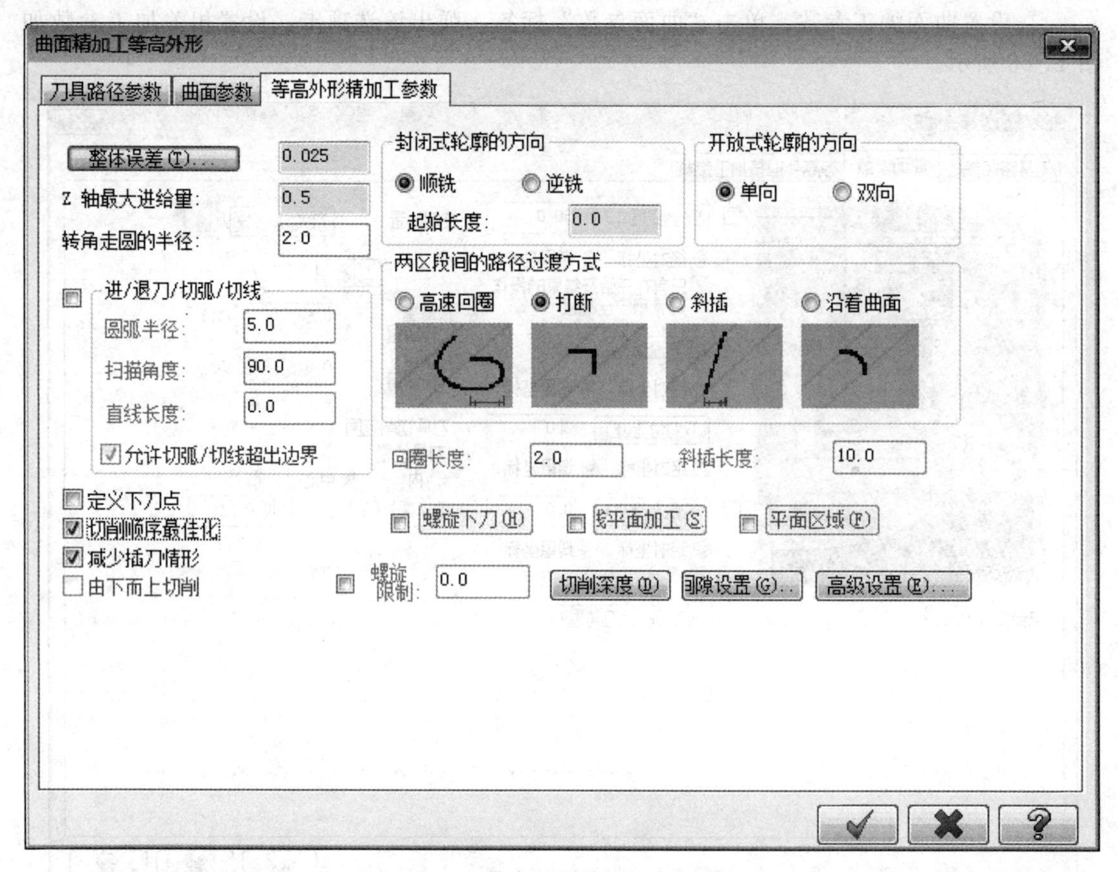

图 11-69 等高外形精加工参数设置

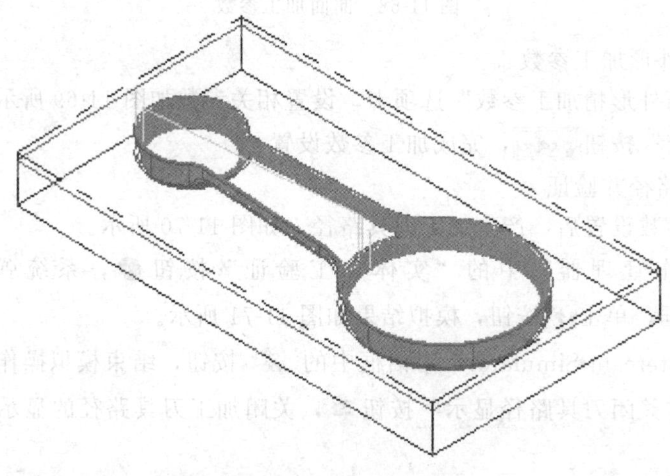

图 11-70 生成刀具路径

• 在弹出的“曲面精加工等高外形”对话框，仍然选择“号码”为 242、直径为 $\phi 8$ 的球刀，在“刀具路径参数”选项卡中设置“进给率”、“主轴转速”、“下刀速率”和“下刀速率”，如图 11-74 所示。

③ 设置曲面加工参数

• 单击“曲面参数”标签，弹出该选项卡，设置相关加工参数如图 11-75 所示。

• 选中“进/退刀向量”复选框，单击该按钮，弹出“方向”对话框，设置进退刀参数

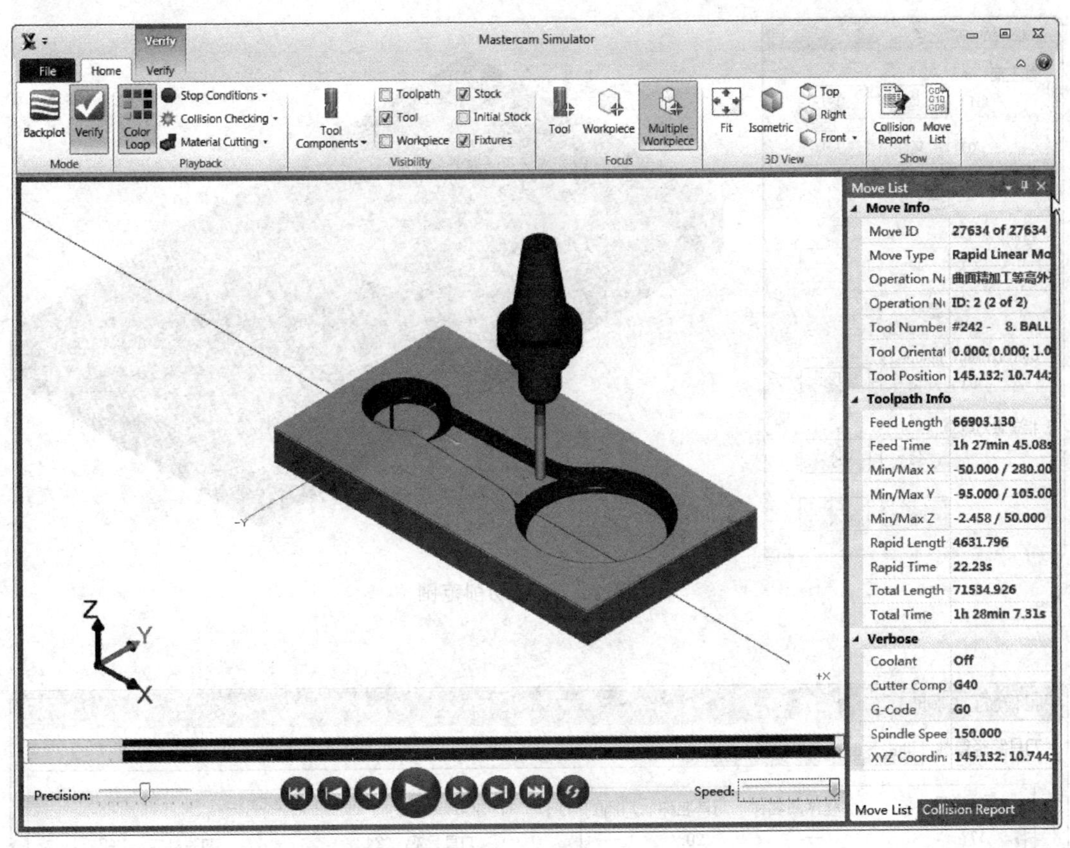

图 11-71　实体验证效果

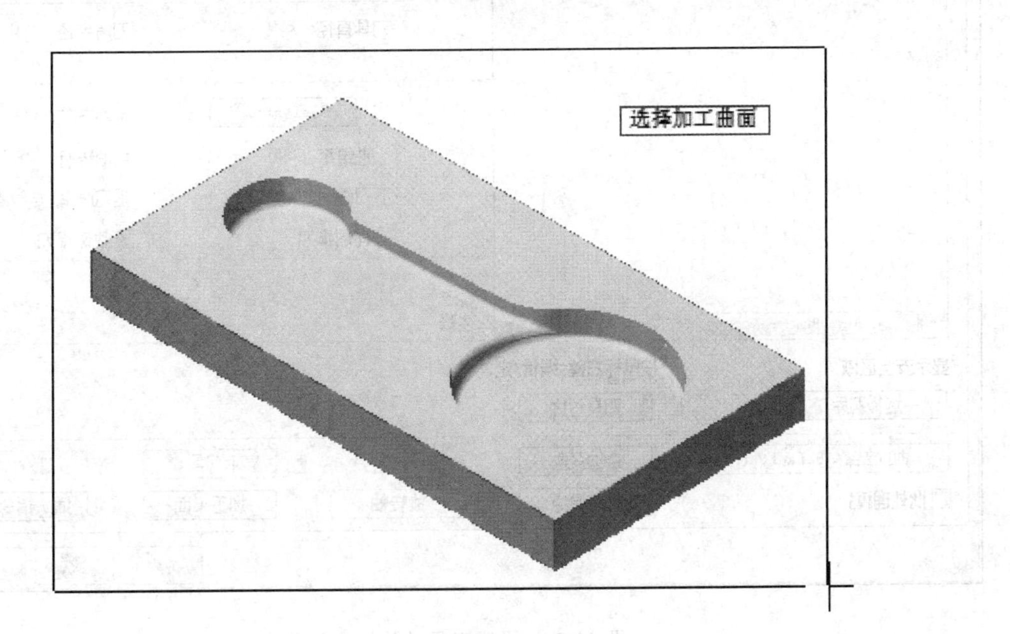

图 11-72　选择加工曲面

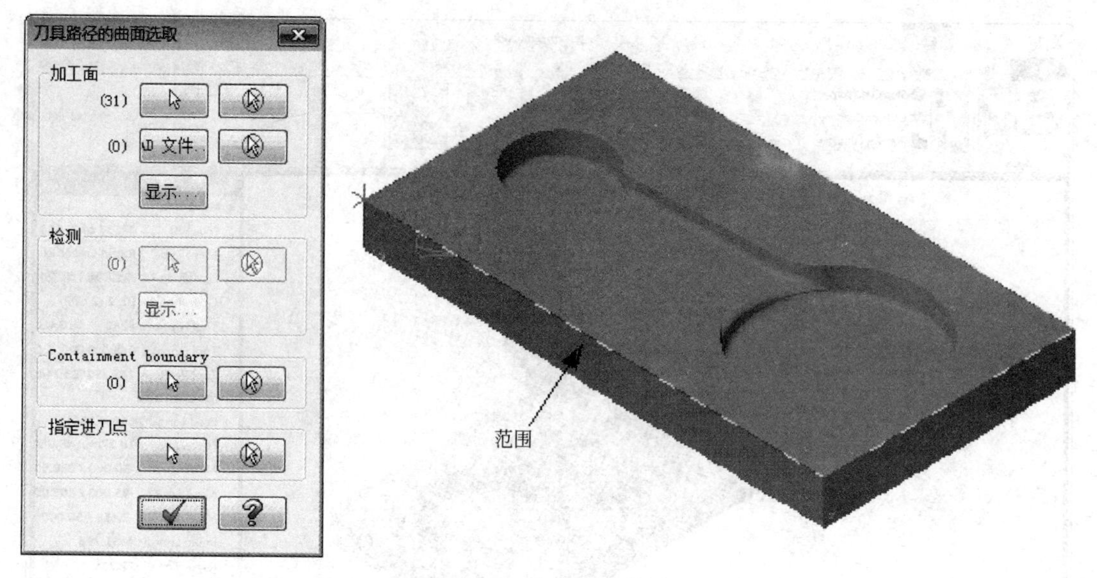

图 11-73 定义切削范围

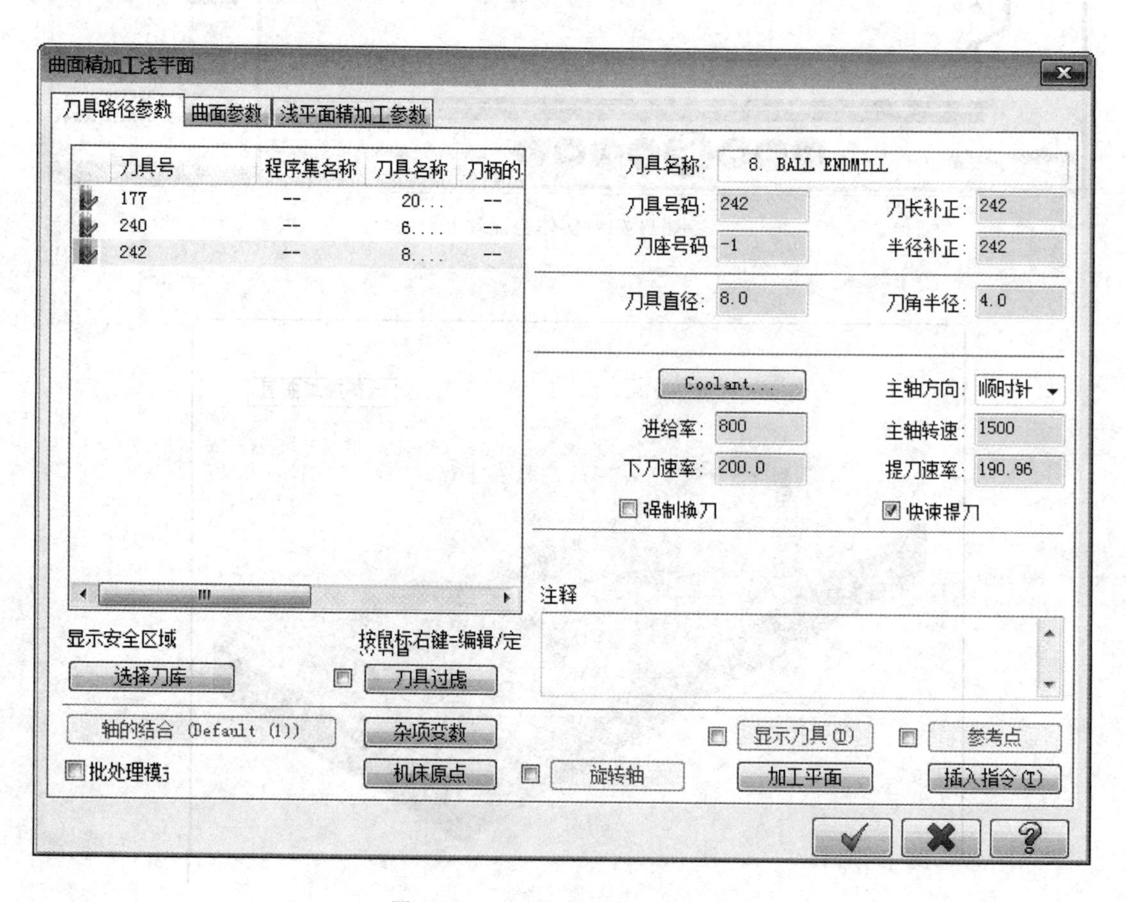

图 11-74 设置刀具及其加工参数

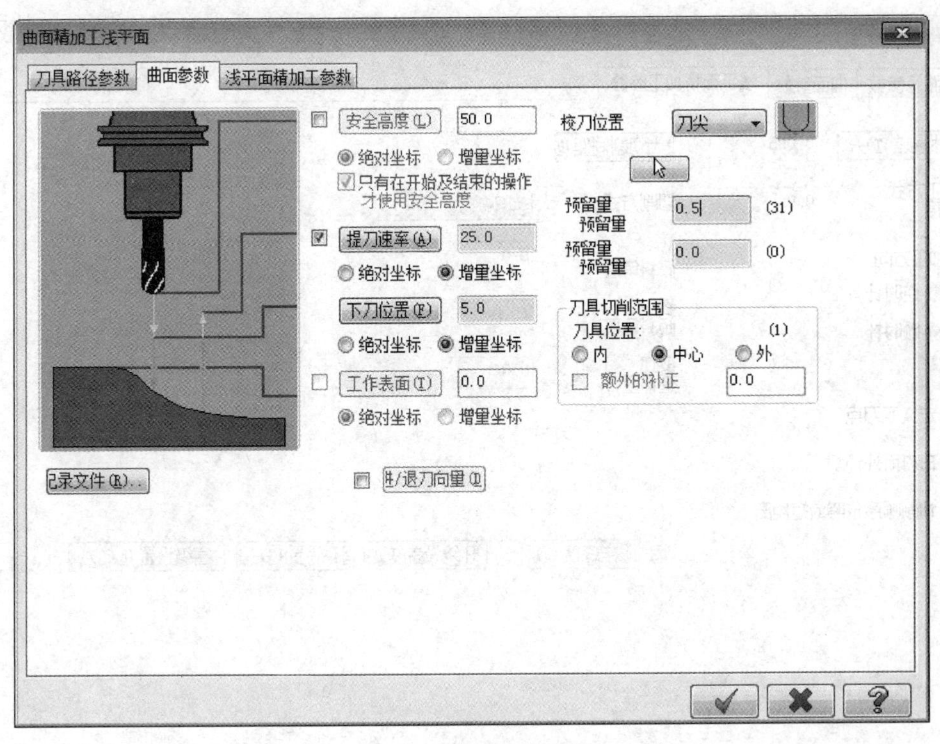

图 11-75 曲面加工参数

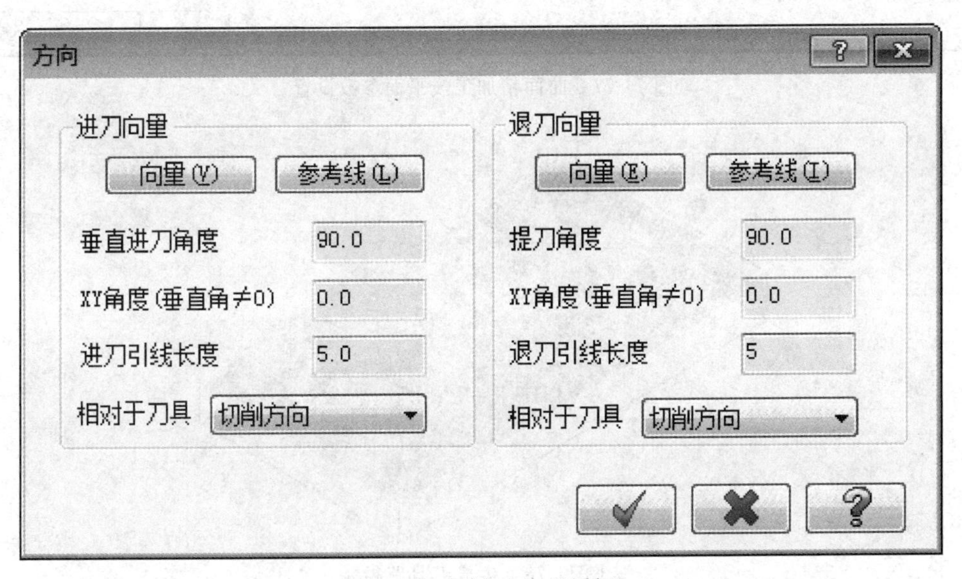

图 11-76 “方向”对话框

如图 11-76 所示。

④ 设置浅平面加工参数

- 单击“曲面精加工浅平面”选项卡，设置相关参数如图 11-77 所示。
- 单击“确定”按钮，完成加工参数设置。

⑤ 生成刀具路径并验证

- 完成加工参数设置后，产生加工刀具路径，如图 11-78 所示。

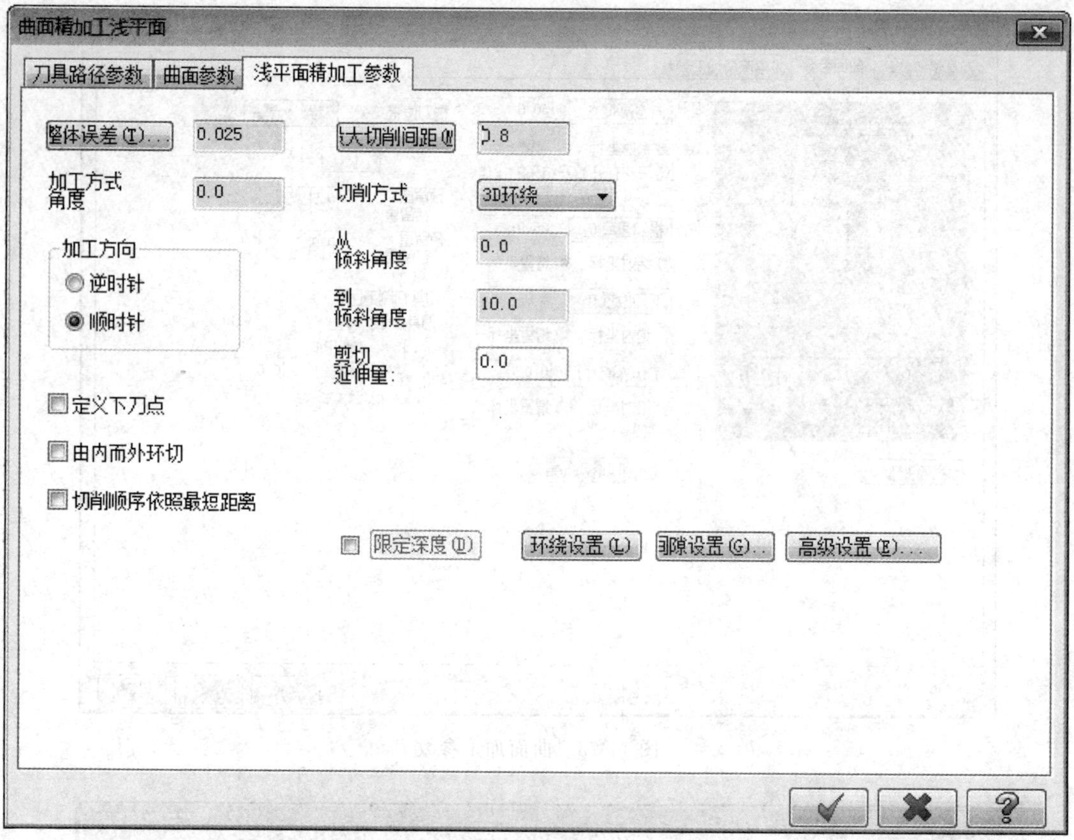

曲面精加工浅平面

刀具路径参数　曲面参数　浅平面精加工参数

整体误差(T)...　0.025　最大切削间距(M)　0.8

加工方式角度　0.0　切削方式　3D环绕

加工方向：逆时针　顺时针

从倾斜角度　0.0

到倾斜角度　10.0

剪切延伸量：0.0

定义下刀点

由内而外环切

切削顺序依照最短距离

限定深度(D)　环绕设置(L)　间隙设置(G)..　高级设置(E)...

图 11-77　曲面精加工浅平面参数设置

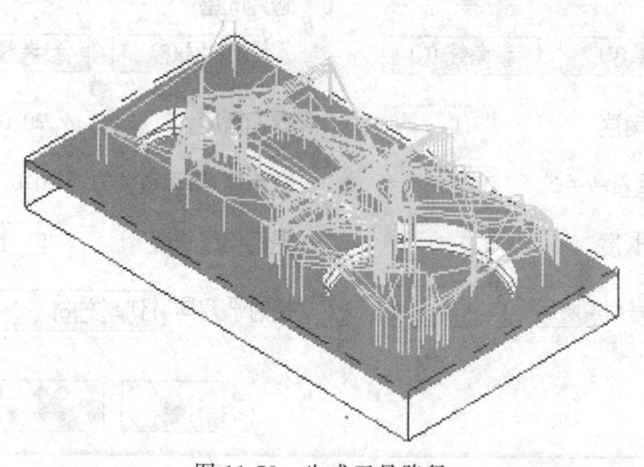

图 11-78　生成刀具路径

• 单击“操作管理器”中的“实体加工验证”按钮，系统弹出“Mastercam Simulator”对话框，单击▶按钮，模拟结果如图 11-79 所示。

• 单击“Mastercam Simulator”对话框中的 ☒ 按钮，结束模拟操作。然后单击“操作管理器”中的“关闭刀具路径显示”按钮≋，关闭加工刀具路径的显示，为后续加工操作做好准备。

(7) 环绕等距精加工

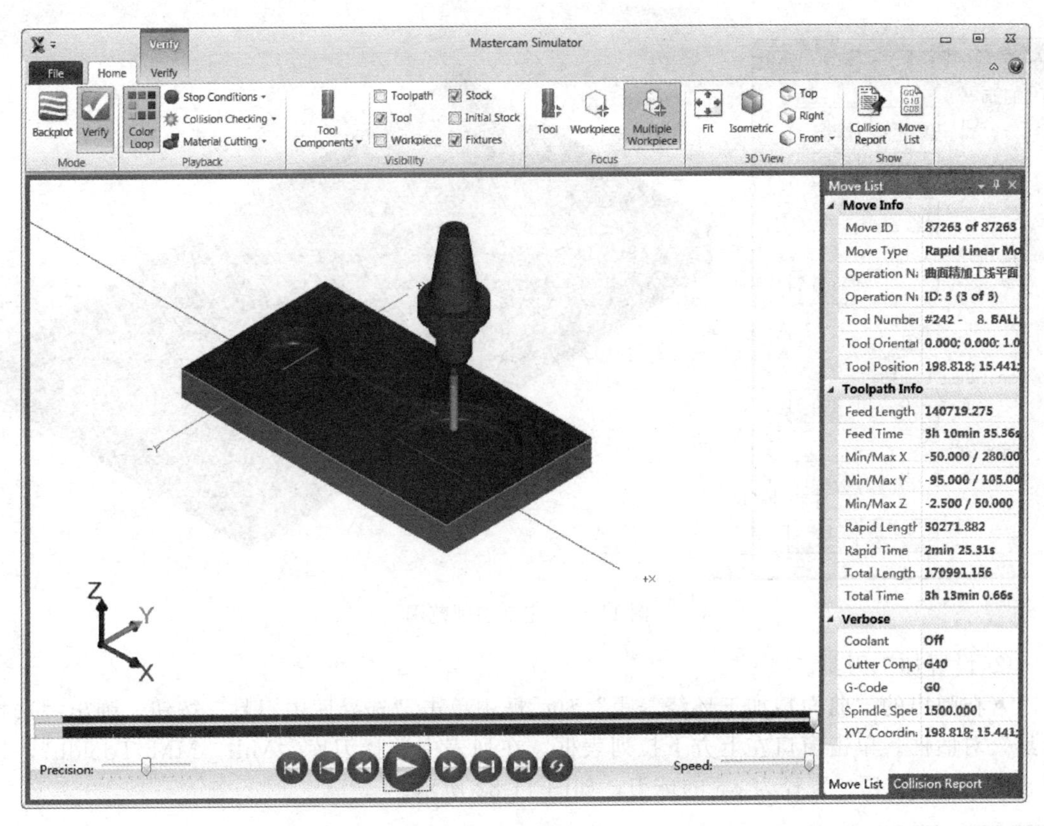

图 11-79　实体验证效果

① 启动环绕等距精加工

• 选择下拉菜单“刀具路径”→“曲面精加工”→“精加工环绕等距加工”命令，窗选如图 11-80 所示的所有曲面。单击 Enter 键[✓]按钮完成。

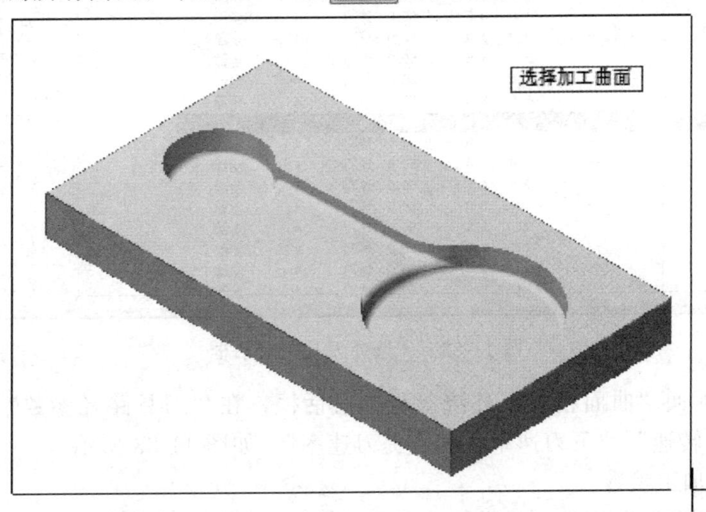

图 11-80　选择加工曲面

• 单击 ENTER 键，弹出“刀具路径的曲面选取”对话框。单击“Containment boundary”选项中的[↖]按钮，选择如图 11-81 所示的曲面边界线。单击“确定”按钮[✓]，完成选择。

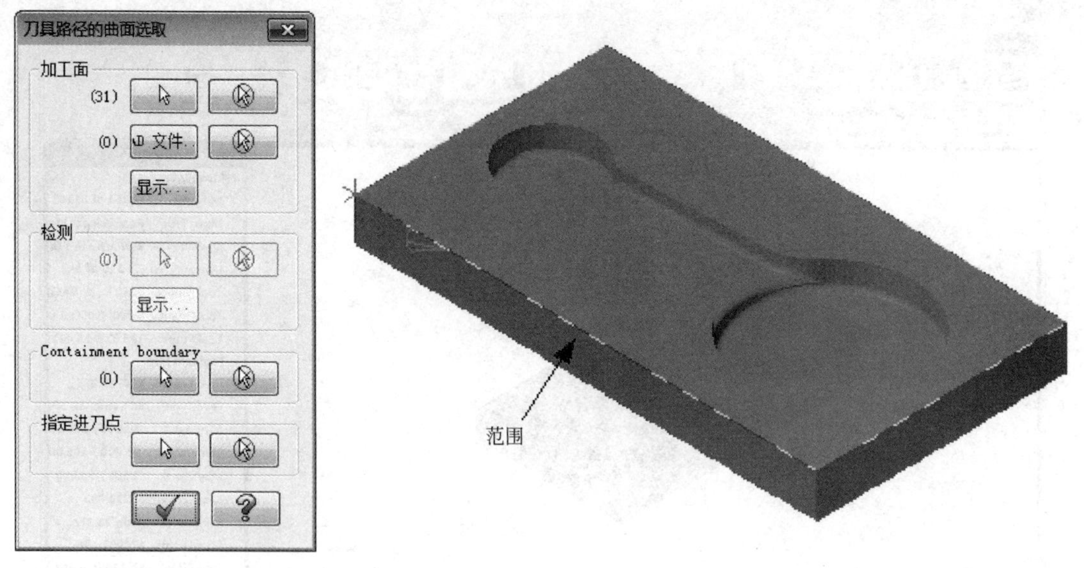

图 11-81 定义切削范围

② 设置加工刀具

• 在弹出的“曲面精加工环绕等距”对话框中单击“选择库中刀具”按钮，弹出“选择刀具”对话框。单击窗口左上方下拉列表框，在列表中选择刀库“Mill _ MM. Tooldb”，选择“号码”为 240、直径为 $\phi 6$ 的球刀，如图 11-82 所示。

选择刀具 - C:\users\public\documents\shared mcamx7\Mill\Tools\Mill_mm.Tooldb

C:\users\publi...\Mill_mm.Tooldb

刀具号	程序集名称	刀具名称	刀柄的名称	直径	刀角半径	长度	类型	刀刃数	刀具...
208	--	25...	--	25.0	3.0	50.0	圆鼻刀	4	角落
209	--	25...	--	25.0	4.0	50.0	圆鼻刀	4	角落
235	--	1....	--	1.0	0.5	50.0	球刀	4	全部
236	--	2....	--	2.0	1.0	50.0	球刀	4	全部
237	--	3....	--	3.0	1.5	50.0	球刀	4	全部
238	--	4....	--	4.0	2.0	50.0	球刀	4	全部
239	--	5....	--	5.0	2.5	50.0	球刀	4	全部
240	--	6....	--	6.0	3.0	50.0	球刀	4	全部
241	--	7....	--	7.0	3.5	50.0	球刀	4	全部
242	--	8....	--	8.0	4.0	50.0	球刀	4	全部
243	--	9....	--	9.0	4.5	50.0	球刀	4	全部
244	--	10...	--	10.0	5.0	50.0	球刀	4	全部
245	--	11...	--	11.0	5.5	50.0	球刀	4	全部
246	--	12...	--	12.0	6.0	50.0	球刀	4	全部
247	--	13...	--	13.0	6.5	50.0	球刀	4	全部
248	--	14...	--	14.0	7.0	50.0	球刀	4	全部

过虑(F)...
启用刀具过滤
显示的刀具数124 /
显示方式
刀具
装配
两者

图 11-82 “选择刀具”对话框

• 确定后，返回“曲面精加工环绕等距”对话框，在“刀具路径参数”选项卡中设置“进给率”、“主轴转速”、“下刀速率”和“提刀速率”，如图 11-83 所示。

③ 设置曲面加工参数

• 单击“曲面参数”标签，弹出该选项卡，设置相关加工参数如图 11-84 所示。

• 勾选“进/退刀向量”复选框，单击此按钮，弹出“方向”对话框，设置相关参数如图 11-85 所示。

④ 设置环绕等距精加工参数

• 单击“环绕等距精加工参数”选项卡，设置相关参数如图 11-86 所示。

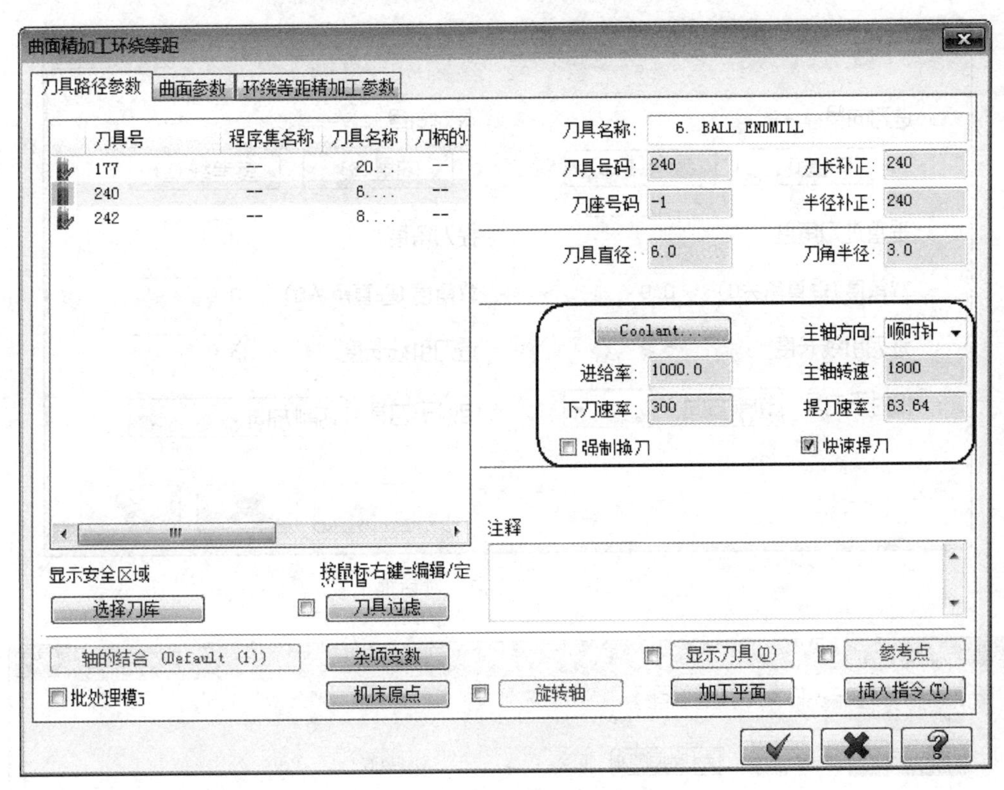

图 11-83　设置刀具加工参数

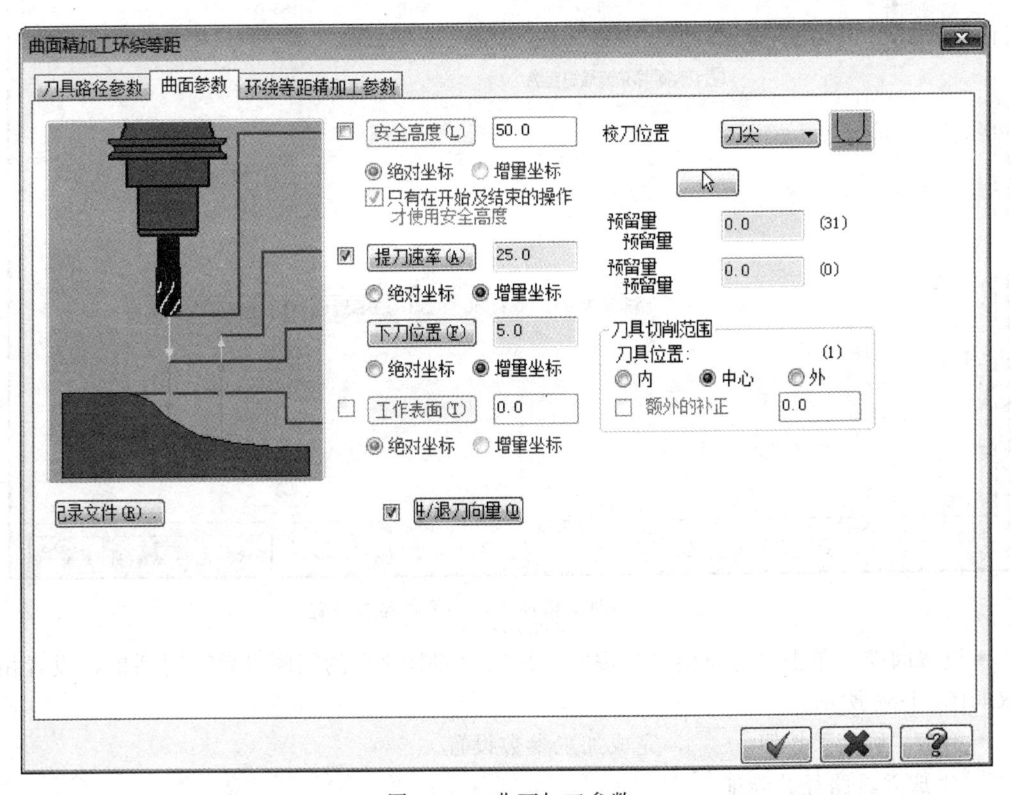

图 11-84　曲面加工参数

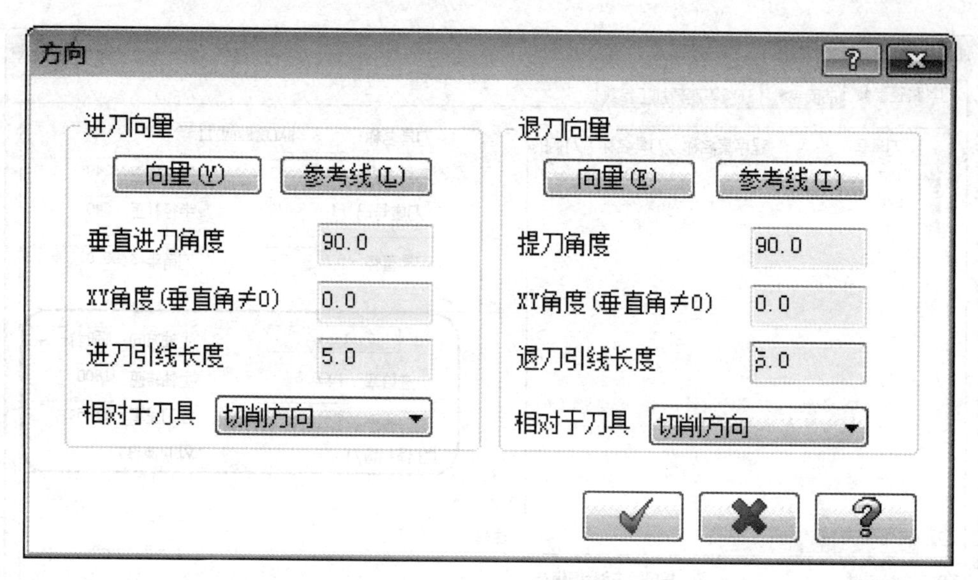

图 11-85 “方向”对话框

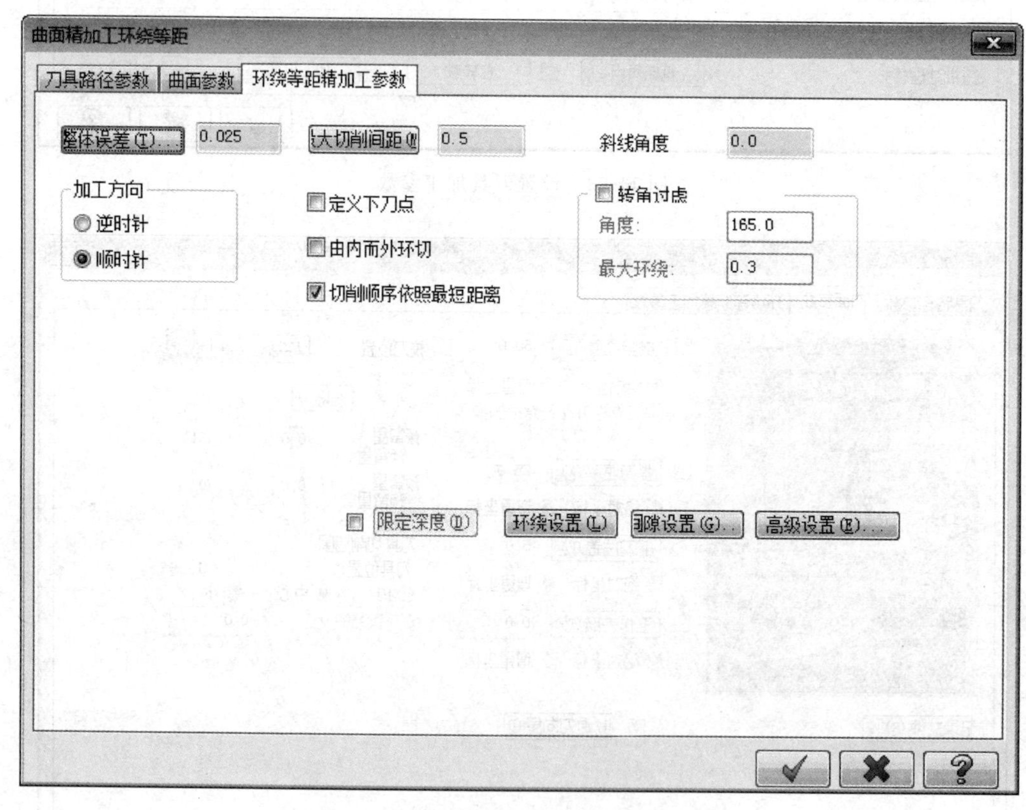

图 11-86 曲面精加工环绕等距参数设置

• 设置间隙。单击“间隙设置”按钮，弹出“刀具路径的间隙设置”对话框，设置相关参数如图 11-87 所示。

• 单击“确定”按钮 ✓，完成加工参数设置。

⑤ 生成刀具路径并验证

• 完成加工参数设置后，产生加工刀具路径，如图 11-88 所示。

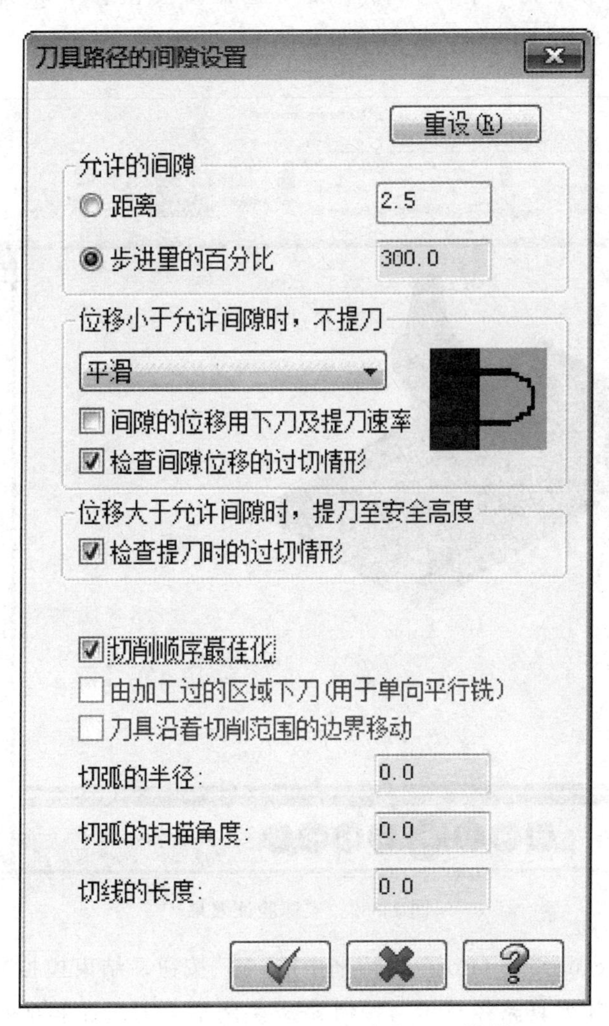

图 11-87 “刀具路径的间隙设置”对话框

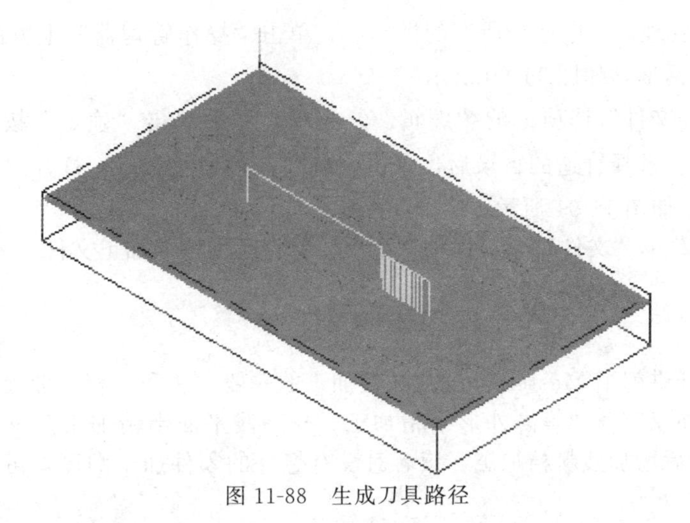
图 11-88 生成刀具路径

• 单击“操作管理器”中的“实体加工验证”按钮，系统弹出“Mastercam Simulator”对话框，单击按钮，模拟结果如图 11-89 所示。

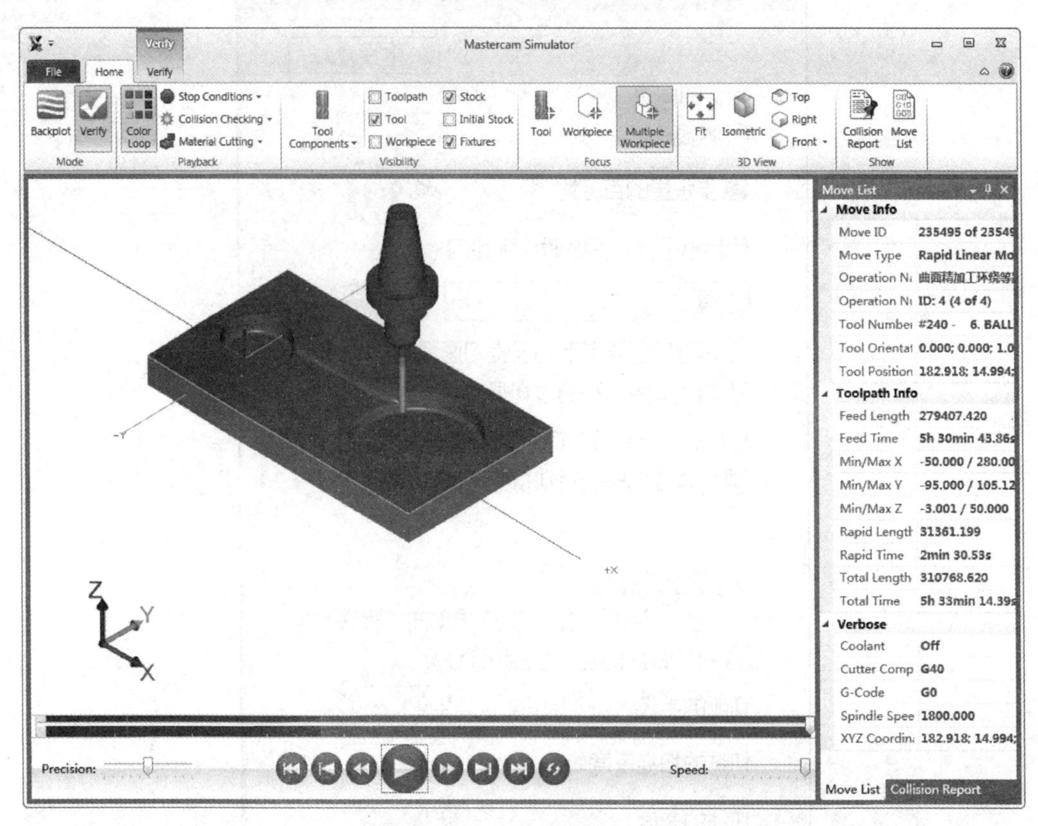

图 11-89 实体验证效果

• 单击“Mastercam Simulator”对话框中的按钮，结束模拟操作。然后单击“操作管理器”中的“关闭刀具路径显示”按钮≋，关闭加工刀具路径的显示，为后续加工操作做好准备。

(8) 后处理

① 在“操作管理器”中选择所有的操作后，单击“操作管理器”上方的G1按钮，弹出“后处理程序”对话框，如图 11-90 所示。

② 选择“NC 文件”选项下的“编辑”复选框，然后单击“确定”按钮，弹出“另存为”对话框，选择合适的目录后，单击“确定”按钮，打开“Mastercam Code Expert”对话框，如图 11-91 所示。

③ 选择下拉菜单“文件”→“保存”命令，保存所创建的加工文件。

11.3.5 范例总结

本章通过连杆讲解了 Mastercam X7 数控加工的一般方法和过程。曲面类零件典型的加工路线为“挖槽加工”→“等高外形半精加工”→“浅平面半精加工”→“环绕等距精加工”，此外也可最后增加残料精加工，读者对没有想好的零件加工顺序，可采用该种方法试一下加工效果。

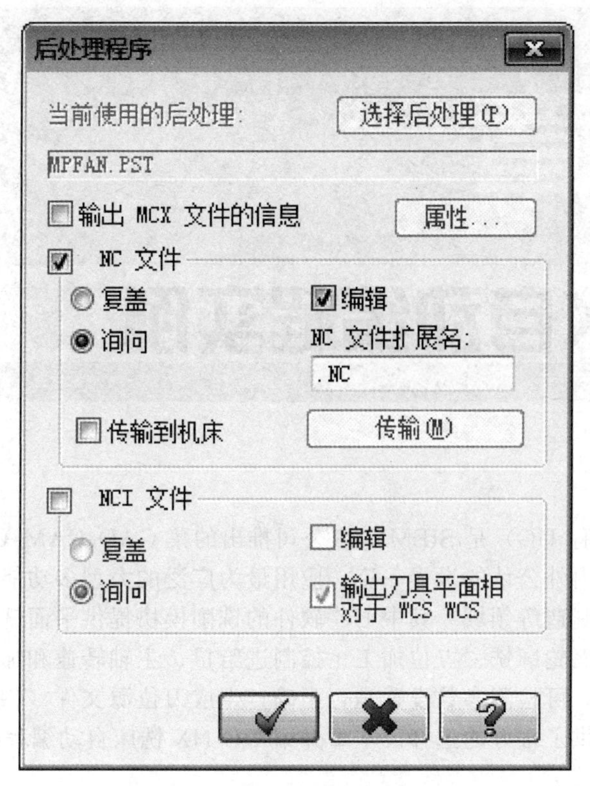

图 11-90　“后处理程序”对话框

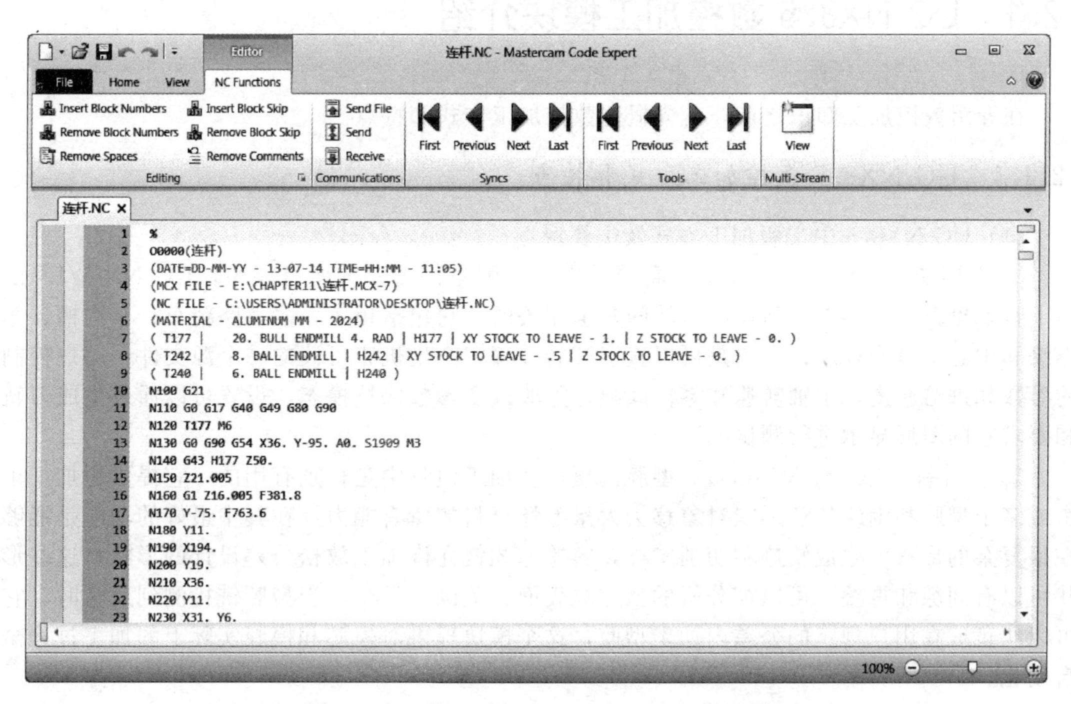

图 11-91　“Mastercam Code Expert”对话框

第12章 UG NX自动编程实例

Unigraphics（简称 UG）是 SIEMENS 公司推出的集 CAD/CAM/CAE 于一体的参数化设计软件，是目前国内外公认的世界一流、应用最为广泛的大型多功能的软件之一，广泛应用在航空航天、汽车制造等领域。其中 UG 软件的铣削模块提供平面铣、型腔铣、固定轴曲面轮廓铣、可变轴曲面轮廓铣、点位加工、控制进给量、主轴转速和加工余量等参数，在屏幕模拟显示刀具路径，可检测参数设置是否正确，生成刀位源文件（CLS）等功能，为用户进行铣床加工编程提供了很好的选择。本章介绍 UG NX 铣床自动编程技术与应用。

12.1 UG NX8.5 数控加工模块介绍

在介绍数控加工知识之前，首先概述数控加工方式和特点。

12.1.1 UG NX8.5 数控加工方式和特点

(1) UG NX8.5 中文版加工方式及主要特点

① 车削加工（Lathe） 提供为高质量生产车削零件需要的所有能力，UG NX 5/Lathe 为了自动更新，在零件几何体与刀轨间是全相关的，它包括粗车、多刀路精车、车沟槽、车螺纹和中心钻等子程序；输出是可以直接被后处理，产生机床可读的一个源文件；用户控制的参数如进给速度，主轴转速和零件间隙，除非改变参数保持模态，设置可以通过生成刀轨和要求它的图形显示进行测试。

② 型腔铣（Cavity Milling） 型腔铣模块在加工模具中是特别有用的，它提供粗加工单个或多个型腔和围绕任意形状对象移去大量毛坯材料的所有能力，在其中最好的功能是能够在很复杂的形状上生成轨迹和切削图样，容差型腔铣允许加工放松公差设计的形状，这些形状可以有间隙和重叠，可以被分析的型腔去表面数范围上百个，当型腔铣检测到反常时，它可以纠正或在用户规定的公差内加工型腔，这个模块提供对模芯和模腔实际上的加工过程全自动化。

③ 平面铣（Planar Milling） 平面铣用于平面轮廓或平面区域的粗精加工，刀具平行于工件底面进行多层铣削。每一切削层均与刀轴垂直，各加工部位的侧面与底面垂直。平面铣用边界定义加工区域，切除的材料是各边界投射到底面之间的部分。但是平面铣不能加工底面与侧面不垂直的部位。

④ 固定轴曲面轮廓铣（Fixed-Axis Milling）　固定轴曲面轮廓铣模块为产生3-轴运动刀轨提供完全和综合的工具，实际上建模的任一曲面或实体都可以被加工，它非常方便地选取加工的表面和零件部件，它包括各种驱动方法和切削图样供选择，包括边界、径向切削、螺旋切削和用户定义。在边界驱动的方法中，多种切削图样是有效的，如同心和径向，此外，有特征对向上和向下切削控制方法和螺旋线啮入，未切削区或陡峭区可以方便地识别，固定轴曲面轮廓铣将仿真刀轨并生成文本输出到一刀轨中，用户可以接受刀轨，存储或拒绝它和按需要更改参数。

⑤ 可变轴曲面轮廓铣（Variable Axis Milling）　可变轴曲面轮廓铣模块支持在任UG曲面上的固定和多轴铣功能，完全的3到5轴轮廓运动，刀具方位和曲面光洁度质量可以规定，利用曲面参数，投射刀轨到曲面上和用任一曲线或点，可以控制刀轨。

⑥ 顺序铣（Sequential Milling）　顺序铣模块在用户要求刀轨创建的每一步上完全进行控制的加工情况是有效的。顺序铣是完全相关的，它关注以前类似APT系统处理的市场，但是在一更高的生产效率方式中工作，它允许用户构造一段接一段的刀轨，而保留在每一个过程步骤上的总控制，一个称为循环的功能允许用户通过定义内和外轨迹，在曲面上生成多个刀路，顺序铣生成中间步。

⑦ 线切割（Wire EDM）　线切割方便地在2-轴和4-轴方式中切削零件，线切割支持线框或实体的UG模型，在编辑和模型更新中，所有操作是全相关的，多种类型的线切割操作是有效的，如多刀路轮廓，线反向和区域移去，也支持允许粘结线停止的轨迹和使用各种线尺寸和功率设置，用户可以使用通用的后处理器，对一特定的后置开发一加工机床数据文件，UG线切割模块也支持许多流行的EDM软件包，包括AGIE Charmilles和许多其他的工具。

⑧ 螺纹铣（Thread Milling）　对于一些因为螺纹直径太大，不适合用攻螺纹加工的螺纹都可以利用螺纹铣加工方法加工。螺纹铣利用特别的螺纹铣刀通过铣削的方式加工螺纹。

⑨ 点位加工（Point to Point）　点位加工可产生钻、扩、镗、铰和攻螺纹等操作的加工路径，该加工的特点是：用点作为驱动几何，可根据需要选择不同的固定循环。

(2) UG NX8.5中文版数控加工的其他特点

① 仿真功能　NX8.5数控加工提供了完整的工具，用于对整套加工流程进行模拟和确认。NX8.5拥有一系列可扩展的模拟仿真方案，从机床刀路显示到动态切削模拟以及完全的机床运动仿真。

• 机床刀路验证：作为NX8.5的标准功能，我们可以立即重新执行已计算好的机床刀路。NX8.5有一系列显示选择项，包括在毛坯上进行动态切削模拟。

• 机床运动仿真：NX8.5数控加工模块内完整的机床运动仿真可以由NX8.5后处理程序输出进行驱动。机床上的三维实体模型以及加工部件、夹具和刀具将会按加工代码，照已经设定好的机床移动方式进行运动。

• 同步显示：使用NX8.5可以以全景或放大模式动态地观察到在完整的机床模拟环境中对毛坯进行动态切削仿真。

• VCR（录像机）模式控制：NX8.5提供了简单的屏幕按钮控制模拟显示，就如同我们所熟悉的录像回放装置中的典型控制一样。

使用仿真功能具有以下优点。

• 缩短在机床上的验证时间：使用NX8.5，程序员无需在机床上进行耗时的检测，而只需要在计算机上验证部件程序即可。

• 碰撞检测：NX8.5可以自动检测部件、正在加工的毛坯、刀具、刀柄和夹具以及机床结构之间是否存在实际的或接近的碰撞。

• 输出显示：随着模拟的运行，NC执行代码将实时显示在滚动屏上。

② 后处理和车间工艺文档　NX8.5拥有后处理生成器，可以图形方式创建从二轴到五轴的后处理程序。运用后处理程序生成器，用户可以指定NC编码所需的参数文本或用于工厂以及用于阐释内部NX机床刀路所需的机床运动参数。

车间工艺文档的编制，包括工艺流程图、操作顺序信息和工具列表等，通常需要消耗很多时间并被公认是最大的流程瓶颈。NX8.5可以自动生成车间工艺文档并以各种格式进行输出，包括ASCII内部局域网的HTML格式。

③ 定制编程环境　UG NX8.5中文版加工编程环境可以由用户自己定制，用户可以根据自己的工作需要来定制编程环境，排除与自己的工作不相关的功能，简化编程环境，使环境最符合自己的需要，减少过于复杂的编程界面带来的烦恼，有利于提高工作效率。

12.1.2　进入UG NX8.5加工模块

进入加工模块，单击菜单“开始”→“加工”命令即可进入加工模块，如图12-1所示。也可以使用[Ctrl+Alt+M]快捷键进入加工模块。进入加工模块后，主菜单及工具栏会发生一些变化，某些只在制造模块中才有的菜单选项和工具按钮将会出现。

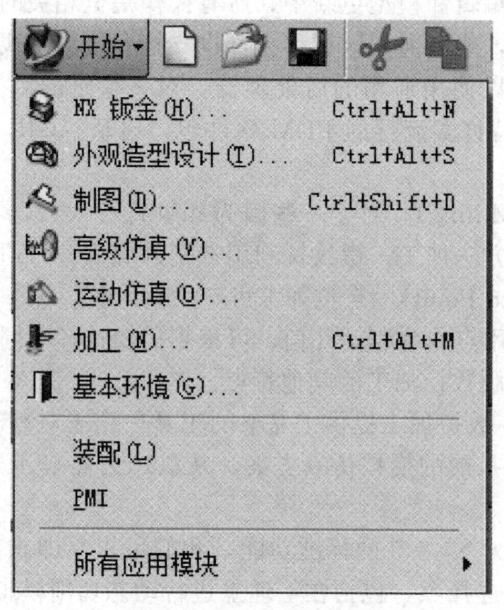

图12-1　进入加工模块

12.1.3　UG NX8.5加工环境的设置

当一个工件首次进入加工模块时，系统将会弹出如图12-2所示的“加工环境”对话框，如果是第二次或多次进入加工模块时，不会弹出“加工环境”对话框。“加工环境”对话框，要求进行初始化，“要创建的CAM设置”设置在制造方式中指定加工设定的默认文件即加工方式，要选择一个加工模板集。选择模板文件决定了加工环境初始化后可以选用的操作类型，同时决定了在生成程序、刀具、方法、几何时可以选择的父节点类型。“要创建的CAM设置”选择好后，单击“加工环境”对话框中的“确定”按钮，系统则根据指定的加工配置，调用相应的模板和相关的数据进行加工环境的初始化。

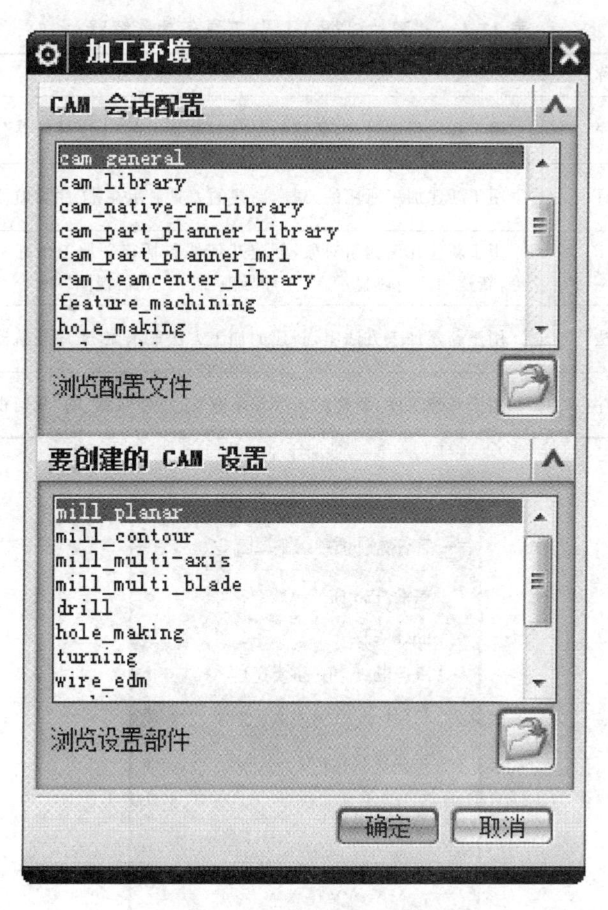

图 12-2　“加工环境”对话框

提示：模板文件可以在创建操作前修改，也可以自己定制。模板文件一般为只读文件，修改前先要修改模板文件的属性，模板文件在 UG NX8.5 的安装目录下的 \ UG NX8.5 \ MACH \ resource \ template _ part \ 目录下。

12.1.4　UG NX8.5 数控加工主要工具条

(1)“刀片（插入）”工具条

“刀片（插入）”工具条如图 12-3 所示，它提供新建数据的模板。可以创建工序、创建程序、创建刀具、创建几何体和创建方法，其功能如表 12-1 所示。

“刀片（插入）”工具条的功能对应“插入”菜单下的相应命令，单击菜单“插入”，可以看到这些功能，如图 12-4 所示。

图 12-3　“刀片（插入）”工具条

表 12-1 “刀片（插入）”工具条功能解释

图 标	功能名称	功能解释
	创建程序	用于新建程序对象，新建的程序对象显示在“工序导航器”的“程序视图”中
	创建刀具	用于新建加工所用的刀具，新建的刀具显示在“工序导航器”的“机床视图”中
	创建几何体	用于新建几何体组对象，创建几何体包括定义加工坐标系、工件、边界和切削区域等，新建的几何体显示在“工序导航器”的“几何视图”中
	创建方法	用于新建加工方法组，新建的加工方法显示在“工序导航器”的“加工方法视图”中
	创建工序	用于新建工序，新建的工序显示在“工序导航器”的“几何视图”中

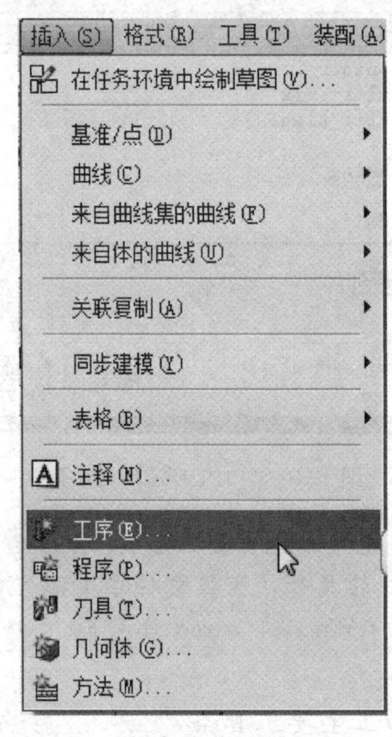

图 12-4 “插入”菜单

（2）“加工操作”工具条

“加工操作”工具条如图 12-5 所示，图中只是该工具条的部分功能。该工具条提供与刀位轨迹有关的功能，方便用户针对选取的操作生成刀位轨迹，或针对已生成刀位轨迹的操

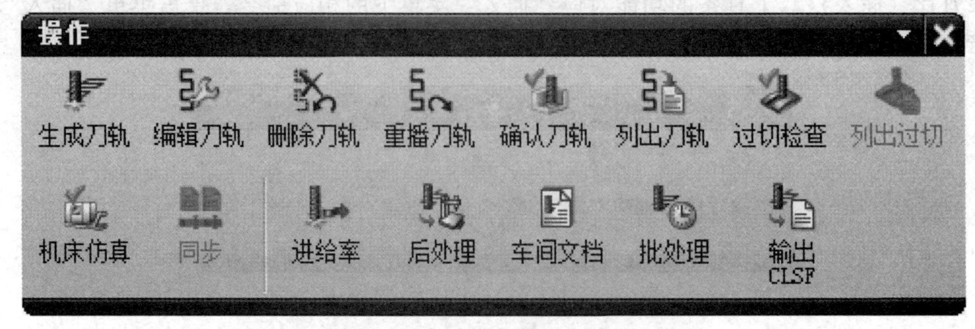

图 12-5 “加工操作”工具条

作，进行编辑、删除、重新显示或切削模拟。加工操作工具条也提供对刀具路径的操作，如生成CLSF（刀位源文件）文件及后处理或车间工艺文件等，其功能如表12-2所示。

表12-2 “加工操作”工具条功能解释

图　标	功能名称	功能解释
	生成轨迹	生成刀具路径
	编辑轨迹	编辑刀具路径
	删除轨迹	删除刀具路径
	重播轨迹	重显刀具路径
	确认刀轨	模拟验证刀具路径
	列出刀轨	列出刀具路径信息
	机床仿真	使用以前定义的机床仿真刀轨
	后处理	对选定的刀具路径进行后置处理
	进给率	显示和修改选定的操作的进给和速度
	车间文档	创建一个加工工艺报告，其中包括刀具、几何体、加工顺序和控制参数
	批处理	提供以批处理方式处理与NC有关的输出的选项
	输出CLSF	输出刀具位置源文件(CLSF)文件

（3）“加工对象（操作）”工具条

对象工具条如图12-6所示，该工具条提供操作导航窗口中所选择对象的编辑、剪贴、显示、更改名称及刀位轨迹的转换与复制功能。在操作导航器中没有选择任何操作时，加工操作工具条和对象工具条的选项将呈现灰色，不能使用。在操作导航器窗口中选择某一操作，再单击鼠标右键，在弹出的菜单中选择相应命令即可，其功能如表12-3所示。

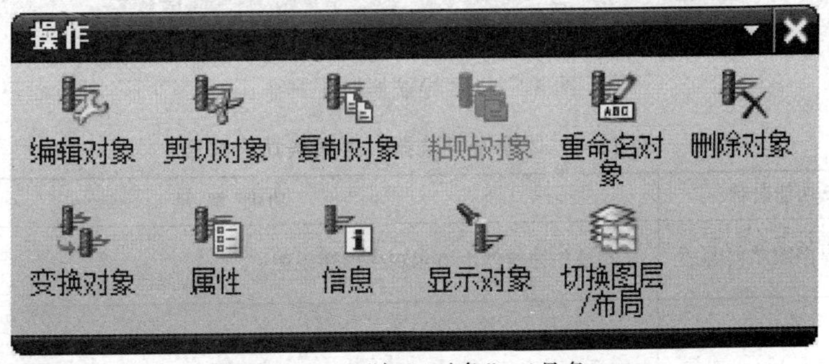

图12-6 “加工对象”工具条

表 12-3 “加工对象”工具条功能解释

图 标	功能名称	功能解释
	编辑对象	用于编辑刀路、加工几何、加工方法、操作
	剪切对象	用于剪切程序、刀具、加工几何、加工方法、操作节点到系统剪切板
	复制对象	用于复制程序、刀具、加工几何、加工方法、操作节点到系统剪切板
	粘贴对象	从剪切板粘贴对象，即将系统剪切板中的一个或多个程序粘贴到被选取的某个程序下面；将系统剪切板中的一把或多把刀具粘贴到被选取的刀具下面；将系统剪切板中的一个或多个加工几何粘贴到被选取的某个加工几何下面；将系统剪切板中的一个或多个加工方法粘贴到被选取的某个加工方法下面；将系统剪切板中的一个或多个操作粘贴到被选取的任何节点下面
	重命名对象	重新命名程序、刀具、加工几何、加工方法、操作的名称
	删除对象	从操作导航器删除被选对象
	变换对象	变换刀轨，同时保持与操作的关联性
	属性	基于信息窗口中选出的对象列出信息，并允许定义和修改属性
	信息	在信息窗口中列出对象名称和对象参数
	显示对象	在图形窗口中显示选定的对象
	切换图层/布局	切换以前保留的图层/布局

（4）“导航器”工具条

“导航器”工具条如图 12-7 所示，该工具条提供已创建资料（包括程序顺序视图、机床刀具视图、几何视图、加工方法视图等）的重新显示，被选择的选项将会显示于导航窗口中，其功能如表 2-4 所示。

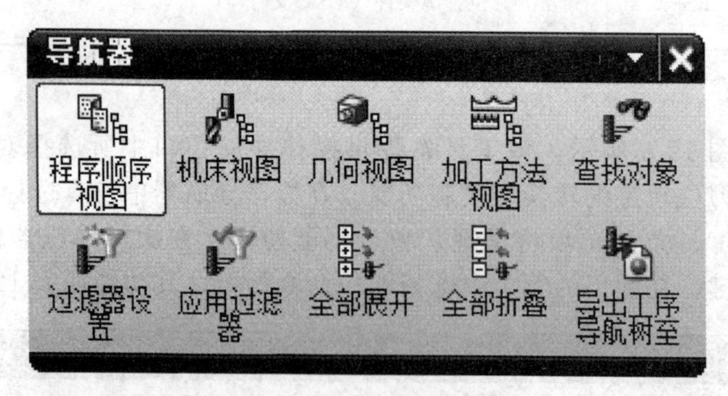

图 12-7 “导航器”工具条

表 12-4 “操作导航器”工具条功能解释

图 标	功能名称	功能解释
	程序顺序视图	在操作导航器中显示程序顺序视图
	机床视图	在操作导航器中显示机床视图

续表

图 标	功能名称	功 能 解 释
	几何视图	在操作导航器中显示几何视图
	加工方法视图	在操作导航器中显示加工方法视图
	查找对象	在操作导航器中查找相应的操作或节点
	过滤器设置	在“操作过滤器”对话框中，指定和输入各种过滤条件（如：操作的类型、输出的操作、操作的称、操作刀具的名称等）来确定操作导航器中只显示相应于过滤器设置的一些操作
	应用过滤器	将过滤器应用到CAM对象
	全部展开	在操作导航器中展开所有的父组，以便每个操作都能看见
	全部折叠	在操作导航器中折叠所有的父组
	导出工序导航树至	将操作导航器中的信息保留为HTML文件，并将其导出到某默认的Web浏览器中

12.1.5 加工环境中的工序导航器的应用

操作导航器是一个图形化的用户界面，同时又是各加工模块的入口位置，用户利用操作导航器管理当前零件的操作及操作参数的一个树形界面，用来说明零件组合操作组之间的关系，处于从属关系的组或者操作将可以继承上一级组的参数。进入加工模块后，操作导航器将被激活，但是隐藏显示，在工作界面右侧导航器工具栏中单击图标，将显示操作导航器。当鼠标离开操作导航器工作界面以外时，操作导航器界面将自动隐藏。当在工作界面右侧导航器工具栏中双击图标，操作导航器整个界面将显示，不会自动隐藏，只有关闭掉才会不显示。

操作导航器显示在加工界面上，它以树状结构显示，共有4种显示形式，分别是程序次序视图、机床刀具视图、几何视图、加工方法视图。单机操作导航器中各节点前的展开号（+）或折叠号（－），可展开或折叠各节点包含的对象。只有当操作导航器处于激活状态时，用户才能进行加工对象的创建、编辑和设置，否则加工工具条的图标都处于灰显状态，不能进行工作。

程序顺序视图是显示程序顺序的视图，如图12-8所示，该视图按刀具路径的执行顺序列出当前零件中的所有操作，显示每个操作所属的程序组和每个操作在机床上执行的顺序，各操作的排列顺序确定了后置处理的顺序和生成刀具位置源文件的顺序。

机床视图是显示刀具视图，如图12-9所示，该视图按加工刀具来组织各个操作，其中列出了当前零件中存在的各种刀具以及使用这些刀具的操作名称。

几何视图是显示几何体视图，如图12-10所示，该视图列出当前零件存在的几何体组和坐标系，以及使用这些几何体组和坐标系的操作名称。

加工方法视图是显示加工方式的视图，如图12-11所示，该视图列出当前零件中存在的加工方法（其中包括粗加工、半精加工、精加工等），以及使用这些加工方法的操作名称。

在操作导航器的所有视图中，每一操作前都有表示其状态的符号。状态符号有以下3种类型。

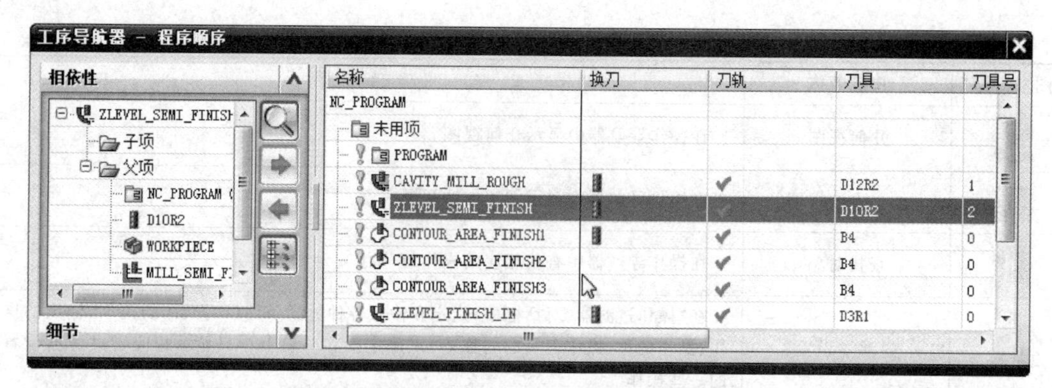

图 12-8 操作导航器中的程序顺序视图

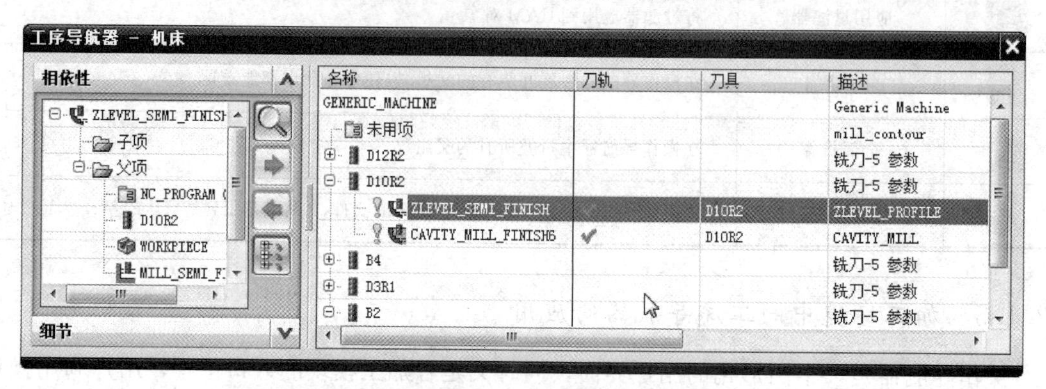

图 12-9 操作导航器中的机床视图

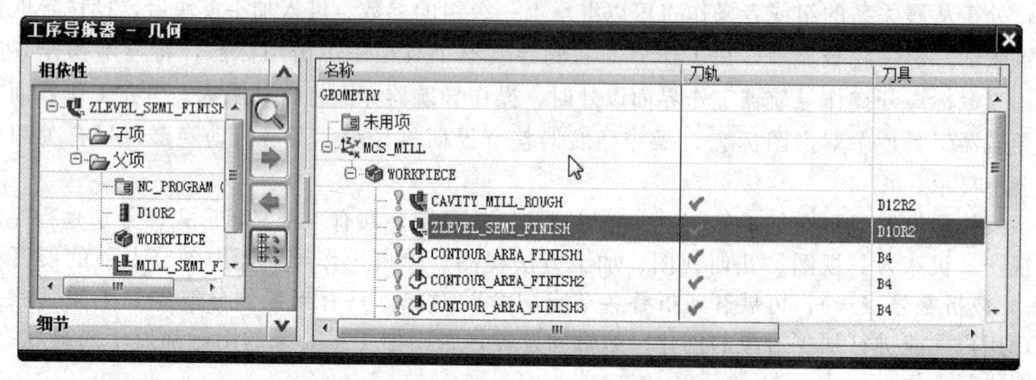

图 12-10 操作导航器中的几何视图

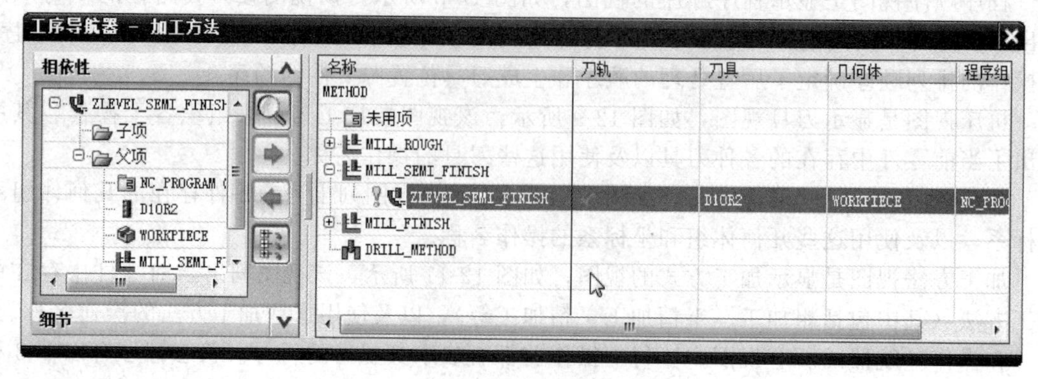

图 12-11 操作导航器中的加工方法视图

① 重新生成。表示该操作还没有生成过刀具路径，或者在生成刀具路径后又编辑过其中的一个或者多个参数，需要重新生成刀具路径。

② 重新后处理。表示该操作的刀具路径已经生成，但还没有进行后处理输出，后者刀具路径已经改变，而后处理输出刀具路径还是以前的，需要重新进行后置处理。

③ 完成。表示刀具路径已经完成，并已输出成刀具位置源文件或者已经后置处理。一个操作经过生成 CLSF 或者通过 UG POST 进行后处理将会出现该符号。

12.2　UG NX8.5 数控加工的一般流程

数控程序生成的流程如图 12-12 所示，下面简要叙述。

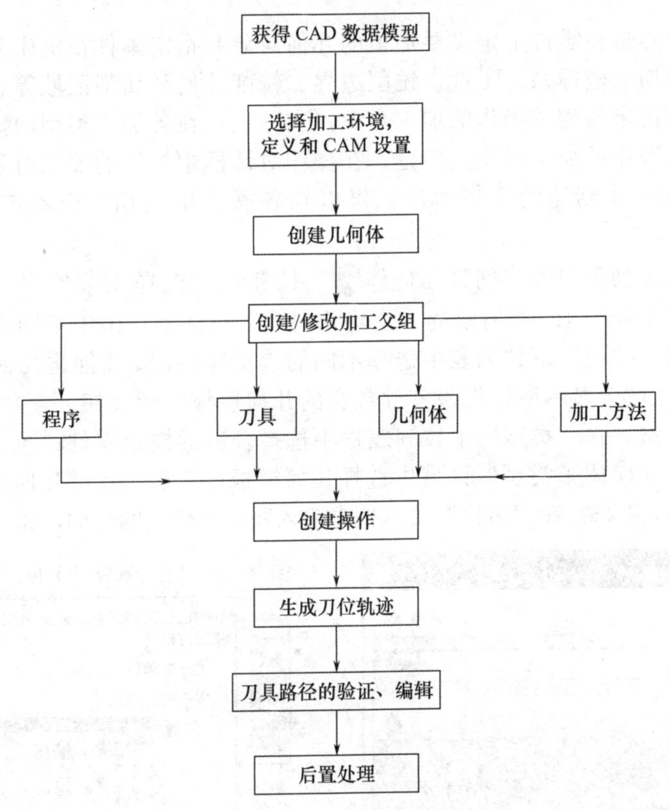

图 12-12　数控程序生成的流程图

12.2.1　加工前的准备工作

（1）创建零件模型

UG 是根据单位实体模型创建加工刀具路径，因此，在进入加工模块前，应先在建模环境下建立零件的三维模型，也可以导入其他 CAD 软件创建的三维模型，如：SolidEdge、SolidWork、Pro/E、CATIA 等。

（2）创建毛坯模型

在模拟刀具路径时，需要使用毛坯来观察零件的成形过程；在创建操作时，需要选择毛坯几何。因此，在进入加工模块前，应在建模环境下建立用于加工零件的毛坯模型。有时还需要绘制一些封闭的曲线作为边界几何。

> 提示：毛坯模型应该为一个独立的实体。

（3）定制加工环境

加工环境是用户进行数控编程的工作环境，当首次进入加工应用时，系统要求设置加工环境。设置加工环境，指定了当前零件的相应的加工模板（如车、钻、平面铣、多轴铣和型腔铣等）、数据库（刀具库、机床库、切削用量库和材料库等）、后置处理器和其他高级参数。在选择加工环境后，如果用户需要创建一个操作，可继承加工环境中已定义的参数，不必在每次创建新的操作时，对系统的默认参数进行重新设置。因此，通过指定加工环境，用户可避免重复劳动，提高工作效率。

12.2.2 创建几何体

创建几何体主要是在零件上定义要加工的几何对象和指定零件在机床上的加工位置。创建几何体包括定义加工坐标系、工件、铣削边界、铣削几何和切削区域等。创建几何体所建立的几何对象，可指定为相关操作的加工对象。实际上，在各加工类型的操作对话框中，也可用几何按钮指定操作的加工对象。但是，在操作对话框中指定的加工对象，只能为本操作使用，而用创建几何体创建的几何对象，可以在各操作中使用，而不需在各操作中分别指定。

单击"插入"工具条中的"创建几何体"按钮，或选择主菜单中"插入"→"几何体"命令，系统弹出如图12-13所示的"创建几何体"对话框。由于不同模板零件包含的几何模板不同，当在"类型"下拉列表中选择不同的模板零件时，"创建几何体"对话框中的"几何体子类型"区域会显示所选模板零件包含的几何模板图标按钮。

先根据加工类型，在"类型"下拉列表框中选择合适的模板零件；再根据要创建的加工对象的类型，在"几何体子类型"区域中选择几何模板；然后，在"几何体"父本组下拉列表框中选择几何体父组，并在"名称"文本框中输入新建几何组的名称，如果不指定新的名称，

图12-13 "创建几何体"对话框

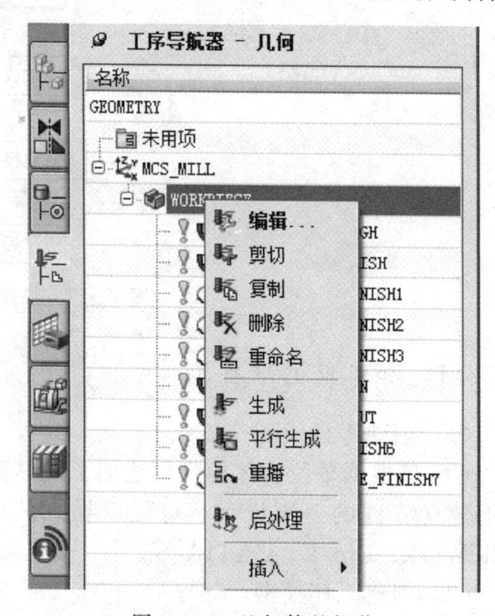

图12-14 几何体的操作

系统则使用默认名称；最后单击“确定”或者“应用”按钮。

系统根据所选几何模板类型，弹出相应的对话框，供用户进行几何对象的具体定义。在各对话框中完成对象选择和参数设置后，单击“确定”按钮，返回到“创建几何体”对话框，则在选择父本组下创建了指定名称的几何组，并显示在工序导航器的几何体视图中。新建几何组的名称可在工序导航器中修改，对于已建立的几何体组也可以通过工序导航器的相应指令进行编辑和修改，如图 12-14 所示。

12.2.3 创建刀具

在加工过程中，刀具是从工件上切除材料的工具。在创建铣削、车削和孔加工操作时，必须创建刀具或从刀具库中选取刀具。创建和选取刀具时，应考虑加工类型、加工表面的形状和加工部位的尺寸大小等因素。

单击“插入”工具条上的“创建刀具”按钮，系统弹出如图 12-15 所示的“创建刀具”对话框，在下拉式列表中选取刀具类型为“mill _ contour”，在“刀具子类型”选项中选择铣刀的类型，并在刀具“名称”文本框中输入刀具名称，最后单击“确定”按钮或“应用”按钮。如果在“刀具子类型”选项中选择“MILL ”，则系统弹出如图 12-16 所示的“铣刀－5 参数”对话框。在该对话框中设置刀具的有关参数，参数设置好后，单击“确定”按钮。

图 12-15 “创建刀具”对话框

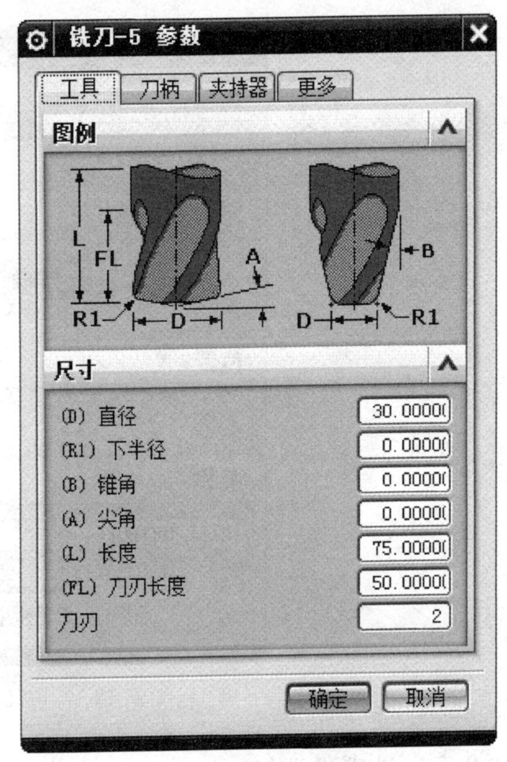

图 12-16 “铣刀－5 参数”对话框

12.2.4 创建加工方法

通常情况下，完成一个零件的加工需要经过粗加工、半精加工、精加工几个步骤，而粗加工、半精加工、精加工的主要差异在于加工后残留在工件表面的余料的多少及表面粗糙度。加工方法可以通过对加工余量、几何体的内外公差、切削方式和进给速度等选项的设置，控制表面残余余量，同时加工方法还可以设置刀具路径的显示颜色与显示方式。

在部件文件中若不同的刀具路径使用相同的加工参数时，可使用创建加工方法的办法，先创建加工方法，以后在创建操作时直接选用该方法即可，创建的操作将可以获得默认的相关参数。在创建操作时如果不选择加工方法（METHOD 选项），也可以通过操作对话框中的切削、进给等选项进行切削方法的设置。而对于通过选择加工方法所继承的参数，也可以在操作中进行修改，但修改仅对当前操作起作用。

系统默认的铣床加工方式有 3 种：

- MILL _ ROUGH（粗加工）
- MILL _ SEMI _ FINISH（半精加工）
- MILL _ FINISH（精加工）

单击“插入”工具条上的按钮，或者选择主菜单“插入”→“方法”菜单项，系统将弹出如图 12-17 所示的“创建方法”对话框。在创建方法对话框中，首先要选择类型及子类型，然后选择方法子类型，再选择一个位置及父本组，当前加工方法将作为父本组的从属组，继承父本组的参数，再在“名称”文本框中输入程序组的名称，单击“确定”或“应用”按钮，系统将弹出如图 12-18 所示的“铣削粗加工”对话框。在该对话框中设置加工方法的有关参数，设置完后，单击“确定”按钮。

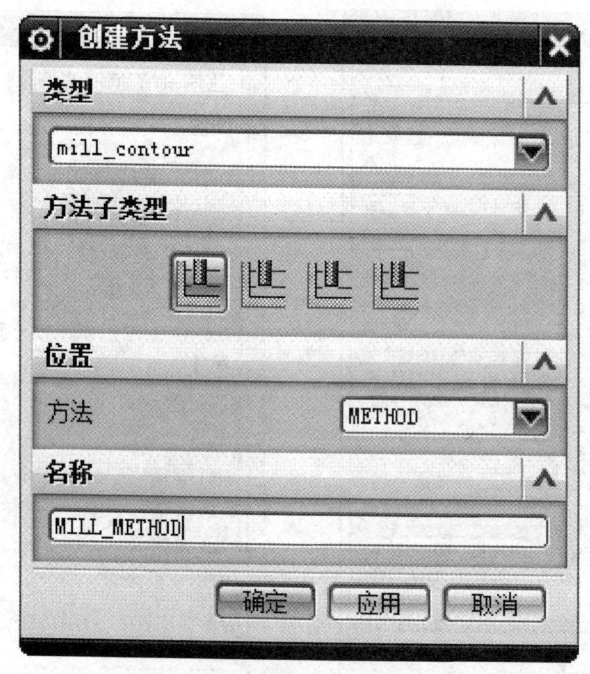

图 12-17 “创建方法”对话框

12.2.5 创建程序组

程序组用于排列各加工操作在程序中的次序。例如：一个复杂零件如果需要在不同机床上完成表面加工，则应该将同一机床上加工的操作组合成程序组，以便刀具路径的输出。合理地安排程序组，可以在一次后处理中按程序组的顺序输出多个操作。在操作导航器的程序顺序视图中，显示每个操作所属的程序组以及各操作在机床上的执行顺序。

单击“插入”工具条上“创建程序”按钮，或者选在主菜单上的“插入”→“程序”

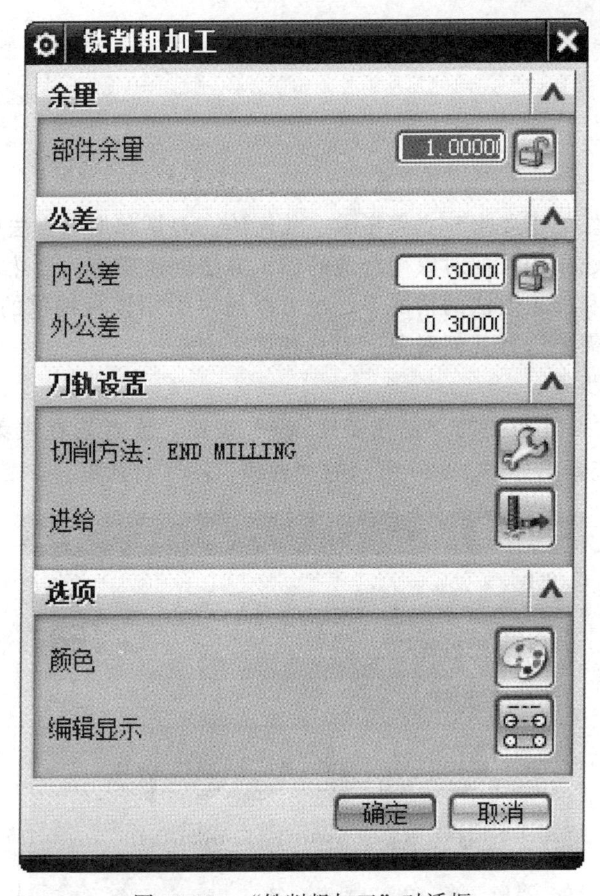

图 12-18 “铣削粗加工”对话框

菜单项，系统将弹出如图 12-19 所示的“创建程序”对话框。在“创建程序”对话框中，首先要选择类型及子类型，然后选择一个位置（父本组），当前程序组将作为父本组的从属组，再在“名称”文本框中输入程序组的名称，单击“确定”或“应用”按钮即可创建一个程序组。

图 12-19 “创建程序”对话框

提示：通常情况下，用户可以不创建程序组，而直接使用模板所提供的默认程序组创建所有的操作。

12.2.6 创建工序

当用户在根据零件加工要求建立程序组、几何体、刀具和加工方法后，可在指定程序组下用合适的刀具对已建立的几何对象用合适的加工方法创建操作。当然，用户在没有建立程序组、几何体、刀具和加工方法的情况下，也可以通过引用模板提供的默认对象创建工序，但进入工序对话框后需要选择几何对象、刀具和加工方法。

创建工序的基本步骤：

① 单击“插入”工具条中的“创建工序”按钮，或者选在主菜单上的“插入”→“工序”菜单项，系统弹出如图12-20所示的“创建工序”对话框。

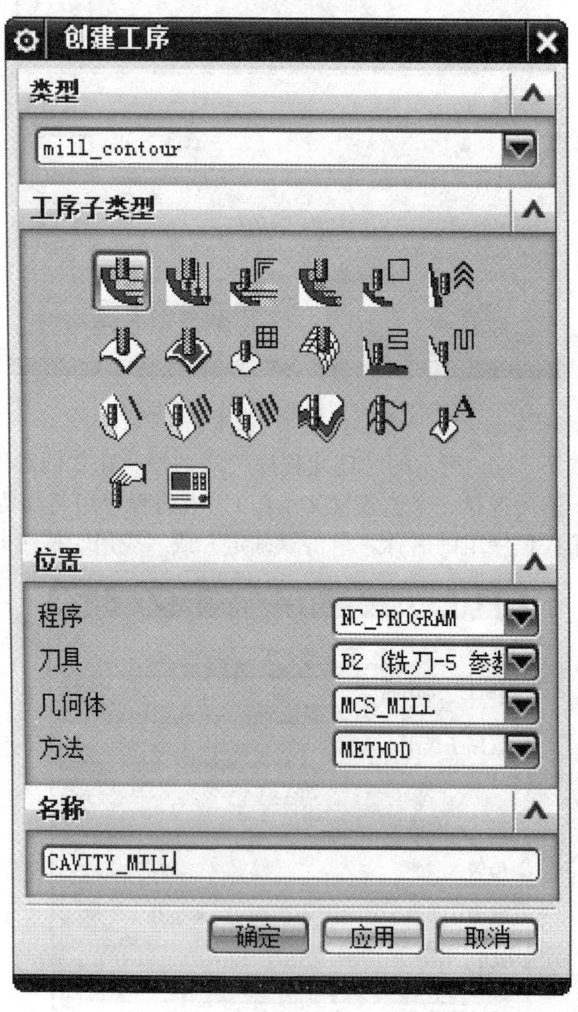

图12-20 “创建工序”对话框

② 在“类型”下拉列表框中选择工序类型，在“类型”下拉列表框中选择不同加工类型的模板零件时，工序子类型会显示与所选模板零件包含的工序模板。

③ 分别在程序下拉列表中选择程序父组，指定新建工序所述的程序组；在刀具下拉列

表中选择已创建的刀具；在几何体下拉列表中选择已创建的几何组；在方法下拉列表中选择合适的加工方法；在名称文本框中输入新建工序的名称。

④ 单击“确定”或“应用”按钮，系统将根据工序类型弹出相应的工序对话框，供用户进行工序的具体设置。

⑤ 在工序对话框中完成参数设置后，单击“生成刀轨”按钮，即可生成刀具路径。

⑥ 单击“确定”按钮。

12.3 UG NX 编程实例——剃须刀外壳凸模加工

12.3.1 实例分析

（1）实例描述

剃须刀外壳凸模如图 12-21 所示，该模型较为复杂，分型面为平面，上部凸台上还有一个凹腔，且与凸台圆角相连。材料为硬度较高的模具钢，工件底部安装在工作台上。

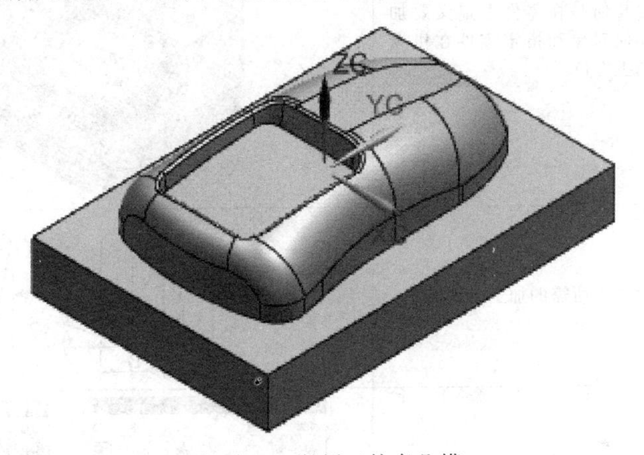

图 12-21 剃须刀外壳凸模

（2）加工方法分析

剃须刀外壳凸模根据数控加工工艺要求，采用工艺路线为“粗加工”→“半精加工”→“精加工”→“清根加工”。具体介绍如下。

① 粗加工 首先采用较大直径的刀具进行粗加工以便于去除大量余量，粗加工采用型腔铣环切的方法，刀具直径为 $\phi12R2$ 的圆角刀。

② 半精加工 利用半精加工来获得较为均匀的加工余量，半精加工采用等高轮廓加工方式，同时为了获得更好的表面质量，增加了在层间切削选项，刀具直径为 $\phi10R2$ 的圆鼻刀。

③ 精加工 精加工采用分区加工。对于陡峭区域采用等高轮廓铣，刀具直径为 $\phi3R1$ 的圆角刀；对于曲面采用区域驱动的固定轴曲面轮廓铣加工；对于平分型面采用型腔铣，通过控制切削层只进行单层铣削加工。

④ 清根加工 清根加工采用多刀路的固定轴曲面轮廓铣进行，刀具直径为 $\phi2$ 的球刀。

12.3.2 设计流程与加工方案

剃须刀外壳凸模数控加工具体的设计流程和知识点，如表 12-5 所示。

表 12-5 剃须刀外壳凸模加工流程和知识点

步　骤	设计知识点	设计流程效果图
Step 1：打开文件，进入加工环境	数控加工环境是指进入 UG NX 的制造模块后进行编程作业的软件环境，选择(mill_contours)	加工环境 CAM 会话配置 cam_general cam_library cam_native_rm_library cam_part_planner_library cam_part_planner_mrl cam_teamcenter_library feature_machining hole_making 浏览配置文件 要创建的 CAM 设置 mill_planar mill_contour mill_multi-axis mill_multi_blade drill hole_making turning wire_edm 浏览设置部件 确定 取消
Step 2：创建几何组	创建几何是在零件上定义要加工的几何对象和指定零件在机床上的加工方位	ZM YM ZC YC
Step 3：创建刀具组	创建加工所需的加工刀具	L FL R D A B D R
Step 4：创建加工方法组	加工方法通过对加工余量、几何体的内外公差等设置，为粗加工、半精加工和精加工设定统一的参数	铣削粗加工 余量 部件余量 1.0000 公差 内公差 0.3000 外公差 0.3000 刀轨设置 选项 确定 取消 铣削精加工 余量 部件余量 0.0000 公差 内公差 0.0030 外公差 0.0030 刀轨设置 选项 确定 取消
Step 5：创建型腔铣	型腔铣操作可移除平面层中的大量材料，最常用于在精加工操作之前对材料进行粗铣	ZM
Step 6：创建等高轮廓铣精加工	等高轮廓铣操作用于多个切削层铣削实体或曲面的轮廓，特别适合于陡峭曲面的加工	ZM YM ZC XM

续表

步 骤	设计知识点	设计流程效果图
Step 7：创建固定轴曲面轮廓铣精加工上顶面	固定轴曲面轮廓铣是精加工由轮廓曲面形成的区域的加工方法，可选择投影矢量、驱动方法来控制刀具移动	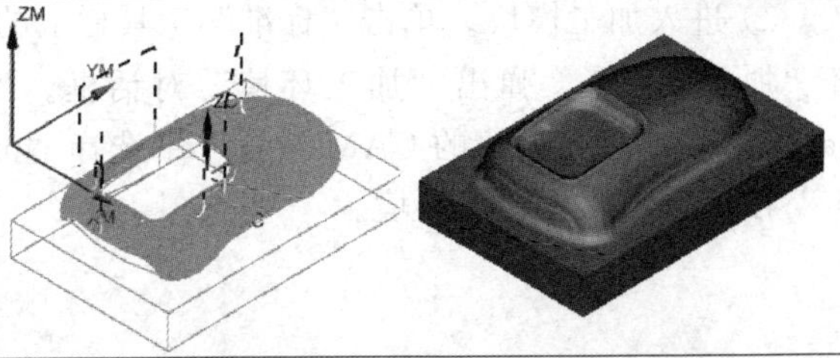
Step 8：创建固定轴曲面轮廓铣精加工圆角	固定轴曲面轮廓铣是精加工由轮廓曲面形成的区域的加工方法，可选择投影矢量、驱动方法来控制刀具移动	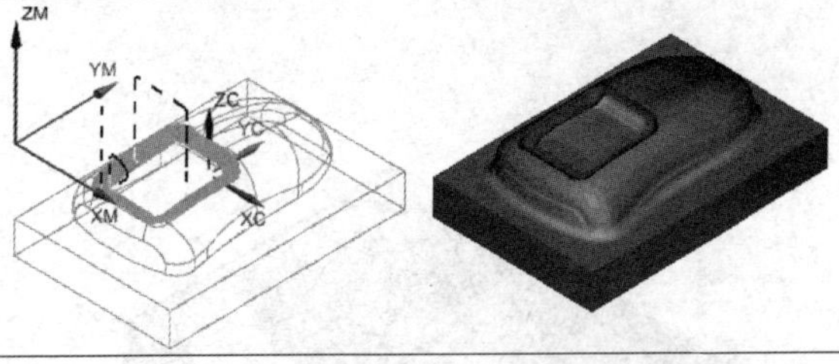
Step 9：创建固定轴曲面轮廓铣上凹面	固定轴曲面轮廓铣是精加工由轮廓曲面形成的区域的加工方法，可选择投影矢量、驱动方法来控制刀具移动	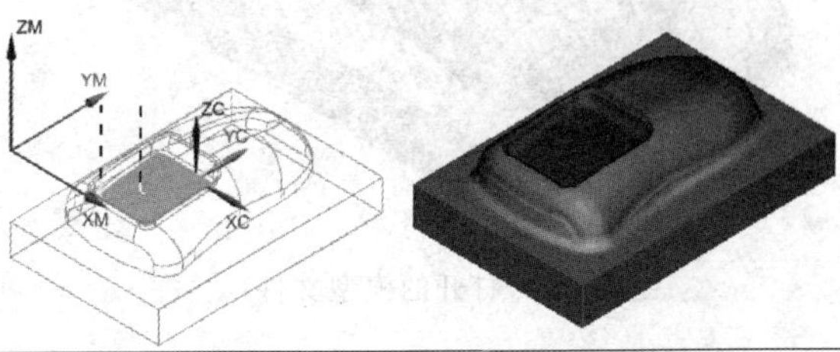
Step 10：等高轮廓铣精加工内陡峭壁	等高轮廓铣操作用于多个切削层铣削实体或曲面的轮廓，特别适合于陡峭曲面的精加工	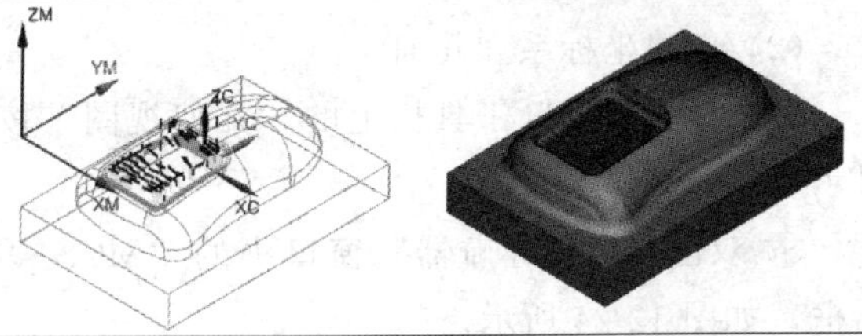
Step 11：等高轮廓铣精加工外陡峭壁	等高轮廓铣操作用于多个切削层铣削实体或曲面的轮廓，特别适合于陡峭曲面的精加工	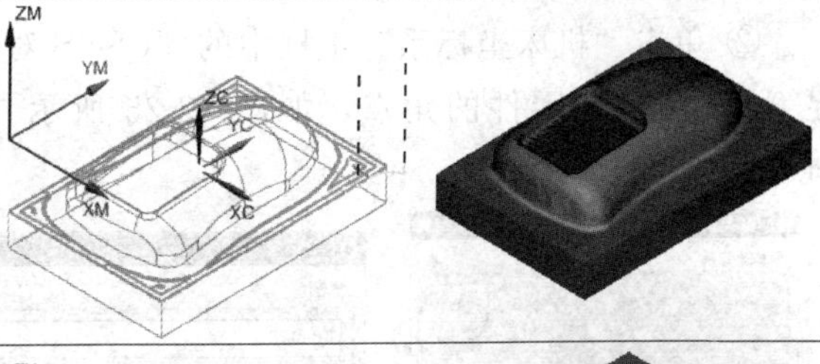
Step 12：多刀路清根	驱动方法为 Flow Cut 的固定轴曲面轮廓铣，且可创建多道清根路径	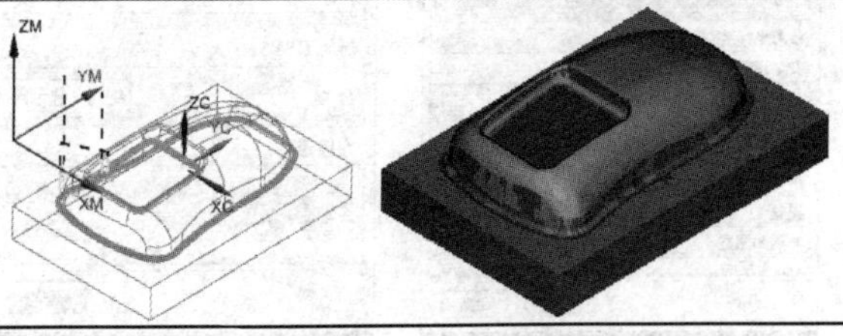

12.3.3 具体设计步骤

（1）初始化加工环境

① 启动 UG NX8.5 后，单击“标准”工具栏上的“打开”按钮，打开“打开部件文

件”对话框，选择“tixudao. prt”（可在出版社网站 www. cip. com. cn 资源下载区下载\第12章\uncompleted\tixudao. prt”），单击“OK”按钮，文件打开后如图 12-22 所示。

② 进入加工模块。单击“标准”工具栏上的“起始”按钮，在弹出下拉菜单中选择“加工”命令，弹出“加工环境”对话框。然后在“CAM 会话配置”中选择“cam_general”，在“要创建的 CAM 设置”中选择“mill_contour”，如图 12-23 所示。单击“确定”按钮，初始化加工环境。

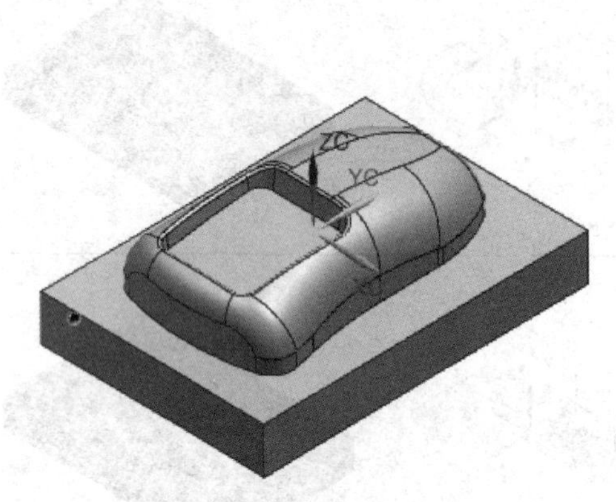

图 12-22 打开的模型文件

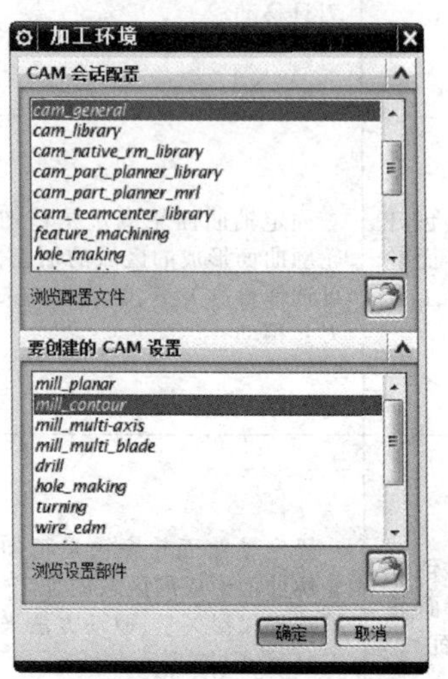

图 12-23 “加工环境”对话框

（2）创建坐标系和几何

单击“导航器”工具栏上的“几何视图”按钮，将“操作导航器”切换到几何视图显示。

① 双击“操作导航器”窗口中的“MCS_MILL”图标，弹出“MCS 铣削”对话框，如图 12-24 所示。

② 单击“机床坐标系”组框中的“CSYS 对话框”按钮，弹出“CSYS”对话框，捕捉第 10 层毛坯零件的角点，如图 12-25 所示。单击“确定”按钮返回“MCS 铣削”对话框。

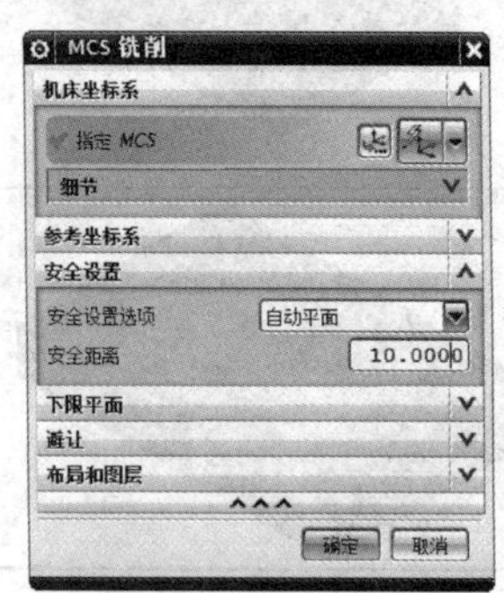

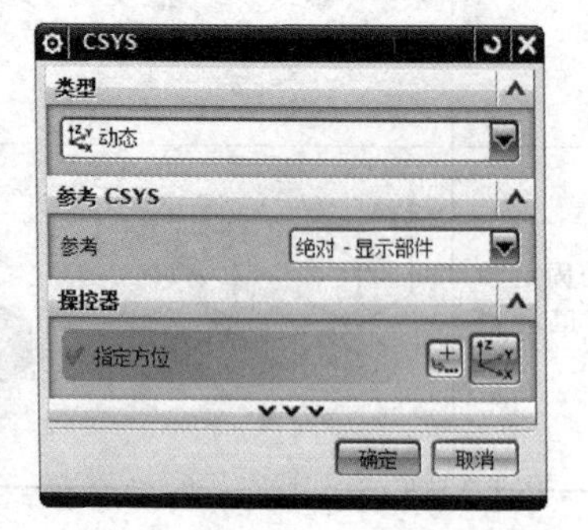

图 12-24 “MCS 铣削”对话框

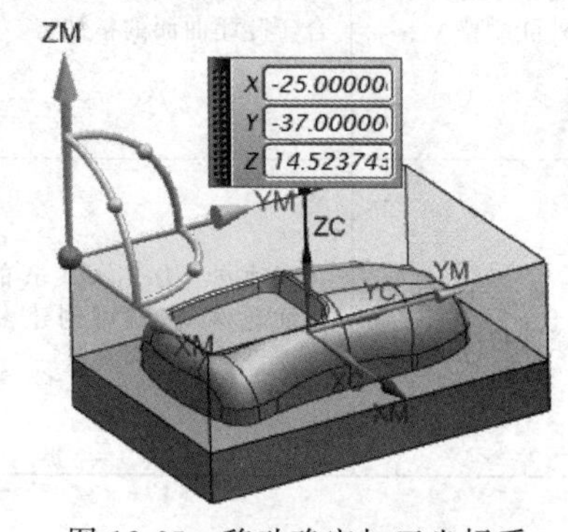

图 12-25 移动确定加工坐标系

③ 在“MCS 铣削”对话框中，在“安全设置”组框中的“安全设置选项”下拉列表中选择“自动平面”选项，然后单击“选择安全平面”按钮，弹出“平面”构造器对话框。

在如图 12-26 所示的“平面”构造器对话框中选择“自动判断”类型，选择如图 12-26 所示的毛坯上表面，在“距离”文本框中输入“15”，单击“确定”按钮，在图形区会显示安全平面所在的位置。

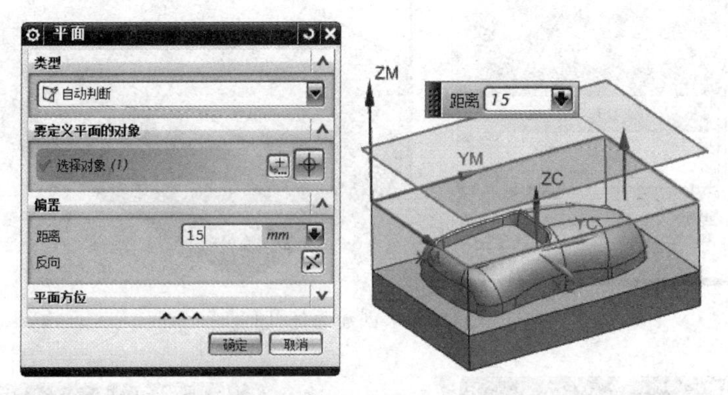

图 12-26　显示安全平面的位置

④ 在“操作导航器”中双击“WORKPIECE”图标，弹出“工件”对话框，如图 12-27 所示。

• 部件几何。单击“几何体”组框中“指定部件”选项后的“选择或编辑部件几何体”按钮，弹出“部件几何体”对话框。选择图 12-28 所示的实体作为部件。单击“确定”按钮，返回“铣削几何体”对话框。

图 12-27　“工件”对话框

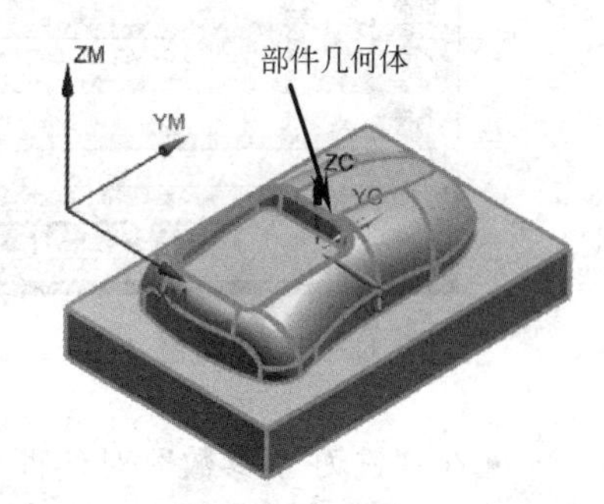

图 12-28　选择部件几何体

• 毛坯几何。单击“几何体”组框中“指定毛坯”选项后的“选择或编辑毛坯几何体”按钮，弹出“毛坯几何体”对话框。选择在图层 10 上的实体作为毛坯几何体，单击“确定”按钮，完成毛坯几何的创建，如图 12-29 所示。

(3) 创建刀具组

单击“导航器”工具栏上的“机床视图”按钮，操作导航器切换到机床刀具视图。

① 创建直径为 $D12R2$ 的圆角刀，操作步骤如下。

• 单击“加工创建”工具栏上的“创建刀具”按钮，弹出“创建刀具”对话框。在“类型”下拉列表中选择“mill _ contour”，“刀具子类型”选择“MILL”图标，在“名称”文本框中输入“D12R2”，如图 12-30 所示。单击“创建刀具”对话框中的“确定”按钮，弹出“铣刀 5-参数”对话框。

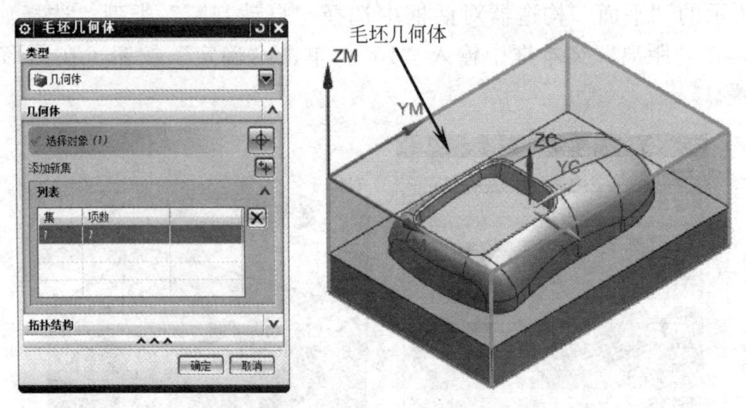

图 12-29 创建毛坯几何

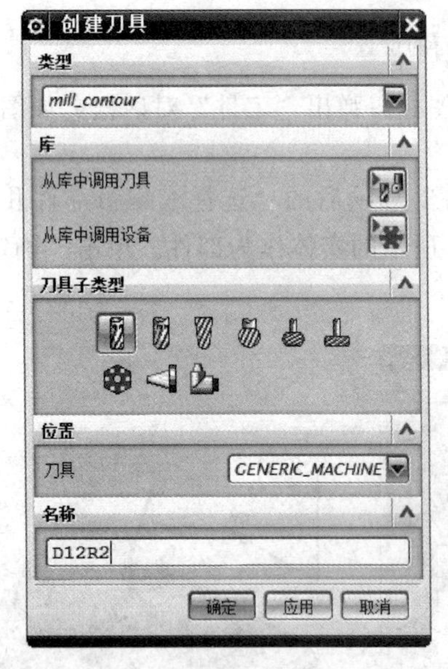

图 12-30 "创建刀具"对话框

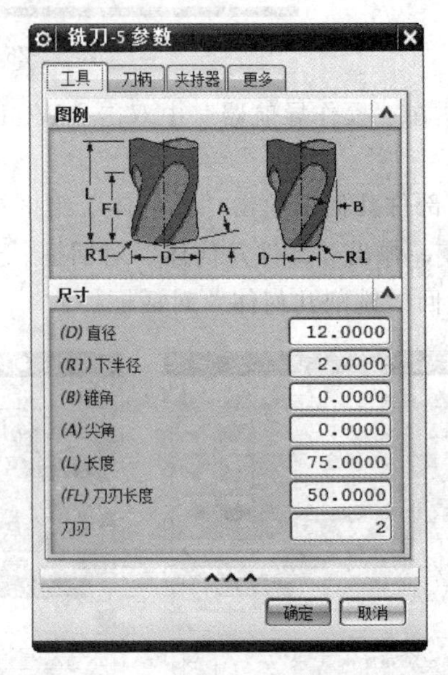

图 12-31 "铣刀 5-参数"对话框

• 在"铣刀 5-参数"对话框中设定"直径"为"12"，"底圆角半径"为"2"，"刀具号"为"1"，其他参数接受默认设置，如图 12-31 所示。单击"确定"按钮，完成刀具创建。

② 创建直径为 $D10R2$ 的圆角刀。单击"加工创建"工具栏上的"创建刀具"按钮，弹出"创建刀具"对话框。在"类型"下拉列表中选择"mill_contour"，"刀具子类型"选择"MILL"图标，在"名称"文本框中输入"D10R2"。单击"创建刀具"对话框中的"确定"按钮，弹出"铣刀 5-参数"对话框。在"铣刀 5-参数"对话框中设定"直径"为"10"，"底圆角半径"为"2"，"刀具号"为"2"，其他参数接受默认设置。单击"确定"按钮，完成刀具创建。

③ 创建直径为 $B4$ 的球刀。单击"加工创建"工具栏上的"创建刀具"按钮，弹出"创建刀具"对话框。在"类型"下拉列表中选择"mill_contour"，"刀具子类型"选择"MILL"图标，在"名称"文本框中输入"B4"。单击"创建刀具"对话框中的"确定"按钮，弹出"铣刀 5-参数"对话框。在"铣刀 5-参数"对话框中设定"直径"为"4"，"底

圆角半径”为“2”，“刀具号”为“3”，其他参数接受默认设置。单击“确定”按钮，完成刀具创建。

④ 创建直径为 $D3R1$ 的圆角刀。单击“加工创建”工具栏上的“创建刀具”按钮，弹出“创建刀具”对话框。在“类型”下拉列表中选择“mill _ contour”，“刀具子类型”选择“MILL”图标，在“名称”文本框中输入“D3R1”。单击“创建刀具”对话框中的“确定”按钮，弹出“铣刀 5-参数”对话框。在“铣刀 5-参数”对话框中设定“直径”为“3”，“底圆角半径”为“1”，“刀具号”为“4”，其他参数接受默认设置。单击“确定”按钮，完成刀具创建。

⑤ 创建直径为 $B2$ 的球刀。单击“加工创建”工具栏上的“创建刀具”按钮，弹出“创建刀具”对话框。在“类型”下拉列表中选择“mill _ contour”，“刀具子类型”选择“MILL”图标，在“名称”文本框中输入“B2”。单击“创建刀具”对话框中的“确定”按钮，弹出“铣刀 5-参数”对话框。在“铣刀 5-参数”对话框中设定“直径”为“2”，“刀具号”为“5”，其他参数接受默认设置。单击“确定”按钮，完成刀具创建。

（4）设置加工方法组

单击“操作导航器”工具栏上的“加工方法视图”按钮，操作导航器切换到加工方法视图。

① 双击“操作导航器”中的“MILL _ ROUGH”图标，弹出“铣削粗加工”对话框。在“部件余量”文本框中输入“1”，“内公差”和“外公差”中输入“0.3”，如图 12-32 所示。单击“确定”按钮，完成粗加工方法设定。

② 双击“操作导航器”中的“MILL _ SEMI _ FINISH”图标，弹出“铣削半精加工”对话框。在“部件余量”文本框中输入“0.5”，“内公差”和“外公差”中输入“0.03”，如图 12-33 所示。单击“确定”按钮，完成半精加工方法设定。

③ 双击“操作导航器”中的“MILL _ FINISH”图标，弹出“铣削方法”对话框。在“部件余量”文本框中输入“0”，“内公差”和“外公差”中输入“0.003”，如图 12-34 所示。单击“确定”按钮，完成精加工方法设定。

图 12-32 粗加工方法设置

图 12-33 半精加工方法设置

图 12-34 精加工方法设置

（5）型腔铣粗加工

单击“导航器”工具栏上“程序顺序视图”按钮，操作导航器切换到程序视图。

① 单击“插入”工具栏上的“创建工序”按钮，弹出“创建工序”对话框。在“类型”下拉列表中选择 mill _ contour，“工序子类型”选择第 1 行第 1 个图标（CAVITY _ MILL），“程序”选择“NC _ PROGRAM”，“刀具”选择“D10R1”，“几何体”选择

“WORKPIECE”，“方法”选择“MILL _ ROUGH”，在“名称”文本框中输入“CAVITY _ ROUGH”，如图 12-35 所示。单击“确定”按钮，弹出“型腔铣”对话框，如图 12-36 所示。

图 12-35 “创建工序”对话框

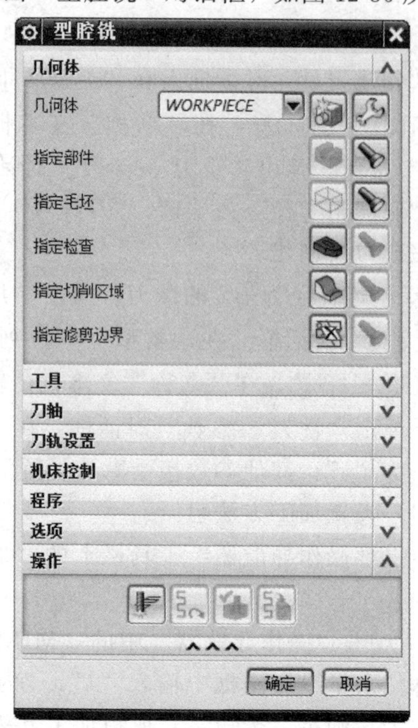

图 12-36 “型腔铣”对话框

② 在“型腔铣”对话框的“刀轨设置”组框中在“切削模式”下拉列表中选择“跟随部件”方式，在“步距”下拉列表中选择“刀具平直百分比”，在“平面直径百分比”文本框中输入“30”；在“每刀的公共深度”下拉列表中选择“恒定”，“最大距离”文本框中输入“1”，如图 12-37 所示。

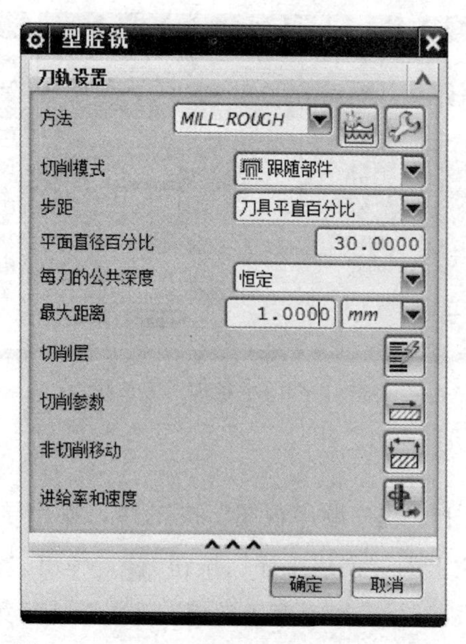

图 12-37 选择切削模式和设置切削用量

③ 单击“刀轨设置”组框中的“切削参数”按钮，弹出“切削参数”对话框。

• “策略”选项卡：“切削方向”为“顺铣”，“切削顺序”为“深度优先”，其他参数设置，如图12-38所示。

• “更多”选项卡：在“原有的”组框中，勾选“区域连接”、“边界逼近”和“容错加工”复选框，如图12-39所示。单击“切削参数”对话框中的“确定”按钮，完成切削参数设置。

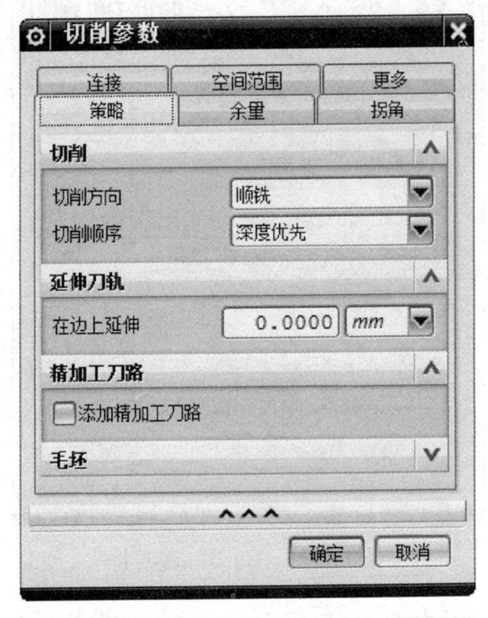

图12-38 “策略”选项卡

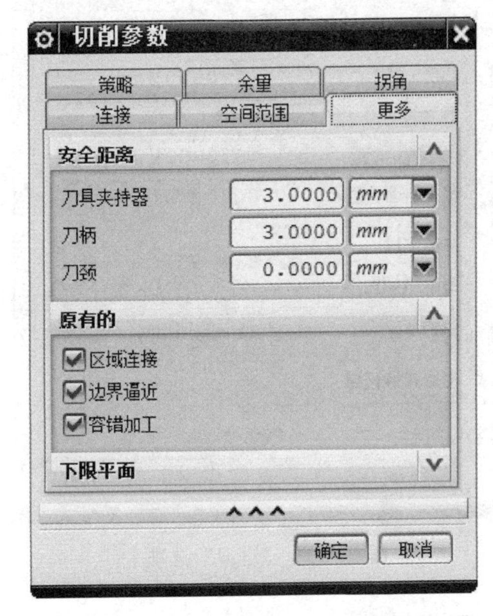

图12-39 “更多”选项卡

④ 单击“刀轨设置”组框中的“非切削参数”按钮，弹出“非切削移动”对话框。

• “进刀”选项卡：封闭区域的“进刀类型”为“螺旋”，“直径”为“90%”，“最小安全距离”为“3”，其他参数设置如图12-40所示。

• “退刀”选项卡：“退刀类型”为“线性”，其他参数设置，如图12-41所示。

• “起点/钻点”选项卡：“重叠距离”为“1”，其他接受默认设置，如图12-42所示。

• “转移/快速”选项卡：“转移类型”为“前一平面”，其他参数设置如图12-43所示。

• 单击“非切削参数”对话框中的“确定”按钮，完成非切削参数设置。

⑤ 单击“刀轨设置”组框中的“进给率和速度”按钮，弹出“进给率和速度”对话框。设置“主轴速度”为1200，单位为“转/分钟”，切削速度为“600”，单位为“毫米/分钟”，其他参数设置如图12-44所示。

⑥ 生成刀具路径并验证，操作步骤如下。

• 在“工序”对话框中完成参数设置后，单击该对话框底部“操作”组框中的“生成”按钮，可在操作对话框下生成刀具路径，如图12-45所示。

• 单击“操作”对话框底部“操作”组框中的“确认”按钮，弹出“刀轨可视化”对话框，然后选择“2D动态”选项卡，单击“播放”按钮，可进行2D动态刀具切削过程模拟，如图12-46所示。

⑦ 单击“确定”按钮，返回“型腔铣”对话框，然后单击“确定”按钮，完成型腔铣粗加工操作。

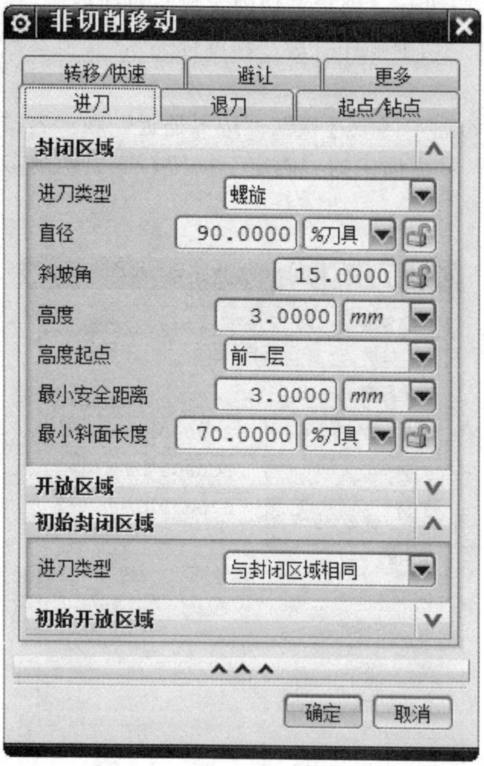

图 12-40 “进刀”选项卡

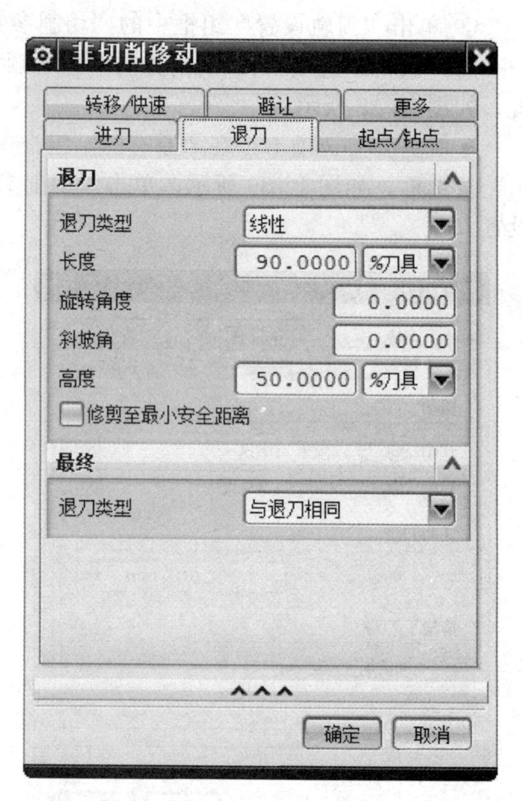

图 12-41 “退刀”选项卡

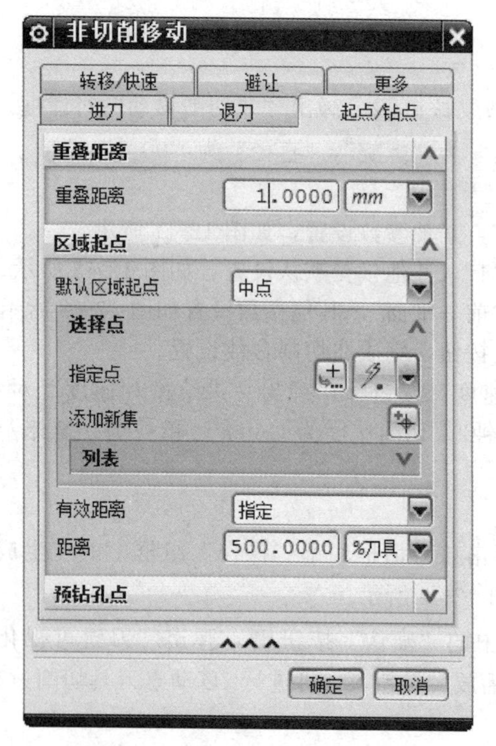

图 12-42 “起点/钻点”选项卡

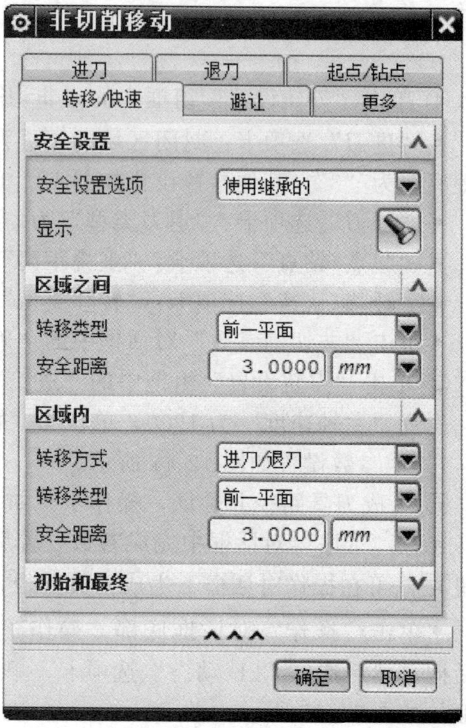

图 12-43 “转移/快速”选项卡

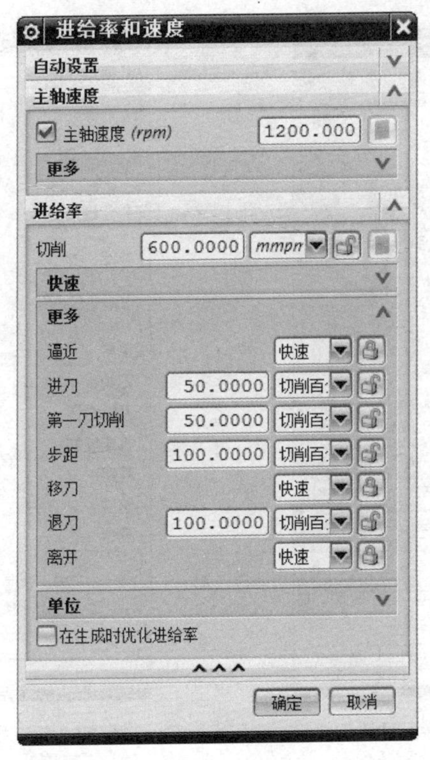

图 12-44　“进给率和速度”对话框

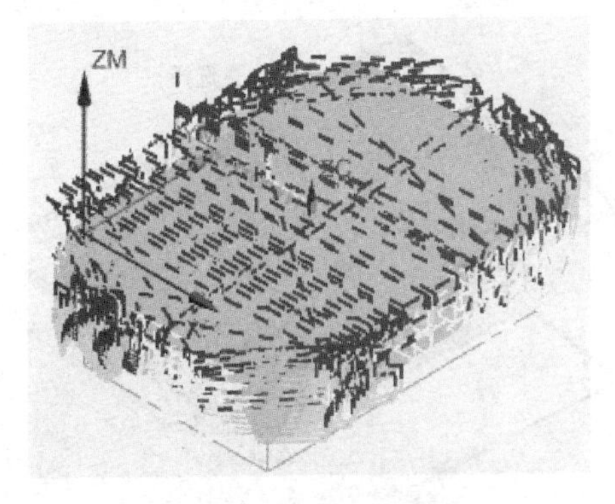

图 12-45　生成刀具路径

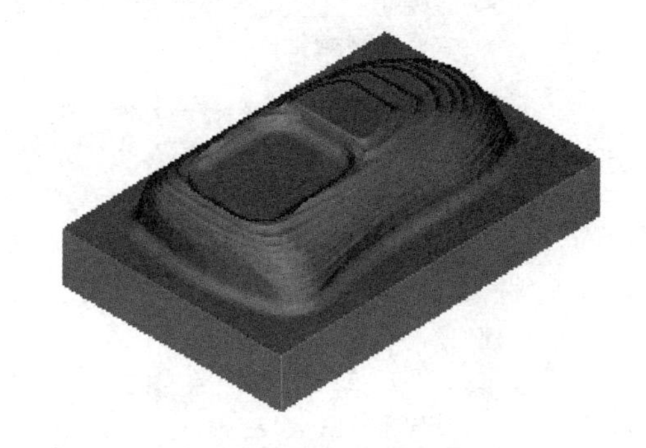

图 12-46　实体切削验证

(6) 等高轮廓铣半精加工

单击“导航器”工具栏上的“程序顺序视图”按钮，导航器切换到程序视图。

① 单击“加工创建”工具栏上的“创建工序”按钮，弹出“创建工序”对话框，在“类型”下拉列表中选择“mill _ contour”，“工序子类型”选择第 1 行第 5 个图标(ZLEVEL _ PROFILE)，“程序”选择“NC _ PROGRAM”，“刀具”选择“D10R2”，“几何体”选择“WORKPIECE”，“方法”选择“MILL _ SEMI _ FINISH”，在“名称”文本框中输入“ZLEVEL _ SEMI _ FINISH”，如图 12-47 所示。单击“确定”或者“应用”按钮，弹出“深度加工轮廓”对话框，如图 12-48 所示。

② 单击“几何体”组框中的“指定修剪边界”后的“选择或编辑修剪边界”按钮，弹出“修剪边界”对话框，在“过滤器类型”中选择“面边界”按钮，“修剪侧”为“外部”，如图 12-49 所示。在图形区选择如图 12-50 所示的边线作为修剪边界，单击“确定”按钮完成。

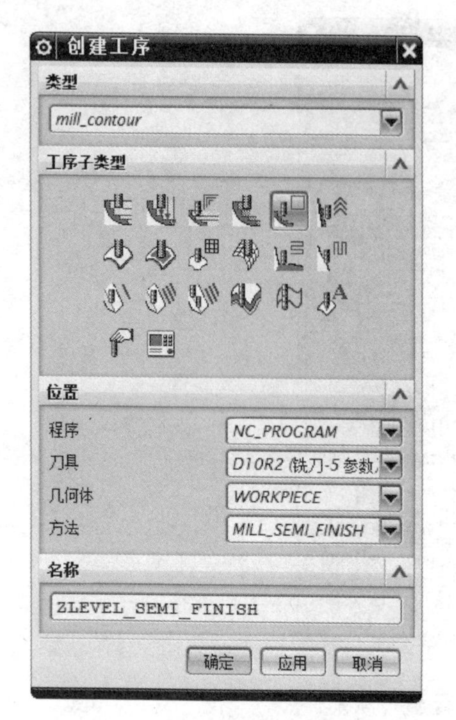

图 12-47 “创建工序”对话框

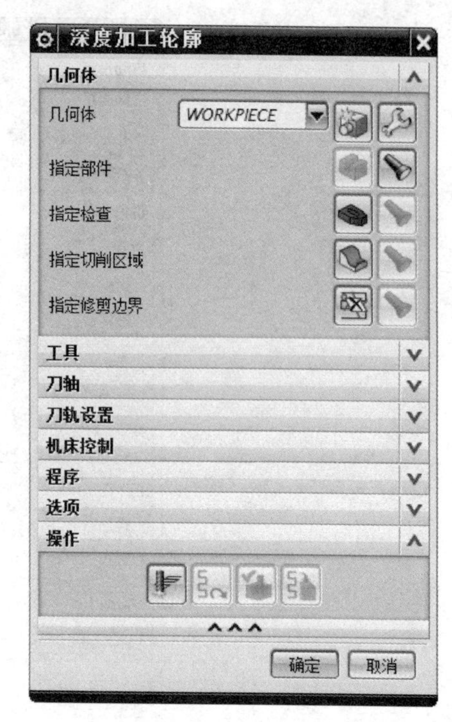

图 12-48 “深度加工轮廓”对话框

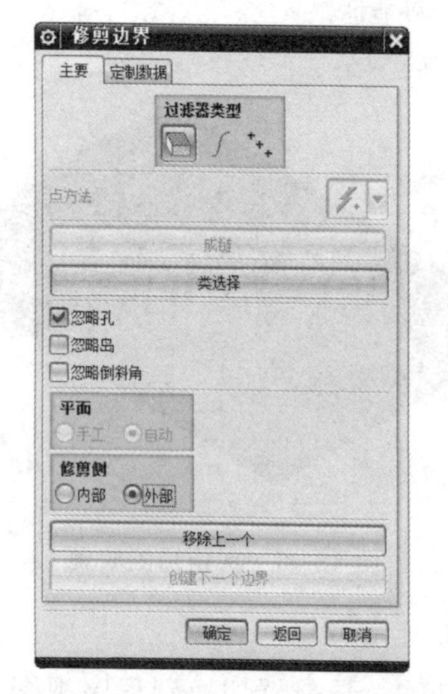

图 12-49 “修剪边界”对话框

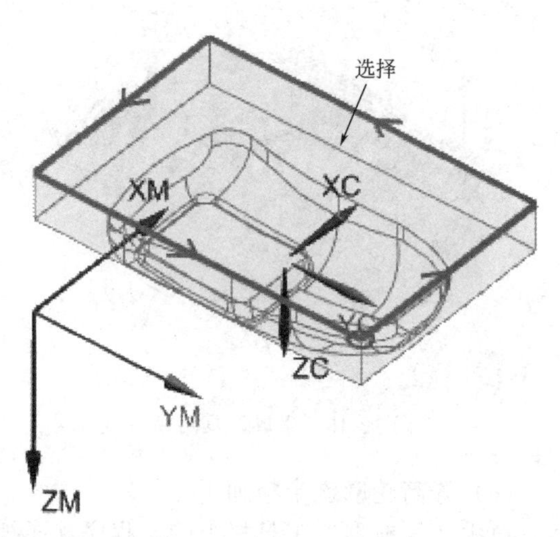

图 12-50 选择修剪边界

③ 在“刀轨设置”组框中“陡峭空间范围”下拉列表中选择“无”选项，“合并距离”文本框中输入 3，“最小切削长度”为 1，在“每刀公共深度”文本框中输入“恒定”，在“最大距离”文本框输入“0.5”，如图 12-51 所示。

④ 单击“刀轨设置”组框中的“切削参数”按钮，弹出“切削参数”对话框。

- “策略”选项卡：“切削方向”为“顺铣”，“切削顺序”为“深度优先”，取消“在边上延伸”复选框，取消“在边缘滚动刀具”复选框，其他接受默认设置，如图 12-52 所示。
- “连接”选项卡：“层到层”为“使用转移方法”，勾选“在层之间切削”复选框和“短距离移动上的进给”复选框，如图 12-53 所示。

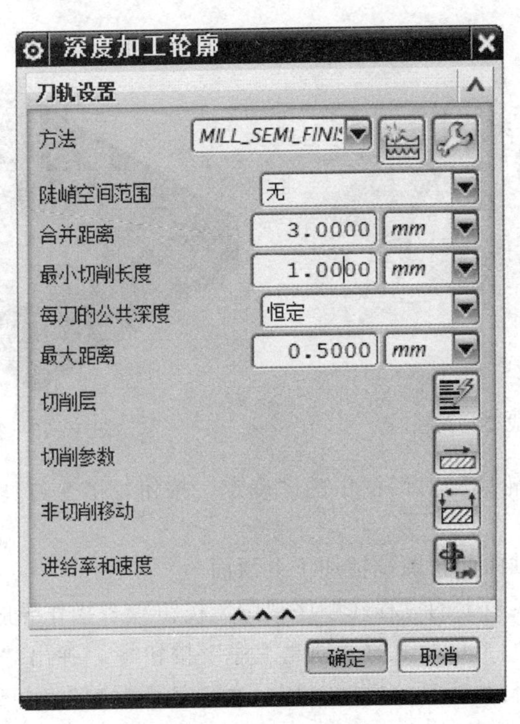

图 12-51　设置刀轨参数

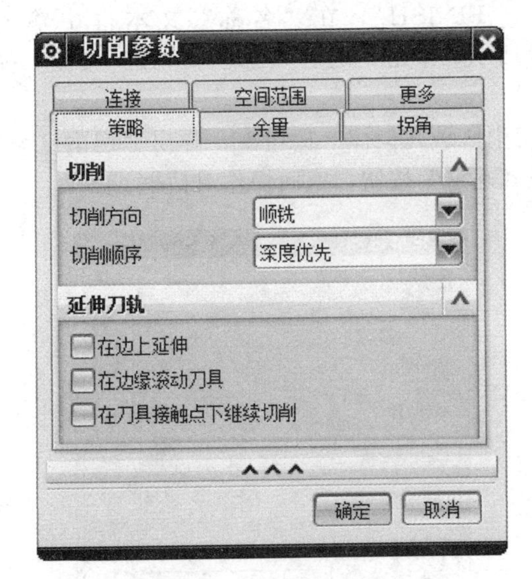

图 12-52　“策略”选项卡

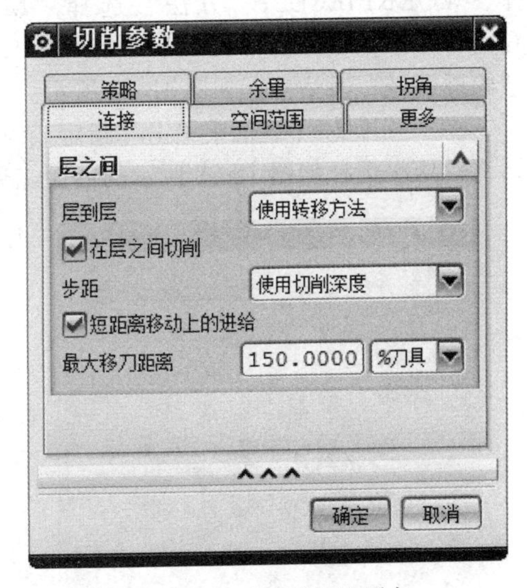

图 12-53　“连接”选项卡

• 单击“切削参数”对话框中的“确定”按钮，完成切削参数设置。

⑤ 生成刀具路径并验证，操作步骤如下。

• 在“操作”对话框中完成参数设置后，单击该对话框底部“操作”组框中的“生成”按钮，可在操作对话框下生成刀具路径，如图 12-54 所示。

• 单击“操作”对话框底部“操作”组框中的“确认”按钮，弹出“刀轨可视化”对话框，然后选择“2D 动态”选项卡，单击“播放”按钮，可进行 2D 动态刀具切削过程模拟，如图 12-55 所示。

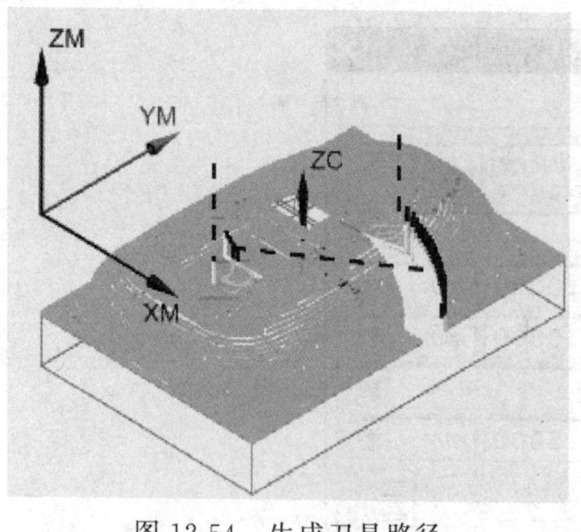

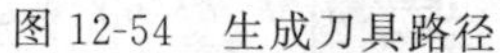
图 12-54　生成刀具路径

图 12-55　实体切削验证

⑥ 单击“深度加工轮廓”对话框中的“确定”按钮，接受刀具路径，并关闭“深度加工轮廓”对话框。

(7) 区域驱动固定轴曲面轮廓铣精加工上顶面

单击“导航器”工具栏上的“程序顺序视图”按钮，操作导航器切换到程序视图。

① 单击“加工创建”工具栏上的“创建工序”按钮，弹出“创建工序”对话框。在“类型”下拉列表中选择“mill_contour”，“工序子类型”选择第 2 行第 2 个图标(CONTOUR_AREA)，“程序”选择“NC_PROGRAM”，“刀具”选择“B4”，“几何体”选择“WORKPIECE”，“方法”选择“MILL_FINISH”，在“名称”文本框中输入“CONTOUR_AREA_FINISH1”，如图 12-56 所示。单击“确定”或者“应用”按钮，弹出“轮廓区域”对话框，如图 12-57 所示。

② 在“几何体”组框中单击“指定或编辑切削区域几何体”按钮，弹出“切削区域”对话框，依次选择如图 12-58 所示的曲面，单击“确定”按钮，返回操作对话框。

图 12-56　“创建工序”对话框

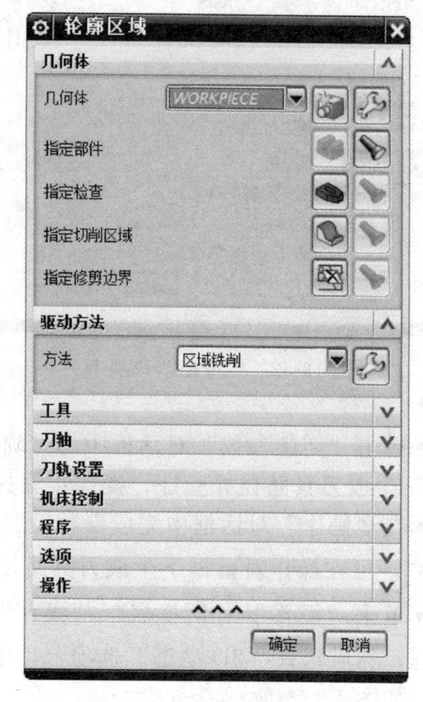

图 12-57　“轮廓区域”对话框

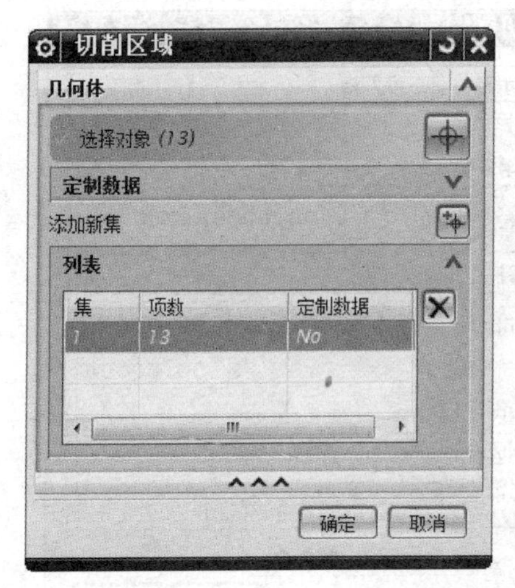

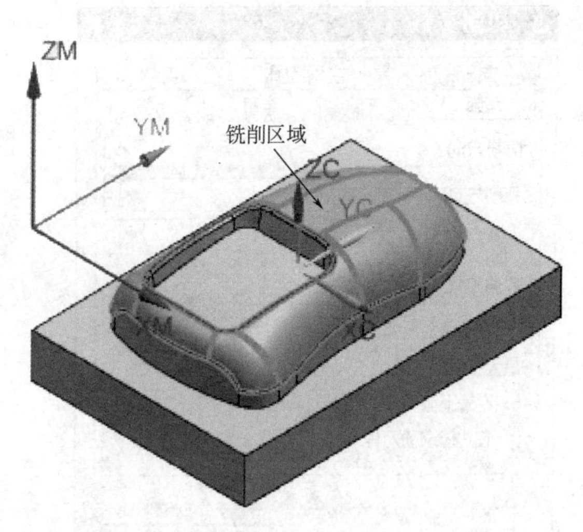

图 12-58　选择铣削区域

③ 在“轮廓区域”对话框中，单击“驱动方式”组框中的“编辑”按钮，系统弹出“区域铣削驱动方法”对话框，设置相关参数如图 12-59 所示。

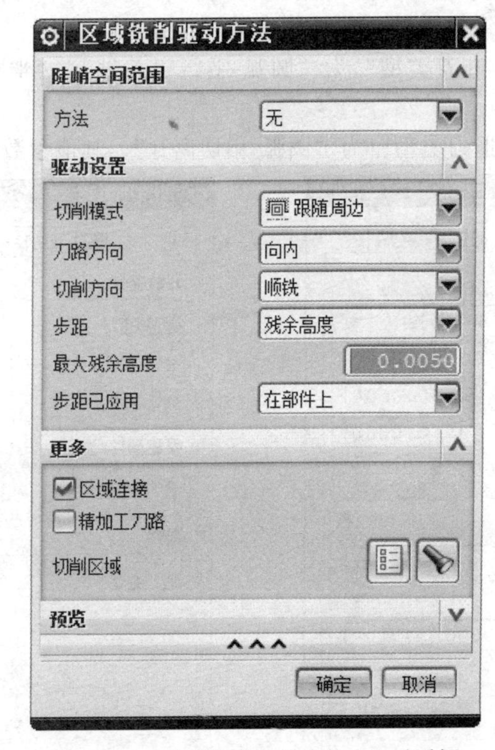

图 12-59　“区域铣削驱动方法”对话框

④ 单击“刀轨设置”组框中的“切削参数”按钮，弹出“切削参数”对话框。

• “策略”选项卡：“切削方向”为“顺铣”，“刀路方向”为“向外”，取消“在边上延伸”复选框，取消“在边缘滚动刀具”复选框，其他接受默认设置，如图 12-60 所示。

• “更多”选项卡：在“最大步长”文本框中输入“20%”；取消“应用于步距”复选框，勾选“优化刀轨”复选框，如图 12-61 所示。

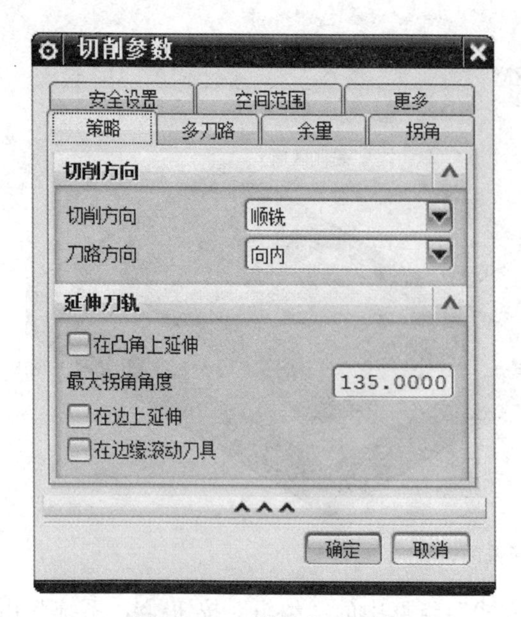

图 12-60 “策略”选项卡

图 12-61 “更多”选项卡

⑤ 单击“刀轨设置”组框中的“非切削参数”按钮，弹出“非切削移动”对话框。

• “进刀”选项卡：“进刀类型”为“圆弧-平行于刀轴”，“半径”为“50%”，其他参数设置，如图 12-62 所示。

• “退刀”选项卡：“退刀类型”为“圆弧-相切离开”，其他参数设置，如图 12-63 所示。

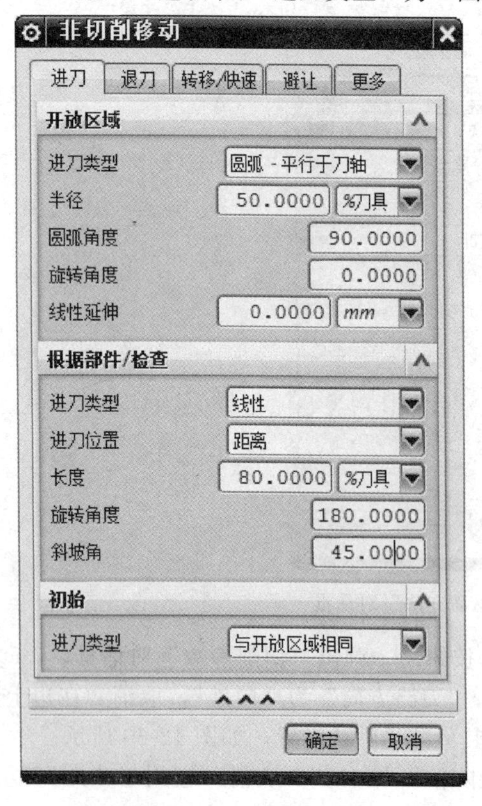

图 12-62 “进刀”选项卡

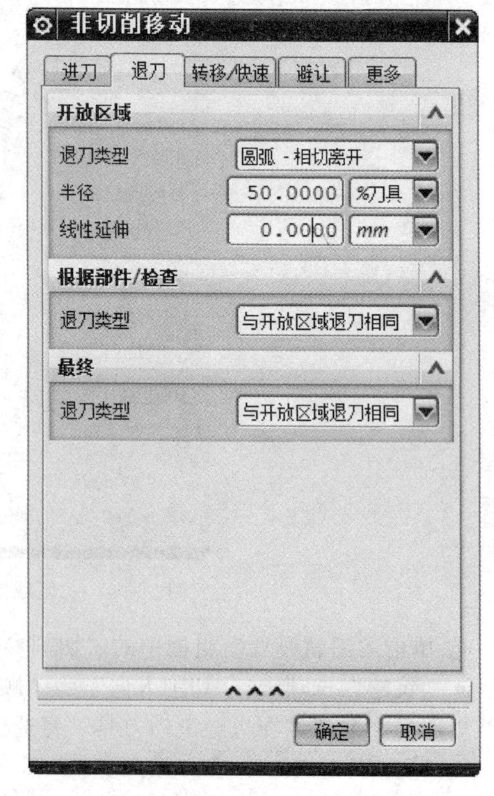

图 12-63 “退刀”选项卡

⑥ 生成刀具路径并验证，操作步骤如下。

• 在“操作”对话框中完成参数设置后，单击该对话框底部“操作”组框中的“生成”按钮，可在操作对话框下生成刀具路径，如图 12-64 所示。

• 单击“操作”对话框底部“操作”组框中的“确认”按钮，弹出“刀轨可视化”对话框，然后选择“2D 动态”选项卡，单击“播放”按钮，可进行 2D 动态刀具切削过程模拟，如图 12-65 所示。

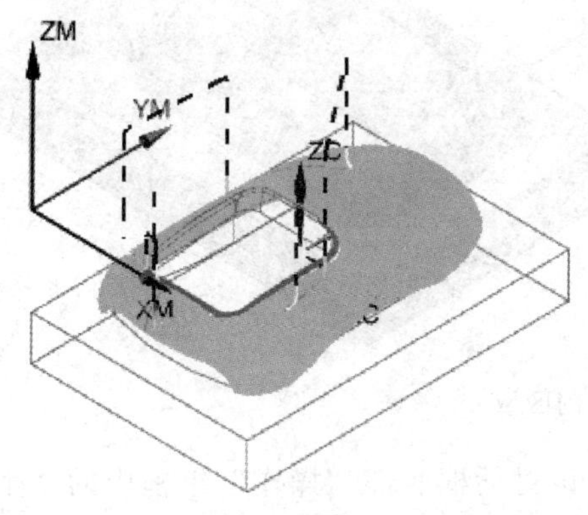

图 12-64 生成切削刀具路径

图 12-65 实体切削验证

⑦ 单击“确定”按钮，接受刀具路径，并关闭“轮廓区域”对话框。

(8) 区域驱动固定轴曲面轮廓铣精加工圆角面

① 在“操作导航器”窗口选择“CONTOUR _ AREA _ FINISH1”操作，单击鼠标右键，在弹出的快捷菜单中选择“复制”命令，然后选中“CONTOUR _ AREA _ FINISH1”操作，单击鼠标右键，在弹出的快捷菜单中选择“粘贴”命令。选择复制粘贴后的操作，单击鼠标右键，在弹出的快捷菜单中选择“重命名”命令，将其改称为“CONTOUR _ AREA _ FINISH2”，如图 12-66 所示。

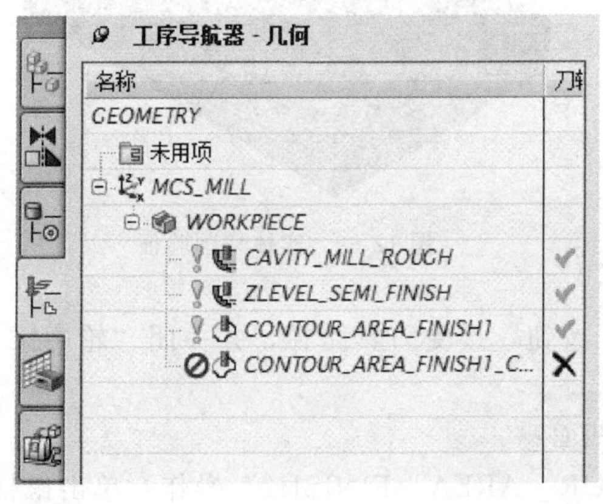

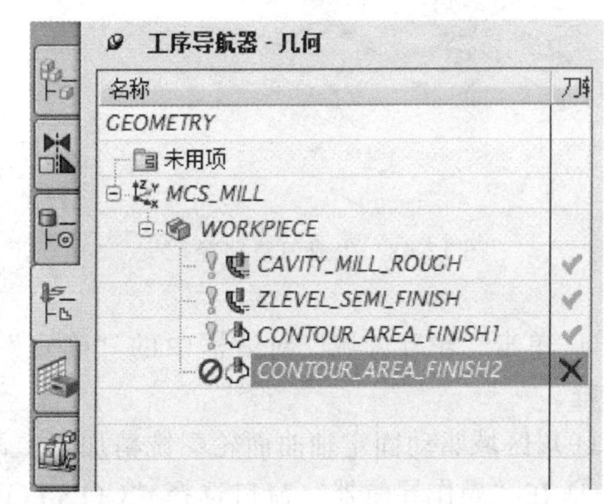

图 12-66 复制粘贴操作

② 在“工序导航器”窗口中双击“CONTOUR _ AREA _ FINISH2”节点，弹出“轮廓区域”对话框。在“几何体”组框中单击“指定或编辑切削区域几何体”按钮，弹出“切削区域”对话框，单击“移除”按钮取消已经铣削区域。然后依次选择如图 12-67 所示的圆角曲面，单击“确定”按钮，返回操作对话框。

③ 生成刀具路径并验证，操作步骤如下。

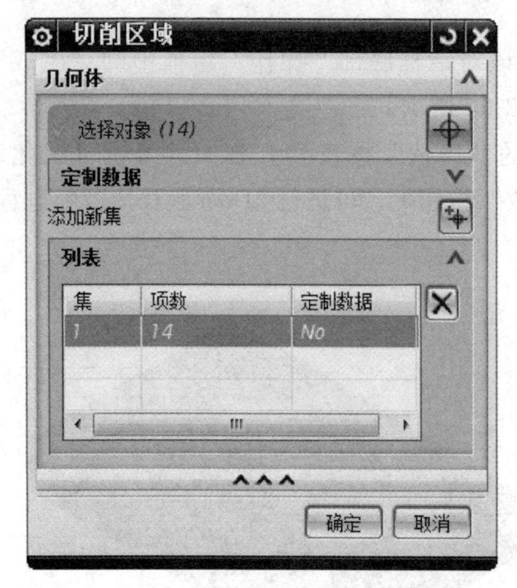

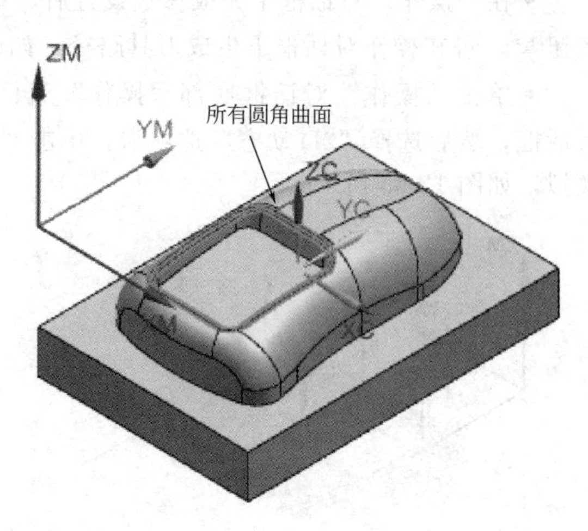

图 12-67 选择铣削区域

• 在“操作”对话框中完成参数设置后，单击该对话框底部“操作”组框中的“生成”按钮，可在操作对话框下生成刀具路径，如图 12-68 所示。

• 单击“操作”对话框底部“操作”组框中的“确认”按钮，弹出“刀轨可视化”对话框，然后选择“2D 动态”选项卡，单击“播放”按钮，可进行 2D 动态刀具切削过程模拟，如图 12-69 所示。

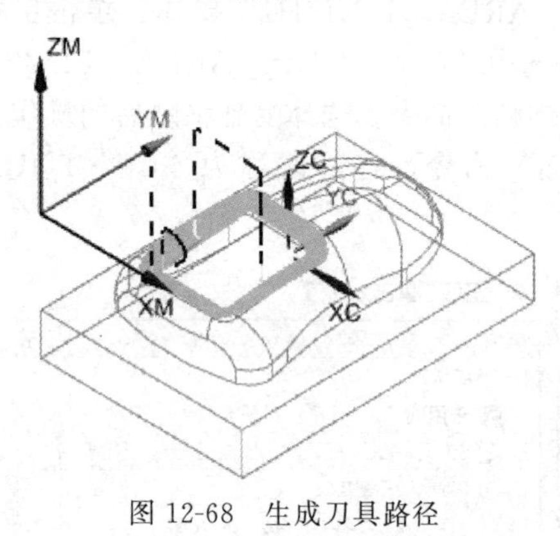

图 12-68 生成刀具路径

图 12-69 实体切削验证

④ 单击“轮廓区域”对话框中的“确定”按钮，接受刀具路径，并关闭“轮廓区域”对话框。

(9) 区域驱动固定轴曲面轮廓铣精加工上凹面

① 在“操作导航器”窗口选择“CONTOUR _ AREA _ FINISH2”操作，单击鼠标右键，在弹出的快捷菜单中选择“复制”命令，然后选中“CONTOUR _ AREA _ FINISH2”操作，单击鼠标右键，在弹出的快捷菜单中选择“粘贴”命令。选择复制粘贴后的操作，单击鼠标右键，在弹出的快捷菜单中选择“重命名”命令，将其改称为“CONTOUR _ AREA _ FINISH3”，如图 12-70 所示。

② 在“工序导航器”窗口中双击“CONTOUR _ AREA _ FINISH3”节点，弹出“轮廓区域”对话框。在“几何体”组框中单击“指定或编辑切削区域几何体”按钮，弹出

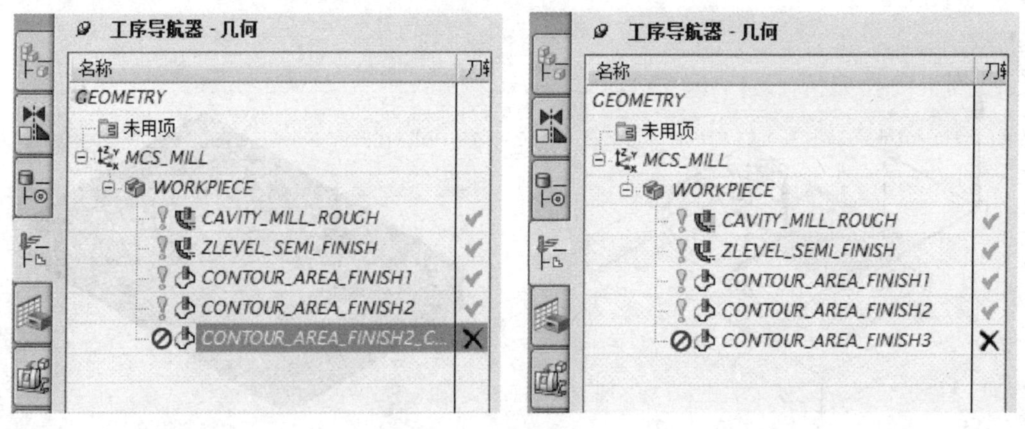

图 12-70　复制粘贴操作

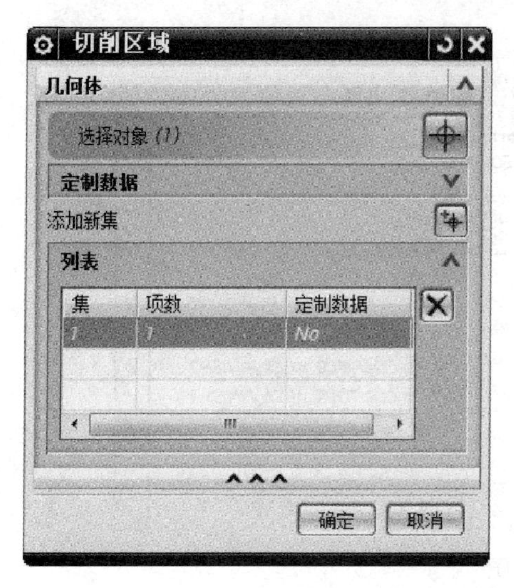

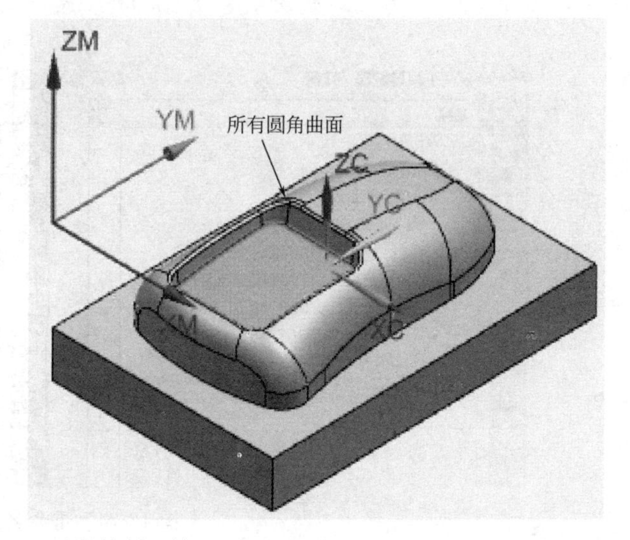

图 12-71　选择铣削区域

"切削区域"对话框，单击"移除"按钮取消已经铣削区域。然后依次选择如图 12-71 所示的圆角曲面，单击"确定"按钮，返回操作对话框。

③ 生成刀具路径并验证，操作步骤如下。

• 在"操作"对话框中完成参数设置后，单击该对话框底部"操作"组框中的"生成"按钮，可在操作对话框下生成刀具路径，如图 12-72 所示。

• 单击"操作"对话框底部"操作"组框中的"确认"按钮，弹出"刀轨可视化"对话框，然后选择"2D 动态"选项卡，单击"播放"按钮，可进行 2D 动态刀具切削过程模拟，如图 12-73 所示。

④ 单击"轮廓区域"对话框中的"确定"按钮，接受刀具路径，并关闭"轮廓区域"对话框。

（10）等高轮廓铣精加工内陡峭壁

① 在"工序导航器"窗口选择"ZLEVEL _ SEMI _ FINISH"操作，单击鼠标右键，在弹出的快捷菜单中选择"复制"命令，然后选中"CONTOUR _ AREA _ FINISH3"操作，单击鼠标右键，在弹出的快捷菜单中选择"粘贴"命令。选择复制粘贴后的操作，单击鼠标右键，在弹出的快捷菜单中选择"重命名"命令，将其改称为"ZLEVEL _ FINISH _ IN"，

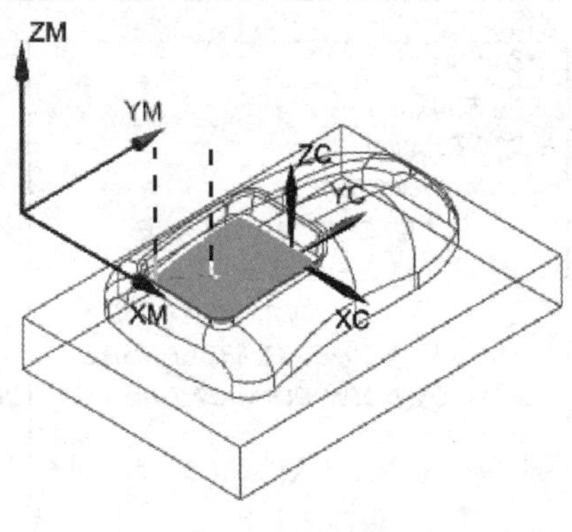

图 12-72 生成刀具路径

图 12-73 实体切削验证

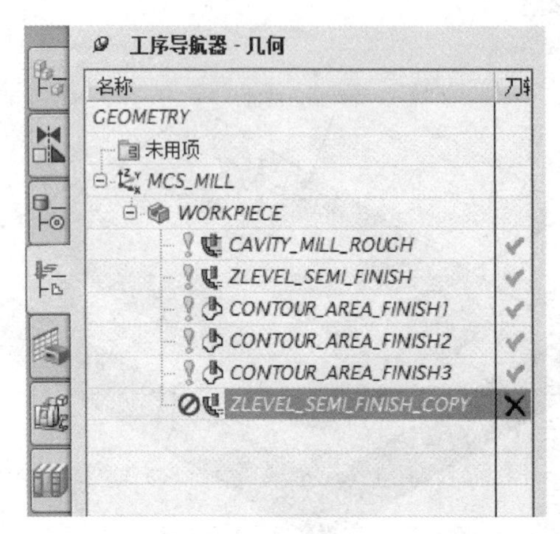

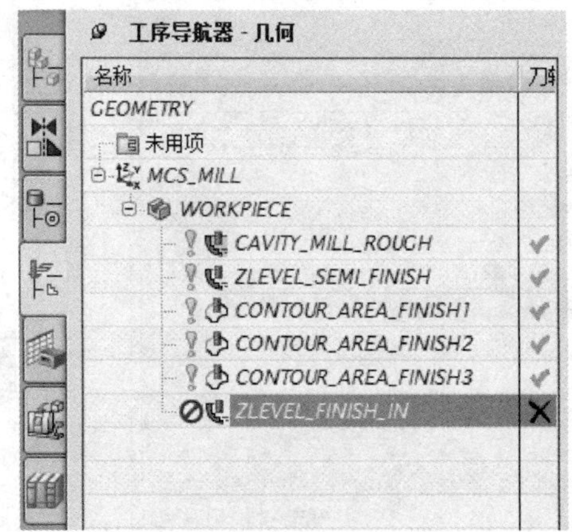

图 12-74 重命名工序

如图 12-74 所示。

② 在“几何体”组框中单击“指定或编辑切削区域几何体”按钮，弹出“切削区域”对话框，依次选择如图 12-75 所示的陡峭区域，单击“确定”按钮，返回操作对话框。

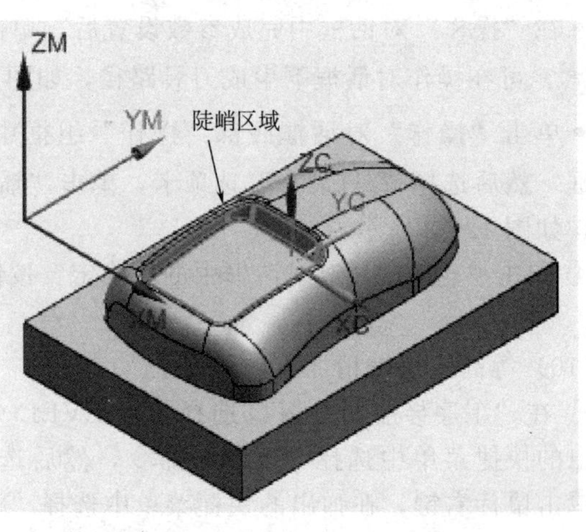

图 12-75 选择铣削区域

③ 在“刀具”组框中的“刀具”下拉列表中选择“D3R1”刀具作为本次操作所采用的刀具，如图 12-76 所示。

④ 在“刀轨设置”组框中的“方法”下拉列表中选择“MILL _ FINISH”，在“每刀的公共深度”下拉列表中选择“残余高度”，“残余高度”文本框中输入“0.005”，如图 12-77 所示。

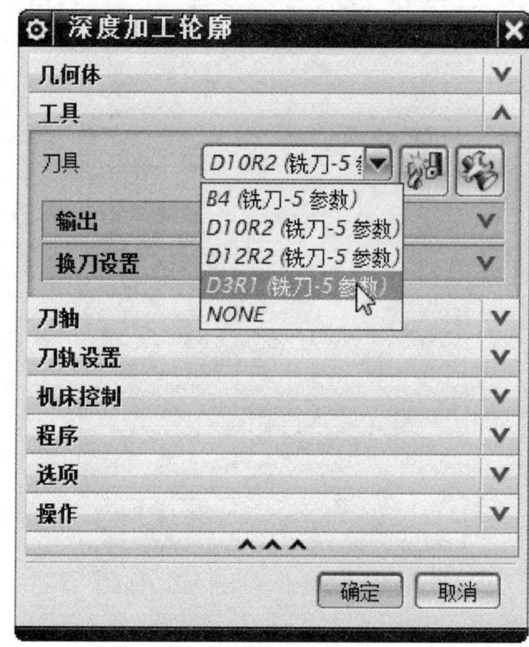

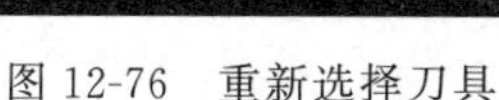
图 12-76　重新选择刀具

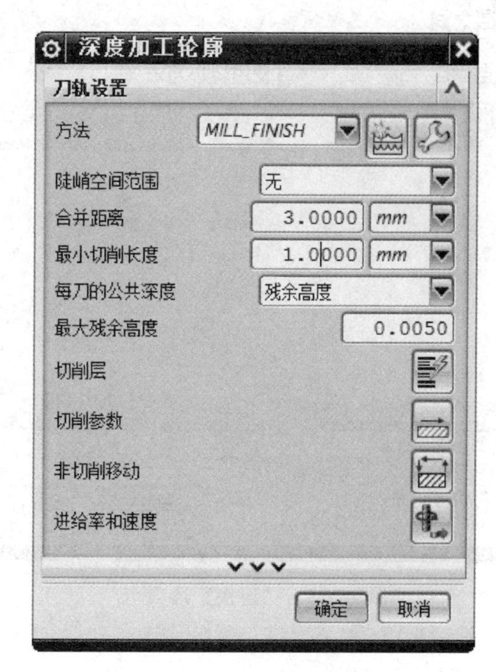

图 12-77　设置切削参数

⑤ 单击“刀轨设置”组框中的“切削参数”按钮，弹出“切削参数”对话框。“连接”选项卡：“层到层”为“使用转移方法”，取消“在层之间切削”复选框，如图 12-78 所示。单击“切削参数”对话框中的“确定”按钮，完成切削参数设置。

⑥ 单击“刀轨设置”组框中的“进给率和速度”按钮，弹出“进给率和速度”对话框。设置“主轴速度”为 2000，单位为“转/分钟”，切削速度为“1200”，单位为“毫米/分钟”，其他参数如图 12-79 所示。

⑦ 生成刀具路径并验证，操作步骤如下。

• 在“操作”对话框中完成参数设置后，单击该对话框底部“操作”组框中的“生成”按钮，可在操作对话框下生成刀具路径，如图 12-80 所示。

• 单击“操作”对话框底部“操作”组框中的“确认”按钮，弹出“刀轨可视化”对话框，然后选择“2D 动态”选项卡，单击“播放”按钮，可进行 2D 动态刀具切削过程模拟，如图 12-81 所示。

⑧ 单击“深度加工轮廓”对话框中的“确定”按钮，接受刀具路径，并关闭“深度加工轮廓”对话框。

(11) 等高轮廓铣精加工外陡峭壁

① 在“工序导航器”窗口选择“ZLEVEL _ FINISH _ IN”操作，单击鼠标右键，在弹出的快捷菜单中选择“复制”命令，然后选中“ZLEVEL _ FINISH _ IN”操作，单击鼠标右键，在弹出的快捷菜单中选择“粘贴”命令。选择复制粘贴后的操作，单击鼠标右键，在弹出的快捷菜单中选择“重命名”命令，将其改称为“ZLEVEL _ FINISH _ OUT”，如图 12-82 所示。

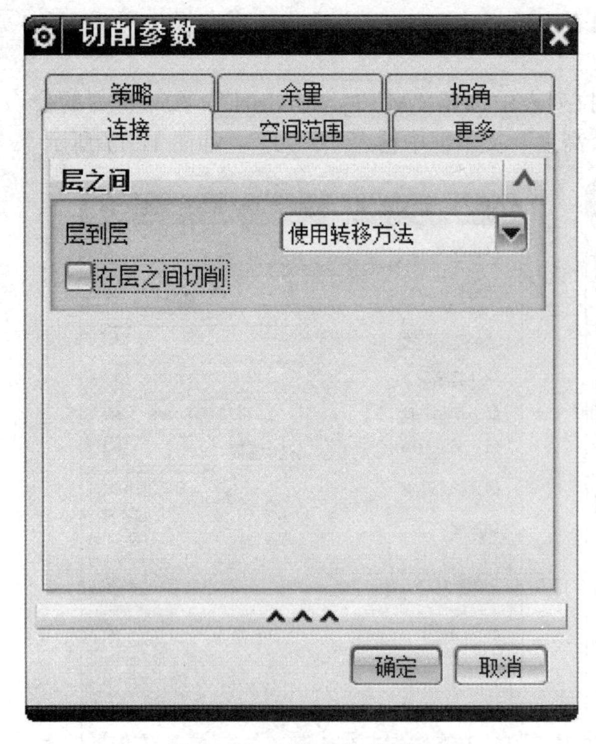

图 12-78 “连接”选项卡

图 12-79 “进给率和速度”对话框

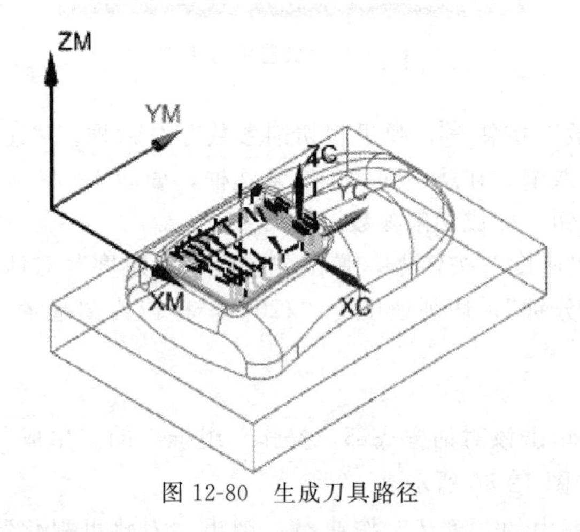

图 12-80 生成刀具路径

图 12-81 实体切削验证

② 在“几何体”组框中单击“指定或编辑切削区域几何体”按钮，弹出“切削区域”对话框，单击“移除”按钮，然后选择如图 12-83 所示的陡峭区域，单击“确定”按钮，返回操作对话框。

③ 生成刀具路径并验证，操作步骤如下。

• 在“操作”对话框中完成参数设置后，单击该对话框底部“操作”组框中的“生成”按钮，可在操作对话框下生成刀具路径，如图 12-84 所示。

• 单击“操作”对话框底部“操作”组框中的“确认”按钮，弹出“刀轨可视化”对话框，然后选择“2D 动态”选项卡，单击“播放”按钮，可进行 2D 动态刀具切削过程模拟，如图 12-85 所示。

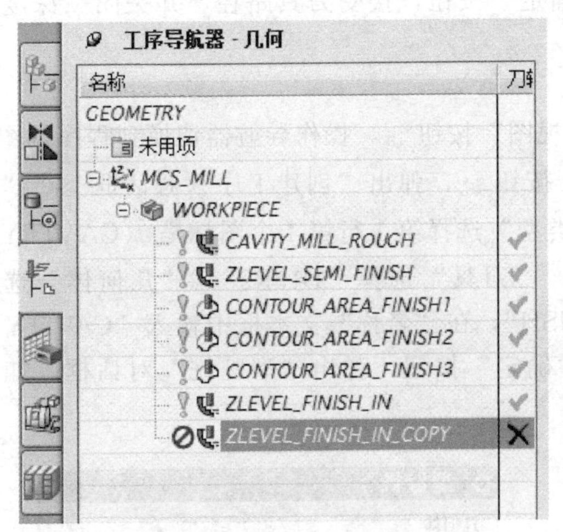

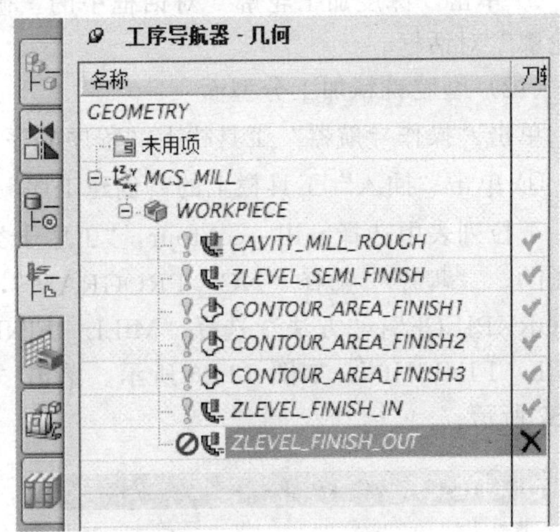

图 12-82 重命名工序

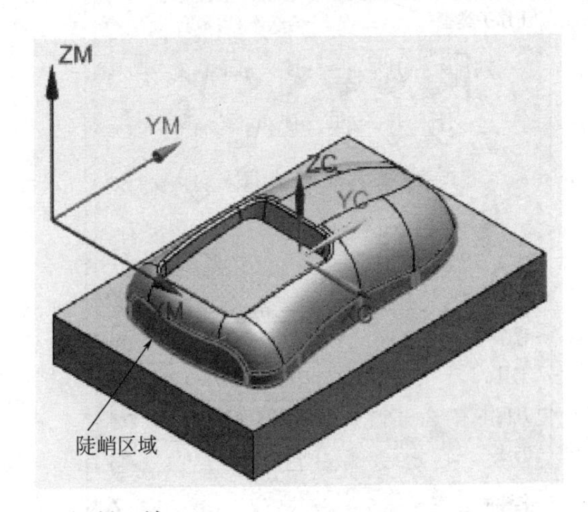

图 12-83 选择切削区域

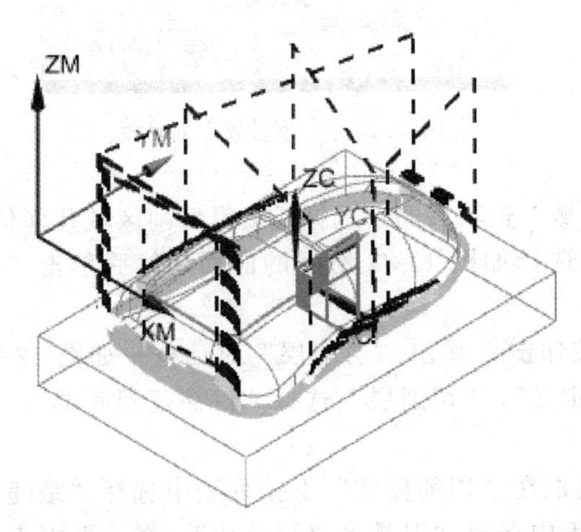

图 12-84 生成刀具路径

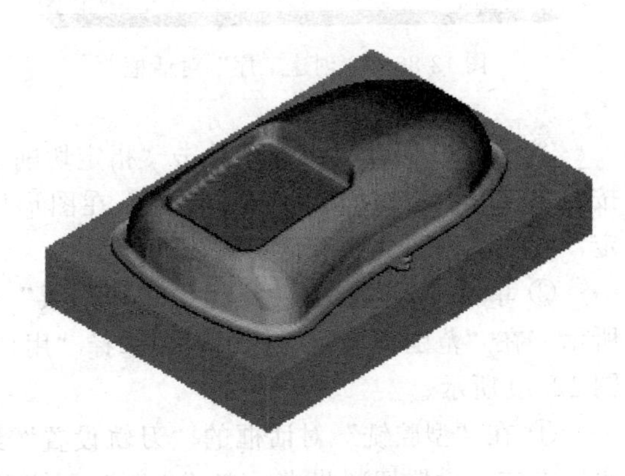

图 12-85 实体切削验证

④ 单击“深度加工轮廓”对话框中的“确定”按钮，接受刀具路径，并关闭“深度加工轮廓”对话框。

(12) 型腔铣精加工分型面

单击“操作导航器”工具栏上“程序顺序视图”按钮，操作导航器切换到程序视图。

① 单击“插入”工具栏上的“创建工序”按钮，弹出“创建工序”对话框。在“类型”下拉列表中选择 mill_contour，“工序子类型”选择第1行第1个图标（CAVITY_MILL），“程序”选择“NC_PROGRAM”，“刀具”选择“D10R2”，“几何体”选择“WORKPIECE”，“方法”选择“MILL_FINISH”，在“名称”文本框中输入“CAVITY_MILL_FINISH6”，如图12-86所示。单击“确定”按钮，弹出“型腔铣”对话框，如图12-87所示。

图12-86 “创建工序”对话框

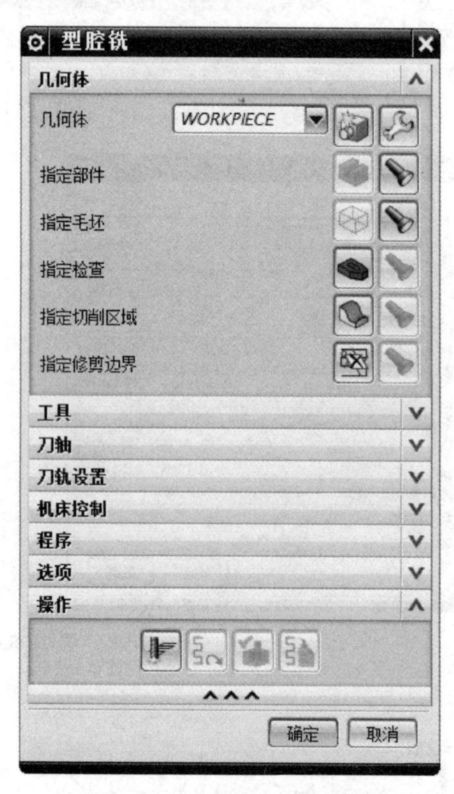

图12-87 “型腔铣”对话框

② 在“几何体”组框中单击“指定切削区域”选项后的“选择或编辑切削区域几何体”按钮，弹出“切削区域”对话框。在图形区选择如图12-88所示的曲面，然后单击“确定”按钮，返回“型腔铣”对话框。

③ 单击“刀轨设置”组框中“切削层”按钮，弹出“切削层”对话框，如图12-89所示。在“范围类型”下拉列表中选择“用户定义”，“切削层”选择“仅在范围底部”，如图12-90所示。

④ 在“型腔铣”对话框的“刀轨设置”组框在“切削模式”下拉列表中选择“跟随周边”方式。设置切削步进：在“步距”下拉列表中选择“刀具平直百分比”，在“平面直径百分比”文本框中输入“30”，如图12-91所示。

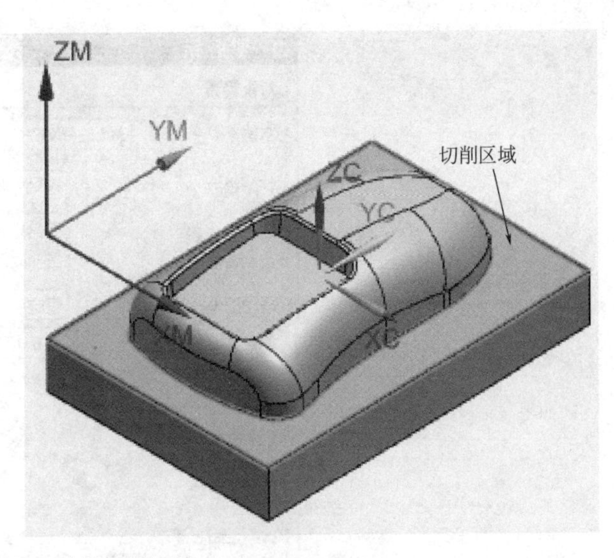

图 12-88 选择切削区域

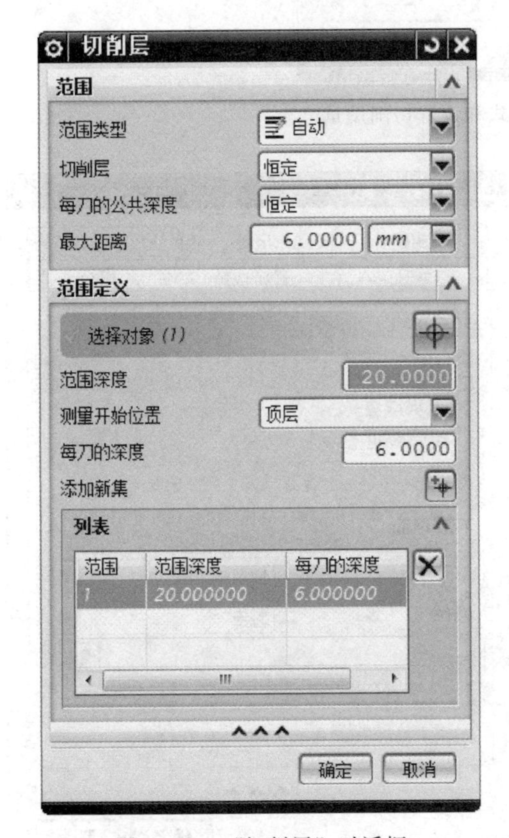

图 12-89 “切削层”对话框

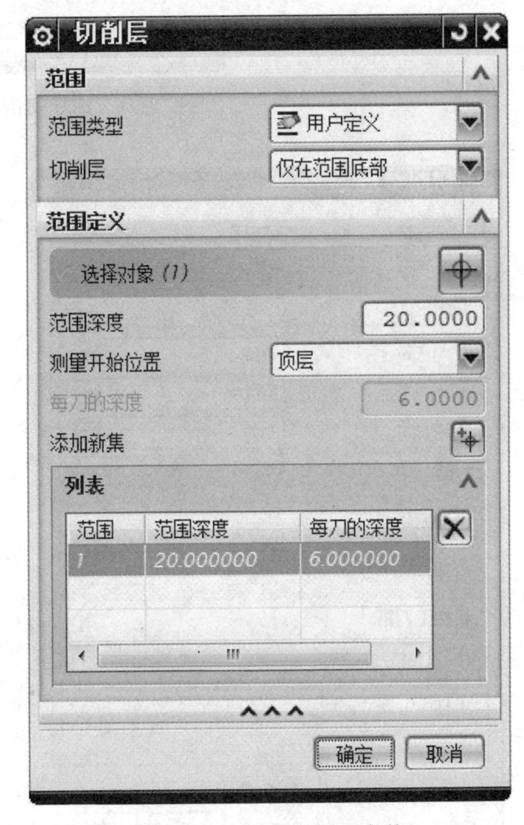

图 12-90 设置切削层参数

⑤ 在“型腔铣”对话框中，单击“刀轨设置”组框中的“切削参数”按钮，弹出“切削参数”对话框。

- “策略”选项卡：“切削方向”为“顺铣”，“切削顺序”为“层优先”，其他接受默认设置，如图 12-92 所示。
- “更多”选项卡：在“原有的”组框中，取消“边界逼近”复选框，勾选“容错加

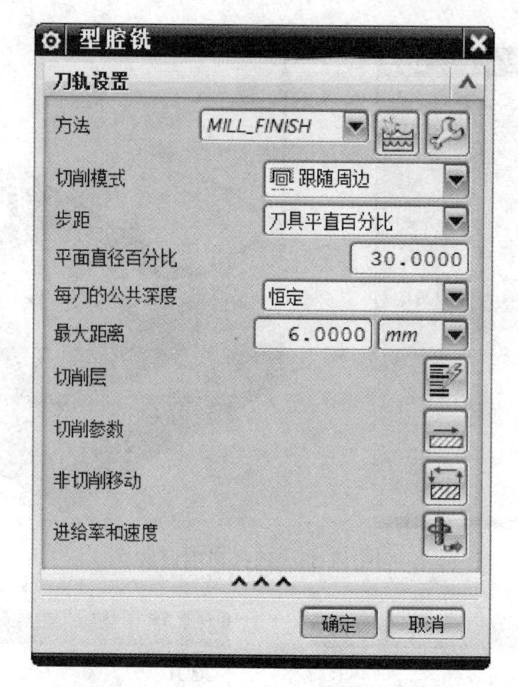

图 12-91 选择切削模式和设置切削用量

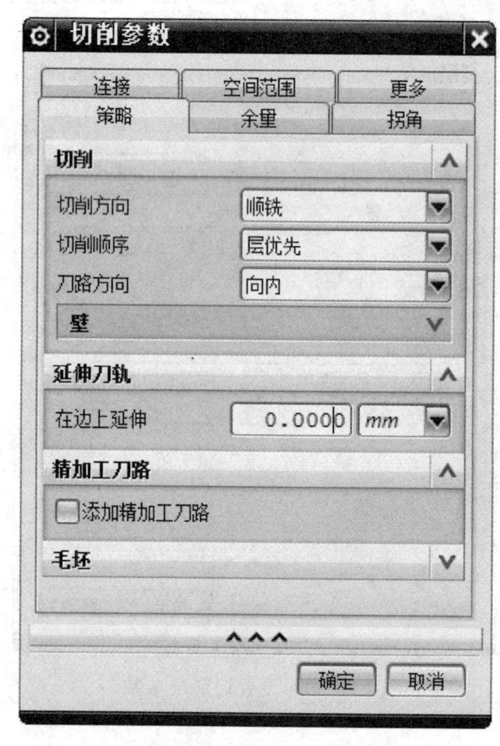

图 12-92 “策略”选项卡

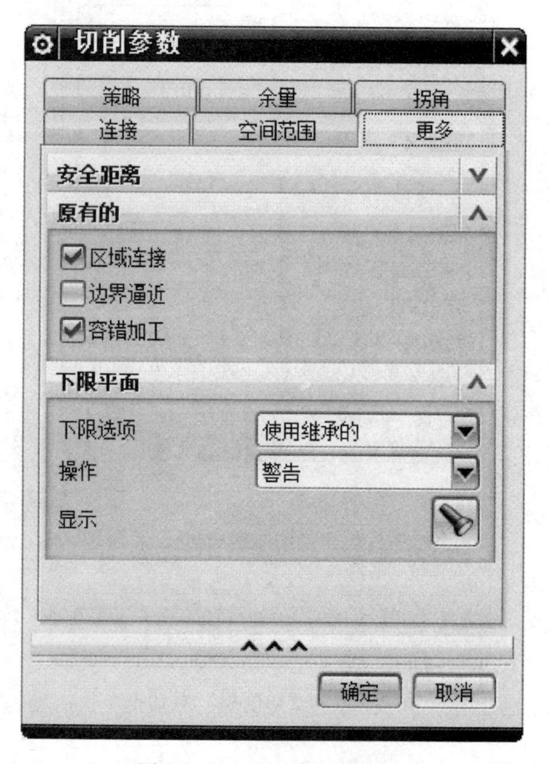

图 12-93 “更多”选项卡

工”复选框，如图 12-93 所示。

• 单击“切削参数”对话框中的“确定”按钮，完成切削参数设置。

⑥ 生成刀具路径并验证，操作步骤如下。

• 在“操作”对话框中完成参数设置后，单击该对话框底部“操作”组框中的“生成”按钮，可在操作对话框下生成刀具路径，如图12-94所示。

• 单击“操作”对话框底部“操作”组框中的“确认”按钮，弹出“刀轨可视化”对话框，然后选择“2D动态”选项卡，单击“播放”按钮，可进行2D动态刀具切削过程模拟，如图12-95所示。

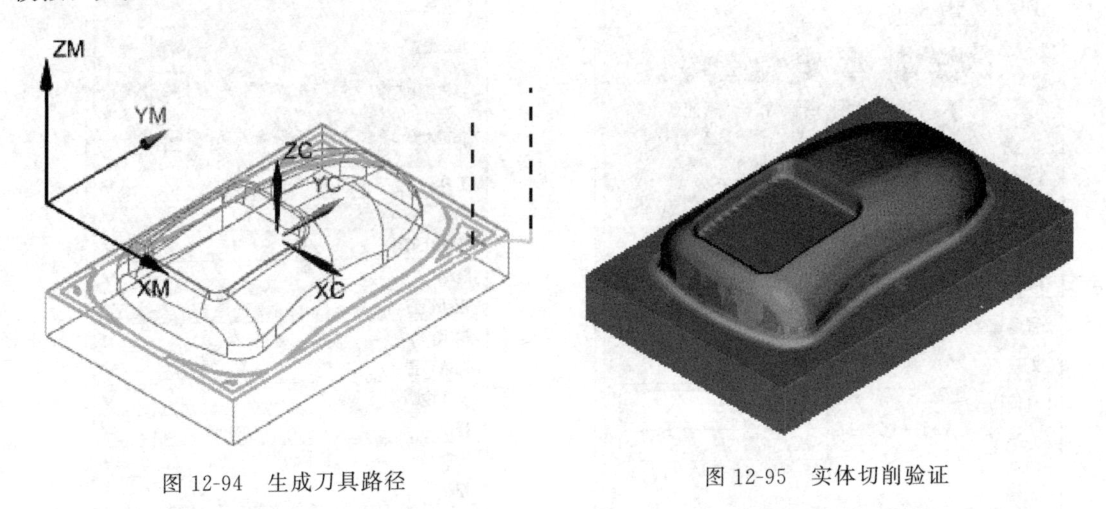

图12-94 生成刀具路径　　图12-95 实体切削验证

⑦ 单击“确定”按钮，返回“型腔铣”对话框，然后单击“确定”按钮，完成型腔铣精加工操作。

（13）清根加工

① 单击“插入”工具栏上的“创建工序”按钮，弹出“创建工序”对话框。在“类型”下拉列表中选择mill _ contour，“工序子类型”选择第3行第2个图标（FLOWCUT _ MULTIPLE），“程序”选择“NC _ PROGRAM”，“刀具”选择“B2”，“几何体”选择“WORKPIECE”，“方法”选择“MILL _ FINISH”，在“名称”文本框中输入“FLOWCUT _ MULTIPLE _ FINISH7”，如图12-96所示。单击“确定”按钮，弹出“多刀路清根”对话框，如图12-97所示。

② 在“驱动设置”组框中设置“步距”为20%刀具，“每侧步距数”为2，如图12-98所示。

③ 单击“刀轨设置”组框中的“切削参数”按钮，弹出“切削参数”对话框。

• “策略”选项卡：取消“在凸角上延伸”复选框，取消“在边上延伸”复选框，其他接受默认设置，如图12-99所示。

• “更多”选项卡：“最大步长”为“20”，如图12-100所示。单击“切削参数”对话框中的“确定”按钮，完成切削参数设置。

④ 生成刀具路径并验证，操作步骤如下。

• 在“操作”对话框中完成参数设置后，单击该对话框底部“操作”组框中的“生成”按钮，可在操作对话框下生成刀具路径，如图12-101所示。

• 单击“操作”对话框底部“操作”组框中的“确认”按钮，弹出“刀轨可视化”对话框，然后选择“2D动态”选项卡，单击“播放”按钮，可进行2D动态刀具切削过程模拟，如图12-102所示。

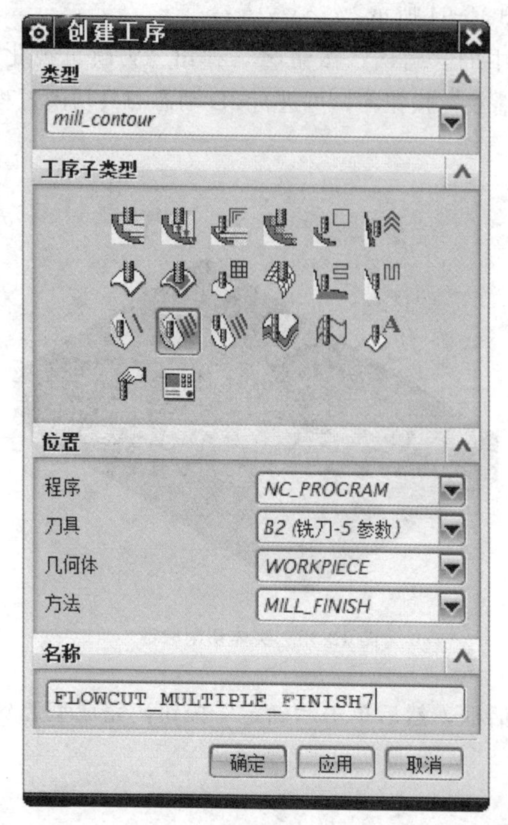

图 12-96 “创建工序”对话框

图 12-97 “多刀路清根”对话框

图 12-98 设置驱动参数

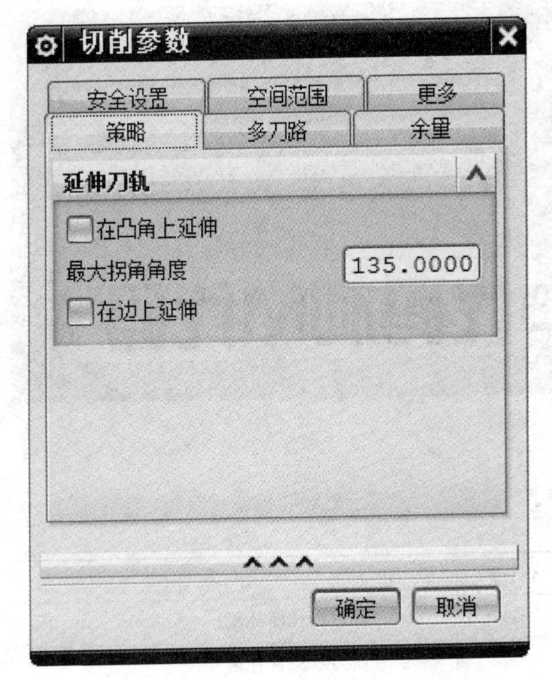

图 12-99 “策略”选项卡

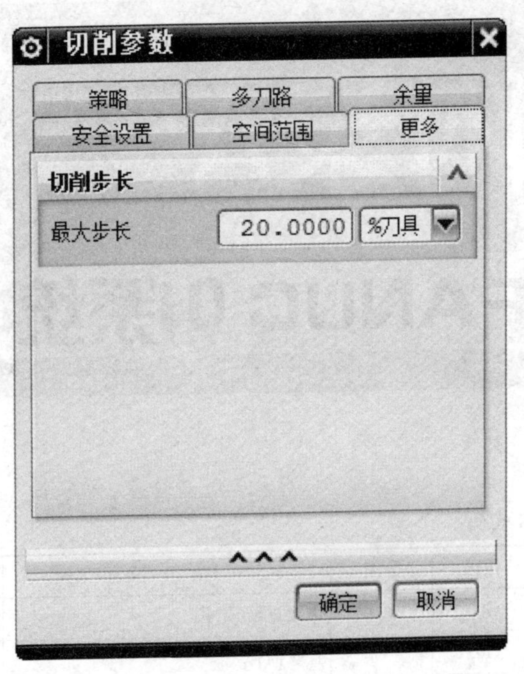

图 12-100 “更多”选项卡

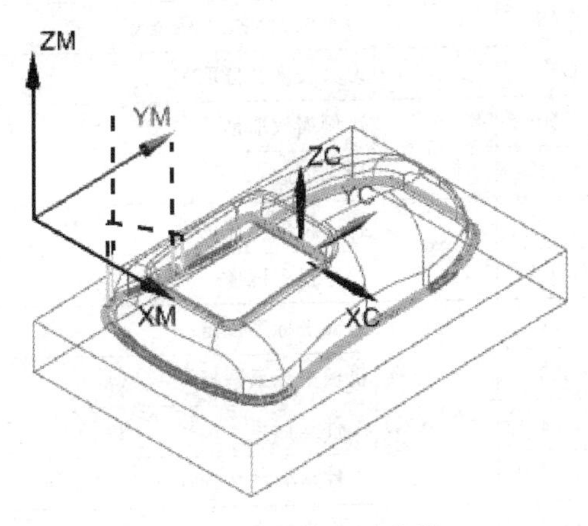

图 12-101 生成刀具路径

图 12-102 实体切削验证

⑤ 单击“确定”按钮，接受刀具路径，并关闭“多刀路清根”对话框。

12.3.4 范例总结

本章介绍了 UG NX 自动编程方法和操作步骤，并以剃须刀外壳凸模为例讲解了 UG NX 8.5 零件铣加工的一般方法和具体应用。UG NX 产品的数控加工过程与零件的传统加工过程类似，也分为粗加工、半精加工、精加工和清根加工等 3 个基本加工阶段。不同之处在于往往数控加工最后要进行清角加工。通常数控粗加工采用型腔铣方法、半精加工采用型腔铣或等高轮廓铣，精加工采用固定轴曲面轮廓铣和等高轮廓铣，而清根加工采用参考刀具清根切削驱动方式的固定轴曲面轮廓铣。

附录A

FANUC 0i系统G代码和M代码

G代码

代码	分组	含　义	代　码	分　组	含　　义
G00	01	快速进给、定位	G44	08	刀具长度补偿－
G01		直线插补	G45	00	刀具位置补偿伸长
G02		圆弧插补 CW(顺时针)	G46		刀具位置补偿缩短
G03		圆弧插补 CCW(逆时针)	G47		刀具位置补偿 2 倍伸长
G04	00	暂停	G48		刀具位置补偿 2 倍缩短
G07		假想轴插补	G49	08	刀具长度补偿取消
G09		准确停止	G50	11	比例缩放取消
G10		数据设定	G51		比例缩放
G15	18	极坐标指令取消	G50.1	19	程序指令镜像取消
G16		极坐标指令	G51.1		程序指令镜像
G17	02	*XY* 平面	G52	00	局部坐标系设定
G18		*ZX* 平面	G53		机械坐标系选择
G19		*YZ* 平面	G54	12	工件坐标系 1 选择
G20	06	英制输入	G55		工件坐标系 2 选择
G21		米制输入	G56		工件坐标系 3 选择
G22	04	存储行程检查功能 ON	G57		工件坐标系 4 选择
G23		存储行程检查功能 OFF	G58		工件坐标系 5 选择
G27	00	回归参考点检查	G59		工件坐标系 6 选择
G28		回归参考点	G60	00	单方向定位
G29		由参考点回归	G61	15	准确停止状态
G30		回归第 2、第 3、第 4 参考点	G62		自动转角速率
G40	07	刀径补偿取消	G63		攻螺纹状态
G41		左刀径补偿	G64		切削状态
G42		右刀径补偿	G65	00	宏调用
G43	08	刀具长度补偿＋	G66	14	宏模态调用 A

续表

代码	分组	含　义	代　码	分　组	含　义
G66.1	14	宏模态调用B	G84	09	攻螺纹固定循环
G67	14	宏模态调用A/B取消	G85	09	正面镗孔循环
G68	16	坐标旋转	G86	09	退刀镗削固定循环
G69	16	坐标旋转取消	G87	09	侧面钻孔循环
G73	09	深孔钻削固定循环	G88	09	侧面攻螺丝循环
G74	09	左螺纹攻螺纹固定循环	G89	09	侧面镗孔循环
G76	09	精镗固定循环	G90	03	绝对方式指定
G80	09	固定循环取消	G91	03	相对方式指定
G81	09	钻削固定循环、钻中心孔	G92	00	工件坐标系的变更
G82	09	钻削固定循环、锪孔	G98	10	返回固定循环初始点
G83	09	深孔钻削固定循环	G99	10	返回固定循环 *R* 点

M代码

代　码	含　义
M00	程序暂停，即计划停止
M02	程序结束
M03	主轴正转启动
M04	主轴反转启动
M05	主轴停
M06	换刀
M07	冷却液开
M09	冷却液关
M30	程序结束并返回程序起点
M98	子程序调用
M99	子程序结束

附录B

SIEMENS 802S/C系统指令表

地址	含义	赋值	说明
D	刀具刀补号	0～9整数,不带符号	用于某个刀具T的补偿,一个刀具最多有9个D号
F	进给率(与G04一起可以编程停留时间)	0.001～99999.99	刀具/工件的进给速度,对应G94或G95,单位分别为mm/min或mm/r
G	G功能(准备功能字)	已事先规定	G功能按G功能组划分,分模态有效和程序段有效
G00	快速移动		1. 运动指令(插补方式)模态有效
G01*	直线插补		
G02	顺时针圆弧插补		
G03	逆时针圆弧插补		
G05	中间点圆弧插补		
G33	恒螺距的螺纹切削		
G331	不带补偿夹头切削内螺纹		
G332	不带补偿夹头切削内螺纹—退刀		
G04	暂停时间		2. 特殊运行,程序段方式有效
G63	带补偿夹头切削内螺纹		
G74	回参考点		
G75	回固定点		
G158	可编程的偏置		3. 写存储器,程序段方式有效
G258	可编程的旋转		
G259	附加可编程旋转		
G25	主轴转速下限		
G26	主轴转速上限		
G17*	X/Y平面		6. 平面选择,模态有效
G18	Z/X平面		
G19	Y/Z平面		

续表

地址	含 义	赋 值	说 明
G40*	刀尖半径补偿方式的取消		7. 刀尖半径补偿，模态有效
G41	调用刀尖半径补偿，刀具在轮廓左侧移动		
G42	调用刀尖半径补偿，刀具在轮廓右侧移动		
G500	取消可设定零点偏置		8. 可设定零点偏置，模态有效
G54	第一可设定零点偏置		
G55	第二可设定零点偏置		
G56	第三可设定零点偏置		
G57	第四可设定零点偏置		
G53	按程序段方式取消可设定零点偏置		9. 取消可设定零点偏置，段方式有效
G60*	准确定位		10. 定位性能，模态有效
G64	连续路径方式		
G09	准确定位，单程序段有效		11. 程序段方式准停，段方式有效
G601*	在G60、G09方式下准确定位		12. 准停窗口，模态有效
G602	在G60、G09方式下准确定位		
G70	英制尺寸		13. 英制/公制尺寸，模态有效
G71*	公制尺寸		
G90*	绝对尺寸		14. 绝对尺寸/增量尺寸，模态有效
G91	增量尺寸		
G94*	进给率F，mm/min		15. 进给/主轴，模态有效
G95	进给率F，mm/r		
G901	在圆弧段进给补偿"开"		16. 进给补偿，模态有效
G900	在圆弧段进给补偿"关"		
G450	圆弧过滤		18. 刀尖半径补偿时拐角特性，模态有效
G451	交点过滤		
带*的功能在程序启动时生效			
I	插补参数	±0.001～99999.999螺纹；0.001～20000.000	X轴尺寸，在G02和G03中为圆心坐标；在G33，G331，G332中则表示螺距大小
J	插补参数	±0.001～99999.999螺纹；0.001～20000.000	Y轴尺寸，在G02和G03中为圆心坐标；在G33，G331，G332中则表示螺距大小
K	插补参数	±0.001～99999.999螺纹；0.001～20000.000	Z轴尺寸，在G02和G03中为圆心坐标；在G33，G331，G332中则表示螺距大小
L	子程序名及子程序调用	7位十进制整数，无符号	可以选择L1～L9999999；子程序调用需要一个独立的程序段
M	辅助功能	0～99整数，无符号	用于进行开关操作，如"打开冷却液"，一个程序段中最多有5个M功能
M00	程序停止		用M00停止程序的执行，按"启动"键加工继续执行
M01	程序有条件停止		与M00一样，但仅在"条件停有效"功能被软键或接口信号触发后才生效

续表

地址	含 义	赋 值	说 明
M02	程序结束		在程序的最后一段被写入
M30	主程序结束		在主程序的最后一段被写入
M17	子程序结束		在子程序的最后一段被写入
M03	主轴顺时针旋转		
M04	主轴逆时针旋转		
M05	主轴停		
M06	更换刀具		在机床数据有效时用M06更换刀具，其他情况下直接用T指令进行换刀
M40	自动变换齿轮级		
M41～M45	齿轮级1到齿轮级5		
M70	—		预定，没用
:	主程序段	0～99999999整数，无符号	指明主程序段，用字符“:”取代副程序段的地址符“N”。主程序段中必须包含其加工所需的全部指令
N	副程序段	0～99999999整数，无符号	与程序段段号一起标识程序段，N位于程序段开始
P	子程序调用次数	1～9999整数，无符号	在同一程序段中多次调用子程序
R0～R249	计算参数		R0～R99可以自由使用，R100～R249作为加工循环中传送参数
计算功能			除了+－*/四则运算外还有以下计算功能
SIN( )	正弦	单位(度)	
COS( )	余弦	单位(度)	
TAN( )	正切	单位(度)	
SQRT( )	平方根		
ABS( )	绝对值		
TRUNC( )	取整		
RET	子程序结束		代替M2使用，保证路径连续运行
S	主轴转速，在G04中表示暂停时间	0.001～99999.999	主轴转速单位，r/min，在G04中作为暂停时间
T	刀具号	1～32000整数，无符号	可以用T指令直接更换刀具，也可由M06进行。这可由机床数据设定
X	坐标轴	±0.001～99999.999	位移信息
Y	坐标轴	±0.001～99999.999	位移信息
Z	坐标轴	±0.001～99999.999	位移信息
AR	圆弧插补张角	0.00001～399.99999	单位是度，用于在G02/G03中确定圆弧大小
CHF	倒角	0.001～99999.999	在两个轮廓之间插入给定长度的倒角

续表

地址	含义	赋值	说明
CR	圆弧插补半径	0.001～99999.999 大于半圆的圆弧带负号“－”	在G02/G03中确定圆弧半径
GOTOB	向上跳转指令		与跳转标志符一起，表示跳转到所标志的程序段，跳转方向向程序开始方向
GOTOF	向下跳转指令		与跳转标志符一起，表示跳转到所标志的程序段，跳转方向向程序结束方向
IF	跳转条件		有条件跳转，指符合条件后进行跳转，比较符：==等于，<>不等于，>大于，<小于，>=大于等于，<=小于等于
IX	中间点坐标	±0.001～99999.999	X轴尺寸，用于中间点圆弧插补G05
JY	中间点坐标	±0.001～99999.999	Y轴尺寸，用于中间点圆弧插补G05
KZ	中间点坐标	±0.001～99999.999	Z轴尺寸，用于中间点圆弧插补G05
LCYC…	调用标准循环	事先规定的值	用一个独立的程序段调用标准循环，传送参数必须已经赋值
LCYC82	钻削，沉孔循环		R101：退回平面(绝对) R102：安全距离 R103：参考平面(绝对) R104：最后钻深(绝对) R105：在此钻削深度停留时间
LCYC83	深孔钻削循环		R101：退回平面(绝对) R102：安全距离 R103：参考平面(绝对) R104：最后钻深(绝对) R105：在此钻削深度停留时间 R107：钻削进给率 R108：首钻进给率 R109：在起始点和排屑时停留时间 R110：首钻深度(绝对) R111：递减量 R127：加工方式 断屑=0，退刀排屑=1
LCYC840	带补偿夹头切削内螺纹循环		R101：退回平面(绝对) R102：安全距离 R103：参考平面(绝对) R104：最后钻深(绝对) R106：螺纹导程值 R126：攻螺纹时主轴旋转方向
LCYC84	不带补偿夹头切削内螺纹循环		R101：退回平面(绝对) R102：安全距离 R103：参考平面(绝对) R104：最后钻深(绝对) R105：在螺纹终点处的停留时间 R107：钻削进给率 R108：退刀时进给率
LCYC85	精镗孔、铰孔循环		R101：退回平面(绝对) R102：安全距离 R103：参考平面(绝对) R104：最后钻深(绝对) R105：在此钻削深度处的停留时间 R107：钻削进给率 R108：退刀时进给率

续表

地址	含 义	赋 值	说 明
LCYC60	线性分布孔循环		R115:钻孔或攻螺纹循环号值:82,83,84,840,85(相应于LCYC…) R116:横坐标参考点 R117:纵坐标参考点 R118:第一孔到参考点的距离 R119:孔数 R120:平面中孔排列直线的角度 R121:孔间距离
LCYC61	圆周分布孔循环		R115:钻孔或攻螺纹循环号值:82,83,84,840,85(相应于LCYC…) R116:圆弧圆心横坐标(绝对) R117:圆弧圆心纵坐标(绝对) R118:圆弧半径 R119:孔数 R120:起始角(−180＜R120＜180) R121:角增量
LCYC75	铣凹槽和键槽		R101:退回平面(绝对) R102:安全距离 R103:参考平面(绝对) R104:凹槽深度(绝对) R116:凹槽中心横坐标 R117:凹槽中心纵坐标 R118:凹槽长度 R119:凹槽宽度 R120:拐角半径 R121:最大进刀深度 R122:深度进刀进给率 R123:表面加工的进给率 R124:侧面加工的精加工余量 R125:深度加工的精加工余量 R126:铣削方向值:2用于G02,3用于G03 R127:铣削类型值:1用于粗加工,2用于精加工
RND	倒圆	0.010～999.999	在两个轮廓之间以给定的半径插入过渡圆弧
RPL	G258和G259时的旋转角	±0.00001～359.9999	单位为度,表示在当前平面G17～G19中可编程旋转的角度
SF	G33中螺纹加工切入点	0.001～359.999	G33中螺纹切入角度偏移量
SPOS	主轴定位	0.001～359.999	单位为度,主轴在给定位置停止(主轴必须作相应的设计)
STOPRE	停止解码		特殊功能,只有在STOPRE之前的程序段结束以后才译码下一个程序段

参考文献

[1] 徐衡主编. FANUC系统数控铣床和加工中心培训教程. 北京：化学工业出版社，2006.

[2] 赵长明主编. 数控加工中心加工工艺与技巧. 北京：化学工业出版社，2008.

[3] 刘雄伟主编. 数控机床操作与编程培训教程. 北京：机械工业出版社，2001.

[4] 张锦良主编. 数控铣床和加工中心操作工入门. 北京：化学工业出版社，2007.

[5] 徐衡编著. 跟我学西门子（SINUMERIK）数控系统手工编程. 北京：化学工业出版社，2014.

[6] 韩鸿鸾主编．数控加工技师手册．北京：机械工业出版社，2005.